普通高等教育“十一五”国家级规划教材
普通高等教育电子通信类特色专业系列教材

微机原理与接口技术

（第三版）

楼顺天　周佳社　张伟涛　编著

科 学 出 版 社
北　京

内 容 简 介

本书是为高等院校各专业的"微机原理与接口技术""微机原理与系统设计""微机原理与应用"等课程编写的教材。教材以Intel公司生产的8086/8088 CPU为核心，介绍汇编语言的程序设计技术、系统总线形成、存储器设计、常用和专用芯片的接口技术及其应用编程方法。

在汇编语言程序设计中，介绍计算机中的数制和码制、补码的运算规则、数据和转移地址的寻址方式、8086/8088的指令系统，着重介绍汇编语言的编程技术，结合示例介绍许多实际应用编程技巧，强调汇编语言中指针的使用。

在接口技术中，介绍8086/8088系统总线的形成、常用芯片与系统总线的接口、专用芯片的接口与工作方式控制、中断技术及其应用，重点介绍存储器的设计和专用芯片的应用设计，结合示例介绍一些实际应用系统的设计方法。

本书可作为高等院校相关课程的教材，也可供工程技术人员、管理人员和自学者参考。

图书在版编目(CIP)数据

微机原理与接口技术/楼顺天，周佳社，张伟涛编著. —3版. —北京：科学出版社，2020.5

(普通高等教育"十一五"国家级规划教材・普通高等教育电子通信类特色专业系列教材)

ISBN 978-7-03-064113-7

Ⅰ. ①微… Ⅱ. ①楼… ②周… ③张… Ⅲ. ①微型计算机-理论-高等学校-教材②微型计算机-接口技术-高等学校-教材 Ⅳ. ①TP36

中国版本图书馆CIP数据核字(2019)第295329号

责任编辑：潘斯斯 / 责任校对：郭瑞芝
责任印制：赵 博 / 封面设计：迷底书装

科学出版社出版
北京东黄城根北街16号
邮政编码：100717
http://www.sciencep.com
保定市中画美凯印刷有限公司印刷
科学出版社发行 各地新华书店经销
*
2006年8月第 一 版 开本：787×1092 1/16
2015年6月第 二 版 印张：24 1/2
2020年5月第 三 版 字数：580 000
2025年1月第三十二次印刷

定价：69.80元

(如有印装质量问题，我社负责调换)

前　言

党的二十大报告指出："加强基础研究，突出原创，鼓励自由探索。" 党的二十大报告着重强调了基础研究的重要性，而"微机原理与接口技术"课程对本科生计算机知识体系的建立尤为重要，是电子信息类、计算机类、自动化类等专业一门重要的专业基础课，关乎着成千上万毕业生未来的原创动力。

本书第一版于 2006 年 8 月出版，入选普通高等教育"十一五"国家级规划教材，第二版于 2015 年 6 月出版。本书出版后得到许多教学一线教师的好评和同行专家的肯定，使用院校遍布全国。为了适应当前"微机原理与接口技术"课程教学的需要，第二版教材的修订内容主要体现为：在汇编语言程序设计中尽早给出程序框架，这样在教学中可以结合汇编语言程序来介绍汇编语言指令，更便于教师教学与学生学习。

本书作者均有几十年教授"微机原理与接口技术"课程的教学经验，并承担了研究生复试试卷的命题任务，完成了十多项相关的科研项目，自主开发了"8086 单板型微型计算机实验教学系统"和"基于 EISA/PCI 系统总线的微机原理及接口技术实验教学系统"，并有出版十多本教材和专著的写作经验。本书具有下列特点：

(1) 从学生学习、教师讲授的角度出发，内容由浅入深，循序渐进，前后连贯并呼应，使结构系统、完整。

(2) 内容层次分明，既有基础知识的系统介绍，又有拓宽的知识，给学生留下广阔的思维空间。

(3) 理论联系实际，在介绍知识的同时，结合实际示例加以说明，采用面向应用的启发式教学方法，提高教学质量。

(4) 以编程思路为主线，介绍汇编语言的程序设计方法，让学生切实掌握编程知识。

(5) 结合实际应用，介绍微机系统的接口设计技术。

(6) 将工程设计中典型实例、常见问题解决方法等进行较全面的总结，提高了本书的实用价值。

(7) 写作语言流畅，内容选择合理，结构编排适当。

本书共 11 章，由楼顺天、周佳社、张伟涛共同编写，楼顺天负责统稿。其中第 1～4 章由楼顺天编写，第 5～8 章由周佳社编写，第 9～11 章由张伟涛编写。

第 1～4 章构成 8086 汇编语言程序设计技术，重点介绍 8086 的指令系统及其编程方法。第 5～11 章构成 8086 的系统总线及其接口设计技术，重点介绍 8086/8088 系统的总线形成、存储器设计、常用芯片接口设计、专用芯片(8259、8253、8255)的接口设计、实际应用接口(D/A、A/D、非编码矩阵键盘、LED 数码显示、光电隔离、步进电机等)的设计及其应用编程。

为方便教师授课和学生学习，在附录 A 中给出了 8086/8088 的指令系统，在附录 B 中给出了 DOS 中断 INT 21H 的部分功能列表。

在本书编写过程中，感谢西安电子科技大学的授课老师给予的支持，感谢参与本书绘图和校稿的研究生。更要感谢科学出版社的编辑给予细致的润色加工，以及发行同志为本书的推广应用所做的辛苦努力。

由于编者水平和知识面的限制，书中难免会有不足之处，敬请读者批评指正。

编　者

2023 年 8 月

目　　录

第 1 章　微型计算机基础

1.1　计算机发展概述

计算机的出现源于人们对大规模、快速、高精度计算的需求。1946 年，世界上第一台电子数字计算机(electronic numerical integrator and calculator，ENIAC)在美国宾夕法尼亚大学诞生。这台由科学家冯·诺依曼和“莫尔小组”的工程师耗时 3 年研制成功的可编程通用计算机重达 30 long ton①，占地面积约 170m^2，耗电量 150kW。它包含了 17468 根电子管、7200 根晶体二极管、70000 个电阻、10000 个电容、1500 个继电器、6000 多个开关，运算速度为每秒 5000 次加法或 400 次乘法，是机电式计算机的 1000 倍、手工计算的 20 万倍。

与现在的计算机相比，ENIAC 的运算性能完全不值一提。尽管如此，ENIAC 的诞生仍是 20 世纪最重要的科技成果之一，在计算机发展史上具有里程碑意义。到目前为止，数字计算机技术的发展已经经历了 70 多年的历史。在这期间，计算机新技术层出不穷，性能越来越高，计算机的应用也从科学计算发展到人类社会生活的方方面面。

1.1.1　计算机的发展历程

按照电子数字计算机主要元器件的制作材料和工艺水平来划分，计算机的发展经历了四代。这四个发展阶段以硬件进步为主要标志，同时也包括了软件技术的发展。

第一代(1946～1958 年)：电子管计算机时代。采用电子管为逻辑电路部件，以汞延迟线、阴极射线管、磁芯和磁鼓等为存储介质；软件的编写采用机器语言，后期采用汇编语言。

第二代(1959～1964 年)：晶体管计算机时代。采用晶体管为逻辑电路部件，用磁芯、磁盘做内存和外存；软件广泛采用高级语言，并出现了早期的操作系统。

第三代(1965～1970 年)：中小规模集成电路计算机时代。采用中小规模集成电路为主要部件，以磁芯、磁盘和半导体存储器为存储器；软件广泛使用操作系统，产生了分时、实时等操作系统和计算机网络。

第四代(1971 年至今)：大规模、超大规模集成电路计算机时代。采用大规模、超大规模集成电路为主要部件，以半导体存储器和磁盘为内、外存储器；在软件设计上产生了结构化程序设计和面向对象程序设计的方法，操作系统也逐渐向更加友好的图形用户界面操作系统转变。本书将要介绍的微型计算机(简称微机)是这一阶段计算机的主要代表。

数字式计算机经过 70 多年的发展，出现了多种规模、不同功能、面向各个领域的计算机。1989 年，美国电气和电子工程师协会(Institute of Electrical and Electronics Engineers，IEEE)提出了一个计算机的分类报告，按计算机的规模和功能，把计算机分为巨型机、小巨型机、大型机、小型机、工作站和个人计算机(也称 PC)六类。

---

① 1 long ton=1016.0469kg。

电子计算机是主要以半导体集成电路为依托的计算工具，其性能的提升主要依靠集成电路生产工艺水平的提高。根据著名的摩尔定律，集成电路芯片的集成度每 18 个月就会翻一番。以集成电路为基础的电子计算机多年的发展历程也不断印证了这一定律。但近几年，半导体行业的发展速度放缓，集成度每年只增加几个百分点，摩尔定律几近失效。因此人们也在积极寻求实现大规模计算的其他解决方案，如生物计算机、量子计算机和光子计算机等，它们在计算原理、硬件组成、软件设计等方面都与典型电子计算机有很大的区别。

生物计算机也称仿生计算机，是以核酸分子作为“数据”，以生物酶及生物操作作为信息处理工具的一种新的计算机模型。自 20 世纪 70 年代以来，科学家发现脱氧核糖核酸(DNA)处在不同的状态下，可产生有信息和无信息的变化。这与电子逻辑器件有共同之处。1994 年，美国南加州大学计算机科学家伦纳德·艾德曼成功研制了一台 DNA 计算机，28.3g DNA 的运行速度超过了现代超级计算机的 10 万倍。但它也有自身难以克服的缺点，例如，遗传物质的生物计算机受外界环境因素的干扰、信息提取困难、生物化学反应无法保证成功率等，这些都是目前生物计算机没有普及的原因。

量子计算机(quantum computer)是一类遵循量子力学规律进行高速数学和逻辑运算、存储及处理量子信息的物理装置。如同传统计算机通过高低电平来表示 0 和 1 这样的基本信息单位一样，量子计算机有自己的信息表示基本单位——昆比特。昆比特又称量子比特，它以量子态为记忆单元和信息存储形式。例如，光子的两个正交的偏振方向、磁场中电子的自旋方向、原子中量子所处的两个不同能级等。量子计算机在信息安全和运算能力方面具有潜在优势，必将对信息科学、生命科学、能源科学等学科产生深远的影响。然而量子计算机的实现需要极为苛刻的环境，如可以容纳量子比特的特殊加固装置、使量子比特的温度保持在 0K 左右的巨型冷却设备、帮助抵御干扰并读取数据的电子设备等。因此量子计算机目前基本上还处于实验室研究阶段。2017 年 5 月，中国科学院潘建伟团队成功构建了光量子计算机实验样机，其计算能力已远远超越早期晶体管计算机。2019 年初，IBM 公司在国际消费电子展上首次公开了一个名为 IBM Q System One 的系统，这是目前为止全球唯一的一台脱离实验室环境运行的量子计算机，整套系统的所有零件内置在了一个长度为 9ft[①]的立方体内，其前部为量子计算机操作面板，面板后隐藏着各种冷却和控制模块。可见量子计算机要真正摆上桌面普及使用还有很长的路要走。

光子计算机是一种由光信号进行数字运算、逻辑操作、信息存储和处理的新型计算机，它以光子代替电子作为传递信息的载体，其基本组成部件是集成光路，需要激光器、反射镜、透镜等光学元件和设备。由于光子比电子速度快，光子计算机的运行速度可高达一万亿次。它的存储量是现代计算机的几万倍，还可以对语言、图形和手势进行识别与合成。然而要想制造真正的光子计算机，需要开发出可以用一条光束来控制另一条光束变化的光学晶体管，虽然目前可以在实验室实现，但是所需的温度条件非常苛刻，尚难以进入实用阶段。

1.1.2 微机的发展历程

微机是以大规模、超大规模集成电路为主要部件，以微处理器为核心所构造的计算机

① 1ft=0.3048m。

系统。它的出现使计算机的应用从高深奥妙的科技领域普及到人类社会生活的各个领域，开辟了计算机普及应用的新纪元。

微处理器是微机的核心，微机的发展历程是以微处理器的发展为标志的，大体可划分为五代。

第一代(1971～1972 年)：4 位和低档 8 位微机。1971 年第一个微处理器芯片 4004 诞生，该芯片字长 4 位，集成了约 2300 个晶体管，指令周期 20～50μs，每秒可进行 6 万次运算。以它为核心组成的 MCS-4 计算机是世界上第一台微机。随后 4004 改进为 4040，第二年，Intel 公司研制出 8 位微处理器芯片 8008，并出现了由它组成的 MCS-8 微机。

第二代(1973～1977 年)：中、高档 8 位微机。中档微处理器有摩托罗拉公司的 MC6800 和 Intel 公司对 8008 的升级版 8080，1975～1977 年又有一批性能更好的高档 8 位微处理器问世，典型的有 Zilog 公司的 Z80、Intel 公司的 8085 等。以 8080 为例，它采用 NMOS 工艺，集成度约 6000 晶体管/片，字长 8 位，基本指令 70 多条，指令周期 2～10μs，时钟频率高于 1MHz。这一时期比较典型的微机产品有 8 位微机 TRS-80，以及广泛用于工控场合的 8 位单片机，包括 MCS-48 和 MCS-51 系列等。

第三代(1978～1984 年)：经典成熟的 16 位微机。这一时期各公司相继推出了 16 位微处理器芯片，如 Intel 公司的 8086/8088/80286、摩托罗拉公司的 MC68000、Zilog 公司的 Z8000 等。以 8086 为例，该芯片采用 HMOS 工艺，集成度达到 2.9 万晶体管/片，基本指令执行时间约为 0.5μs。80286 CPU 集成度达到了 13.4 万晶体管/片。这一时期最著名的微机产品就是 IBM 推出的 IBM PC，它采用 Intel 的 8088 微处理器，搭载了微软发布的 MS-DOS 操作系统。此外，比较出名的还有 Apple 公司推出的 Macintosh 机，其 CPU 主要采用摩托罗拉的 68000 系列和 Power PC 系列，该机使用图形用户界面，并初步具备了多媒体功能，在出版印刷领域有很好的表现。

第四代(1985～1992 年)：32 位微机时代。1985 年，Intel 公司首次推出 32 位微处理器芯片 80386，其集成度达到 27.5 万晶体管/片，每秒钟可执行 500 万条指令，80386 在结构上有重大进步。随后，Intel 公司发布了集成度更高的 80486，到 80586 发布时，CPU 的命名已改为 Pentium，后续接连发布了 Pentium Pro、Pentium Ⅱ/Celeron(赛扬)/Xeon(至强)、PentiumⅢ/Celeron Ⅱ/Xeon 以及 Pentium 4。每个级别的内核结构较之前都有重大进步，CPU 集成度、主频、缓存容量均稳步提高。以 1989 年推出的 80486 芯片为例，其内部除 CPU 外，还集成了浮点运算协处理器、8KB 高速缓存(Cache)及存储管理机构(MMU)，并在指令译码单元和高速缓存之间采用 128 位总线，在浮点处理单元(FPU)和高速缓存之间采用两条 32 位总线，提高了指令和浮点数据的传送速度。32 位微处理器都采用 IA32(Intel Architecture 32)指令架构，并逐步增加了面向多媒体数据处理和网络应用的扩展指令，如 Intel 的 MMX、SSE 指令集和 AMD 的 3D Now!指令集。人们将自 8086 以来一直延续的这种指令体系通称为 x86 指令体系。

第五代(1993 年至今)：性能更强的 64 位微机。随着因特网和电子商务的发展，人们对计算机的性能提出了更高的要求，32 位 CPU 已不能满足要求。Intel、AMD、IBM、Sun 等厂商陆续设计并推出了它们的 64 位 CPU。例如，2000 年 Intel 推出的 Itanium(安腾)、2001 年推出的 Xeon(至强)以及 2006 年推出的用于台式 PC 的 Core(酷睿)，它们采用全新的指令架构“显式并行指令计算”，该指令架构又称为IA64，以区别于原来的IA32架构。64位微处理器起初是面向服务器和工作站等高端应用，之后很快普及到PC领域。

以上主要按CPU的字长将微机的发展划分为五代，但微机的发展不仅仅是CPU字长的扩展，同时还有时钟频率的提高，总线技术、存储技术以及软件(如操作系统和编译软件等系统软件)的发展等多方面的因素相互促进，从而使微机性能一代比一代更强。

1.1.3 计算机的发展趋势

计算机的发展趋势，可用“巨”“微”“网”“智”这4个字概括，即计算机将朝着功能巨型化、体积微型化、联系网络化、处理智能化4个方向发展。

巨型化是指功能巨型化，主要包括极高的运算速度、海量存储空间和极其丰富的功能。其运算能力一般在每秒千万亿次以上，内存容量在数千兆字节以上。

微型化是指计算机体积微型化。随着微电子技术的进一步发展，微型计算机将得到更加迅速的发展，其中笔记本电脑、掌上型电脑等微型计算机必将以更高的性价比受到人们的欢迎。

网络化是指利用通信技术和计算机技术，把分布在不同地点的计算机互联起来，按照网络协议相互通信，以达到所有用户都可共享软件、硬件和数据资源的目的。

智能化是指计算机处理过程的智能化。智能化就是要求计算机能模拟人的思维能力，拥有类似人类的智慧来处理问题。与其他几个趋势更侧重于硬件相比，智能化则更偏重于计算机程序和算法的开发。近年来，世界强国纷纷发布了人工智能长期规划，相信计算机的智能化程度将不断提高。

1.2 微机结构与工作原理

1.2.1 常用基本概念

计算机中常用的几个基本概念如下。

(1)微处理器：也称为中央处理单元(central processing unit，CPU)，由运算器、控制器、寄存器以及片内总线等部件构成的大规模集成电路芯片。

(2)微机：微型计算机(microcomputer)的简称，由CPU、主存储器、输入/输出接口电路以及总线等构成。

(3)微机系统：由硬件和软件构成。硬件主要包括微机和外部设备，软件是指为了管理和维护计算机硬件系统、完成用户指定任务所编制的各种程序，主要包括系统软件和应用软件等。

(4)位(bit)：二进制位0和1，它是计算机中存储信息的最小单位。

(5)字节(byte)：8个二进制位为1字节。通常计算机中的存储单元按字节设置，8086微机系统中可以访问的最小存储单元为1字节。

(6)字(word)：16个二进制位，即2字节。

(7)字长：CPU一次可处理的二进制数的位数，8086 CPU经常采用的字长为8和16。

(8)指令：让计算机完成某种操作的命令，与CPU型号密切相关。

(9)指令系统：CPU 所能执行的全部指令的集合，分为复杂指令集(CISC)和精简指令集(RISC)。

(10)程序：指令序列，能完成既定的功能。

(11)主频：CPU 的时钟频率，即 CPU 的工作频率。

(12)外频：外部总线频率的简称，通常为系统总线传输数据的频率(系统时钟频率)，外频是 CPU 的基准频率，决定着整块主板的运行速度，CPU 主频一般是外频的整数倍。

(13)缓存：Cache Memory。位于 CPU 与内存之间的临时存储器，缓存的容量是现代 CPU 的一个重要指标。

1.2.2 早期微机的典型结构

1945 年，冯·诺依曼带领的计算机研制小组提出了存储程序通用电子计算机方案，其基本原理是：编制程序、存储程序和程序的控制。该方案奠定了现代计算机的结构基础，被称为“冯·诺依曼结构”，按照这一结构制作的计算机称为存储程序计算机，也称通用计算机。

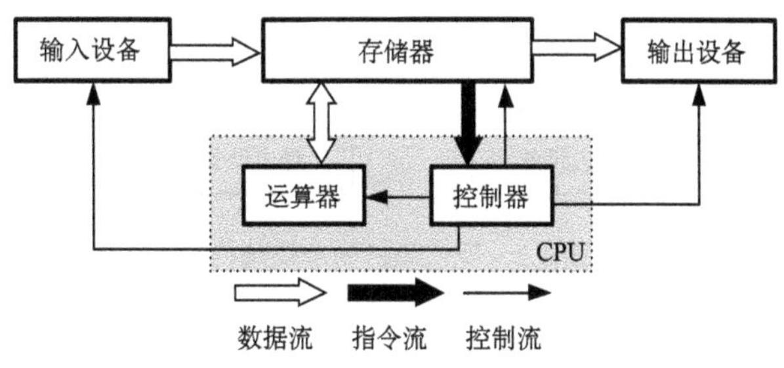

图 1.1 冯·诺依曼结构

冯·诺依曼结构的计算机主要由运算器、控制器、存储器和输入/输出设备等部件组成，如图 1.1 所示。其中运算器和控制器合称为 CPU，CPU 和存储器一起构成计算机的主机，而将输入设备和输出设备统称为外围设备，也称 I/O 设备。

(1)运算器。运算器是对二进制数据进行算术运算和逻辑运算的部件，也称为算术逻辑运算单元(arithmetic logic unit,ALU)，其核心部件是加法器。

(2)控制器。控制器负责从存储器中逐条取出指令、译码指令，然后向其他部件发出控制信号，使各部件协调工作，从而完成指令要求的操作。

(3)存储器。存储器是具有记忆功能的部件，负责存储数据和即将执行的指令，主要有程序代码、输入的原始数据、处理的中间结果、最终输出的结果等。

(4)输入设备。程序和原始数据通过输入设备进入计算机，键盘和鼠标是最常用的输入设备，其他输入设备有扫描仪、麦克风、摄像头等。

(5)输出设备。将处理的结果数据输出到计算机外部用于显示或保存的设备，如显示器、打印机、扬声器等。

从图 1.1 可以看出，冯·诺依曼结构各组成部件分工明确、协调配合。计算机的工作是在控制器的控制下，将程序和数据通过输入设备送入存储器，控制器再依次从存储单元取出指令并译码执行，运算结果可存入存储器或送到输出设备，最终执行完所有程序直到结束。

1.2.3 现代微机的总线结构与工作原理

随着大规模和超大规模集成电路技术的发展，可以实现将运算器和控制器的所有晶体管都集成在一块微小的芯片上，所以CPU也称为微处理器。现代微机是以微处理器为核心，配上存储器、输入设备和输出设备形成的，即首先利用微处理器的引脚形成系统板上的总线，然后将存储器直接连接到系统总线，各种I/O设备可通过设计好的接口电路连接到系统总线，现代微机的总线结构如图1.2所示。

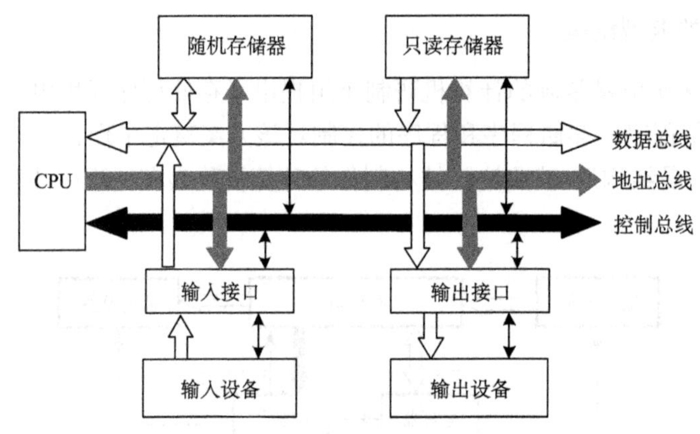

图1.2 现代微机的总线结构

微机系统中的总线按照传送的信息种类，主要是数据总线(DB)、地址总线(AB)和控制总线(CB)。数据总线用于CPU与外设交换数据，是双向的；地址总线是由CPU发出的为CPU之外的各部件提供地址信息的总线，是单向的；控制总线是CPU为其他部件提供控制信号(CPU发出)或CPU接收其他部件返回的状态信号(CPU读入)的总线，其表示形式一般是双向的。总线结构减少了连线数目，提高了系统可靠性，使微机系统的功能扩展变得相当灵活，也便于故障诊断和维修，同时降低了成本。

利用现代微机完成某项任务，必须首先编制好处理该任务的程序，即实现既定任务的指令序列。然后将程序存入随机存储器(RAM)或只读存储器(ROM)中，最终计算机按照程序安排的顺序执行完所有指令，便可完成任务。计算机执行一条指令的过程是：CPU先将该指令的地址码通过地址总线传送给存储器，然后发出读命令信号，存储器在读命令信号的控制下将相应存储单元的指令代码传送到数据总线，并由CPU读回，从而完成取指令的操作。CPU对该指令进行寄存、译码后通过发出各种控制信号执行指令规定的操作。可以看出，虽然采用了总线结构，但现代微机仍遵从存储程序和程序控制的基本工作原理，所以它仍然是冯·诺依曼体系的计算机。

1.2.4 CPU的分类及特点

CPU是微机和现代各种智能电子设备的核心，其功能的强弱取决于所支持的指令集。在计算机指令系统的发展过程中，一直存在两个截然不同的优化方向，即CISC技术和RISC

技术。无论是我们熟悉的 x86、ARM 架构，还是不太熟悉的 Power、Alpha、UltraSPARC 架构等，它们都分别属于这两类其中之一。

CISC 是一种为了便于编程和提高存储器访问效率的芯片设计体系，其出发点是要用最少的机器语言指令来完成所需的计算任务，特定的任务均对应有专门的指令，因此其指令格式不统一，指令集复杂。在 20 世纪 90 年代中期之前，绝大多数的微处理器都采用 CISC 体系，Intel 和 AMD 的 x86 架构 CPU 就属于 CISC 体系。而 RISC 是一种为了提高处理器运行速度的芯片设计体系。其设计理念与 CISC 完全相反，它把主要精力放在那些经常使用的指令上，尽量使它们具有简单高效的特色，因此 RISC 指令格式统一，指令集简单。对不常用的功能，常通过指令的组合来完成。RISC 体系多用于非 x86 阵营的高性能 CPU，最有代表性的即 ARM 处理器。

以 x86 和 ARM 分别作为 CISC 和 RISC 阵营的代表，下面从六个方面对这两类 CPU 的特点进行分析和比较。

(1) 性能。x86 系列的 CPU 一般具有更高的主频(3.0GHz 以上)、多个计算核心(四核、六核等)，而且生产工艺水平更高，Intel 最新发布的十代酷睿处理器已使用了 10nm 的工艺。在上述方面，ARM 处理器还远远达不到，因此在完成综合性任务方面，x86 结构的计算机计算性能比 ARM 结构的系统要强得多。

(2) 设计难度。为了实现向上兼容，x86 指令集在 CPU 的更新换代过程中变得越来越复杂，这必然带来 CPU 结构的复杂性，因此 x86 微处理器的硬件设计难度很大，很容易造成设计失误。此外，尽管超大规模集成电路技术现在已达到很高的水平，但也很难把 CISC 的全部硬件做在一个芯片上。而 ARM 指令集简洁，只包含那些使用频率很高的完成基本操作的指令，因此其设计难度相对较小。

(3) 指令的执行效率。x86 指令的格式长短不一，导致取指令的总线效率低。而 ARM 指令格式统一，取指令的总线效率高。x86 指令复杂，故采用微指令码控制单元的设计，而 RISC 的指令 90%是由硬件直接完成的，只有 10%的指令由软件以组合的方式完成，因此指令执行时间上 RISC 较短。此外，由于 x86 采用二级微码执行方式，这也降低了那些被频繁调用的简单指令的运行速度。因此就效能而言 RISC 比 CISC 占有较大优势，但 RISC 的应用程序代码量较大，需要在 CPU 内部集成容量更大、速度更快的缓存，且 RISC 实现特殊功能的程序设计复杂，增加了程序员负担。

(4) 操作系统的兼容性。x86 核心的微机大多采用微软的 Windows 操作系统，当然也支持运行其他开源操作系统，如 Linux。同时 x86 系统在硬件和软件开发方面已经形成统一的标准，所以 x86 系统在兼容性方面具有无可比拟的优势。ARM 系统几乎都采用 Linux 的操作系统，其应用软件不能方便地移植到其他操作系统，这一点严重制约了 ARM 系统的发展和应用。

(5) 功耗。x86 架构的处理器指令繁多，电路复杂，其功耗一直居高不下，CPU 功耗一般达到几十瓦，整个微机的功耗要达到几百瓦，即使是低功耗、长续航的笔记本电脑，其功耗也有二十多瓦。高功耗导致了 x86 系统一系列无法解决的问题，如续航能力弱、体积大、稳定性差、对使用环境要求高等。而 ARM 架构仅保留基本指令，可以让整个处理器更为简化，体积更小，功耗一般在几十毫瓦，因此低功耗是 ARM 处理器的一个优势，也是 ARM 处理器设计的出发点。

(6)应用领域。以上差别使 x86 系统与 ARM 系统面向两个完全不同的应用领域。在服务器、工作站以及其他需要高性能计算等不考虑功耗和使用环境条件的应用方面，x86 系统占据绝对优势。但在受功耗、环境等条件制约且工作任务固定的情况下，ARM 系统则具有很大的优势，特别是在众多终端应用，尤其是移动终端应用上，ARM 系统的低功耗特性使其更受欢迎。

1.3 微机中信息的表示

数据是信息的载体，是计算机保存和处理的对象。微机中的信息包括数值数据和文字、声音、图像、视频等非数值数据。计算机是典型的数字设备，它只能识别高低电平，分别用“1”和“0”表示，即二进制，因此计算机中的各种信息，其表现形式无论是数值还是非数值，都必须以二进制码的形式来表示。本节主要介绍数制及其转换、二进制数的运算、有符号数的表示与运算、实数的表示、非数值数据的编码等内容。

1.3.1 数制及其转换

1. 数制

数制是人们利用一组固定的数码或符号来表示数的方法。数制中所使用的数码或符号的个数称为数制的基数，例如，十进制用 10 个数字(0～9)表示，二进制用 2 个数字(0、1)表示，十六进制用 10 个数字和 6 个符号(A、B、C、D、E、F)表示。某一数制表示的数中每一位所处的级别称为权值，任意进制数 x 都可由其每一位数码及相应权值形成的多项式来表示：

$$x=\sum_{i=-m}^{n}k_i b^i=k_{-m}b^{-m}+\cdots+k_{-1}b^{-1}+k_0+k_1 b+\cdots+k_n b^n \tag{1.1}$$

其中，b 为基数；$k_{-m},\cdots,k_n\in[0,1,\cdots,b-1]$ 为每一位的数码。可以看出数 x 包含整数 $n+1$ 位，小数 m 位，式(1.1)也称为数值的按权值展开。

1) 十进制

日常生活中，人们通常使用十进制数[在数字后加“D”(Decimal)表示，也可省略]，例如，257 和 369.2D 可以按式(1.1)分别表示为

$$257=2\times10^2+5\times10+7\times10^0$$

$$369.2\text{D}=3\times10^2+6\times10+9\times10^0+2\times10^{-1}$$

2) 二进制

在计算机中，数值都是用二进制来表示的。二进制数可以用 0～1 数字后加 B(Binary)表示，例如，1010 1B 可以按权值展开成

$$1010\,1\text{B}=1\times2^4+0\times2^3+1\times2^2+0\times2^1+1\times2^0$$

3) 十六进制

为书写表示方便，通常将 4 位二进制数看作 1 位十六进制数，这时用数字 0～9 和符号 A～F 表示，并在十六进制数后加 H(Hexadecimal)表示。在书写十六进制数时，如果最高位是字符，则要在其前面加上 0，以便与标识符区别开来。这样我们有

$$0AH = 1010B, \qquad 0BH = 1011B, \qquad 0CH = 1100B$$
$$0DH = 1101B, \qquad 0EH = 1110B, \qquad 0FH = 1111B$$

十六进制数也可以表示成权值展开形式，如

$$325H = 3\times 16^2 + 2\times 16 + 5\times 16^0$$
$$0B6H = 11\times 16 + 6\times 16^0$$

2. 数制的转换

同一个数值可以用各种数制来表示，某一数值可在不同数制之间进行转换。

1）十进制数转换成其他进制数

将十进制数 N 分成两部分：整数部分 z 和纯小数部分 f。设要将十进制数 $z\cdot f$ 转换成 b 进制数，则整数部分 z 采用除 b 取余的方法，即

$$z_1 = \left[\frac{z}{b}\right]\cdots\cdots y_1$$
$$z_2 = \left[\frac{z_1}{b}\right]\cdots\cdots y_2$$
$$\vdots$$
$$z_n = \left[\frac{z_{n-1}}{b}\right]\cdots\cdots y_n$$

其中，$z_1,\cdots,z_n$ 为商；$y_1,\cdots,y_n$ 为余数；$[\bullet]$ 表示取整运算。当 $z_n = 0$ 时迭代过程终止，这样得到的 $y_1,\cdots,y_n$ 就是 b 进制数的各位数字，y_1 为最低位，y_n 为最高位。

例 1.1 将十进制数 125 转换成二进制数。

解：转换过程为

除数	被除数		余数
2	125		
2	62	··············	1
2	31	··············	0
2	15	··············	1
2	7	··············	1
2	3	··············	1
2	1	··············	1
	0	··············	1

因此，125＝1111 101B。

纯小数部分 f 采用乘以 b 取整的方法，即

$$r_1 = [f\times b] \qquad f_1 = f\times b - r_1$$
$$r_2 = [f_1\times b] \qquad f_2 = f_1\times b - r_2$$
$$\vdots$$
$$r_m = [f_{m-1}\times b] \qquad f_m = f_{m-1}\times b - r_m$$

其中，$r_1,\cdots,r_m$ 为取整结果；$f_1,\cdots,f_m$ 为小数部分。当 $f_m=0$ 时迭代过程终止，这样得到的 $r_1,\cdots,r_m$ 就是 b 进制数的各位数字，r_1 为最高位，r_m 为最低位。

例 1.2 将十进制数 0.6875 转换成二进制数。

解：转换过程为

$$
\begin{array}{r}
0.6875 \\
\times \qquad 2 \\
\hline
1.3750 \quad \cdots\cdots\cdots\cdots \quad 1 \\
0.375 \\
\times \qquad 2 \\
\hline
0.750 \quad \cdots\cdots\cdots\cdots \quad 0 \\
\times \qquad 2 \\
\hline
1.50 \quad \cdots\cdots\cdots\cdots \quad 1 \\
0.5 \\
\times \qquad 2 \\
\hline
1.0 \quad \cdots\cdots\cdots\cdots \quad 1
\end{array}
$$

因此，0.6875＝0.1011B。

2）其他进制数转换成十进制数

将任意进制数变换成十进制数，可以按照权值进行展开，例如：

$$
\begin{aligned}
1011\,0110\text{B} &= 1\times 2^7+1\times 2^5+1\times 2^4+1\times 2^2+1\times 2^1 \\
&= 128+32+16+4+2=182 \\
1011.011\text{B} &= 1\times 2^3+1\times 2^1+1\times 2^0+1\times 2^{-2}+1\times 2^{-3} \\
&= 8+2+1+0.25+0.125=11.375 \\
78.\text{AH} &= 7\times 16^1+8\times 16^0+10\times 16^{-1} \\
&= 120.625
\end{aligned}
$$

1.3.2 二进制数的运算

1. 算术运算

为书写方便，经常将二进制数写成十六进制形式，因此这里主要讨论二进制数和十六进制数的算术运算规则。二进制数加法运算采用逢二进一，减法运算采用借一做二；十六进制数加法运算采用逢十六进一，减法运算采用借一做十六，在乘除法运算时，也采用类似的规则。例如：

$$1011\,011\text{B}+10011\text{B}=1101110\text{B}$$

$$1011\text{B}\times 10011\text{B}=1101\,0001\text{B}$$

$$65\text{H}+7\text{AH}=0\text{DFH}$$

$$65\text{H}\times 7\text{AH}=3022\text{H}$$

2. 逻辑运算

二进制数的逻辑运算是位对位的运算，即本位运算结果不会对其他位产生任何影响，这一点与算术运算是截然不同的。二进制数的逻辑运算有四种：与(AND)、或(OR)、异或(XOR)和非(NOT)，其规则如表 1.1 所示。

表 1.1　二进制数位的逻辑运算规则

输入两个位值	(0，0)	(0，1)	(1，0)	(1，1)
AND 运算	0	0	0	1
OR 运算	0	1	1	1
XOR 运算	0	1	1	0
NOT 运算	NOT 0=1		NOT 1=0	

例如：

1001 0111B—AND—0011 1000B ＝0001 0000B

1001 0111B—OR—0011 1000B ＝1011 1111B

1001 0111B—XOR—0011 1000B ＝1010 1111B

利用逻辑运算可以完成特定的操作，AND 运算可以对指定位进行清零，OR 运算可以对指定位进行置 1，XOR 运算可以对指定位进行取反。例如，对 x 的第 0、3 位清零操作：x AND 1111 0110B；对 x 的第 1、2 位置 1 操作：x OR 0000 0110B；对 x 的第 3、7 位取反操作：x XOR 10001000B。

1.3.3　有符号数的表示与运算

利用二进制数来表示有符号数时，必须有一位用来表示符号位，一般采用最高位表示，如图 1.3 所示。这样表示的数称为机器数，其实际值称为机器数的真值。

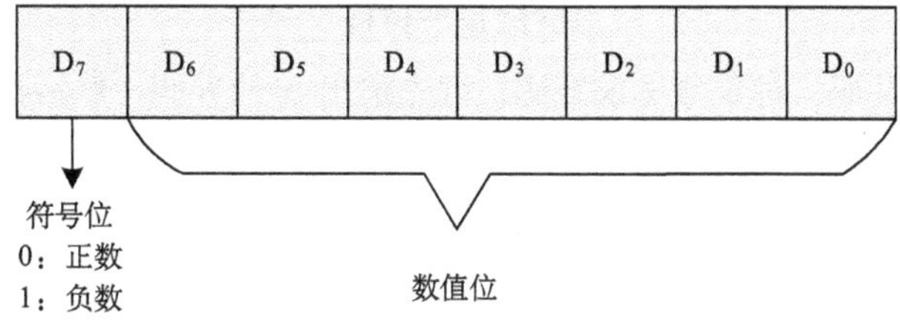

图 1.3　有符号数的表示

1. 原码表示法

除符号位外，剩余 7 位就是真值的绝对位，这种表示方法称为原码表示法。例如，＋1011 001B 表示成 0101 1001B，－1011 001B 表示成 1101 1001B，这种表示方法的优点是直观，但加减运算时比较麻烦。例如，在对两个数进行加法运算时，应该先对其符号进行判断，如果同号，则进行相加运算，如果异号，则实际上应该进行相减运算。

另外，对于特殊值 0 有两种表示：＋0 表示成 0000 0000B，–0 表示成 1000 0000B，但实际上，0000 0000B 和 1000 0000B 表示同一个值 0。

2. 补码表示法

计算机中有符号数采用二进制补码表示，x 的补码$[x]_{补}$定义为

$$[x]_{补}=\begin{cases}x, & 0\leqslant x<2^{n-1}\\ x+2^n, & -2^{n-1}\leqslant x<0\end{cases}\quad\left(\bmod 2^n\right) \tag{1.2}$$

其中，n 为机器字长，这种计算一个数补码的过程称为求补运算。从式(1.2)可以看出，当 x 为正数时，其补码与原码一致，只有当 x 为负数时，才有求补码的问题。以 $n=8$ 为例，＋12 的原码和补码表示均为 0000 1100B，而–12 的补码表示为$[-12]_{补}=-12+2^8=244=$ 1111 0100B。需要注意的是，式(1.2)等号右边的数按无符号数对待，即转换后的二进制数最高位也表示数值。

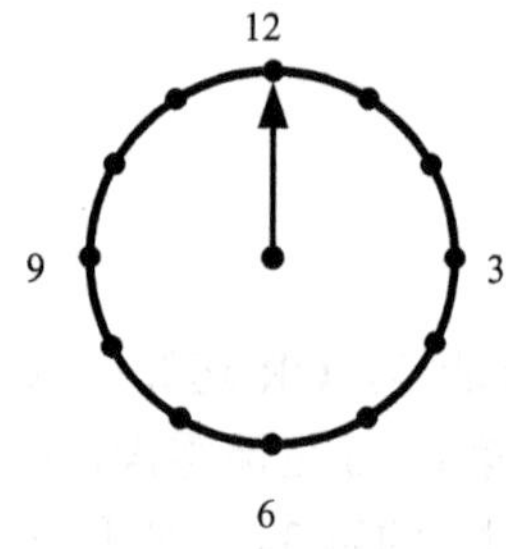

图 1.4　钟表时间示意图

如何理解补码的定义呢？其实补码的本质就是用全集中的补集来表示负数。现以钟表上的时间为例来介绍补码，如图 1.4 所示。首先引入“模”的概念，“模”是指一个计量系统的计量范围，例如，钟表的计量范围为 0～11，即模为 12。现欲将时针调整到 9 点，可以顺时针调整 9h，也可以逆时针调整 3h。若规定顺时针为正，逆时针为负，则+9 和–3 的调整效果是相同的。也就是说，在模为 12 的系统中，凡是减 3 运算都可以用加 9 来代替，即–3 可以用+9 来表示因为它们互为补数，以此类推。

补码的定义是计算补码的主要方法，除了用定义求补码外，还有两种简便的计算方法。

(1) 由原码求补码。负数 x 的补码由其原码取反(符号位除外)再加 1 得到，即

$$[x]_{补}=\overline{[x]_{原}}+1\quad（除符号位）$$

如果对负数 x 的补码再求补码，则可以得到其原码表示，即

$$[[x]_{补}]_{补}=[x]_{原}$$

(2) 由相反数求补码。对负数 x 求补码，可先求出–x 的补码，然后按位取反(含符号位)再加 1，即

$$[x]_{补}=\overline{[-x]_{补}}+1\quad（含符号位）$$

例 1.3　求–15 的补码表示。

解：分两步进行。

(1) $[15]_{补}=0000\,1111\text{B}$。

(2) $[-15]_{补}=\overline{0000\,1111}\text{B}+1=1111\,0001\text{B}$。

3. 补码运算规则

有符号数以补码形式表示以后，便可以将加减运算整合为统一的加法运算，具体运算规则如下。

(1) 加法。

$$[x+y]_{补}=[x]_{补}+[y]_{补} \qquad (\text{mod}\, 2^n)$$

(2) 减法。

$$[x-y]_{补}=[x]_{补}-[y]_{补} \qquad (\text{mod}\, 2^n)$$

该式表明：当两个有符号数采用补码形式表示时，加/减法运算可以把符号位同数值位一起参与运算(若符号位有进/借位，则丢掉)，其结果为两数之和/差的补码表示。例如：

(＋57)＋(＋45)＝0011 1001B+0010 1101B=0110 0110B (+102)

(＋57)＋(－45)＝0011 1001B+1101 0011B=[1]0000 1100B (进位舍弃，＋12)

(－57)＋(－45)＝1100 0111B+1101 0011B=[1]1001 1010B (进位舍弃，－102)

(＋57)－(＋45)＝0011 1001B－0010 1101B=0000 1100B (+12)

(＋57)－(－45)＝0011 1001B－1101 0011B=[1]0110 0110B (借位舍弃，＋102)

(－57)－(－45)＝1100 0111B－1101 0011B=[1]1111 0100B (借位舍弃，－12)

(3) 用加法完成相减运算。

$$[x-y]_{补}=[x]_{补}+[-y]_{补} \qquad (\text{mod}\, 2^n)$$

已知$[y]_{补}$而求$[-y]_{补}$的过程称为变补或求负，其规则为$[-y]_{补}=\overline{[y]}_{补}+1$(含符号位)。例如，＋87 的补码表示为 0101 0111B，而－87 的补码就可以这样计算：$[-87]_{补}=\overline{0101\,0111}\text{B}+1=1010\,1001\text{B}$。

(4) 加法与减法互换。

$$[x]_{补}-[y]_{补}=[x]_{补}+[-y]_{补} \qquad (\text{mod}\, 2^n)$$

应注意，一旦采用补码表示有符号数，所有参加运算的数及结果都是用补码表示的。

4. 有符号数运算的溢出问题

设计算机字长为 n 位，则有符号数的范围为

$$-2^{n-1} \leqslant x \leqslant +2^{n-1}-1$$

当 n=8 时，有符号数的范围为$-128 \leqslant x \leqslant +127$；当 n=16 时，有符号数的范围为$-32768 \leqslant x \leqslant +32767$。

当两个有符号数进行加减运算时，如果运算结果超出了该字长可表示的有符号数的范围，就会发生溢出，这时结果就会出错。显然溢出只发生在两个同符号数相加或者两个异符号数相减的情况下。

有符号数的溢出规则如下。

(1) 在加法运算时，如果次高位(数值最高位)相加形成进位，而最高位(符号位)相加(包括次高位的进位)却没有进位，则结果溢出；如果次高位无进位，而最高位有进位，则结果溢出。

(2) 在减法运算时，如果次高位不需借位，而最高位需借位，则结果溢出；如果次高位需借位，而最高位不需借位，则结果溢出。

CPU 中专门设置了一个记录有符号数运算是否溢出的标志 OV，当加减运算溢出时，

溢出标志位会自动置 1。

例 1.4 计算(+121)+(+75)和(−121)−(+75)，并判断有无溢出。

解：(+121)+(+75)= 0111 1001B + 0100 1011B = 1100 0100B (−60 有溢出)

(−121)−(+75)= 1000 0111B−0100 1011B=0011 1100B(60 有溢出)

1.3.4 实数的表示

计算机中表示实数必然涉及小数点的位置，目前有定点和浮点两种表示方法。定点数指小数点在数中的位置是固定不变的，可以放在最低位之后，即定点整数，也可以放在最高位之前，即定点小数。定点数在小数点位置确定之后，运算中将不再考虑小数问题。而浮点数中小数点的位置是浮动的。定点表示法运算直观，但数的表示范围较小，运算时要调整好比例因子，以防溢出。浮点数在相同的计算机字长下具有更大的表示范围，同时又能保持数的有效精度，本节主要介绍浮点数的表示。

1. 浮点数表示原理

任何一个十进制实数都可以表示为一个纯小数与 10 的整数次幂的乘积，例如：

$$65.241 = 0.65241\times 10^{2} = 65241\times 10^{-3} = \cdots$$

可以看出十进制数中小数点的位置可以通过上述形式调整。同理，二进制也类似，例如：

$$100.101\text{B} = 0.100101\text{B}\times 2^{3} = 1001.01\text{B}\times 2^{-1} = \cdots$$

因此，计算机中浮点数的表示原理可描述为：任意一个二进制实数 N 可表示为

$$N = S \times 2^{P} \tag{1.3}$$

其中，S 称为 N 的尾数，它包含了 N 的有效数值部分，通常用有符号定点纯小数表示；P 为指数部分，称为 N 的阶码，通常表示为有符号整数。尾数 S 和阶码 P 均为有符号数，S 的符号表示数的正负，数值表示实数的有效值；P 的符号确定了小数点移动的方向，真值确定了移动的位数。可以看出，基于式(1.3)的实数表示模型，在计算机中只需以二进制形式存储 S 和 P 即可表示实数 N，存储示意图如图 1.5 所示，其中 P_f 为阶码的符号位，S_f 为尾数的符号位，阶码的字长决定了能表示的数的范围，尾数的字长决定了有效数字位数(精度)。

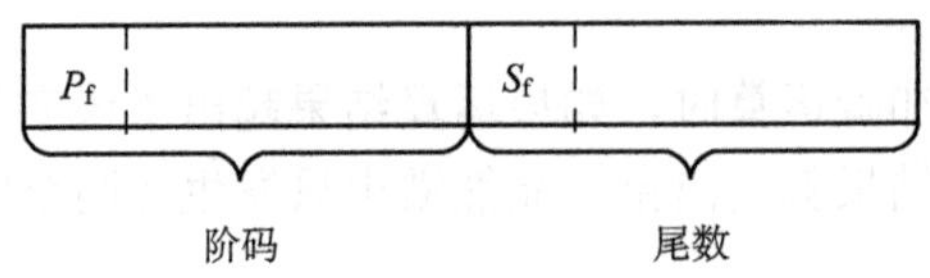

图 1.5 浮点数的一般存储格式

由于小数点位置可以浮动，所以一个实数的浮点数表示并不唯一。为了使浮点数可唯一表示，往往对浮点数进行规格化操作，即约束 S 的真值为 0.5～1(也就是纯小数的小数点后第一位必须为 1)。

例 1.5 将实数−12.375 表示为规格化的浮点数。

解：$-12.375 = -1100.011\text{B} = -0.1100011\text{B}\times 2^{100\text{B}}$

若用 4 位有符号二进制数表示阶码，用 8 位有符号数表示尾数，均用原码表示，则有

$$\underline{0}\ 1\ 0\ 0\ \underline{1}\,.\,1\ 1\ 0\ 0\ 0\ 1\ 1$$

（0 为 P_f，其后的 1 为 S_f，小数点隐含）

2. 标准化浮点数

规格化只是浮点数能够唯一表示的必要条件，而非充分条件，因为阶码 P 和尾数 S 可以选择不同的字长和编码方式。为了使浮点数格式统一，IEEE 制定了浮点数表示的工业标准(IEEE-754 标准)，现已被大多数计算机制造商采用。

IEEE-754 标准定义了三种不同字长的浮点数，其存储格式如图 1.6 所示，三种浮点数的具体参数如表 1.2 所示。

S_f	P	$S=(S_1S_2\cdots S_K)$

图 1.6　IEEE-754 标准浮点数存储格式

表 1.2　不同字长浮点数参数

参数	单精度浮点数	双精度浮点数	扩展精度浮点数
字长	32	64	80
符号位 S_f 长度	1	1	1
尾数 S 长度 K	23	52	63
阶码 P 长度	8	11	15
阶码 P 范围	1～254	1～2046	1～32766
指数偏移量 Q	127	1023	16383

其中，S_f 为符号位，表示浮点数的符号；P 为阶码部分，用移码表示；S 是尾数部分，用原码表示。以单精度浮点数为例，其字长为 32 位，其中符号位占 1 位，尾数 S 占 23 位(由于浮点数已表示为规格化形式，尾数最高位 S_0 固定为 1，所以 S_0 无须存储)，阶码 P 占 8 位，为无符号数(阶码全 1 表示无限大，全 0 表示非规格化数)。需要指出的是，为了将阶码 P 表示为无符号数，对实际指数进行了偏移，即 P 等于实际指数加上偏移量 Q。

根据图 1.6 的数据存储格式及各参数的含义，任一实数 N 可表示成如下形式：

$$N=(-1)^{S_f}\times 0.(S_0S_1\cdots S_K)\times 2^{P-Q} \tag{1.4}$$

例 1.6　将十进制实数–139.8125 表示为单精度浮点数。

解：$-139.8125=-10001011.1101\text{B}=-0.100010111101\text{B}\times 2^8$

该实数为负数，所以符号位 $S_f=1$；阶码 P 等于指数加上偏移量 Q，因此 $P=8+127=135=1000\ 0111\text{B}$；尾数 S 用原码表示为 0001 0111 1010 0000 0000 000B(有效位后面补零即可，注意不含 S_0)。因此–139.8125 的单精度浮点数为

1	1000 0111	0001 0111 1010 0000 0000 000
S_f	P	$S=(S_1S_2\cdots S_{23})$

例 1.7 单精度浮点数 0 01111101 10101100000000000000000 对应的十进制数是多少？

解：$S_f=0$，该实数为正数。

计算尾数 S：由于该单精度浮点数已经过规格化，因此 $S_0=1$，尾数 $S=0.1101011$B。

计算阶码 P：$P=0111\ 1101$B $=125$。

代入式(1.4)得到该实数为+0.1101011B×2^{-2} = 0.001101011B = 0.208984375。

1.3.5 非数值数据的编码

微机除了能够处理数值数据，还可处理文字、声音、图像等非数值数据。非数值数据的表示本质上就是编码的过程，常用的编码有表示十进制数字的BCD码、用于表示西文字符的ASCII码和用于表示汉字的汉字编码等。

1. BCD码

用4位二进制数来表示一位十进制数，这种方法称为BCD(binary coded decimal)编码方法。4位二进制数有16种组合，从16种组合中任取10种便形成了一种BCD编码方法，常用的BCD编码方法是8421BCD码，即组成它的4位二进制数的权值为8、4、2、1。

若用8位二进制数(一字节)的高4位和低4位分别表示一个BCD数，那么一字节可以表示两位十进制数，这种表示方法称为组合BCD数；若仅用一字节的低4位表示一个BCD数，而高4位不用(一般取“0000”)，则一字节只表示一位十进制数，称为分离BCD数。

BCD码具有二进制数表示形式，因此计算机可对BCD码直接进行运算，但CPU只能按照二进制法则进行运算，这与BCD数运算的十进制法则有一定区别，具体来说，BCD数加(减)法运算时，应该逢十进一(借一做十)，而CPU对BCD数逢十六进一(借一做十六)，因此BCD数的运算结果有可能出错，一般要做加(减)6修正，具体修正规则如下。

对于加法运算有：

(1)两个BCD码位相加无进位，并且结果小于或等于9，则该位不需要修正；

(2)两个BCD码位相加有进位，或者结果大于9，则该位应进行加6修正；

(3)低BCD码位修正结果使高BCD码位大于9，则高位进行加6修正。

对于减法运算有：

(1)两个BCD码位相减无借位，则该位不需要修正；

(2)两个BCD码位相减有借位，则该位应进行减6修正。

例 1.8 已知$(56)_{BCD}$ = 0101 0110B，$(38)_{BCD}$ = 0011 1000B，计算这两个BCD数的加、减运算，并进行适当的修正。

解：$(56)_{BCD}+(38)_{BCD}$ = 0101 0110B + 0011 1000B

= 1000 1110B(高、低BCD码位都没有进位，但低BCD码大于9) + 0110B

= 1001 0100B(结果为94，正确)

$(56)_{BCD}-(38)_{BCD}$ = 0101 0110B − 0011 1000B

= 0001 1110B(低 BCD 码位有借位) −0110B

= 0001 1000B(结果为 18，正确)

2. ASCII 码

计算机与人进行信息交换必然涉及字母、数字、特殊字符等符号的表示问题，它们在计算机中都应该对应一组代码，最常用的西文字符编码方法就是 ASCII(American Standard Code For Information Interchange)码，即美国信息交换标准代码，如表 1.3 所示。ASCII 码不仅是美国国家标准码，而且已被国际标准化组织定为国际标准。需要指出的是，表 1.3 中前 128 个字符对应的编码(00H～7FH)是标准 ASCII 码，而后 128 个字符对应的编码(80H～FFH)是扩展 ASCII 码，其中标准 ASCII 码是国际标准，而扩展 ASCII 码已不再是国际标准了。

表 1.3 ASCII 码表

十进制值	➡	0	16	32	48	64	80	96	112	128	144	160	176	192	208	224	240
⬇	十六进制值	0	1	2	3	4	5	6	7	8	9	A	B	C	D	E	F
0	0	空位(零位)	▶	空位(空间)	0	@	P	•	p	C	É	á	░	└	╨	∝	≡
1	1	☺	◀	!	1	A	Q	a	q	ü	æ	í	▒	┴	╤	β	±
2	2	☻	↕	"	2	B	R	b	r	é	Æ	ó	▓	┬	╥	Γ	≥
3	3	♥	!!	#	3	C	S	c	s	â	ô	ú	│	├	╙	Π	≤
4	4	♦	¬	$	4	D	T	d	t	ä	ö	ñ	┤	─	╘	Σ	⌠
5	5	♣	§	%	5	E	U	e	u	à	ò	Ñ	╡	┼	╒	O	⌡
6	6	♠	—	&	6	F	V	f	v	å	ō	a	╢	╞	╓	µ	÷
7	7	○	↨	'	7	G	W	g	w	ç	ù	O	╖	╟	╫	τ	≈
8	8	◘	↑	(	8	H	X	h	x	ê	ÿ	G	╕	╚	╪	Φ	°
9	9	○	↓	)	9	I	Y	i	y	ë	Ö	┌	╣	╔	┘	Θ	•
10	A	◙	→	*	:	J	Z	j	z	è	Ü	¬	║	╩	┌	Ω	·
11	B	♂	←	+	;	K	[	k	{	ï	ç	1/2	╗	╦	█	δ	√
12	C	♀	∟	,	<	L	\	l	¦	î	£	1/4	╝	╠	▄	∞	n
13	D	♪	↔	-	=	M	]	m	}	ì	¥	i	╜	═	▌	Ø	2
14	E	♫	▲	.	>	N	^	n	∽	Ä	Pt	«	╛	╬	▐	∈	■
15	F	¤	▼	/	?	O	_	o	△	Å	ƒ	»	┐	╧	▀	∩	空 FFH

标准 ASCII 码用 7 位二进制数来表示 128 个字符，这 128 个字符包括非显示字符和显示字符两部分，其中非显示字符有 33 个(00H～1FH 和 7FH)，主要是控制字符和通信专用字符，它们并没有对应的可显示图形，但在应用程序中对文本显示有特定的控制作用，如回车(CR)、换行(LF)、退格(BS)等。可显示字符有 95 个(20H～7EH)，主要是数字、大小写字母、标点符号、运算符以及一些特殊符号。

在汇编语言程序设计中，经常用到的符号有：数字 0～9、英文字母 A～Z 和 a～z、空格、回车、换行、Esc 等，这些符号的 ASCII 码必须牢牢记住。

3. 汉字的编码

汉字与西文字符一样，在计算机中也用一组二进制代码来表示。我国根据汉字的常用程度制定了两级汉字字符集，并对收录的字符进行了编码，即《信息交换用汉字编码字符集 基本集》标准 GB 2312—1980。

GB 2312—1980 字符集共包含汉字 6763 个(其中一级汉字 3755 个，二级汉字 3008 个)，图形符号 682 个，每个汉字或图形符号都是用两个 7 位二进制数进行编码的，通常称为国标码。为了避免与西文字符的存储发生冲突，GB 2312—1980 字符在进行存储时，将两字节最高位均设置为 1，如“微”字的国标码为 CEA2H。之后出现的 GBK 编码是对 GB 2312—1980 字符集的扩展，收录的字符已达到两万多个。

1.4 小　　结

本章从计算机的发展概况开始，对微机中的基本概念、微机结构与工作原理、微处理器的发展趋势等内容做了简要介绍。本章的重点是微机中信息的表示，详细介绍了常用数制及其转换，重点阐述了有符号数的原码和补码表示方法，讨论了补码运算规则、溢出规则，介绍了实数的浮点表示方法，给出了用于十进制数的 BCD 编码方法及 BCD 码运算的修正规则，介绍了用于表示西文字符的 ASCII 码和汉字的编码方法。

通过本章的学习，要求学生理解 CPU 执行指令的过程，结合程序的执行掌握微机的组成及工作原理，掌握微机中信息的表示方式，尤其是有符号数的补码表示，以及有符号数运算时的溢出判断。

习　　题

1.1 将下列十进制数转换成二进制数：

(1) 58； (2) 67.625； (3) 5721； (4) 31.75； (5) 11.3； (6) 511。

1.2 将下列二进制数变换成十六进制数：

(1) 1001 0101B； (2) 1101 0010 11B； (3) 1111 1111 1111 1101B；

(4) 0100 0000 1010 1B； (5) 01111111.11B； (6) 0100 0000 0001B。

1.3 将下列十六进制数变换成二进制数和十进制数：

(1) 78H； (2) 0A6H； (3) 1000H； (4) 0FFFFH；

(5) 0F1.2H； (6) 3D5H； (7) 1A.34H； (8) 80H。

1.4 将下列十进制数转换成十六进制数：

(1) 39； (2) 299.34375； (3) 54.5625； (4) 85.1875； (5) 2048； (6) 65535。

1.5 将下列二进制数转换成十进制数：

(1) 10110.101B； (2) 1001 0010.001B； (3) 1101 0.1101B；

(4) 1100.0101B； (5) 1 00011011.011B； (6) 1111 1111B。

1.6 计算(按原进制运算)：

(1) 1000 1101B＋1101 0B； (2) 1011 1B＋1110 0101B； (3) 1011 110B－1110B；

(4) 124AH＋78FH； (5) 5673H＋123H； (6) 1000H－F5CH。

1.7 已知 a=1011B，b=11001B，c=100110B，按二进制完成下列运算，并用十进制运算检查计算结果：

(1) $a+b$；(2) $c-a-b$；(3) $a\times b$；(4) $c\div b$。

1.8 已知 a=0011 1000B，b=1100 0111B，计算下列逻辑运算：

(1) a AND b；(2) a OR b；(3) a XOR b；(4) NOT a。

1.9 设机器字长为 8 位，写出下列各数的原码和补码：

(1) +1010 101B；(2) –1010 101B；(3) +1111 111B；

(4) –1111 111B；(5) +1000 000B；(6) –1000 000B。

1.10 写出下列十进制数的二进制补码表示(设机器字长为 8 位)：

(1) 15；(2) －1；(3) 117；(4) 0；

(5) －15；(6) 127；(7) －128；(8) 80。

1.11 设机器字长为 8 位，已知下列两组为 a 和 b 的原码，求 $[a+b]_{补}$ 和 $[a-b]_{补}$，并判断结果是否溢出：

(1) $[a]_{原}$ = 1110 1011B，$[b]_{原}$ = 0100 1010B；

(2) $[a]_{原}$ = 0100 1111B，$[b]_{原}$ = 1101 0011B。

1.12 设机器字长为 8 位，先将下列各数表示成二进制补码，然后按补码进行运算，并用十进制数运算进行检验：

(1) 87－73；(2) 87＋(－73)；(3) 87－(－73)；

(4) (－87)＋73；(5) (－87)－73；(6) (－87)－(－73)。

1.13 设机器字长为 8 位，已知$[a]_{补}$ = 1100 0000B，$[b]_{补}$ = 0100 1000B，$[c]_{补}$ = 0011 0010B，求$[-a]_{补}$，$[-b]_{补}$，$[-c]_{补}$，并计算 $[a-b]_{补}$ 和 $[a-c]_{补}$，判断结果是否溢出。

1.14 已知 a, b, c, d 为二进制补码，a=0011 0010B, b=0100 1010B, c=1110 1001B, d=1011 1010B, 计算：

(1) $a+b$；(2) $a+c$；(3) $c+b$；(4) $c+d$；

(5) $a-b$；(6) $c-a$；(7) $d-c$；(8) $a+d-c$。

1.15 设下列四组为 8 位二进制补码表示的十六进制数，计算 $a+b$ 和 $a-b$，并判断其结果是否溢出：

(1) a=37H，b=57H；(2) a=0B7H，b=0D7H；

(3) a=0F7H，b=0D7H；(4) a=37H，b=0C7H。

1.16 设机器字长为 16 位，已知十六进制数 X= 34AH，Y= 8CH，试分别在下列两种情况下计算 $[X+Y]_{补}$ 和 $[X-Y]_{补}$，并用十六进制数显示结果。

(1) X 和 Y 为无符号数；

(2) X 和 Y 为有符号数。

1.17 求下列组合 BCD 数的二进制和十六进制表示形式：

(1) 3251；(2) 12907；(3) 2006。

1.18 计算机对 BCD 码做加法或减法运算后，为何要对结果进行加 6 或减 6 修正？修正法则是什么？

1.19 将下列算式中的十进制数表示成组合 BCD 码进行运算，并用加 6/减 6 修正其结果：

(1) 38＋42；(2) 56＋77；(3) 99＋88；(4) 34＋69；

(5) 38－42；(6) 77－56；(7) 15－76；(8) 89－23。

1.20 计算 1100 11.0101B + 1010 1.001BCD + 22.4H = ______________D。

1.21 将下列字符串表示成相应的 ASCII 码(用十六进制数表示)：

(1) Example 1；(2) XiDian University；(3) –108.652；

(4) How are you?；(5) Computer；　　(6) Internet Web。

1.22　将下列字符串表示成相应的 ASCII 码(用十六进制数表示)：

(1) Hello；　　　(2) 123<CR>456(注：<CR>表示回车)；

(3) ASCII；　　　(4) The number is 2315。

第 2 章　8086 CPU 结构与功能

微处理器也称CPU，它是由超大规模集成电路构成的具有运算功能的逻辑部件。以CPU为核心可以构成计算机系统，我们先介绍 CPU 的外部结构、内部结构及功能结构，然后讨论微处理器包含的寄存器，它是编写汇编语言程序的基础，最后简要介绍微处理器系统中的存储器和 I/O 组织。

8088 CPU 的结构与 8086 CPU 类似，本章主要介绍 8086 CPU 的结构与功能。

2.1　微处理器的外部结构

微处理器的外部结构如图 2.1 所示。8086 CPU 芯片有 40 个引脚，微处理器通过这些引脚与外部的逻辑部件连接，完成信息的交换。CPU 的这些引脚信号称为微处理器级的总线，它应该能够完成下列功能。

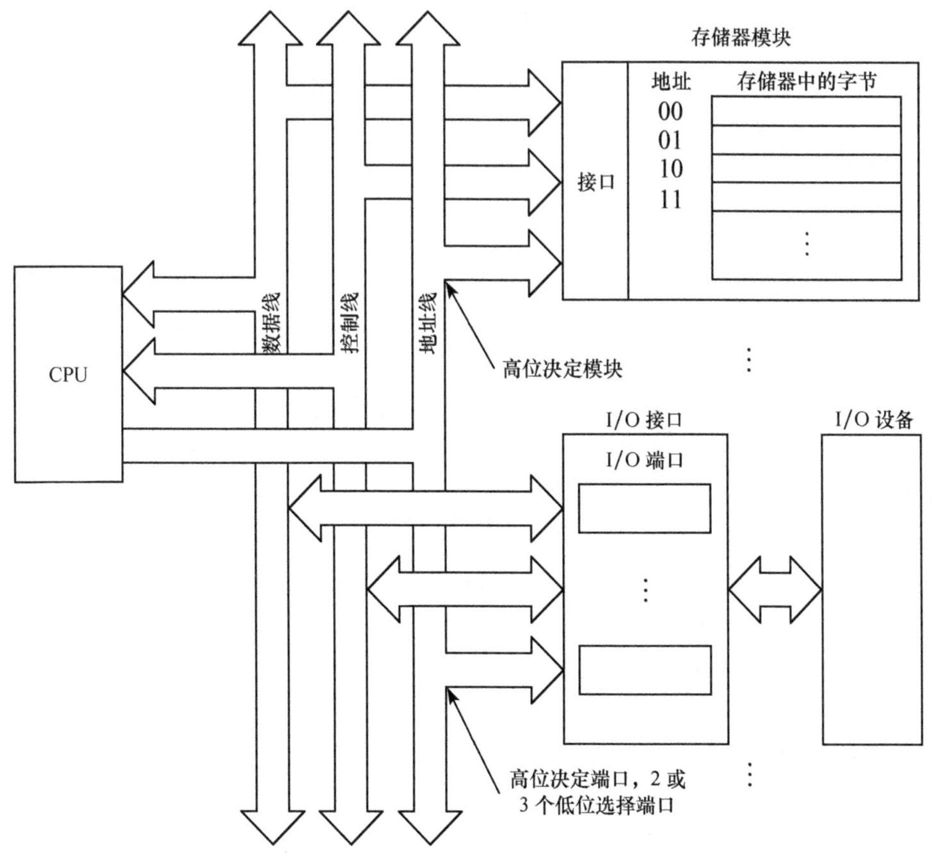

图 2.1　微处理器的外部结构

(1) 与存储器之间交换信息(指令及数据)。

(2) 与 I/O 设备之间交换信息。

(3) 能输入和输出必要的信号。

总线是用于连接 CPU 与其他部件的一组连线，总线从功能上可分为三种。

(1) 数据总线(data bus)：传送信息。

(2) 地址总线(address bus)：传送地址码。

(3) 控制总线(control bus)：传送控制信号。

8086 CPU 有 16 条数据总线、20 条地址总线和 16 条控制总线。

存储器由几个模块组成，每个模块包含多个存储单元，每个存储单元可存储指令和数据，每个存储单元都有一个唯一的地址，CPU 依据这个地址来存取指令和数据。用地址高位来区分模块。

I/O 接口是连接 CPU 与 I/O 设备的控制电路，在 I/O 接口中，有一个 I/O 端口寄存器，用于与 CPU 之间的数据交换，计算机也为其分配一个地址(端口地址)，CPU 也是依据这个地址与端口打交道的。

存储器和 I/O 端口都是以字节为单位存放的。字符的 ASCII 码为 7 位代码，所以也用 8 位表示，一个字包含两字节(16 位)。

某些微处理器采用统一的地址空间对存储器和 I/O 端口寻址，即存储器和 I/O 端口进行统一的地址编码，一个地址要么对应于存储单元，要么对应于端口寄存器，读写控制信号用来区分 CPU 进行读/写操作。在这种方式下，对存储器和 I/O 端口的存取指令是一样的。

但大多数微处理器则是采用两个独立的地址空间，即存储器地址空间和 I/O 地址空间，这时，某存储单元和 I/O 端口可能对应于相同的地址值。那么如何区分 CPU 是存取存储单元还是 I/O 端口？采用存储器读写信号和 I/O 读写信号来区分。在这种方式下，对存储器和对 I/O 端口读写指令是不同的。

在 8086 微机系统中，采用 20 位地址对存储器进行编址，可寻址的地址范围为 2^{20}=1M；采用低 16 位地址对 I/O 端口编址，所以可寻址 2^{16}=65536 个端口寄存器。

2.2 微处理器的内部结构

微处理器是组成计算机的核心部件，它具有下列运算和控制功能。

(1) 进行算术和逻辑运算。

(2) 具有接收存储器与 I/O 接口来的数据和发送数据给存储器与 I/O 接口的能力。

(3) 可以暂存少量数据。

(4) 能对指令进行寄存、译码并执行指令所规定的操作。

(5) 能提供整个系统所需的定时和控制信号。

(6) 可响应 I/O 设备发出的中断请求。

典型的 CPU 内部结构如图 2.2 所示。

从 CPU 的内部结构可以看出，CPU 由四部分构成：算数逻辑运算单元(ALU)、工作寄存器、控制器和 I/O 控制逻辑。

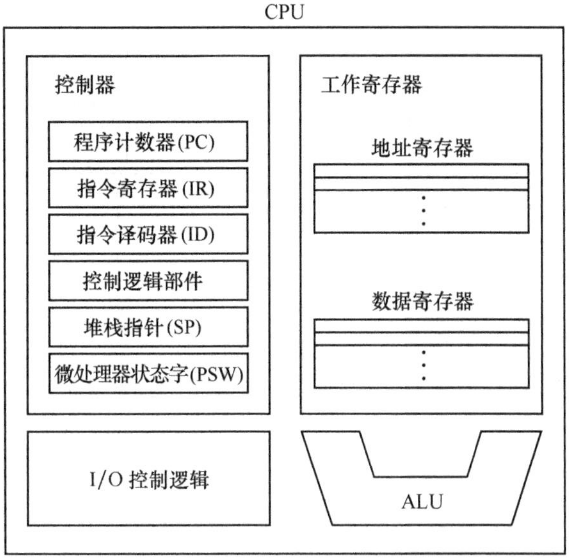

CPU

控制器

程序计数器(PC)

指令寄存器(IR)

指令译码器(ID)

控制逻辑部件

堆栈指针(SP)

微处理器状态字(PSW)

工作寄存器

地址寄存器

数据寄存器

I/O 控制逻辑

ALU

图 2.2　微处理器的内部结构

(1)算术逻辑单元：它是运算器的核心，完成所有的运算操作。它是一个组合电路，无记忆功能。它有两个输入端和一个输出端，在控制信号的控制下可以完成不同的操作。

(2)工作寄存器：可以暂存寻址信息和计算过程中的中间结果。数据寄存器用于暂存操作数和中间结果，地址寄存器用于暂存操作数的寻址信息。

(3)控制器：它是 CPU 的“指挥中心”，完成指令的读入、寄存和译码，并产生控制信号序列，使 ALU 完成指定的操作。

控制器由下列部件组成。

① 程序计数器(program counter，PC)：用于保存下一条要执行的指令的地址，也称指令指针(instruction pointer)。

② 指令寄存器(instruction register，IR)：保存从存储器中读入的当前要执行的指令。

③ 指令译码器(instruction decoder，ID)：对指令进行译码。

④ 控制逻辑部件：根据对指令译码的分析，产生控制信号，以完成指令规定的操作。

⑤ 微处理器状态字(processor state word，PSW)：寄存处理器当前的状态，如指令结果是否为 0，结果是正是负，有没有进位、借位，是否溢出等。

⑥ 堆栈指针 (stack pointer，SP)：指示堆栈的地址。

(4)I/O 控制逻辑：处理 I/O 操作。

2.3　微处理器的功能结构

微处理器的功能结构如图 2.3 所示，它主要包含两个独立的逻辑单元：执行单元(execution unit，EU)和总线接口单元(bus interface unit，BIU)。ALU 的数据总线(16 位)、队列总线用于 EU 内部、EU 与 BIU 之间的通信。

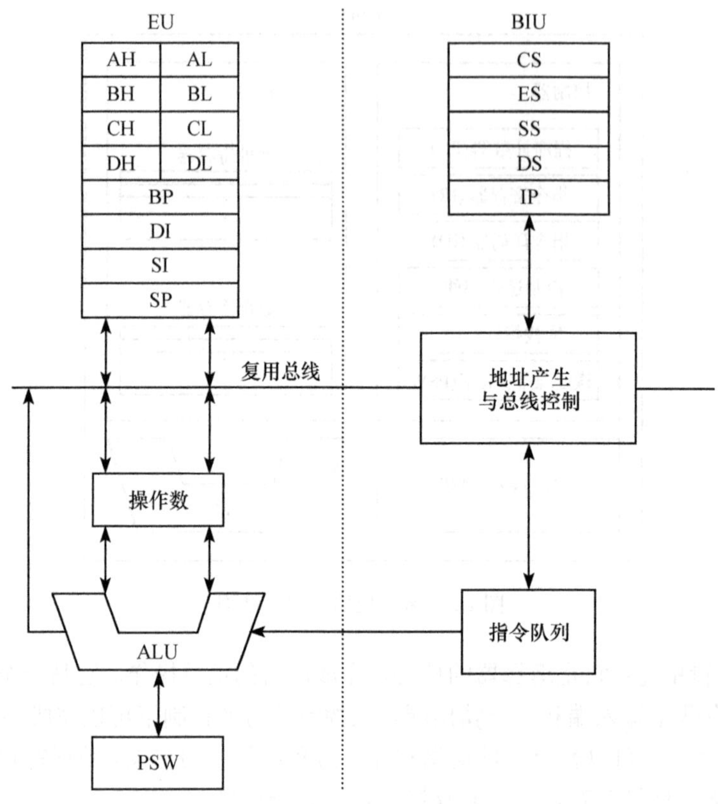

图 2.3　微处理器的功能结构

EU 的功能是执行指令规定的操作，主要部件有 ALU、暂存器、EU 控制器、PSW 和通用寄存器组。BIU 主要完成 CPU 与存储器和 I/O 设备之间的信息传递，主要部件有 ALU、段寄存器、指令指针(IP，也称为 PC)、内部寄存器、指令队列寄存器和总线控制电路等。

BIU 主要完成取指令、存取数据的操作，其中 ALU 用于计算 20 位的指令或数据的地址，读取的指令代码存入指令队列寄存器，读取的数据通过 ALU 总线直接送给 EU。而 EU 直接从指令队列寄存器中获取指令，通过寄存、译码产生控制信号，完成指令规定的操作。

EU 和 BIU 可以独立、并行执行，但相互之间会有协作。当指令队列中还没有指令时，EU 处于等待状态，当 EU 执行指令需要访问存储器或 I/O 端口时，BIU 应尽快完成存取数据的操作，这一过程可以用图 2.4 表示。

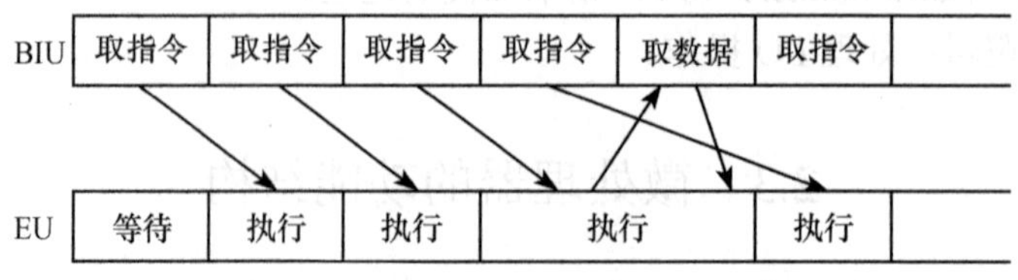

图 2.4　EU 和 BIU 的并行执行过程

EU 和 BIU 执行过程中，应该满足下列规则。

(1) 当指令队列寄存器中无指令时，EU 处于等待状态。

(2) 当指令队列中存满指令，而 EU 又没有访问存储器和 I/O 端口的需要时，BIU 进入空闲状态。

(3)当指令队列中有两个空闲字节时，BIU 自动执行取指令的总线周期。

(4)当 EU 执行指令时，需要访问存储器或 I/O 端口，如果这时 BIU 正在取指令，则应等待 BIU 完成取指令周期，然后 BIU 进入存储器和 I/O 端口访问周期。

(5)当 EU 执行转移、子程序调用或返回等指令时，自动清除指令队列的内容。

2.4 微处理器的寄存器组织

8086 CPU 内部有 14 个 16 位的寄存器，按功能可以分成 8 个通用寄存器、4 个段寄存器和 2 个控制寄存器。寄存器是汇编语言指令可以使用的操作数，具有至关重要的地位，我们应该切实掌握。

2.4.1 通用寄存器

通用寄存器可以分成两类：数据寄存器(AX、BX、CX、DX)和地址指针/变址寄存器(SI、DI、SP、BP)。

8086 CPU 有 4 个 16 位数据寄存器。

(1)累加器(accumulator，AX)：这是最常用的寄存器，许多操作都可以在 AX 中完成，而且有一些操作只能在 AX 中完成，如乘法和除法操作。

(2)基址寄存器(base register，BX)：虽然属于数据寄存器，但它经常用作地址寄存器。

(3)计数寄存器(count register，CX)：经常用作循环的计数寄存器，如在循环语句中，默认 CX 的内容为循环次数。

(4)数据寄存器(data register，DX)：用于寄存数据，但在 I/O 指令中，DX 用于表示端口地址。

另外，这 4 个 16 位的数据寄存器又可以分成 8 个 8 位的字节寄存器：

AX→AH,AL

BX→BH,BL

CX→CH,CL

DX→DH,DL

其中，“H”表示高 8 位(高字节)，“L”表示低 8 位(低字节)，在程序设计中可以独立使用这 8 个字节寄存器。

8086 CPU 有 4 个 16 位的地址寄存器。

(1)变址寄存器(source index，SI)：在字符串操作指令中，SI 提供源操作数的段内偏移地址，当然也可以在其他指令中，用作地址寄存器。

(2)变址寄存器(destination index，DI)：在字符串操作指令中，DI 提供目的操作数的段内偏移地址，当然也可以在其他指令中，用作地址寄存器。

(3)堆栈指针(stack pointer，SP)：用于保存堆栈段的段内偏移地址。段地址由段寄存器 SS 提供。堆栈是一块特殊的内存区域，它以“先进后出”的方式保存各寄存器、返回地址等信息。

(4)基址指针(base pointer，BP)：BP 可以指定段内偏移地址，但将 BP 用作地址寄存器时，一般情况下，其默认的段地址为SS。

在将这4个寄存器(SI、DI、SP、BP)用作地址寄存器时，它们只提供了16位的偏移地址。要形成20位的物理地址，还需要由段寄存器提供段地址，它们之间的关系为

$$物理地址=段地址\times 10H+偏移地址$$

2.4.2 段寄存器

8086 CPU的段寄存器有4个。

(1) 代码段(code segment，CS)寄存器：用于存放当前执行程序的段地址，IP为指令指针。

(2) 数据段(data segment，DS)寄存器：用于存放当前数据段的段地址。

(3) 附加段(extra segment，ES)寄存器：用于存放当前附加数据段的段地址。

(4) 堆栈段(stack segment，SS)寄存器：用于存放当前堆栈段的段地址。

由段地址和偏移地址可以构成物理地址，这一点与存储器的分段结构有关，见2.5节。

2.4.3 控制寄存器

8086 CPU有两个控制寄存器。

(1) 指令指针(instruction pointer，IP)：也称程序计数器(program counter，PC)，用于保存下一条即将要执行指令的段内偏移地址。改变IP的值就意味着改变程序的流程，不能通过普通的传送类指令修改IP的值，但某些指令可以改变IP的内容，如转移指令、子程序调用和返回指令等。

(2) 微处理器状态字(processor state word，PSW)：它是一个16位的寄存器，一共设定了9个标志位，其中6个标志位用于反映ALU前一次操作的结果状态，另3个标志位用于控制CPU操作。具体位置如图2.5所示。

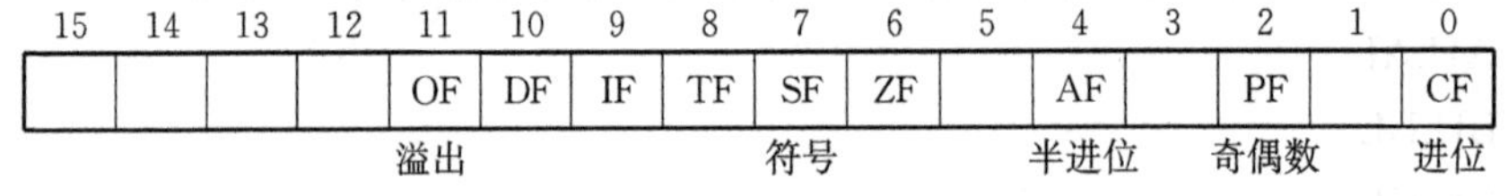

图2.5　PSW中的标志位

反映ALU前一次操作结果状态的标志位如下。

① 进位标志(carry flag，CF)：在加减运算时，最高位(D7或D15)有无进(借)位的标志。

$$\begin{cases}有进（借）位时，\ CF=1\\无进（借）位时，\ CF=0\end{cases}$$

② 奇偶标志(parity flag，PF)：操作结果的低8位中含有“1”的个数。

$$\begin{cases}偶数个“1”，\ PF=1\\奇数个“1”，\ PF=0\end{cases}$$

③ 辅助进位标志(auxiliary carry flag，AF)：在加减运算时，D3位有无进(借)位的标志。

$$\begin{cases}\text{有进（借）位时，} & AF=1\\ \text{无进（借）位时，} & AF=0\end{cases}$$

④ 零标志(zero flag，ZF)：运算结果是否为 0。

$$\begin{cases}\text{结果为0，} & ZF=1\\ \text{结果不为0，} & ZF=0\end{cases}$$

⑤ 符号标志(sign flag，SF)：操作结果的符号，它等同于操作的最高位 D7(或 D15)。

$$\begin{cases}\text{操作结果为负，} & SF=1\\ \text{操作结果为正，} & SF=0\end{cases}$$

⑥ 溢出标志(overflow flag，OF)：有符号数运算时是否溢出的标志。

$$\begin{cases}\text{溢出，} & OF=1\\ \text{无溢出，} & OF=0\end{cases}$$

例如，将下列两个二进制数相加，可以设定各个标志位。

```
  0101  0100  0011  1001B
+ 0100  0111  0110  1010B
-------------------------
  1001  1011  1010  0011B
```

结果有：SF=1，ZF=0，PF=1，AF=1，CF=0，OF=1。

又如，将下列两个二进制数相减，并设定标志位。

```
      0101  0110  0101  1011B
    - 1100  0101  0100  0110B
-----------------------------
[1]   1001  0001  0001  0101B
```

结果有：SF=1，ZF=0，PF=0，AF=0，CF=1，OF=1。

控制 CPU 的标志位如下。

① 方向标志(direction flag，DF)：在字符串操作中，当 DF=0 时，其变址寄存器(SI、DI)的内容自动递增；当 DF=1 时，SI、DI 自动递减。

② 中断允许标志(interrupt enable flag，IF)：当 IF=1 时，CPU 能够响应可屏蔽中断请求；当 IF=0 时，则 CPU 不能响应中断请求，这一位可以用指令(STI、CLI)来设置。

③ 陷阱标志(trap flag，TF)：当 TF=1 时，CPU 处于单步执行方式，即每执行一条指令就自动执行一次类型 1 的内部中断，这主要用在 Debug 中。

2.5 微处理器的存储器和 I/O 组织

2.5.1 存储器地址空间和数据存储格式

在 8086 CPU 构成的系统中，存储器单元的大小为 1 字节，每个存储单元都对应于唯一的一个地址。由于微处理器系统有 20 条地址线 A_0～A_{19}，可寻址范围达 2^{20}(1M)，因此一共可以设计 1MB 的存储空间。相邻的两字节构成一个字，低地址存储低字节，高地址存储高字节。

当一个字从偶地址开始存储时，称为字的存储是对准的；否则，当一个字从奇地址开始存储时，称为字的存储是未对准的。这一点与 CPU 访问一个字时的总线周期(通过总线访问一次存储器或 I/O 端口的时间)有密切关系，从理论上说，由于 8086 CPU 具有 16 条数据总线，CPU 的一个总线周期可以存取一个字，但实际上，只有当字的存储是对准的时，CPU 存取一个字仅需要一个总线周期；当字的存储是未对准的时，CPU 存取这个字需要两个总线周期(第一个总线周期先访问低字节，第二个总线周期访问高字节，当然这个过程是 CPU 自动完成的，对用户来说，字的存储方式与编程没有任何关系)。

2.5.2 存储器的分段和物理地址的形成

前面已经提到过，物理地址由段地址和段内偏移地址两部分组成。由于基址或变址寄存器为 16 位的寄存器，它们可以提供 16 位的偏移地址，因此通过改变基址或变址寄存器可以寻址 2^{16}B=64KB 的存储空间。8086 CPU 采用地址分段的方法，使寻址范围扩大到 1MB。

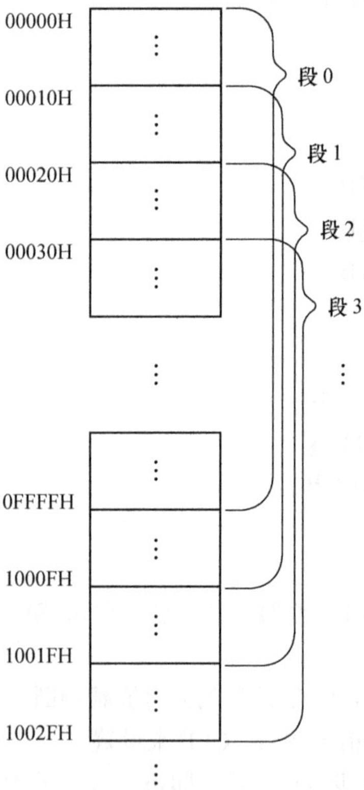

在 8086 CPU 系统中，把 1MB 的存储器空间划分成若干个逻辑段，每个段最多有 64KB 的存储空间，各段起点选在能够被 16 整除的地址，并将高 16 位的地址值称为段地址，因此 1MB 的存储器空间可以有 2^{16}=64K 个段，但段与段之间是相互覆盖的，相邻段之间相距 16 个存储单元，如图 2.6 所示。

图 2.6　存储器空间的分段组织

由于段与段之间是相互覆盖的，因此同一个地址的存储单元可表示成不同的段地址和偏移地址，例如，物理地址为 00054H 的存储单元，可以表示成段 0+0054H、段 1+0044H、段 2+0034H、段 3+0024H、段 4+0014H、段 5+0004H，只要满足段地址×10H+偏移地址能够给出正确的物理地址。存储单元的物理地址的计算过程如图 2.7 所示，这里段地址×10H 等效于向左移 4 位，BIU 中的 ALU 就是专门用来完成物理地址的计算的。

物理地址可以表示成逻辑地址格式：(段地址：偏移地址)，例如，逻辑地址 0800H：0100H 相对应的物理地址为 08100H，逻辑地址 5421H：256AH 对应的物理地址为 5677AH。

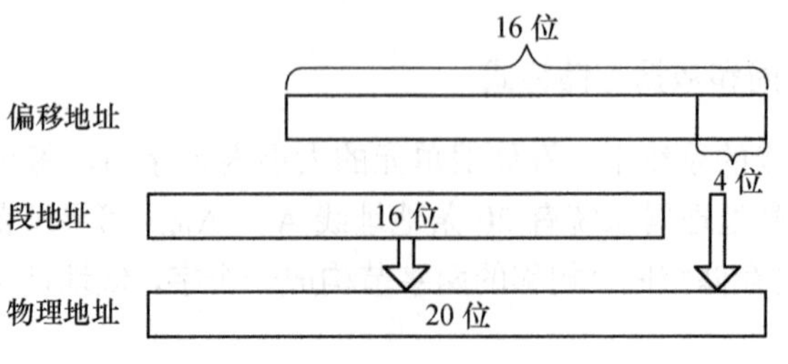

图 2.7　存储单元物理地址的计算

CPU 可通过四个段寄存器(CS、DS、SS、ES)，访问 4 个不同的段，这些段称为当前段，它们可用来分类存储信息。在汇编语言程序设计中，存储器中的信息可分成三类：程序(指令)代码、数据和状态信息，可以为它们分别分配一个区域。

(1)程序区：用于存储程序的指令代码。

(2)数据区：用于存储数据、中间结果、最终结果。

(3)堆栈区：用于存储需要压入堆栈的数据或状态信息(包括子程序返回地址、保护的寄存器内容、传递的参数等)。

这三个区域可以分别指定段寄存器，一般有以下几种。

(1)程序区：默认为 CS。

(2)数据区：默认为 DS，还可以定义一个附加的数据段，用 ES 指示。

(3)堆栈区：默认为 SS。

访问存储器的一般指令，其默认的段地址寄存器为 DS，但也有例外，如 BP 用作地址寄存器时，默认为 SS。另外，可以通过段前缀(如 ES：)改变段寄存器。这里给出各类指令的地址信息，如表 2.1 所示。

表 2.1　各类指令的地址信息

访问存储器类型	默认段	可指定的段地址	段内偏移地址
取指令代码	CS	—	IP
堆栈操作	SS	—	SP
一般数据操作	DS	CS，ES，SS	根据寻址方式确定
字符串操作源地址	DS	ES，SS，CS	SI
字符串操作目的地址	ES	—	DI
BP 用作基址寄存器时	SS	DS，ES，CS	根据寻址方式确定

在理解存储器组织时，要注意下列几点。

(1)在指令中可以指定所使用的段寄存器，如果指令中没有指定，则采用默认段寄存器。改变所使用的段寄存器的方法为指令中加上段前缀(如 ES：)，但有些指令不允许指定段寄存器，如取指令时为 CS、堆栈操作时为 SS、字符串操作目的地址为 ES。

(2)段寄存器 DS、ES、SS 的内容可以采用传送类指令来改变，但 CS 的内容不能用传送类指令来设置。下列指令将改变 CS 的内容：ASSUME(伪指令)、JMP(转移)、CALL(子程序调用)、RET(子程序返回)、INT(中断调用)、IRET(中断返回)。

改变段寄存器的内容意味着改变区域的覆盖范围，因此，数据区、堆栈区和程序区都可以是浮动的，即它们可以具有大于 64KB 的存储空间。

(3)段内偏移地址是由 16 位的基址或变址寄存器提供的，具体地址值取决于寻址方式。

(4)一般情况下，每个区域中需要存储的信息小于 64KB，这样各个段之间是相互覆盖的。在段之间不覆盖并且不改变段寄存器的情况下，当前段可以容纳 64KB 的程序代码、64KB 的堆栈信息和 128KB 的数据。

2.5.3 8086/8088 的 I/O 组织

I/O 接口是介于 CPU 与外设之间的逻辑电路，它是保证 CPU 与外设之间进行信息传递的中介。CPU 的速度很高，而外设的速度相对来说比较慢，因此，它们之间不能直接相连，必须依靠中间的 I/O 接口来协调。

一般来说，I/O 接口中设计有一个 8 位(1 字节)的端口寄存器，用于寄存 CPU 送给外设的数据或外设送给 CPU 的数据，I/O 接口逻辑会适时地完成传送。每个端口应该分配一个唯一的地址(称为端口地址)，CPU 就是依靠端口地址与端口寄存器交换数据的。

8086 CPU 采用地址总线的低 16 位对 I/O 端口寄存器进行编址，因此一共可以设计 2^{16}(65536)个 8 位的端口寄存器，I/O 地址空间为 0～(2^{16}–1)(即 65535)。

地址相邻的两个端口可以构成一个字(16 位)端口，与存储器类似，字端口也分对准和未对准的情况。当字端口地址起始于偶地址时，称为对准的，这时存取这个字只需要一个总线周期；当字端口地址起始于奇地址时，称为未对准的，这时存取这个字需要两个总线周期。

I/O 端口与存储器的区别如下。

(1) I/O 端口与存储器采用两个不同的地址空间，因此必须分别采用不同的指令来访问，MOV 指令用于存取存储单元，而 IN 和 OUT 指令用于访问 I/O 端口寄存器。

(2) I/O 端口寄存器只需要 16 位地址表示，因此不需要使用段地址。

例 2.1 有一块 120 个字的存储区域，其起始地址为 625AH：234DH，写出这个存储区域首末单元的物理地址。

解：存储区域的字节数为

$$2\times120=240=0F0H$$

首地址为

$$625AH\times10H+234DH=648EDH$$

末地址为

$$648EDH+0F0H-1=649DCH$$

或者

$$625AH\times10H+(234DH+0F0H-1)=625A0H+243CH=649DCH$$

2.6 小　　结

本章介绍微型计算机系统中的核心部件微处理器。通过了解 CPU 的外部和内部结构，理解微处理器及总线(地址总线、数据总线和控制总线)的概念；通过学习 CPU 的功能结构，掌握 CPU 中两个独立单元(EU 和 BIU)的并行执行过程；介绍了汇编语言程序设计所需要的 14 个寄存器，掌握这些寄存器的正确使用是非常重要的；通过 8086 的存储器组织与分段、I/O 端口地址空间等基本知识，了解 8086 CPU 与外围电路的关系。

习　题

2.1　微处理器内部结构由哪几部分组成？阐述各部分的主要功能。

2.2　微处理器级总线有哪几类？各类总线有什么作用？

2.3　为什么地址总线是单向的，而数据总线是双向的？

2.4　8086 微机系统对存储器和 I/O 端口是如何编址的？统一编址和独立编址各有什么优缺点？

2.5　8086 CPU 内部按功能可分成哪两大部件？它们各自的主要功能是什么？思考 8086 如何实现简单的指令流水线。

2.6　8086/8088 微处理器内部有哪些寄存器？其主要作用是什么？

2.7　IBM PC 有哪些寄存器用来指示存储器的地址？其中哪些可供在汇编语言程序中进行存储器寻址使用？

2.8　设计算机字长为 8 位，计算 0FEH 与 02H 的和，根据结果置各标志位：

(1)若 0FEH 和 02H 为有符号数，会产生溢出吗？

(2)若 0FEH 和 02H 为无符号数，会产生溢出吗？

(3)对于有符号数和无符号数的加减法运算，如何根据标志位判断结果是否溢出？

2.9　如果某微处理器有 20 条地址总线和 16 条数据总线，问：

(1)假定存储器地址空间与 I/O 地址空间是分开的，则存储器地址空间有多大？

(2)数据总线上传送的有符号整数的范围有多大？

2.10　存储器中对字型数据是按什么格式存放的？如何区分字存储时的对准与未对准？8086 CPU 对这两种类型的字操作有什么区别？

2.11　将十六进制数 62A0H 与下列各数相加，求出其结果及标志位 CF、AF、SF、ZF、OF 和 PF 的值：

(1)1234H；(2)4321H；(3)CFA0H；(4)9D60H；

(5)24F3H；(6)F021H；(7)85D4H；(8)1AAAH。

2.12　从下列各数中减去 4AE0H，求出其结果及标志位 CF、AF、SF、ZF、OF 和 PF 的值：

(1)1234H；(2)5D90H；(3)9090H；(4)EA04H；

(5)3F55H；(6)721CH；(7)B81FH；(8)2020H。

2.13　什么是逻辑地址？什么是物理地址？它们之间的关系如何？

2.14　写出下列存储器地址的段地址、偏移地址和物理地址：

(1)2134：10A0；(2)1FA0：0A1F；(3)267A：B876。

2.15　给定一个数据的有效地址为 2359H，并且(DS)=490BH，求该数据的物理地址。

2.16　在存储器中有一块 254B 的连续存储区域，设其末单元的逻辑地址为 1412H：F2BCH，写出这个存储区域首末字节单元的物理地址。

2.17　如果在一个程序段开始执行之前，(CS)=0A7F0H，(IP)=2B40H，求该程序段的第一个字的物理地址。

2.18　将下列词汇(1)～(18)与说明 A～R 关联起来：

(1)CPU；(2)EU；(3)BIU；(4)IP；

(5)SP；(6)存储器；(7)堆栈；(8)指令；

(9)状态标志；(10)控制标志；(11)段寄存器；(12)物理地址；

(13)汇编语言；(14)机器语言；(15)汇编程序；(16)连接程序；

(17)目标码；(18)伪指令。

A.保存当前栈顶地址的寄存器；

B.指示下一条要执行指令的地址；

C.总线接口部件，实现执行部件所需要的所有总线操作；

D.分析并控制指令执行的部件；

E.存储程序、数据等信息的记忆装置，PC有RAM和ROM两种；

F.以后进先出方式工作的存储器空间；

G.把汇编语言程序翻译成机器语言程序的系统程序；

H.唯一代表存储器空间中的每个字节单元的地址；

I.能被计算机直接识别的语言；

J.用指令的助记符、符号地址、标号等符号书写程序的语言；

K.把若干个模块连接起来成为可执行文件的系统程序；

L.保存各逻辑段的起始地址的寄存器；

M.控制操作的标志，PC有三位：DF、IF、TF；

N.记录指令操作结果的标志，PC有六位：OF、SF、ZF、AF、PF、CF；

O.执行部件，由ALU和寄存器组等组成；

P.由汇编程序在汇编过程中执行的指令；

Q.告诉CPU要执行的操作，在程序运行时执行；

R.机器语言代码。

第 3 章　汇编语言基础

3.1　汇编语言指令

在高级语言中进行编程时，只需要告诉机器做什么，如 $X=A+B$，但在汇编语言或机器语言中编程时，必须告诉机器做什么及如何做，如要完成 $X=A+B$，则还应该告诉机器数据 A、B 存放在何处，运算结果保存在什么地方，如果产生溢出又该如何处理。因此，利用汇编语言或机器语言编程时应该描述得更具体、更深入，并需要了解 CPU 的内部结构。

计算机能够直接执行的是以二进制代码表示的指令，这种以二进制代码指令编写程序的方法称为机器语言编程。这种编程方法书写麻烦、不易记忆、检查困难，只有极少数系统设计人员需要按机器语言编程。为了编写程序方便，通常采用一组字母、数字或符号来代替一条二进制代码指令，这种符号称为指令的助记符(帮助记忆的符号)，以助记符编写程序的方式称为汇编语言程序设计。

但利用助记符编写的汇编语言程序在 CPU 中不能直接执行，必须通过汇编程序翻译成机器语言程序。汇编程序(MASM)是一个专门完成汇编的软件，编写的汇编语言源程序必须符合汇编程序的要求或规则，它对汇编语言的指令给出了详细的规定，这些都是我们应该掌握的内容。

汇编语言源程序中以语句表示指令，语句有三种基本类型。

(1)指令：汇编后形成一条机器语言指令，它们之间是一一对应的，在程序执行时指令得以执行。

(2)伪指令：只是告诉汇编程序如何进行汇编，汇编后没有生成机器语言指令，它在程序汇编时得以执行。

(3)宏指令：它是由用户自己定义的指令，由指令和伪指令构成，它在程序汇编时进行宏展开，以相应的指令和伪指令替代宏指令。

为了清楚地叙述 8086 CPU 指令系统，这里需要介绍汇编语言的一些基本知识。

3.1.1　8086 指令分类

指令系统是指处理器所能完成的所有指令的集合。8086 CPU 的指令系统分为下列几类。

(1)数据传送类指令。

(2)算术运算类指令。

(3)逻辑运算类指令。

(4)移位类指令。

(5)标志位操作指令。

(6)转移指令。

(7) 循环控制指令。
(8) 子程序调用和返回指令。
(9) 中断调用返回指令。
(10) 字符串操作指令。
(11) 输入/输出指令。
(12) 其他指令。
(13) 宏指令。

为了书写指令方便，这里先简要介绍一下要用到的各种符号，如表 3.1 所示。

表 3.1　符号及含义

符号	英文原文	含义
OPR	operands	表示一个操作数
SRC	source	表示源操作数
DST	destination	表示目的操作数
REG	register	表示一个寄存器
REGn	register with *n* bit	表示一个 *n* 位寄存器
MEM	memory	表示一个存储单元
CNT	counter	表示计数值
LABEL	label	标号或过程名
PORT8	port address with 8 bit	8 位端口地址
DISPn	displace with *n* bit	表示 *n* 位的偏移量
EA	effective address	表示有效地址，即段内偏移地址
SEG	segment address	表示段地址
IDATA	im data	表示立即数
←	moving	表示数据的传送
←→	exchange	表示数据的交换
(…)	—	表示取…的内容
∧	and	表示进行逻辑与操作
∨	or	表示进行逻辑或操作
∀	xor	表示进行逻辑异或操作
$\bar{X}$	not	取 X 的反码(即按位取反)

3.1.2　汇编语言中语句的组成

汇编语言中的语句由以下四部分组成：

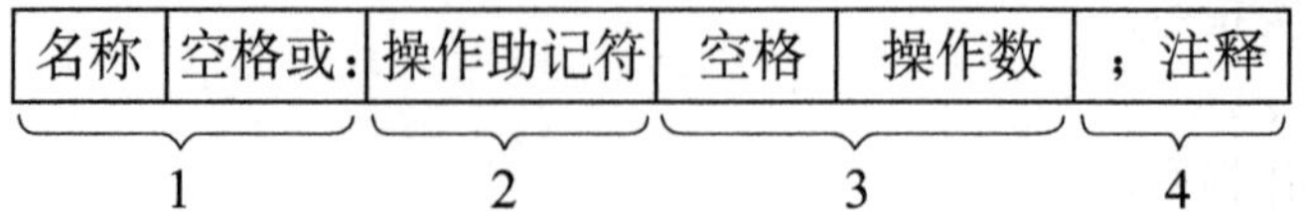

1. 名称

名称为一个标识符，其构成有以下约定。

(1)可由字母(a,b,…,z)、数字(0，1，…,9)及特殊字符(?,@,_,$)等组成。

(2)必须以字母开头，不能以数字开头，如果标识符中包含圆点，则圆点必须为第一个字符。

(3)长度可达 31 个字符，超过部分被忽略。

(4)不能采用系统保留的助记符。

每条语句可以有名称，也可以没有名称。这种名称有两种含义。

(1)标号：当语句中名称与助记符之间以冒号间隔时，该名称表示标号，用于表示指令的地址(段地址，偏移地址)。

(2)变量名：当语句中名称与助记符之间以空格间隔时，该名称表示变量名，用于表示存放数据的存储空间。

2. 操作助记符(简称助记符)

助记符指出该语句(指令)的基本功能，它是一条指令必不可少的部分。助记符由汇编语言指令系统规定，不能随意更改。

3. 操作数

操作数是指令操作所需要的数据，一般通过寻址方式给出。当直接给出操作的数据时，它可以取常数、标识符(代表常数)及其表达式。

当语句表示一条指令时，其操作数个数可以取一个(称为单操作数指令)，也可以取两个(称为双操作数指令)；当语句表示一条伪指令时，它可以包含多个操作数。助记符与第一个操作数之间用空格间隔，操作数之间用逗号间隔。

4. 注释

以“；”开头的部分表示语句的注释，用于对该指令或程序段的说明。它可以作为语句的一部分，也可以作为单独的一行。

3.1.3 汇编语言中的常数与表达式

1. 常数

常数可以有下列格式：

- 数值
  - 二进制（以B结尾），如1011 0010B
  - 十进制（缺省或以D结尾），如179或179D
  - 十六进制（以H结尾），如23H、0A1H
- 字符串：用单引号（‘’）括起来的一串字符，表示各个字符的ASCII码

注：作为十六进制数，第一个字符必须是数字，如果以字母开头，则应该在其前面添

加 0。

2. 表达式

表达式由操作数和操作符组成，而操作数可以是常数、标识符、表达式(子表达式)。操作符可以取：

操作符
- 算术操作符：+, -,*,/, MOD
- 逻辑操作符：AND，OR，NOT，XOR
- 关系操作符：EQ（相等），EN（不等），LT（小于），GT（大于），LE（小于等于），GE（大于等于）
- 属性操作符、PTR操作符：在变量定义中叙述

说明：(1) MOD 运算是取两数相除的余数，两数应该均为正整数。例如，79 MOD 16 结果为 15，0B5H MOD 10H 结果为 5。

(2) 逻辑运算是针对位的。应该注意：逻辑操作符本身又是逻辑运算指令的助记符，只有当它们出现在操作数中时，它们才是操作符，如 AND AL，41H OR 20H 中，AND 为指令助记符，而 OR 为操作符。

(3) 在关系运算中，当关系成立时，其结果的每一位均为 1(结果为–1)；当关系不成立时，其结果为 0。

3.1.4 标号

标号是由指令语句所定义的标识符，它与助记符之间用冒号间隔，用于指示相应指令的地址。标号具有 3 个属性。

(1) 段地址：指示标号所在段的段地址。

(2) 偏移地址：指示标号在段内的偏移地址。

(3) 类型：如果标号仅在本段内使用，则其类型为近程(NEAR)，如果标号还将在段间使用，则其类型为远程(FAR)。

除了在指令前放上标识符和冒号定义标号之外，还可以利用伪指令 LABEL 来定义(在 3.3 节介绍)。例如：

```
START: MOV AX,1000
```

标号 START 代表了指令“MOV AX,1000”的地址。这样，可以使用转移语句 JMP START，完成转移到该地址。

3.1.5 变量

与高级语言一样，汇编语言中也可以使用变量。

1. 变量定义

变量必须首先进行定义，然后才能使用。变量是由伪指令来定义的，其格式为：

```
变量名DB表达式          ；定义字节变量，即8位(1字节)变量
```

```
变量名DW表达式          ；定义字变量，即16位(2字节)变量
变量名DD表达式          ；定义双字变量，即32位(4字节)变量
变量名DQ表达式          ；定义长字变量，即64位(8字节)变量
变量名DT表达式          ；定义一个10字节的变量
```

这里说明几点。

(1)变量名是一个标识符，其约定与语句中的名称相同。

(2)变量名与助记符 DB、DW、DD、DQ、DT 之间用空格，而不是用冒号。

(3)变量名可有可无。

(4)变量的类型与关键字 DB、DW、DD、DQ、DT 有关。

变量定义格式中的表达式可有下列四种情况。

(1)一个、多个常数或表达式，它们之间用逗号间隔。

(2)带引号的字符串(实际上是取其 ASCII 码)。

(3)一个、多个问号(？)，这时表示只给变量分配存储空间。

(4) 重复方式，这时表达式的形式为

重复次数 DUP (表达式)

例如：

```
VAR1   DB    12H,0A5H,18+20,50/3,0，-1
VAR2   DW    12H,$+1
VAR3   DD    12345678H
VAR4   DB    'ABC'
       DW    'AB'
VAR5   DB    ?,?
VAR6   DB    4 DUP(0FFH,?)
VAR7   DB    3 DUP(55H,2 DUP(77H))
```

假设 VAR1 的偏移地址为 0000H，这样定义的变量存储图如图 3.1 所示。其中，“$”是汇编语言中的一个预定义符号，它经常用在两种场合下：①当“$”出现在表达式中时，它表示当前汇编语句的偏移地址；②当“$”出现在 DOS 功能调用显示字符串中时，它表示所显示字符串的结束符。

应该注意，在定义字符串时，利用 DB 伪指令可以按次序存放字符的 ASCII 码，也可以利用 DW 定义两个字符，这时第一个字符为高位，第二个字符为低位。但利用 DD 定义字符串时，也至多有两个字符，高位字的内容自动取 0。

2. 变量属性

定义的变量具有下列五个属性。

(1)段地址：指示变量所在段的段地址。

(2)偏移地址：变量所在段内的偏移地址。

(3)类型：表示变量的类型，它与变量定义伪指令的关键字有关。主要分三类(可以用一个变量所占用的字节数表示)：字节型 BYTE(占用一字节)、字型 WORD(占用两字节)和双字型 DWORD(占用 4 字节)。

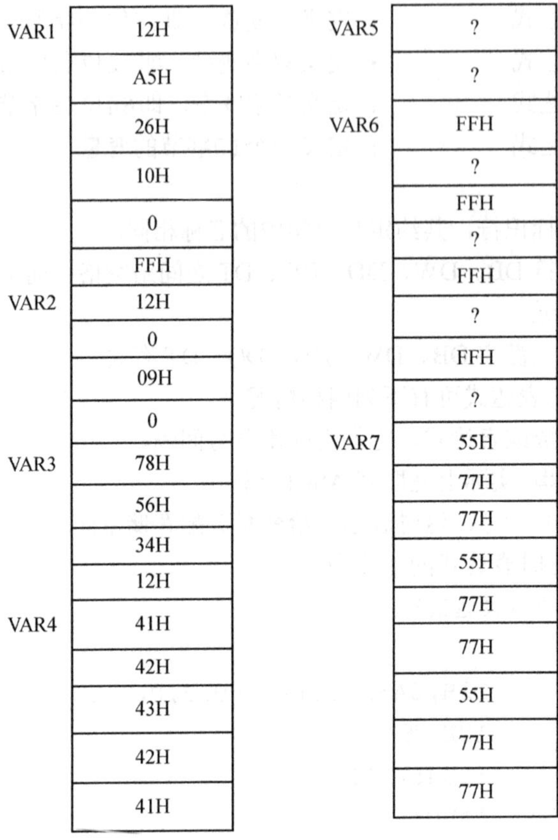

图 3.1　变量的存储器分配图

(4)长度：变量定义语句中，第一个 DUP 前的系数，表示变量重复的次数，当变量定义语句中没有出现 DUP 或者第一个为数据时，其长度为 1。例如，变量 VAR1 的长度为 1，变量 VAR7 的长度为 3。

(5)大小：变量定义语句中，变量所占用的总的字节数，它等于变量的长度与类型(字节数)之积。例如，变量 VAR1 的大小为 1，VAR2 的大小为 2，VAR7 的大小为 3。

3. 伪指令 DW、DD 的特殊用法

伪指令 DW、DD 除了定义变量，还可以用来预置变量(或标号)的段内偏移地址或包括段地址和段内偏移地址的完整地址。

(1)<变量名 1>DW<标号(或变量名 2)>±常数。

这里定义的<变量名 1>为字型地址指针，其内容为〈<标号>±常数〉或〈<变量名 2>±常数〉的段内偏移地址。例如：

```
AD1    DB    100 DUP(?)
AD2    DW    AD1          ；指向变量AD1的起始地址
AD3    DW    AD1+10
```

(2)<变量名 1>DD<标号(或变量名 2)>±常数。

这里定义的变量名 1 为双字型地址指针，第一个字存放〈<标号>±常数〉或〈<变量

名 2>±常数〉的段内偏移地址，第二个字存放其段地址。例如：

```
AD4    DD    AD1         ；指向变量AD1的起始地址
```

假设 AD1 的段地址为 0100H，段内偏移地址为 2157H，则所定义的变量 AD2～AD4 的存储器分配图如图 3.2 所示。

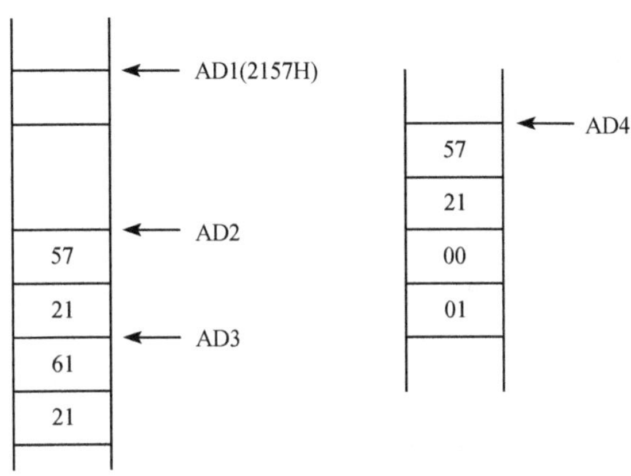

图 3.2　存储器分配图

3.1.6　属性操作符和 PTR 操作符

属性操作符是指用来获取标号或变量属性的操作符，标号或变量一旦定义后，它们就具有相应的属性。我们可通过属性操作符来获取变量或标号的属性，如表 3.2 所示。

表 3.2　属性操作符

操作符	用法	含义
SEG	SEG 变量名或标号	取出段地址
OFFSET	OFFSET 变量名或标号	取出偏移地址
TYPE	TYPE 变量名或标号	取出其类型
LENGTH	LENGTH 变量名	取出变量重复的次数
SIZE	SIZE 变量名	取出变量的大小

例如，参照图 3.2，表达式 SEG AD1 的值为 0100H，表达式 OFFSET AD1 的值为 2157H，表达式 LENGTH AD3 的值为 1。

PTR 操作符可以用来暂时改变已经定义过的变量或标号的类型。其使用格式为

```
类型 PTR 表达式
```

这里<类型>可以是变量的类型：BYTE(字节)、WORD(字)、DWORD(双字)，也可以取标号的类型：NEAR(近程)、FAR(远程)。例如，设 VAR1 为字型变量，则 BYTE PTR VAR1 为字节型变量。

另外，PTR 操作符还可以对没有类型的存储单元指定类型，例如，WORD PTR [SI] 的类型为字型。

3.2 寻址方式

在介绍指令系统之前，我们需要搞清楚指令操作的数据存放位置。在指令中，用于说明操作数所在地址的方法就称为寻址方式。

8086 CPU 指令系统的寻址方式分为两类。

(1)数据的寻址方式：寻找指令操作所需数据的方法。

(2)转移地址的寻址方式：寻找转移指令所需程序地址的方法。

3.2.1 数据的寻址方式

在讨论寻址方式之前，先简单介绍一条汇编语言中最常用的指令：

```
MOV DST,SRC          ; (DST)←(SRC)
```

其功能是将由“源操作数”所指出的数据传送到由“目的操作数”所指定的地方，DST 用于指定目的操作数的寻址方式，SRC 用于指定源操作数的寻址方式。

CPU 指令所需要的数据可以直接在指令中给出，这种数称为立即数；也可以是保存在寄存器和存储单元中的数据。对于保存在存储器中的数据，关键是给出存储单元的偏移地址，这一地址也称为有效地址，它可以由指令直接给出，也可以表示成变量的偏移地址，还可以由基址变址寄存器及其偏移量给出。另外，有一些指令本身就已经约定了操作数，这种方式称为隐含寻址。

因此，8086 CPU 指令系统的常用数据寻址方式有 8 种：立即寻址、寄存器寻址、存储器寻址(5 种)和隐含寻址，存储器寻址方式又可以细分为：直接寻址、寄存器间接寻址、寄存器相对寻址、基址变址寻址和基址变址且相对寻址。下面详细介绍这些寻址方式。

1. 立即寻址(immediate addressing)

将 8 位或 16 位数据直接放在指令之后，这种操作数的寻址方式称为立即寻址。例如，指令：

```
(1)MOV  AX,12A2H        ; (AX)←12A2H
```

完成将立即数 12A2H 传送到累加器 AX。源操作数(12A2H)直接在指令中给出，因此源操作数的寻址方式为立即寻址。

```
(2)MOV  AL,5EH      ; (AL)←5EH
```

表示将立即数 5EH 传送到寄存器 AL，源操作数的寻址方式也是立即寻址。

2. 寄存器寻址(register addressing)

指令的操作数存放在寄存器中，这种操作数的寻址方式称为寄存器寻址。16 位数据可以存放在寄存器 AX、BX、CX、DX、SI、DI、SP、BP、DS、ES、SS、CS 中；8 位数据可以存放在寄存器 AL、AH、BL、BH、CL、CH、DL、DH 中。例如，指令：

```
(1)MOV  DS,AX       ; (DS)←(AX)
```

表示将寄存器 AX 的内容传送到 DS 寄存器中，源操作数和目的操作数的寻址方式均为寄存器寻址。

(2)MOV DL,AL   ; (DL)←(AL)

表示将寄存器 AL 的内容传送到寄存器 DL 中，源操作数和目的操作数的寻址方式均为寄存器寻址。

(3)MOV VAR,BX   ; (VAR)←(BX)

表示将寄存器 BX 的内容传送到存储单元 VAR 中(设 VAR 为已经定义的字型变量)，源操作数的寻址方式为寄存器寻址。

3. 直接寻址(direct addressing)

操作数保存在存储单元中，其 16 位的偏移地址(有效地址)直接在指令中给出，这种方式称为直接寻址。指令中，有效地址可以用变量名、变量名±常数(即表达式)或方括号内的地址值表示。例如，指令

(1)MOV   AX,VAR1   ; AX←(VAR1)

设 VAR1 为字型变量，这条指令的含义为：将变量 VAR1 中的一个字传送到寄存器 AX，也就是从 VAR1 对应地址的存储单元中取一个字送给寄存器 AX。指令的源操作数为直接寻址。

(2)MOV   DL,VAR2+5   ; DL←(VAR2+5)

设 VAR2 为字节型变量，这条指令的含义为：将变量 VAR2+5 中的一个字节传送到寄存器 DL，也就是从 VAR2+5 对应地址的存储单元中取一个字节送给寄存器 DL。指令的源操作数为直接寻址。

(3)MOV   CX, [1200H]   ; CX←(1200H)

指令的含义为：从地址 1200H 的存储单元中取一个字送给寄存器 CX。指令的源操作数为直接寻址。

(4)MOV   VAR3, 2500   ; (VAR3)←2500

设 VAR3 为字型变量，指令的含义为：将立即数 2500 传送到变量 VAR3 中。指令的目的操作数为直接寻址。

4. 寄存器间接寻址(register indirect addressing)

操作数保存在存储单元中，其有效地址存放在寄存器中，可以使用的寄存器为 BX、SI 和 DI。指令中，以方括号内的寄存器符指定使用的寄存器，其有效地址的值可以表示成

$$EA=\left\{\begin{matrix}(BX)\\(SI)\\(DI)\end{matrix}\right\}$$

表示 EA 的值为 BX、SI 或 DI 的内容。例如，指令

(1)MOV   AX, [SI]   ; (AX)←((SI))

指令的含义为：将 SI 的内容作为有效地址，从相应的存储单元中取一个字送给寄存器 AX。设 SI=1A00H，则该指令表示从地址 1A00H 的存储单元中取一个字送给寄存器 AX。指令的源操作数为寄存器间接寻址。

(2)MOV   [BX],DX   ; ((BX))←(DX)

指令的含义为：将 DX 的内容传送到存储单元，存储单元的地址由 BX 的内容指定。指令的目的操作数为寄存器间接寻址。

5. 寄存器相对寻址(register relative addressing)

操作数保存在存储器中，其有效地址为一个基址寄存器或变址寄存器的内容与一个 8 位或 16 位的位移量(disp)之和，即

$$EA=\begin{Bmatrix}(BX)\\(BP)\\(SI)\\(DI)\end{Bmatrix}+\begin{Bmatrix}disp8\\disp16\end{Bmatrix}$$

指令中以［寄存器符±常数］、常数［寄存器符］、变量名［寄存器符］或变量名［寄存器符±常数］表示，例如，指令

(1)MOV BX, [SI+5]　　　　；(BX)←((SI)+5)

指令的含义为：将(SI)+5 的值作为有效地址，从相应的存储单元中取一个字送给寄存器 BX。设 SI=1A00H，则该指令表示从地址 1A05H 的存储单元中取一个字送给寄存器 BX。指令的源操作数为寄存器相对寻址。

(2)MOV CX,VAR1[BX]　　　　；(CX)←((BX)+OFFSET VAR1)

这里 VAR1 为字型变量，OFFSET VAR1 表示取变量 VAR1 的偏移地址。这条指令的含义为：将(BX)+OFFSET VAR1 的值作为有效地址，从相应的存储单元中取一个字送给寄存器 CX。指令的源操作数为寄存器相对寻址。

(3)MOV AL,VAR2[DI-15]　　；(AL)← ((DI)+(OFFSET VAR2-15))

这里 VAR2 为字节型变量。这条指令的含义为：将(DI)+(OFFSET VAR2-15)的值作为有效地址，从相应的存储单元中取一个字节送给寄存器 AL。指令的源操作数为寄存器相对寻址。

(4)MOV 5[SI+24],DX　　　　；((SI)+(5+24))← (DX)

指令的含义为：(SI)+29 的值作为有效地址，将 DX 的内容保存到相应的存储单元中。指令的目的操作数为寄存器相对寻址。

6. 基址变址寻址(based indexed addressing)

操作数保存在存储器中，其有效地址为一个基址寄存器和一个变址寄存器的内容之和，即

$$EA=\begin{Bmatrix}(BX)\\(BP)\end{Bmatrix}+\begin{Bmatrix}(SI)\\(DI)\end{Bmatrix}$$

指令中以［基址寄存器符］［变址寄存器符］表示，例如，指令

(1)MOV DX,[BX][SI]　　　　；(DX)←((BX)+(SI))

指令的含义为：将(BX)+(SI)的值作为有效地址，从相应的存储单元中取一个字送给寄存器 DX。设 BX=1200H，SI=2456H，则该指令表示从地址 3656H 的存储单元中取一个

字送给寄存器 DX。指令的源操作数为基址变址寻址。

(2)MOV AX, [BP][SI] ; (AX)←((BP)+(SI))

指令的含义为：将(BP)+(SI)的值作为有效地址，段地址为 SS 的内容，从相应的存储单元中取一个字送给寄存器 AX。指令的源操作数为基址变址寻址。

7. 基址变址且相对寻址(based indexed relative addressing)

操作数保存在存储器中，其有效地址为一个基址寄存器内容、一个变址寄存器内容、一个 8 位或 16 位的位移量(DISP)之和，即

$$EA=\begin{Bmatrix}(BX)\\(BP)\end{Bmatrix}+\begin{Bmatrix}(SI)\\(DI)\end{Bmatrix}+\begin{Bmatrix}DISP8\\DISP16\end{Bmatrix}$$

指令中以［基址寄存器符±常数］［变址寄存器符±常数］、常数［基址寄存器符］［变址寄存器符］、变量名［基址寄存器符］［变址寄存器符］、变量名［基址寄存器符±常数］［变址寄存器符±常数］表示，例如，指令

(1)MOV AX, [BX+5][SI]

指令的含义为：将(BX)+(SI)+5 的值作为有效地址，从相应的存储单元中取一个字送给寄存器 AX。设 BX=0400H，SI=2100H，则该指令表示从地址 2505H 的存储单元中取一个字送给寄存器 AX。指令的源操作数为基址变址且相对寻址。

(2)MOV DL, [BX+15][DI+8]

指令的含义为：将(BX)+(DI)+(15+8)的值作为有效地址，从相应的存储单元中取一个字节送给寄存器 DL。指令的源操作数为基址变址且相对寻址。

(3)MOV VAR1[BP][DI],AX

这里 VAR1 为字型变量，指令的含义为：以(BP)+(DI)+OFFSET VAR1 的值作为有效地址，将 AX 的内容保存到相应的存储单元中。指令的目的操作数为基址变址且相对寻址。

8. 隐含寻址(hidden addressing)

有些指令的指令码中不包含指明操作数寻址方式的部分，但操作码本身隐含指明了操作数的地址。例如，字符串传送指令：

MOVSB ；字节操作(ES：DI)←(DS：SI)，(SI)←(SI)±1，(DI)←(DI)±1

含义为：从(DS：SI)的存储单元中取一个字节，传送到(ES：DI)存储单元，并且 SI 和 DI 的内容自动增 1(当 DF=0 时)或自动减 1(当 DF=1 时)。

3.2.2 转移地址的寻址方式

程序的执行顺序由 CS 和 IP 的内容决定。正常情况下，CPU 每执行一条指令，IP 的内容自动加 1，使之指向下一条指令。当遇到转移指令时，通过自动改变 CS 和 IP 的内容，达到改变程序执行地址的目的。

为了说明转移地址的寻址方式，先介绍无条件转移指令 JMP，它表示转移到指定的地址。转移地址的寻址方式有下列 4 种：

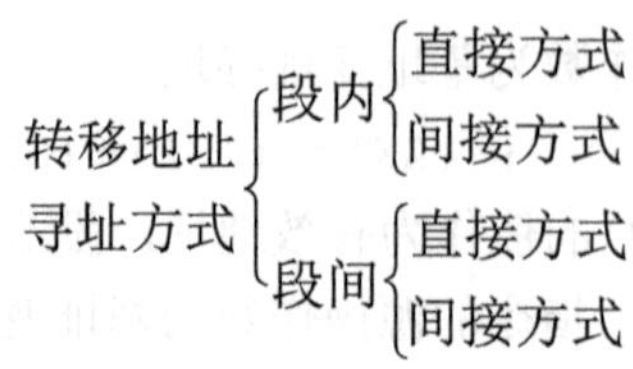

段内寻址表示转移在本段内完成，段间寻址表示转移在不同段之间完成。

1. 段内直接寻址(direct addressing within same segment)

段内直接寻址是指直接在指令中给出转移目的地址(16 位偏移地址)，转移在同一个段内完成。指令中用 JMP<标号>表示，当然这里的标号与该指令处在同一个段。例如：

```
JMP LABEL      ；程序转移到标号LABEL处执行
```

2. 段内间接寻址(indirect addressing within same segment)

段内间接寻址是指转移目的地址(16 位偏移地址)保存在寄存器或存储单元中，转移也在同一个段内完成，在指令中指出所使用的寄存器或存储单元的偏移地址，当采用存储单元保存转移地址时，可以采用以上介绍的 5 种存储器寻址方式。例如：

```
JMP BX         ；程序转移的目的地址为BX的内容
JMP VAR1       ；程序转移的目的地址为字型变量VAR1的内容
JMP VAR1[SI]   ；目的地址保存在存储器，其有效地址为(SI)+OFFSET VAR1
```

3. 段间直接寻址(direct addressing between different segments)

段间直接寻址是指直接在指令中给出转移目的地址(16 位偏移地址和 16 位段地址)，转移在不同段之间完成。指令中用 JMP<标号>表示，当然这里的标号与该指令处在不同的段。例如：

```
JMP LABEL      ；程序转移到标号LABEL处执行(LABEL不在本段中)
```

4. 段间间接寻址(indirect addressing between different segments)

段间间接寻址是指转移目的地址(32 位地址)保存在存储单元中，转移在不同的段之间完成，在指令中指出存储单元的偏移地址，可以采用以上介绍的 5 种存储器寻址方式。存储单元必须是双字型变量，第一个字用于存放目的地址的段内偏移地址，第二个字用于存放目的地址的段地址。例如：

```
JMP VAR3       ；程序转移的目的地址为双字型变量VAR3的内容
JMP VAR3[SI]   ；目的地址保存在存储器，其有效地址为(SI)+OFFSET VAR3
```

综上所述，转移地址的 4 种寻址方式也可以从指令形式加以区分，即

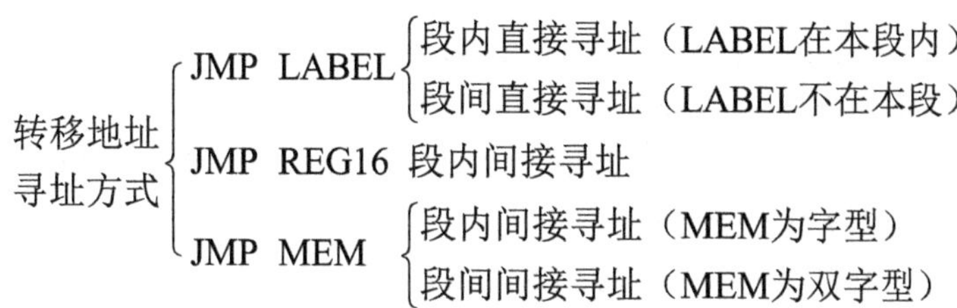

3.3 汇编语言程序结构

为了设计汇编语言程序，除了利用标号代替绝对地址、利用变量代替存储单元，还需要利用伪指令为MASM指定编译方法，如定义程序中的数据段、代码段及堆栈段，定义常量等，因此这里先介绍8条伪指令。

1. 段定义伪指令

段定义伪指令的格式为

```
<段名> SEGMENT〔定位类型〕〔组合类型〕〔类别〕
  ⋮          ＜指令或伪指令语句＞
<段名> ENDS
```

其中，<段名>为所定义段的名称，其构成规则和语句的名称一样，它具有段地址、偏移地址、定位类型、组合类型、类别五个属性；定位类型用于说明段的起始边界要求；组合类型与类别主要在多模块程序连接时使用，用于指定段的组合类型及其类别。SEGMENT 和 ENDS 为段定义的关键字，其前面的标识符必须一致，它就是所定义段的名称，程序中可以通过该名称来访问这个段。

段的定位类型有四种：PAGE(页)、PARA(节)、WORD(字)和 BYTE(字节)，用于指定段起始物理地址的特性，如表3.3 所示(“x”表示任意一位的二进制数)。

表3.3 段的定位类型与段起始物理地址的关系

段的定位类型	段起始物理地址	特性
PAGE(页)	xxxx xxxx xxxx 0000 0000	段起始物理地址可被256整除
PARA(节)(默认值)	xxxx xxxx xxxx xxxx 0000	段起始物理地址可被16整除
WORD(字)	xxxx xxxx xxxx xxxx xxx0	段起始物理地址可被2整除
BYTE(字节)	xxxx xxxx xxxx xxxx xxxx	段起始物理地址为任意地址

当段的定位类型为PAGE时，相邻两个段之间间隔256个单元(字节)，因此段与段之间存在空闲字节，这样会产生存储单元的浪费。但是，现在存储容量已经不是什么问题了，因此一般情况下，采用默认的段定位类型PARA。

2. ASSUME伪指令

ASSUME伪指令的格式为

```
ASSUME段寄存器：名称〔，段寄存器：名称，…〕
```

该伪指令用来告诉编译程序(MASM)各个段寄存器当前存放的是哪个段的段地址，但这并不意味着在段寄存器中装入了这些段地址，而应该采用 MOV 语句将相应段的段地址置入段寄存器，但 CS 的内容不能被装入。

格式中的段寄存器可以为 CS、DS、ES 和 SS，其后续的名称应该是伪指令 SEGMENT 所定义的段名。

例 3.1 设已经定义了代码段 CODE 和数据段 DATA，现要求将 CS 指向 CODE 段，DS 和 ES 同时指向 DATA 段。

解：在代码段 CODE 的起始处，编写下列程序段：

```
ASSUME CS：CODE，DS：DATA，ES：DATA
MOV AX,DATA ；取出DATA的段地址送给AX。由于DATA的段地址为立即数，因
                此不能直接传送给段寄存器
MOV DS,AX
MOV ES,AX
```

3. END 伪指令

END 伪指令的格式为

```
END 表达式
```

该伪指令表示整个源程序的结束，其表达式的值为该程序运行时的启动地址，它通常是第一条可执行语句的标号。

与 END 指令类似的伪指令有：ENDS 用于表示段定义的结束；ENDP 用于表示过程定义的结束；ENDM 用于表示宏指令或重复宏的结束。

4. PAGE 伪指令

PAGE 伪指令的格式为

```
PAGE 参数1，参数2
```

该伪指令可以为汇编过程产生的列表文件指定每页的行数“参数 1”和每行的字符数“参数 2”。

5. TITLE 伪指令

TITLE 伪指令的格式为

```
TITLE  正文
```

该伪指令可以为汇编过程产生的列表文件指定一个标题“正文”，它不能超过 60 个字符。在列表文件的每一页的第一行将打印出这个标题。

6. LABEL 伪指令

LABEL 伪指令的格式为

```
名称  LABEL  类型
```

该伪指令用来定义变量或标号的类型，它具有段地址与偏移地址的属性，但它并不占用内

存单元。如果名称为变量名，其类型主要有三种：BYTE(字节型)、WORD(字型)和DWORD(双字型)。如果名称为标号，其类型有两种：NEAR(近程标号)和FAR(远程标号)。

LABEL 伪指令主要用来为数据指定多个类型不同的名称。例如，为了定义 200 个单元的存储区域，并且既能够按字节型访问，又方便采用字型访问，则可以这样定义：

```
BUFFERW LABEL WORD
BUFFERB DB 200 DUP(?)
```

这时 BUFFERW 和 BUFFERB 的首地址相同。因此可以采用下列方式访问：

```
MOV AL,BUFFERB[SI]
MOV DX,BUFFERW[SI]
```

7. EQU 伪指令和“=”伪指令

EQU 伪指令的格式为

```
名称  EQU  表达式
```

该伪指令可以为表达式赋一个新的名称，这样在程序设计中就可以用定义的名称来替代相应的表达式。表达式可以是常数、算术表达式、标号或变量、指令助记符、寄存器名及由它们构成的式子。当表达式的值为不超出 16 位二进制的数值时，可以采用“=”代替“EQU”，即

```
名称=数值
```

在程序中，利用 EQU 伪指令定义的名称只能有一次，而采用“=”伪指令定义名称时，则可以重复定义，这时程序中对应的名称为上一次所定义的值。

8. ORG 伪指令

ORG 伪指令的格式为

```
ORG 表达式
```

该伪指令用于为后续指令指定段内偏移地址，可以方便地将程序存入适当的地址，这一点对中断设计非常有用。

综上所述，利用这些伪指令可以构造出如下汇编语言源程序的整体结构：

```
STACK  SEGMENT  STACK 'STACK'
       DW  100H  DUP(?)
TOP    LABEL WORD
STACK  ENDS
DATA   SEGMENT
          ⋮                ；用户定义的变量
DATA   ENDS
CODE   SEGMENT
       ASSUME  CS: CODE,DS: DATA,ES: DATA,SS: STACK
START:
       MOV  AX,DATA
       MOV  DS,AX
```

```
        MOV  ES,AX
        MOV  AX,STACK
        MOV  SS,AX
        LEA  SP,TOP
         ⋮                    ；用户编写的程序
CODE    ENDS
        END START
```

一般来说， 用户设计的程序包含三个段：堆栈段(STACK)、数据段(DATA)和代码段(CODE)。如果使用的堆栈单元较少，则也可以不定义堆栈段，这时会使用操作系统所定义的堆栈段。

有了这种结构，用户编写程序时，只需要将要定义的变量填入 DATA 段，将编写的汇编语言程序填入 CODE 段，使程序设计有清楚的结构。

当然，有些程序需要多个数据段甚至多个代码段，很容易在上述完整结构的基础上进行扩展，在用户刚开始编写汇编语言程序时，强烈建议只使用上述结构。

3.4 源程序的汇编、链接与调试

汇编语言源程序结构可以利用任何一种编辑器编写源程序，可用的编辑器有 Windows 操作系统下的“记事本”、UltraEdit 等，DOS 操作系统下的 Edlin、Editor 等。不论采用何种编辑器，在保存文件时，文件扩展名必须是.asm。

要将以汇编语言编写的源程序转换成可以直接执行的二进制文件，还必须经过两个步骤：汇编源程序、链接目标程序。

这样，汇编语言的基本编程过程可以总结成表 3.4 所示。

表 3.4 汇编语言的基本编程步骤

步骤	输入	涉及的程序	输出
编辑源程序	键盘	“记事本”等	myfile.asm
汇编源程序	myfile.asm	MASM 或 TASM	myfile.obj
链接程序	myfile.obj	LINK 或 TLINK	myfile.exe

3.4.1 编辑源程序

利用编辑程序“记事本”等编写源程序，其规则应该遵循 8086 CPU 的指令系统的要求，源程序名的扩展名必须为.asm，如 myfile.asm。下面以此为例加以说明。

3.4.2 汇编源程序

汇编过程是利用汇编程序 MASM 对源程序文件进行汇编，MASM 通过对源程序的扫描，找出其指令格式的错误、标号变量定义错误(存在没有定义或重复定义标号变量)等，以便用户及时修改源程序。如果源程序汇编没有错误，则至多可以得到三个文件：目标文件(myfile.obj，必须产生)、列表文件(myfile.lst)和交叉索引文件(myfile.crf)。目标文件为指令、伪指令编译后的目标代码文件；列表文件中列出了程序代码、偏移地址以及出错信息，可以方便地分页打印装订；交叉索引文件列出了程序中所定义的所有标识符和标号及其引用情况。

汇编程序一般采用 MASM，其使用格式为

```
MASM source，object，list，crossref
```

其中，source 用于指定源程序文件名(可以不带扩展名)，object 用于指定所产生的目标文件名(也不带扩展名)，list 和 crossref 分别用于指定要产生的列表和交叉索引的文件名。一般情况下，可以只产生目标文件。

在实际使用时，可以采用下列简略方式：

```
MASM myfile;         ；表示对myfile.asm进行汇编，并只生成myfile.obj
MASM myfile          ；没有命令行末的分号，这时可按屏幕提示进行操作
MASM myfile,list;    ；表示要生成myfile.obj和myfile.lst
```

3.4.3 链接程序

链接程序 LINK 将汇编后产生的目标程序链接成可执行文件。其输入有两个文件：目标文件(.obj)和库文件(.lib)(汇编语言程序链接时不需要库文件，高级语言程序链接时需要相应的库文件)，其结果也有两个文件：可执行文件(.exe)和内存分配文件(.map)。链接命令的常用格式有

```
LINK object;  ；对目标文件进行链接，并生成二进制代码文件(.exe)
LINK object   ；没有命令行末的分号，这时可按屏幕提示进行操作
```

3.4.4 程序调试

源程序编写后，通过汇编和链接，就得到了可以在计算机系统中直接执行的二进制代码文件，但程序执行的结果是否正确则无法判断。利用 MASM 对源程序汇编时可以检测出程序的语法错误、指令用法错误，程序执行的情况需要通过程序调试来完成。

汇编语言程序的调试可以借助专门的调试工具软件 DEBUG 来实现，它提供了强大的调试功能。

(1)显示、修改寄存器和内存单元的内容(R 命令)。

(2)按指定地址运行程序(G 命令)。

(3)设置断点并分段执行程序(G 命令)。

(4)反汇编目标代码(U 命令)。

(5)单(多)条跟踪执行(单步执行)(T、P 命令)。

(6)直接输入汇编语句(A 命令)。

(7)显示并修改内存单元的内容(D、E、F 命令)。

(8)读磁盘扇区。

(9)读/写文件。

下面主要介绍 DEBUG 软件的常用命令。

1. 启动 DEBUG

```
DEBUG [d:] [path] [文件名.扩展名]
```

启动 DEBUG 软件，并加载(装入)指定的文件，在缺省文件名时，可直接进入 DEBUG 状态，其提示符为“-”。上式中，“d:”为磁盘符号，表示可以指定不同的驱动器；path 表示路径名；文件必须是包含扩展名的完整形式，在调试程序时，应该是.exe 文件。例如，要对 myfile.exe 进行调试，则可以输入：

```
DEBUG myfile.exe
```

2. 显示各个寄存器的内容

在 DEBUG 状态下，输入命令 R，可以显示出所有寄存器的当前内容，如图 3.3 所示。通用寄存器和段寄存器的内容一目了然，第二行的右端给出了 PSW 中的 8 个状态标志位，它们是采用字母来表示其意义的，依次为：溢出标志(OF)、方向标志(DF)、中断允许标志(IF)、符号标志(SF)、零标志(ZF)、半进位标志(AF)、奇偶标志(PF)和进位标志(CF)，其符号含义如表 3.5 所示。图 3.3 中，最后一行表示所加载程序的第一条即将执行的指令。

```
-R
AX=0000  BX=0000  CX=024E  DX=0000  SP=0200  BP=0000  SI=0000  DI=0000
DS=0C74  ES=0C74  SS=0C84  CS=0CA5  IP=0000   NV UP EI PL NZ NA PO NC
0CA5:0000 B8A40C        MOV     AX,0CA4
```

图 3.3　所有寄存器的内容

表 3.5　标志位的符号含义

标志位名称	标志位为“1”的符号	标志位为“0”的符号
溢出标志(OF)	OV	NV
方向标志(DF)	DN	UP
中断允许标志(IF)	EI	DI
符号标志(SF)	NG	PL
零标志(ZF)	ZR	NZ
半进位标志(AF)	AC	NA
奇偶标志(PF)	PE	PO
进位标志(CF)	CY	NC

3. 显示并修改某个寄存器的内容

当要显示并修改 AX 寄存器的内容时，也可以采用 R 命令，如

```
R AX
```

这时 DEBUG 会显示出 AX 的当前内容“AX 0000”，并提示用户输入更改值，当不想修改时，可以直接按回车键。

4. 显示修改标志寄存器

利用 R 命令还可以修改个别标志位。例如，输入：

R F

则会显示出当前的标志位状态“NV UP EI PL NZ NA PO NC—”，并等待用户输入更改值，当需要更改 IF 和 CF 时，可以直接输入 DICY，这时可以将 IF 位清 0，CF 位置 1，而且输入顺序可以不按标志位的次序。

5. 反汇编目的代码

在 DEBUG 下，可以利用 U 命令反汇编出内存中的二进制代码，即以汇编语言指令形式表示出二进制代码。它常用的有以下三种格式：

(1)U　　　　　　　；从当前CS：IP地址开始反汇编，每次对约32字节的代码进行
　　　　　　　　　；反汇编，下次U命令会从本次结束位置开始反汇编

(2)U addr　　　　；从指定地址(addr)开始进行反汇编

(3)U addr1,addr2 ；从地址1(addr1)反汇编到地址2(addr2)

6. 设置断点并执行程序

在 DEBUG 下，可以利用 G 命令实现程序的执行，同时还可以设置断点，使程序分段执行。G 命令主要有以下四种格式：

(1)G　　　　　　　；从当前地址(CS：IP)开始执行程序，直到程序结束

(2)G=addr　　　　；从指定地址(addr)开始执行程序，直到程序结束

(3)G=addr1,addr2 ；从地址1(addr1)执行到地址2(addr2)，实际上在所指
　　　　　　　　　；定的地址2处设置了一个断点，这样可以使程序得以分段执行

(4)G addr　　　　；从当前地址（CS：IP）执行到指定的地址(addr)，即在
　　　　　　　　　addr处设置了断点

7. 显示并修改内存单元的内容

在 DEBUG 下，D 命令用于显示内存(存储)单元的内容，E 命令用于显示并修改存储单元的内容，F 命令用于给一块存储区域置入同一个值。

D 命令的常用格式有三种：

(1)D [Daddr:] Offset ；从指定地址开始显示 128 字节单元的内容，Daddr 指定段地址，缺省时为 DS 的内容，它可以直接指定段地址值，也可以为 DS、ES、CS 和 SS；Offset 用于指定段内偏移地址

(2)D ；继续上一次显示的内存位置开始显示 128 字节单元的内容，如果是第一次显示，则从 DS：0 位置开始显示

(3)D [Daddr:] Offset1 Offset2 ；从指定段的地址 1(Offset1)显示到地址 2(Offset2)

E 命令的常用格式有两种：

(1)E [Daddr:] Offset ；从指定地址开始显示一字节单元的内容，用户可以通过输入新值进行修改，按空格键表示确认修改，这时会自动显示下一个单元的内容。如果不修改该单元的内容，可以直接按空格键。按回车键表示 E 命令结束

(2)E [Daddr:]Offset Expression ；直接修改指定单元的内容，Expression 为多字节内容构成的表达式，字节之间用空格间隔。例如，E100 10 20 30 40 50 表示将 DS：100H 开始的 5 字节单元的内容改成“10H 20H 30H 40H 50H”。应该注意，在 DEBUG 下的所有数值只能是十六进制数

F 命令的常用格式有两种：

(1)F [Daddr:] Offset1 Offset2 Expression ；以表达式(Expression)的值依次填入从地址 1(Offset1)到地址 2(Offset2)的所有单元，例如，F100 200 55 AA 表示将 DS：100H 到 200H 的所有单元间隔写入 55H 和 AAH

(2)F [Daddr:] Offset L length Expression ；以表达式(Expression)的值依次填入从地址(Offset)开始、长度为 length 中的所有单元，例如,F100L100 55 AA 表示将 DS:100H 到 200H 的所有单元间隔写入 55H 和 AAH

8. 内存单元内容的传送

在 DEBUG 下，利用 M 命令可以将一块区域的内容传送到另一个位置，它常用的有两种格式：

(1)M [Daddr:] Offset1 Offset2 Offset3 ；表示将从地址 1(Offset1)到地址 2(Offset2)的所有单元的内容传送到地址 3(Offset3)开始的单元中，例如，M100 200 300 表示将 DS：100H 到 200H 的所有单元传送到 300H 开始的单元中

(2)M [Daddr:] Offset1 L length Offset2 ；将从地址 1(Offset1)开始、长度为 length 中的所有单元的内容传送到地址 2(Offset2)开始的单元中

9. 程序的单步执行

在 DEBUG 下，可以利用 T 命令或 P 命令单步执行程序，它们不带任何参数，每次都会执行一条指令，同时会显示出所有寄存器的内容(与 R 命令显示的形式一致)。但 T 命令与 P 命令是有区别的，T 命令每次执行汇编语言的一条指令，而 P 命令每次执行汇编语言的一条语句，对于像 CALL sub、INT *n* 这样的语句，执行 T 命令表示转向子程序或中断服务子程序，而执行 P 命令时，则表示执行完整个子程序或中断服务子程序，因此，在遇到 DOS 中断调用指令时，经常采用 P 命令，以避免程序转入 DOS 本身的中断服务子程序。

10. 输入汇编语言指令

在 DEBUG 下，可以利用 A 命令直接输入汇编语言的指令，常用格式有两种：

(1)A [Daddr:] Offset ；从指定地址 Offset 开始输入汇编语言指令，每输入一条指令，DEBUG 软件会自动编译该指令，并生成相应的二进制代码，同时计算出下一条指令的存放地址，用户可以继续输入汇编语言指令。如果按回车键则可以结束 A 命令

(2)A ；从上一次 A 命令结束的地址输入汇编语言指令，如果是第一次使用，则默认从 CS：IP 地址开始输入汇编语言指令

11. 文件装入

在 DEBUG 下，可以重新装入文件，这时需要分两步：先指定文件名(N 命令)，然后装入文件(L 命令)。

N命令的格式为

N [path] file ；指定file为文件名，可以包含扩展名

L 命令的常用格式有两种：

(1)L [Daddr:] Offset ；将指定文件装入从地址 Offset 开始的单元中

(2)L ；默认将文件装入从 CS：100H 开始的单元中

文件装入后，其装入的字节数存放在由 BX 和 CX 构成的 32 位寄存器中，BX 的内容为高 16 位，CX 的内容为低 16 位。

12. 保存文件

在 DEBUG 下，可以利用 N 命令和 W 命令将指定区域存储单元的内容保存到文件中，这时需要分三步：指定文件名(N 命令)、指定存储的长度(修改 BX 和 CX 的内容)、保存文件(W 命令)。

W 命令的格式为

W [Daddr:] Offset ；将从地址 Offset 开始、长度为(BX：CX)的存储内容保存到指定文件。因此在使用 W 命令之前，必须修改 BX 和 CX 的内容，以确保正确保存

13. 退出 DEBUG 软件

在 DEBUG 下，输入 Q 可以退出 DEBUG 软件。

综上所述，我们给出了 DEBUG 命令的功能简表，如表 3.6 所示。

表 3.6　DEBUG 命令的功能简表

命令名称	功能	命令名称	功能
R	显示并修改寄存器的内容	T	单步执行汇编语言指令
D	显示存储单元的内容	P	单步执行汇编语言语句
E	显示并修改存储单元内容	A	输入汇编语言指令
F	填充存储单元内容	N	指定文件名
M	传送存储单元内容	L	装入文件
U	反汇编指令代码	W	保存文件
G	(分段)执行程序	Q	退出 DEBUG 软件

3.5　小　　结

本章主要介绍 8086 CPU 汇编语言的基础知识。汇编语言中操作数由常数和表达式构成，而常数有多种形式：十进制数、十六进制数、二进制数、字符的 ASCII 码等。

用标号来表示程序地址是汇编语言程序设计的要素之一，采用标号使程序转移更加便捷；用变量名表示内存单元也是汇编语言程序设计的要素之一，采用变量名使程序存取数据更加灵活方便。

寻址方式是本章的重点，数据的寻址方式有 8 种，可以是立即数、寄存器和存储单元，存储单元的 5 种寻址方式可以为程序设计提供灵活的存取方法。转移地址的寻址方式有 4 种：段内直接、段内间接、段间直接和段间间接，为程序转移提供便利。

汇编语言的源程序结构由代码段、堆栈段、数据段和附加段构成。通过汇编、链接过程可以将源程序转换成 CPU 可以执行的代码，在汇编过程中可以找到源程序编写上的错误。通过对执行代码进行调试，可以找到程序设计的错误，也就是程序员编程思路上的错误。

习　　题

3.1　写出完成下列要求的变量定义语句。

(1) 在变量 var1 中保存 6 个字变量：4512H，4512，–1，100/3，10H，65550；

(2) 在变量 var2 中保存字符串：'BYTE', 'WORD', 'word';

(3) 在缓冲区 buf1 中留出 100 字节的存储空间；

(4) 在缓冲区 buf2 中，保存 5 字节的 55H，再保存 10 字节的 240，并将这一过程重复 7 次；

(5) 在变量 var3 中保存缓冲区 buf1 的长度；

(6) 在变量 pointer 中保存变量 var1 和缓冲区 buf1 的偏移地址。

3.2 设变量 var1 的逻辑地址为 0100H：0000H，画出下列语句定义的变量的存储分配图。

```
var1  DB  12，－12，20/6，4 DUP(0，55H)
var2  DB  'Assemble'
var3  DW  'AB', 'cd', 'E'
var4  DW  var2
var5  DD  var2
```

3.3 已知下列一组语句:

```
     ORG  1000H
VAR  DW 3， $+4，'A'，12H
CNT  EQU $-VAR
     DB   20/3，0BH，CNT，1FH
```

画出内存分配图。

3.4 写出下列 MOV 指令中源操作数的寻址方式(设 VAR1 为字型变量，*N* 为常数)。

(1) MOV AL,100　　　(2) MOV AX,BX

(3) MOV AX,VAR1　　　(4) MOV AX,[SI]

(5) MOV AX,VAR1[SI]　　　(6) MOV AX,[SI][BX]

(7) MOV AX,[SI+6]　　　(8) MOV AX,N+1500

(9) MOV AX,[BP]　　　(10) MOV AX,VAR1[SI][BX]

3.5 写出下列转移指令的寻址方式(设 L1 为标号，VAR1 为字型变量，DVAR1 为双字型变量)。

(1) JMP L1　　　(2) JMP NEAR PTR L1

(3) JNZ L1　　　(4) JMP BX

(5) JG L1　　　(6) JMP VAR1[SI]

(7) JMP FAR PTR L1　　　(8) JMP DVAR1

3.6 设源程序为 TEST.ASM，写出汇编过程和链接过程的命令。

第 4 章　汇编语言指令与程序设计

在讨论汇编语言和设计程序之前，先介绍几个简单的指令。

1. 空操作指令 NOP

格式： NOP
说明： 空操作指令 NOP(no operation)表示什么也不做，但要占用机器的三个时钟周期，利用 NOP 指令可以构成适当的延时操作。

2. 暂停指令 HLT

格式： HLT
说明： 暂停指令 HLT(halt until interrupt or reset)可以使 CPU 进入暂停状态，退出暂停状态的条件有以下几种。

(1) RESET 信号有效，即 CPU 进行复位操作。

(2) NMI（非屏蔽中断请求）信号有效，即系统收到了非屏蔽的中断请求，这时系统必须进行适当的处理。

(3) INTR（可屏蔽中断请求）信号有效，而且 IF=1，这时要求系统响应该指定请求。

适当地使用 HLT 指令，并与硬件电路配合，可以使 CPU 与外部设备协调工作。

3. 等待指令 WAIT

格式： WAIT
说明： 等待指令 WAIT(wait for $\overline{\text{TEST}}$ pin active)可以使 CPU 处于等待状态，这时 CPU 会定期测试 8086/8088 芯片的引脚 $\overline{\text{TEST}}$，当它为高电平时，则继续等待，并且每隔 5 个时钟周期对 $\overline{\text{TEST}}$ 线的状态进行测试，直到 $\overline{\text{TEST}}$ 线上出现低电平时，CPU 退出等待，并顺序执行下一条指令。

4. 总线锁定指令 LOCK

格式： LOCK<其他指令>
说明： 总线锁定指令 LOCK(lock bus during next instruction)可以保持总线的使用权，它放在其他指令之前，表示在执行这组指令期间，别的设备不能使用外部总线。

5. 换码指令 ESC

格式： ESC　CODE, DATA
说明： 换码指令 ESC(escape to external processor)可以完成多处理器之间的指令和数据交换，在 8086/8088 CPU 与其他处理器配合使用时，利用该指令可以将任务分配给其他的处理器，CODE 是一个事先规定的 6 位指令码，表示完成相应的操作，DATA 表示要送给其他处理器的数据。

4.1 数据传送指令与编程

数据传送类指令可以完成数据在寄存器、存储单元之间的传递。这一类的指令有 MOV、LEA、LDS、LES、LAHF、SAHF、XCHG、XLAT、PUSH、POP、PUSHF 和 POPF，其共同点有以下几点。

(1) 除指令 SAHF、POPF 之外，其他指令不影响 PSW 中的各标志位。

(2) 当指令中有两个操作数时，第一个操作数为目的操作数，第二个为源操作数。

(3) 目的操作数的寻址方式一定不能为立即数和段寄存器 CS。

这些指令又可以分成七个子类：

传送类指令：
- 通用传送指令(MOV)
- 取有效地址指令(LEA)
- 取地址指针指令(LDS，LES)
- 标志传送指令(LAHF，SAHF)
- 数据交换指令(XCHG)
- 字节转换指令(XLAT)
- 堆栈操作指令(PUSH，POP，PUSHF，POPF)

4.1.1 通用传送指令

格式： MOV DST,SRC； (DST)←(SRC)

说明： 将 SRC(源操作数)中的一字节或一个字传送到 DST(目的操作数)所指定的位置。MOV 指令可以在立即数、存储单元、寄存器和段寄存器之间传送数据，其传送路径如图 4.1 所示。

从图 4.1 中可以看出，MOV 指令可以完成立即数→通用寄存器或存储单元、通用寄存器←→存储单元、通用寄存器←→通用寄存器、通用寄存器←→段寄存器。下面给出数据传送的例子(设 VAR1 为字型变量，VAR2 为字节型变量)。

(1) 立即数→通用寄存器或存储单元。

```
MOV AX,0210H             ; (AX)←0210H
MOV VAR2,27H             ; (VAR2)←27H
```

(2) 通用寄存器→存储单元。

```
MOV [BX] ,AX             ; ((BX))←(AX)
MOV4 [DI] ,AL            ; ((DI)+4)←AL
```

(3) 存储单元→通用寄存器。

```
MOV AX, [SI]             ; (AX)←((SI))
MOV DX,VAR1+5            ; (DX)←(VAR1+5)
MOV BL,BYTE PTR VAR1+5   ; (BL)←(VAR1+5)
```

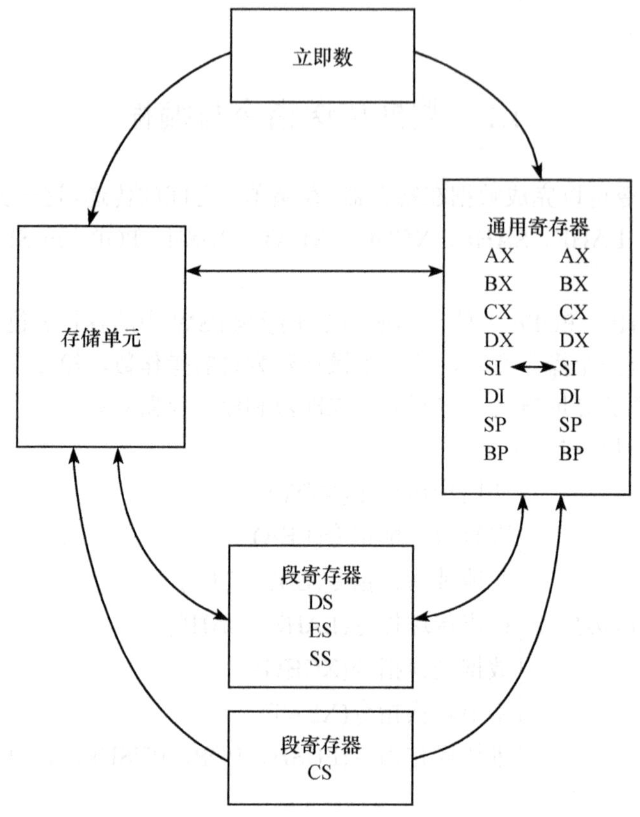

图 4.1　MOV 指令的数据传送路径

(4) 通用寄存器←→通用寄存器。

```
MOV AX,BX              ; (AX)←(BX)
MOV DL,AL              ; (DL)←(AL)
```

(5) 通用寄存器←→段寄存器。

```
MOV BX,ES              ; (BX)←(ES)
MOV DS,AX              ; (DS)←(AX)
```

(6) 段寄存器←→存储单元。

```
MOV DS, [SI+2]         ; DS ←((SI)+2)
MOV [DI] ,ES           ; ((DI))←ES
```

从图 4.1 中，还应该特别注意 MOV 指令不能直达的路径。

(1) 立即数 ×→ 段寄存器。

(2) 存储单元 ×→ 存储单元。

(3) 段寄存器 ×→ 段寄存器。

如果要完成数据在这些路径上的传送，则应该分以下步骤操作。

(1) 立即数→段寄存器。一般可以通过立即数→通用寄存器→段寄存器来完成，例如：

```
MOV AX,3A01H
MOV DS,AX              ; (DS)←3A01H
```

(2) 存储单元→存储单元。一般可以通过存储单元→通用寄存器→存储单元来完成，例如：

```
MOV AX, VAR1
MOV [DI+10] , AX                ; ((DI)+10)←VAR1
```

(3) 段寄存器→段寄存器。一般可以通过段寄存器→通用寄存器→段寄存器来完成，例如：

```
MOV AX,CS
MOV DS,AX                       ; (DS)←(CS)
```

应该注意，CS 不能作为目的寄存器。

对于双操作数指令，两个操作数的类型必须匹配。

(1) 两者都指定了类型，则必须一致，否则指令出错(类型不一致)。

(2) 两者之一指定了类型，一般指令无错。

(3) 两者都无类型，则指令出错(类型不定)。

对于操作数的类型，还应该注意以下几点。

(1) 立即数是无类型的。

(2) 不含变量名的直接寻址、寄存器间接寻址、寄存器相对寻址、基址变址寻址、基址变址且相对寻址的操作数也是无类型的。

(3) 利用 PTR 操作符可指定或暂时改变存储单元的类型。

应该搞清楚什么样的操作数为立即数，从形式上看，立即数有：由常数等组成的表达式、所有由属性操作符得到的标号或变量的属性。

例如，假设已经定义了变量：

```
VAR1    DW 20H,30H
VAR2    DB 50H,60H,70H
VAR3    DW 10H DUP(?)
```

则可以采用下列指令：

```
MOV AX,VAR1                     ; (AX)←0020H
MOV VAR3,BX                     ; (VAR3)←(BX)
MOV AL,VAR2[DI]                 ; 若DI=2，则(AL)←70H
MOV BYTE PTR VAR3[SI] ,DL       ; (OFFSET VAR3+(SI))←(DL)
MOV CX,LENGTH VAR3              ; (CX)←10H
MOV BX,SIZE VAR3                ; (BX)←20H
MOV SI,OFFSET VAR2              ; (SI)←VAR2的偏移地址
MOV AX,SEG VAR1                 ; (DS)←VAR1的段地址
MOV DS,AX
MOV DX,TYPE VAR3                ; (DX)←2
```

如果使用的段地址寄存器不是默认的 DS，而是其他段寄存器，如 ES、CS，则应在指令中加上段前缀，例如：

```
MOV AX,ES: [SI]                 ; (AX)←(ES: (SI))
MOV DL,CS: [BX]                 ; (DL)←(CS: (BX))
```

4.1.2 取有效地址指令

格式： LEA REG16, MEM ；(REG16)←(MEM 的偏移地址)

说明： 取有效地址指令 LEA(load effective address)可以将源操作数的有效地址(偏移地址)送入 16 位寄存器 REG16，它传送的不是 MEM(存储单元)的内容，而是存储单元的有效地址。这里，源操作数 MEM 只能是直接寻址方式。例如：

```
LEA DI,VAR1        ; (DI)←VAR1的偏移地址
LEA BX,VAR1+15     ; (BX)←VAR1的偏移地址+15
```

4.1.3 取地址指针指令

格式：

```
LDS REG16,MEM   ; (DS)←(MEM+2),(REG16)←(MEM)
LES REG16,MEM   ; (ES)←(MEM+2),(REG16)←(MEM)
```

说明： 取地址指针指令 LDS (load data segment register)可以将双字变量 MEM 内容中的高 16 位送入 DS，低 16 位送入指定的 REG16 中；而取地址指针指令 LES (load extra segment register)可以将双字变量MEM内容中的高16位送入ES，低16位送入指定的REG16中。这里 REG16 不允许为段寄存器。例如，定义变量：

```
TABLE DB 10H,20H,…
POINT1  DD 02001000H
POINT2  DD TABLE
```

则可以有指令：

```
LDS DI,POINT1     ; (DS)←0200H,(DI)←1000H
LES SI,POINT2     ; (ES)←TABLE的段地址，(SI)←TABLE的偏移地址
```

指令中的源操作数还可以是其他形式的存储器寻址方式，例如，合法的指令有

```
LDS BX, [SI]
LES DI, [BX-5]
```

4.1.4 标志传送指令

格式：

```
LAHF            ; (AH)←PSW 寄存器的低 8 位
SAHF            ; PSW寄存器的低8位←(AH)
```

说明： 指令 LAHF(load AH register from flags)可以将 PSW 寄存器中的低 8 位传送到寄存器 AH 中，而指令 SAHF(store AH register in flags)可以将 AH 中的内容传送到 PSW 寄存器中的低 8 位中。源操作数和目的操作数的寻址方式均为隐含寻址方式。

4.1.5 数据交换指令

格式： XCHG DST,SRC ；DST←→SRC

说明： 数据交换指令 XCHG(exchange byte or word)完成两个操作数之间数据的交换，SRC 和 DST 可以是寄存器，也可以是存储单元，但两者不能同时为存储单元。XCHG 指令可以完成寄存器与寄存器之间、寄存器与存储单元之间的内容交换，但应该注意，这里不能采用段寄存器。例如：

```
XCHG AX,BX        ; (AX)←→(BX)
XCHG CX, [DI]     ; (CX)←→((DI))
XCHG DX,VAR1      ; (DX)←→(VAR1)
```

4.1.6 字节转换指令

格式： XLAT   ; (AL)←((BX)+(AL))

说明： 字节转换指令 XLAT(translate byte)可以将有效地址为(BX)+(AL)的存储单元的内容送入 AL。当输入为一字节(AL 的内容)时，输出也为一字节(同样存放在 AL 中)，这样就完成了一字节的转换。

指令 XLAT 非常适合于两个代码之间的转换，例如，现要将 Code1 转换成 Code2，如表 4.1 所示，则分三步完成。

(1)在 TABLE 变量中按 Code1 的顺序存储 Code2 的内容，如图 4.2 所示。

(2)将 BX 指向变量 TABLE 的首地址，即 LEA BX，TABLE。

(3)在 AL 中给出 Code1 的值后，执行 XLAT 指令，这时 AL 的内容即相应的 Code2 值。

例如，当 AL=0 时，则执行 XLAT 指令后得到 AL=15；当 AL=1 时，则执行 XLAT 指令后可以得到 AL=8。

表 4.1 代码转换示例

Code1	Code2
0	15
1	08
2	16
3	25
4	11
5	21
6	19
7	09
8	01

TABLE	
	15
	08
	16
	25
	11
	21
	19
	09
	01

图 4.2 代码变换表的存储

4.1.7 堆栈操作指令

1. 堆栈

堆栈是一块特殊的存储区域，利用这块区域可以存储返回地址等信息，从而实现子程序的嵌套调用。

堆栈是由普通的存储单元构成的，但为了方便对堆栈区域进行访问，8086 指令系统专门提供了一组堆栈操作指令：PUSH、POP、PUSHF、POPF，这时采用后进先出(last in first out，LIFO)的操作方式，即从堆栈中最先取出的是最后被压入堆栈的内容。

堆栈的段地址由 SS 指定，堆栈的偏移地址由 SP 指定(SP 也称为堆栈指针)。堆栈操作指令是以 SP 为间接寄存器的存储器访问。

2. 堆栈操作指令

将信息送入堆栈的过程称为压入堆栈操作；从堆栈中取出信息的过程称为弹出堆栈操作。

(1)压入堆栈指令(PUSH)。

格式：
```
PUSH SRC      ；将SRC压入堆栈，即(SP)←(SP)-2，(SP)←(SRC)
PUSHF         ；将PSW压入堆栈，即(SP)←(SP)-2，(SP)←(PSW)
```

说明：压入堆栈指令 PUSH(push word onto stack)将先修正堆栈指针 SP 的内容，然后将 SRC 或 PSW 的内容送入堆栈。SRC 必须是字型的，它可以是通用寄存器和段寄存器，也可以是某种寻址方式所指定的存储单元，但不能是立即数。例如：

```
PUSH AX       ；将(AX)压入堆栈
PUSH DS       ；将(DS)压入堆栈
PUSH VAR1     ；将字型变量VAR1中的一个字压入堆栈
PUSHF         ；将(PSW)压入堆栈
```

(2)弹出堆栈指令(POP)。

格式：
```
POP DST       ；从堆栈弹出DST，即(DST)←(SP)，(SP)←(SP)+2
POPF          ；从堆栈弹出PSW，即(PSW)←(SP)，(SP)←(SP)+2
```

说明：弹出堆栈指令 POP(pop word off stack)可以取出堆栈的内容送入 DST 所指定的寄存器、存储单元或 PSW，然后修正 SP 的内容。DST 也必须是字型的，它可以是通用寄存器、段寄存器(CS 除外)，也可以是存储单元，但不能是立即数。例如：

```
POP BX        ；从堆栈弹出一个字，送给BX
POP ES        ；从堆栈弹出一个字，送给ES
POP VAR1      ；从堆栈弹出一个字，送给字型变量VAR1
POPF          ；从堆栈弹出一个字，送给PSW
```

3. 堆栈结构

当开辟一块存储区域作为堆栈时，必须将其段地址置入 SS，将 SP 指向栈底(最后单元的下一个单元地址)，如图 4.3(a)所示，每个小格表示两个字节单元。当执行四条压入堆栈指令 PUSH AX、PUSH BX、PUSH CX 和 PUSH DX 后，得到如图 4.3(b)所示的堆栈结构，这时 SP 所指的位置称为栈顶。接着执行两条弹出指令 POP DX 和 POP CX，则得到如图 4.3(c)所示的堆栈结构。

4.1.8 程序设计示例

结合本节所学的数据传送指令，可以编写出功能简单的顺序程序段。

例 4.1 图 4.4 给出了七段数码管示意图、共阳连接方式和控制字节分配。为了显示数字(0～9)和字符(AbcdEF)，需要给出一组控制字节内容，如表 4.2 所示。现在，要求将寄存器 AL 的内容转换成控制两个七段数码管的控制字节(存放在 DX 中)，以便显示出 AL 的内容。

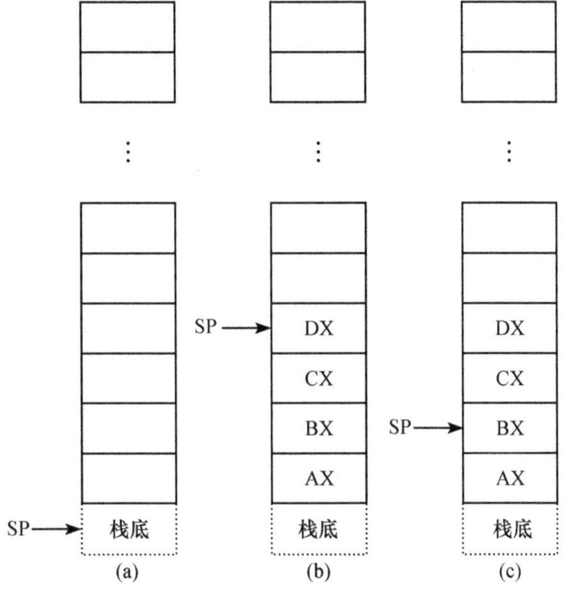

图 4.3　堆栈结构

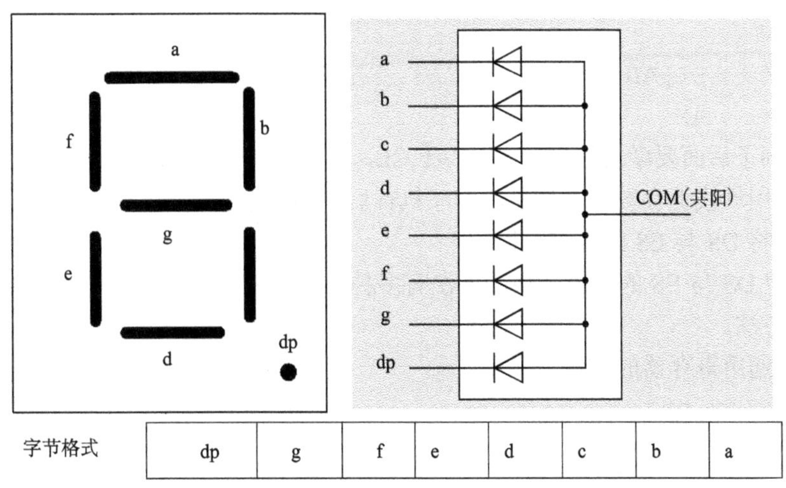

图 4.4　七段数码管及其控制位示意图

表 4.2　七段共阳数码管数字字符控制字节

数字或字符	0	1	2	3	4	5	6	7
控制字节	0C0H	0F9H	0A4H	0B0H	99H	92H	82H	0F8H
数字或字符	8	9	A	b	c	d	E	F
控制字节	80H	90H	88H	83H	0A7H	0A1H	86H	8EH

解：8 位寄存器 AL 中可以用 2 位十六进制数表示，为显示 1 位十六进制数，需要提供 8 位的控制码，AL 的高 4 位对应的控制码保存在 DH 中，AL 的低 4 位对应的控制码保存在 DL 中。

AL 高 4 位或低 4 位的内容对应于数字 0～9 和字符 AbcdEF，需要通过查表 4.2 得到对应的控制码，可以采用 XLAT 指令，使用时需要建立数据表 TTABLE。

程序段如下。在数据段中建立变换数据表 TTABLE：

```
TTABLE DB 0C0H,0F9H,0A4H,0B0H,99H,92H,82H,0F8H,80H,90H,88H,
       DB 83H, 0A7H,0A1H,86H,8EH
```

在程序段中，设计程序：

```
LEA     BX,TTABLE
PUSH    AX
AND     AL,0F0H
MOV     CL,4
SHR     AL,CL
XLAT
MOV     DH,AL
POP     AX
PUSH    AX
AND     AL,0FH
XLAT
MOV     DL,AL
POP     AX
```

这里用到了后面要学习的指令 SHR AL,CL，其作用是将 AL 的内容右移 4 位，高位补 0。另外，利用堆栈保存数据，使这段程序执行后，AL 的内容保持不变。

例 4.2 将 DS 与 ES 的内容交换。

解：实现 DS 与 ES 的内容交换的方法有多种，比较便利的方法是利用堆栈来实现。这里给出两种方法。

(1)利用通用寄存器的方法。

```
MOV  AX,DS
MOV  BX,ES
MOV  DS,BX
MOV  ES,AX
```

(2)利用堆栈的方法。

```
PUSH  DS
PUSH  ES
POP   DS
POP   ES
```

例 4.3 保护和恢复现场。若希望在某段处理程序执行后保持寄存器的内容不变，但该段程序中会改变某些寄存器的内容，则需要在程序处理之前保护这些寄存器的内容，在程序处理之后恢复这些寄存器的内容。设程序段 Process1 用到了寄存器 AX、BX、CX、DX，编写程序段进行保护与恢复。

解：程序段如下：

```
PUSH  AX
PUSH  BX
PUSH  CX
PUSH  DX
      Process1
POP   DX
POP   CX
POP   BX
POP   AX
```

例 4.4 设(SP)＝00A0H，执行下列指令：

```
PUSH  AX
PUSH  VAR1
```

后，(SP)＝__________。

解： 每向堆栈压入一个字，SP 的内容减 2，因此指令执行后(SP)＝ 009CH 。

4.2 数据运算指令与编程

算术运算指令可以完成两个操作数的各种算术运算：加、减、乘、除及其 BCD 数运算的调整操作。属于这一类的指令有 ADD、ADC、SUB、SBB、NEG、CMP、INC、DEC、MUL、IMUL、DIV、IDIV、CBW、CWD、AAA、DAA、AAS、DAS、AAM、AAD。它们又可以分成以下 6 个子类：

算术运算指令
- 加减法指令
- 比较指令
- 增量减量指令
- 乘除法指令
- 符号扩展指令
- BCD数运算调整指令

这类指令会对 PSW 的 6 个状态标志位产生影响，有的指令也会利用前面指令产生的标志位。下面分类进行介绍。

4.2.1 加减法指令

1. 加法指令(ADD、ADC)

格式：

```
ADD  DST,SRC    ;  (DST)←(SRC)+(DST)
ADC  DST,SRC    ;  (DST)←(SRC)+(DST)+(CF)
```

说明： ADD(add byte or word)为加法指令，它可以将源操作数 SRC 和目的操作数 DST 的内容相加，其结果存入 DST 中；ADC(add byte or word with carry)为带进位的加法指令，它可以将 SRC、DST 和 CF 的内容相加，其结果存入 DST 中。指令中，SRC 可以取立即数、通用寄存器和存储单元，DST 可以取通用寄存器和存储单元，但 SRC 和 DST 不能同时取存储单元。

ADD 和 ADC 指令会正常影响 PSW 中的 6 个状态标志位：CF、AF、OF、SF、ZF 和 PF。

例如，设变量 VAR1 为字型变量，VAR2 为字节型变量，则有

```
ADD AX,56A0H              ; (AX)←(AX)+56A0H
ADC VAR1,127FH            ; (VAR1)←(VAR1)+127FH+(CF)
ADC AX,BX                 ; (AX)←(AX)+(BX)+(CF)
ADD AX,VAR1               ; (AX)←(AX)+(VAR1)
ADD BX,VAR1[DI]           ; (BX)←(BX)+((OFFSET VAR1)+(DI))
ADD BL,VAR2               ; (BL)←(BL)+(VAR2)
ADD BYTE PTR VAR1,AL      ; (VAR1的低位字节)←(VAR1的低位)+(AL)
```

又如，设(AX)=125AH，则执行 ADD AX，78A6H 后，(AX)=8B00H，CF=0，AF=1，OF=1，SF=1，ZF=0，PF=1。

2. 减法指令(SUB、SBB)

格式：

```
SUB DST,SRC               ; (DST)←(DST)-(SRC)
SBB DST,SRC               ; (DST)←(DST)-(SRC)-(CF)
```

说明： SUB(subtract byte or word)指令表示将 DST 的内容减去 SRC 的内容，其结果保存在 DST 中；SBB(subtract byte or word with borrow)指令表示将 DST 的内容减去 SRC 的内容，然后再减去 CF 的内容，其结果保存在 DST 中；指令中 DST、SRC 的说明与 ADD 指令相同。

减法指令 SUB 和 SBB 会正常影响 PSW 中的 6 个状态标志位：CF、AF、OF、SF、ZF 和 PF。

例如，设 VAR1 为字型变量，VAR2 为字节型变量，则有

```
SUB  AL,2CH          ; (AL)←(AL)-2CH
SBB  AX,BX           ; (AX)←(AX)-(BX)-(CF)
SUB  AX,VAR1         ; (AX)←(AX)-(VAR1)
SUB  VAR1,2184H      ; (VAR1)←(VAR1)-2184H
SBB  DL,VAR2[SI]     ; (DL)←(DL)-((OFFSET VAR2)+(SI))-(CF)
```

3. 取负指令(NEG)

格式：

```
NEG DST              ; (DST)←0-(DST)
```

说明： 取负指令 NEG(negate byte or word)为一类特殊的减法运算，其被减数为 0，相减结果存放在 DST 中。DST 可以取通用寄存器和存储单元。在第 1 章中曾经介绍过求负数的补码表示时可以采用变补操作，这种运算可以直接利用 NEG 指令完成。

NEG 指令将正常影响 PSW 中的 6 个状态标志位：CF、AF、OF、SF、ZF 和 PF。

例如，设 VAR1 为字型变量，则有下列指令：

```
NEG  BX              ; (BX)←0-(BX)
NEG  VAR1            ; (VAR1)←0-(VAR1)
```

```
NEG  BYTE PTR 2[BX]      ; ((BX)+2)←0-((BX)+2)
```

4.2.2 比较指令

格式：CMP DST,SRC　　　　; (DST)-(SRC)，并设置PSW中的状态标志位

说明：CMP(compare byte or word)为比较指令，它与减法指令类似，完成DST的内容减去SRC的内容，设置PSW中的状态标志位(简称FLAG)，但其结果不保存到DST。指令中的SRC、DST的说明与ADD指令相同。

CMP指令将正常影响PSW中的6个状态标志位：CF、AF、OF、SF、ZF和PF。

例如，设VAR1为字型变量，VAR2为字节型变量，则有

```
CMP    CX,2000            ; (CX)-2000，并置FLAG
CMP    BX,DX              ; (BX)-(DX)，并置FLAG
CMP    AL,VAR2            ; (AL)-(VAR2)，并置FLAG
CMP    VAR1[SI],AX        ; ((VAR1)+(SI))-(AX)，并置FLAG
```

对两个数进行CMP运算，其主要目的是比较两数的大小、相等关系。

(1)若两数相减结果为0，即两数相等，则ZF=1。

(2)SF等同于最高位。

(3)CF、OF视具体情况而定。当两个无符号数进行比较时，如果CF=0、ZF=0，则表示(DST)>(SRC)；如果CF=1，则表示(DST)<(SRC)。当两个有符号数进行比较时，OF=1表示运算产生了溢出，但大小的比较要根据OF和SF共同来决定，当OF∀SF=0时，(DST)≥(SRC)，当OF∀SF=1时，(DST)<(SRC)。

4.2.3 增量减量指令

格式：INC DST　　　　; (DST)←(DST)+1

　　　DEC DST　　　　; (DST)←(DST)-1

说明：INC(increment byte or word by 1)为增量指令，每次对DST的内容增加1；DEC(decrement byte or word by 1)为减量指令，每次对DST的内容减去1。DST可以取通用寄存器和存储单元。

INC和DEC指令可以正常影响PSW中的5个标志位：AF、OF、SF、ZF和PF，但它们不会影响CF位。

例如，设VAR1为字型变量，则有

```
DEC   AX                  ; (AX)←(AX)-1
INC   DL                  ; (DL)←(DL)+1
INC   VAR1                ; (VAR1)←(VAR1)+1
DEC   WORD PTR [BX]       ; ((BX))←((BX))-1
```

4.2.4 乘除法指令

1. 乘法运算

两个无符号二进制数的乘法运算与十进制数的乘法类似，可以采用列竖式的方法计算，

只是在相加运算时，按逢二进一的规则。而两个有符号二进制数进行乘法运算时，先将负数采用变补的方法变换成正数，进行两个正数相乘，然后统一考虑符号。

2. 乘法指令

格式： `MUL SRC` ；无符号数相乘

`IMUL SRC` ；有符号数相乘

说明： MUL(multiply byte or word unsigned)为无符号数乘法指令，IMUL(integer multiply byte or word)为有符号数乘法指令，指令的目的操作数隐含在AX(或AL)中，SRC可以取通用寄存器和存储单元，它必须有类型，而且只能是字节和字，它们决定了乘法操作的类型。

(1) 当SRC为字节时，MUL和IMUL为字节运算，这时表示将AL中的数与(SRC)相乘，其结果放入(AX)中。

(2) 当SRC为字时，MUL和IMUL为字运算，这时表示将AX中的数与(SRC)相乘，其结果的高16位保存在(DX)中，低16位保存在(AX)中。

MUL和IMUL指令只对PSW的CF、OF位有影响，其规则如下。

(1) 当采用MUL运算时，字运算结果的DX为0时，CF=0，OF=0，表示两个字相乘其结果也为一个字；字节运算结果的AH为0时，CF=0，OF=0，表示两个字节相乘其结果也为一个字节；否则CF=1，OF=1。

(2) 当采用IMUL运算时，字运算结果的DX为符号扩展时，CF=0，OF=0，表示两个字相乘其结果可以用一个字表示；字节运算结果的AH为符号扩展时，CF=0，OF=0，表示两个字节相乘其结果也可以用一个字节表示；否则CF=1，OF=1。

3. 除法运算

两个无符号二进制数的除法运算与十进制数的除法类似。而两个有符号二进制数进行除法运算时，先将负数采用变补的方法变换成正数，进行两个正数相除，然后统一考虑符号，这可以分成四种情况。

(1) 被除数为正，除数为正，则商为正，余数为正。

(2) 被除数为正，除数为负，则商为负，余数为正。

(3) 被除数为负，除数为正，则商为负，余数为负。

(4) 被除数为负，除数为负，则商为正，余数为负。

4. 除法指令

格式： `DIV SRC` ；无符号数的除法

`IDIV SRC` ；有符号数的除法

说明： DIV(divide byte or word unsigned)为无符号数除法指令，IDIV(integer divide byte or word)为有符号数除法指令，指令的目的操作数隐含在DX：AX(或AX)中，SRC可以取通用寄存器和存储单元，它必须有类型，而且只能是字节和字，它们决定了除法操作的类型。

(1) 当SRC为字节时，DIV和IDIV为字节运算，这时表示将AX中的16位二进制数除以 8 位二进制数(SRC)，其结果的商保存在(AL)中，余数保存在(AH)中。

(2)当 SRC 为字时，DIV 和 IDIV 为字运算，这时表示将 DX 与 AX 联合构成的 32 位二进制数除以 16 位二进制数(SRC)，其结果的商保存在(AX)中，余数保存在(DX)中。

DIV 和 IDIV 指令不影响 PSW 中的标志位。

4.2.5 符号扩展指令

格式：CBW ；将 AL 中的符号扩展到 AH 中，形成一个字 AX

CWD ；将AX中的符号扩展到DX中，形成双字(DX：AX)

说明：CBW(convert byte to word)为字节到字的符号扩展指令，表示将 AL 中的有符号数扩展到 AH，即根据 AL 中的符号位 D_7 来扩展：当 D_7=0 时，AH=00H；当 D_7=1 时，AH=FFH。这样可以保证有符号数 AL 与有符号数 AX 所表示的值相同。

CWD(convert word to doubleword)为字到双字的符号扩展指令，表示将 AX 中的有符号数扩展到 DX，即根据 AX 中的符号位 D_{15} 来扩展：当 D_{15}=0 时，DX=0000H；当 D_{15}=1 时，DX=FFFFH。这样可以保证有符号数 AX 与有符号数 DX：AX 所表示的值相同。

4.2.6 BCD 数运算调整指令

BCD 码(数)是用四位二进制码来表示一位十进制数。利用 BCD 码可进行加、减、乘、除运算，但为了得到正确的结果，必须进行修正。

BCD 码表示可分为两类。

(1)分离 BCD 码：8 位的寄存器中只包含一位 BCD 码(D_0～D_3)。

(2)组合 BCD 码：8 位的寄存器中包含两位 BCD 码。

在这两种情况下，修正的方法是不同的，其调整指令也不同。

1. 加法调整指令

格式：AAA ；加法分离 BCD 码调整

DAA ；加法组合BCD码调整

AAA(ASCII adjust for addition)为分离 BCD 码加法运算后的调整指令，表示对相加结果 AL 的低 4 位进行加 6 修正。根据运算结果及修正结果的 AF 有无进位，进行下列操作：AF 有进位，则 AH=1，CF=1，AF=1；AF 无进位，则 AH=0，CF=0，AF=0。并清掉 AL 中的高 4 位。

DAA(decimal adjust for addition)为组合 BCD 码加法运算后的调整指令，表示对相加结果 AL 的低 4 位和高 4 位分别进行加 6 修正。DAA 指令对 PSW 中的 AF、CF、SF、ZF、PF 都有影响，其效果等同于 ADD 指令。

2. 减法调整指令

格式：AAS ；减法分离 BCD 码调整

DAS ；减法组合BCD码调整

说明：AAS(ASCII adjust for subtraction)为分离 BCD 码减法运算后的调整指令，表示对相减结果 AL 的低 4 位进行减 6 修正。根据运算结果及修正结果的 AF 有无借位，进行下列操作：AF 有借位，则 CF=1，AF=1；AF 无借位，则 CF=0，AF=0。并清掉 AL 中的高 4 位。

DAS（decimal adjust for subtraction）为组合 BCD 码减法运算后的调整指令，表示对相减结果 AL 的低 4 位和高 4 位分别进行减 6 修正。DAS 指令对 PSW 中的 AF、CF、SF、ZF、PF 都有影响，其效果等同于 SUB 指令。

3. 乘法分离 BCD 码调整

格式：`AAM          ；乘法分离 BCD 码调整`

说明：AAM（ASCII adjust for multiply）为分离 BCD 码乘法的调整指令，两个分离 BCD 码相乘之后，需用 AAM 调整，调整方法是将结果（AL）除以 10（0AH），其商为（AH）的低 4 位，余数为（AL）的低 4 位。AAM 指令会影响 PSW 的 SF、ZF：使 SF=0，这是因为 AL 的高 4 位为 0。当余数为 0，即 AL=0 时，ZF=1；当余数不为 0 时，ZF=0。

4. 除法分离 BCD 码调整

格式：`AAD          ；除法分离 BCD 码调整`

说明：AAD（ASCII adjust for division）为分离 BCD 码除法的调整指令，两个分离 BCD 码除法指令之前应采用 AAD 进行调整。被除数 AH 和 AL 中分别保存了一位分离 BCD 码，AAD 指令进行除法调整：（AL）←（AH）×10＋（AL），并使（AH）←0，然后进行正常的除法运算。

AAD 指令会影响 PSW 的 PF、SF、ZF 标志位。

4.2.7 程序设计示例

例 4.5 设在 DVAR 开始的连续 8 字节中分别存放着两个数 A 和 B（每个数为 32 位），求 $C=A+B$，并将结果 C 放到 DVARC 开始的内存中。

解：设这两个数分别为 A=00127654H、B=00049821H，则在数据段中有变量定义语句为

```
DVAR   DD 00127654H
       DD 00049821H
DVARC  DD?
```

为完成双字相加运算，应该先利用 ADD 指令完成低位字的加法运算，再利用 ADC 指令完成高位字的带借位加法运算。这样在代码段中可以编写下列程序，完成题目指定的任务：

```
LEA               DI,DVAR
MOV               AX,4 [DI]      ；取低位字到(AX)
ADD               AX, [DI]       ；低位字相加
MOV WORD PTR      DVARC,AX       ；保存结果的低位字
MOV               AX,6 [DI]      ；取高位字到(AX)
ADC               AX,2 [DI]      ；高位字相加(带进位)
MOV WORD PTR      DVARC+2,AX     ；保存结果的高位字
```

例 4.6 设 DVAR1 和 DVAR2 保存有双字型无符号数据，求(DVAR1)-(DVAR2)，并将结果保存在双字变量 DVARR 中。

解：设在数据段中有变量定义语句：

```
DVAR1      DD     78127654H
DVAR2      DD     12349821H
DVARR      DD     ?
```

为完成双字相减运算，应该先利用 SUB 指令完成低位字的减法运算，再利用 SBB 指令完成高位字的带借位减法运算。这样在代码段中可以编写下列程序，完成题目指定的任务：

```
MOV    AX, WORD PTR DVAR1        ；取被减数的低位字到(AX)
SUB    AX,WORD PTR DVAR2         ；低位字相减
MOV    WORD PTR DVARR,AX         ；保存结果的低位字
MOV    AX,WORD PTR DVAR1+2       ；取被减数的高位字到(AX)
SBB    AX,WORD PTR DVAR2+2       ；高位字相减(带借位相减)
MOV    WORD PTR DVARR+2,AX       ；保存结果的高位字
```

例 4.7 两个无符号数(AL)=49H、(BL)=28H 进行大小比较。

解：指令段为

```
MOV    AL,49H
MOV    BL,28H
CMP    AL,BL
```

执行后，CF=0，说明 49H>28H。如果采用 CMP BL，AL 语句，则 CF=1，说明 28H<49H。

例 4.8 两个有符号数–104、–113 进行大小比较。

解：当采用 8 位补码表示时，这两个有符号数分别为 98H 和 8FH。程序段为

```
MOV    AL,-104
MOV    BL,-113
CMP    AL,BL
```

执行后，OF=0，SF=0，说明–104>–113。如果采用 CMP BL，AL 语句，则 OF=0，SF=1，这说明–113<–104。

例 4.9 两个有符号数 57、–113 进行大小比较。

解：当采用 8 位补码表示时，这两个有符号数分别为 39H 和 8FH。程序段为

```
MOV    AL,57
MOV    BL,-113
CMP    AL,BL
```

执行后，OF=1，SF=1，说明 57>–113。如果采用 CMP BL，AL 语句，则 OF=1，SF=0，这说明–113<57。

例 4.10 乘法的字节运算。要计算两个无符号数 2CH、42H 的乘积，结果保存在 AX 中。

解：程序段如下：

```
MOV    AL,2CH
```

```
MOV    BL,42H
MUL    BL
```

结果(AX)=0B58H，CF=1，OF=1。

例 4.11 乘法的字运算。要计算两个有符号数 1000、–12345 的乘积。

解：程序段如下：

```
MOV    AX,1000
MOV    BX,-12345
IMUL   BX
```

执行得到结果(DX)=FF43H，(AX)=A158H，CF=1，OF=1。

例 4.12 字节×字运算。要计算两个有符号数 15H、FB78H 的乘积。

解：实际上，有符号数 FB78H 为负数(–1160)。程序段如下：

```
MOV    AL,15H
CBW
MOV    BX,0FB78H
IMUL   BX
```

执行得到结果(DX)=FFFFH，(AX)=A0D8H，CF=0，OF=0，这表示相乘结果只需要用一个字表示。

例 4.13 字除字节的除法运算。设要完成除法运算 12345÷156。

解：被除数 12345 可以用一个字表示，除数 156 可以用一个字节表示，因此可以直接采用除法的字节运算。程序段为：

```
MOV    AX,12345
MOV    BL,156
DIV    BL
```

执行结果为商(AL)=4FH，余数(AH)=15H。

例 4.14 双字除字的除法运算。设要完成除法运算 28901240H÷(–6528H)。

解：这是有符号数的除法运算，被除数应该用一个双字表示，除数可以用一个字表示，程序段为

```
MOV    AX,1240H
MOV    DX,2890H
MOV    BX,-6528H
IDIV   BX
```

执行结果为商(AX)=9959H，余数(DX)=2528H。

例 4.15 双字除字节的除法运算。设要完成无符号除法运算 00011240H÷0A0H。

解：这是无符号数的除法运算，被除数应该用一个双字表示，除数本身可以用一个字节表示，但除法运算只能采用双字除字，因此除数应该变换成字。对无符号数来说，这种由字节变换成字的过程非常简单，只需要将高位字节填 0。程序段为

```
MOV    AX,1240H
MOV    DX,0001H
MOV    BL,0A0H
```

```
MOV     BH,0
DIV     BX
```

执行结果为商(AX)=01B6H，余数(DX)=0080H。

例 4.16 计算十进制数的加法运算，设要计算 4+8。

解：当通过键盘输入这两个十进制数时，我们得到的是其 ASCII 码，如果将其看作分离 BCD 码，则高 4 位为无效部分，因此不需要将高 4 位清除。

```
MOV     AL,'4'
MOV     BL,'8'
ADD     AL,BL
AAA
```

AAA 指令调整之前，(AL)=6CH，执行 AAA 指令后，其结果为(AX)=0102H，CF=1，AF=1；这说明 4+8=12。

例 4.17 计算十进制数的加法运算，设要计算 34+28。

解：采用组合 BCD 表示数 34，这时应将 34H 送入某寄存器。程序段如下：

```
MOV     AL,34H
MOV     BL,28H
ADD     AL,BL
DAA
```

DAA 指令调整之前，(AL)=5CH，执行 DAA 指令后，其结果为(AL)=62H，CF=0，AF=1，SF=0，PF=0，ZF=0，这说明 34+28=62。

例 4.18 计算十进制数的加法运算，设要计算 56+73。

解：程序段如下：

```
MOV     AL,56H
MOV     BL,73H
ADD     AL,BL
DAA
```

DAA 指令调整之前，(AL)=C9H，执行 DAA 指令后，其结果为(AL)=29H，CF=1，AF=0，SF=0，PF=0，ZF=0，这说明 56+73=129(注意，CF 的值为百位数)。

例 4.19 计算十进制数的减法运算，设要计算 5–9。

解：程序段如下：

```
MOV     AL,05H
MOV     BL,09H
SUB     AL,BL
AAS
```

AAS 指令调整之前，(AL)=0FCH，AF=1，执行 AAS 指令后，其结果为(AL)=06H，CF=1，AF=1；这说明调整结果为负数，因此结果为–4。

例 4.20 计算十进制数的减法运算，设要计算 31–87。

解：程序段如下：

```
MOV     AL,31H
```

```
MOV    BL,87H
SUB    AL,BL
DAS
```

DAS 指令调整之前，(AL)=0AAH，AF=1，CF=1，执行 DAS 指令后，其结果为(AL)=44H，CF=1，AF=1；这说明调整结果为负数，因此结果为–56(注意，这里读取结果的方法与 AAS 不同)。

例 4.21 计算十进制数的乘法运算，设要计算 7×8。

解：程序段如下：

```
MOV    AL,7
MOV    BL,8
MUL    BL
AAM
```

AAM 指令执行之前，(AX)=38H；AAM 指令执行后，(AX)=0506H，SF=0，ZF=0。

例 4.22 计算十进制数的除法运算，设要计算 27÷4。

解：程序段如下：

```
MOV    AX,0207H
MOV    BL,4
AAD                  ; (AX)←001BH
DIV    BL
```

执行结果为 AL=06H，AH=03H，这说明十进制数的除法运算 27÷4 的商为 6，余数为 3。

4.3 数据位操作指令与编程

数据位操作指令有逻辑运算类指令、移位类指令和标志位操作指令，它们按操作数的二进制数位进行操作，可以方便地产生外部的控制信号。

4.3.1 逻辑运算类指令

逻辑运算类指令有 5 条：AND(逻辑与)、OR(逻辑或)、XOR(逻辑异或)、NOT(逻辑非)、TEST(逻辑测试)。逻辑指令是位对位的操作，即本位操作不会影响其他位的运算。根据操作数，指令操作分为字节操作和字操作两种。指令 NOT 对 PSW 的标志位无影响，其余指令会影响 PSW 的标志位，其中 CF=0，AF=0，OF=0，但 SF、ZF、PF 要根据指令操作结果确定。

1. 逻辑与指令(AND)

格式：AND DST,SRC   ; (DST)←(DST)∧(SRC)，并置各标志位

说明：AND(“AND” byte or word)为逻辑与指令，它完成将 DST、SRC 的内容进行相与操作，其结果保存在 DST 中，并设置 PSW 中的标志位。指令中的 DST 可以取通用寄存器、存储单元，SRC 可以取通用寄存器、存储单元和立即数，但 DST 和 RSC 不能同时为存储单元。

例 4.23 求两个操作数的逻辑与。

解：设 VAR1 为字型变量，则有

```
AND    AX，BX          ；(AX)←(AX)∧(BX)
AND    AL,156          ；(AL)←(AL)∧1001 1100B  (156=1001 1100B)
AND    VAR1,78AAH      ；(VAR1)←(VAR1)∧78AAH
AND    CX, [SI]        ；(CX)←(CX)∧((SI))
```

2. 逻辑测试指令(TEST)

格式：TEST DST,SRC; (DST)∧(SRC)，并置各标志位

说明：TEST(“TEST” byte or word)为逻辑测试指令，它与 AND 指令非常类似，完成将 DST、SRC 的内容进行相与操作，其结果不保存，并设置 PSW 中的标志位。指令中的 DST 和 SRC 的说明等同于 AND 指令。

例 4.24 求两个操作数的逻辑测试。

解：设 VAR1 为字型变量，则有

```
TEST   AL,156          ；(AL)∧1001 1100B  (156=1001 1100B)
TEST   VAR1,78AAH      ；(VAR1)∧78AAH
TEST   AX,BX           ；(AX)∧(BX)
TEST   CX, [SI]        ；(CX)∧((SI))
```

3. 逻辑或指令(OR)

格式：OR DST,SRC ；(DST)←(DST)∨(SRC)，并置各标志位

说明：OR(“INCLUSIVE OR” byte or word)为逻辑或指令，它完成将 DST、SRC 的内容进行相或操作，其结果保存在 DST 中，并设置 PSW 中的标志位。指令中的 DST 和 SRC 的说明等同于 AND 指令。

例 4.25 求两个操作数的逻辑或。

解：设 VAR2 为字节型变量，则有

```
OR     AL,0110 0001B        ；(AL)←(AL)∨0110 0001B
OR     VAR2,0FH             ；(VAR2)←(VAR2)∨0FH
OR     AX，BX               ；(AX)←(AX)∨(BX)
OR     BX, [DI]             ；(BX)←(BX)∨((DI))
```

4. 逻辑异或指令(XOR)

格式：XOR DST,SRC ；(DST)←(DST)∀(SRC)，并置各标志位

说明：XOR(“Exclusive Or” byte or word)为逻辑异或指令，它完成将 DST、SRC 的内容进行异或操作，其结果保存在 DST 中，并设置 PSW 中的标志位。指令中的 DST 和 SRC 的说明等同于 AND 指令。

例 4.26 求两个操作数的逻辑异或。

解：设 VAR2 为字节型变量，则有

```
XOR    AL,01100001B         ；(AL)←(AL)∀01100001B
```

```
XOR    VAR2,0FH        ; (VAR2)←(VAR2)∀0FH
XOR    AX,BX           ; (AX)←(AX)∀(BX)
XOR    BX,[DI]         ; (BX)←(BX)∀((DI))
```

5. 逻辑非指令(NOT)

格式： NOT DST　　　　　; (DST)←($\overline{\text{DST}}$)

说明： NOT（“NOT” byte or word)为逻辑非指令，它完成将DST的内容进行按位取反的操作，其结果保存在DST中，但NOT指令不影响PSW中的标志位。指令中的DST可以取通用寄存器和存储单元。

例 4.27　求操作数的逻辑非。

解： 设VAR1为字型变量，则有

```
NOT    AL         ; (AL)←(‾AL)
NOT    VAR1       ; (VAR1)←(‾VAR1)
```

例 4.28　数据位操作指令的特殊用法。

解： 逻辑运算指令可以方便地对寄存器和存储单元中的数据进行逻辑操作。利用逻辑运算指令可通过适当选用源操作数的代码，使目的操作数的某些位进行清零、置位及取反操作。

```
XOR   AX,AX        ; AX清0
AND   AL,5FH       ; 将AL中字母的ASCII码变换成“大写”字母的ASCII码
OR    AL,20H       ; 将AL中字母的ASCII码变换成“小写”字母的ASCII码
AND   AL,0FCH      ; 将AL的位0，1清零，其余位不变
OR    OL,03H       ; 将CL的位0，1置1，其余位不变
XOR   AH,0FH       ; 将AH的低4位取反，高4位不变
```

4.3.2　移位类指令

在8086指令系统中，移位类指令有：逻辑右移(shift logical right byte or word，SHR)、算术右移(shift arithmetic right byte or word，SAR)、逻辑/算术左移(shift logical/ arithmetic left byte or word，SHL/SAL)、循环右移(rotate right byte or word，ROR)、循环左移(rotate left byte or word，ROL)、带进位循环右移(rotate through carry right byte or word，RCR)和带进位循环左移(rotate through carry left byte or word，RCL)。这些指令会正常影响PSW的CF和OF标志位，其中CF表示指令所移出的一位，OF=1表示移位前后符号位发生了变化。SHR、SAR、SHL/SAL还正常影响SF、PF、ZF。

这组移位类指令具有相同的指令格式，如表4.3所示，其中MSB表示指令目的操作数DST的最高位，LSB为DST的最低位，CF为PSW中的进位标志位。

在移位类指令中，DST可以取通用寄存器和存储单元，CNT为移位次数，它只有以下两种取值。

(1) CNT=1，表示指令移1位。

(2) CNT=CL，表示移位次数由CL的内容决定。

表 4.3 移位类指令说明

指令格式	功能	说明
SHR DST,CNT	逻辑右移指令	0→ MSB → LSB → CF
SAR DST,CNT	算术右移指令	MSB → LSB → CF
SHL/SAL DST,CNT	逻辑/算术左移指令	CF ← MSB ← LSB ← 0
ROR DST,CNT	循环右移指令	MSB → LSB → CF
ROL DST,CNT	循环左移指令	CF ← MSB ← LSB
RCR DST,CNT	带进位循环右移指令	MSB → LSB → CF
RCL DST,CNT	带进位循环左移指令	CF ← MSB ← LSB

在移位类指令中，移出的一位存入 CF 中。在逻辑右移指令中，在最高位填入 0；在算术右移指令中，在最高位填入符号位(即最高位)；在逻辑/算术左移指令中，在最低位填入 0；在循环右移指令中，在最高位填入其最低位的值，形成循环移位；在循环左移指令中，在最低位填入其最高位的值；在带进位循环右移和左移指令中，将 DST 和 CF 看成整体进行循环移位操作。

右移 1 位操作相当于将 DST 除以 2；而左移 1 位操作相当于将 DST 乘以 2。

例 4.29 举出移位指令的应用示例。

解：设 VAR1 为字型变量，则有

```
SAR    AX,1             ；将AX的内容算术右移1位，最高位填入符号位
SHL    AL,CL            ；将AL的内容左移CL位，低位填入0
ROL    VAR1[SI],1       ；将存储单元((VAR1)+(SI))的内容循环左移1位
```

例 4.30 将两位组合 BCD 码(设存放在 AL 中)转换成 ASCII 码，并存储于指定单元 BUF 中。

解：设在数据段中定义 BUF 变量：

```
BUF    DB      10 DUP(?)
```

然后在代码段中编写程序如下：

```
MOV    SI,0
MOV    BL,AL          ；保护AL内容
AND    AL,0FH         ；取出低位BCD码
ADD    AL,30H         ；将低位BCD码→ASCII码
MOV    BUF[SI],AL     ；保存结果的低位
MOV    CL,04
SHR    BL,CL          ；高位BCD码→低位
ADD    BL,30H         ；高位BCD码→ASCII码
INC    SI
MOV    BUF[SI],BL     ；保存结果的高位
```

例 4.31 用移位指令实现一个双字变量乘以 4 和除以 4 的操作(不考虑溢出的情况)。

解：设双字变量为 VAR1，乘以 4 的结果保存在 VAR2 中，除以 4 的结果保存在 VAR3 中。在数据段中定义这些变量：

```
VAR1   DD 12453ABFH
VAR2   DD  ?          ；乘以4的结果
VAR3   DD  ?          ；除以4的结果
```

然后在代码段设计程序段如下：

```
LEA    SI,VAR1        ；双字变量乘以4操作
LEA    DI,VAR2
MOV    AX,[SI]
MOV    BX,2[SI]
SHL    AX,1
RCL    BX,1
SHL    AX,1
RCL    BX,1
MOV    [DI],AX        ；保存结果
MOV    [DI+2],BX
LEA    SI,VAR1        ；双字变量除以4操作
LEA    DI,VAR3
MOV    AX,[SI]
MOV    BX,2[SI]
SHR    BX,1
RCR    AX,1
SHR    BX,1
RCR    AX,1
MOV    [DI],AX        ；保存结果
MOV    [DI+2],BX
```

例 4.32 将一个字(AX)的内容除以 2，并进行四舍五入操作。

解：对(AX)右移 1 位等效于(AX)÷2，四舍五入操作可以表述成：当原(AX)最低位(即移出的 1 位)为 1 时，在结果中加 1。因此可以编写出程序段如下：

```
SHR  AX,1
ADC  AX,0
```

另外，四舍五入操作还可以表述成 $y=\left[\frac{x}{2}+0.5\right]=\frac{[x+1]}{2}$，其中方括号表示取整运算，这样可以在移位之前的最低位加 1，然后进行右移 1 位的操作。因此可以编写出程序段如下：

```
INC    AX
SHR    AX,1
```

4.3.3 标志位操作指令

对 PSW 寄存器的标志位 CF、DF、IF 可以进行置位、清零或取反操作，其指令有七条，如表 4.4 所示。

表 4.4 标志位操作指令

指令格式	功能
CLC (clear carry flag)	(CF)←0，即 CF 清零
STC (set carry flag)	(CF)←1，即 CF 置位
CMC (complement carry flag)	(CF)←($\overline{CF}$)，即 CF 取反
CLD (clear direction flag)	(DF)←0，即 DF 清零
STD (set direction flag)	(DF)←1，即 DF 置位
CLI (clear interrupt enable flag)	(IF)←0，即 IF 清零，关闭中断
STI (set interrupt enable flag)	(IF)←1，即 IF 置位，打开中断

4.4 分支程序设计

在实际工作中经常需要利用汇编语言进行程序设计，因此，应该按照下列步骤进行。

(1) 分析问题：从实际问题中提取数学模型，明确任务要求及目的。

(2) 确定算法：找出解决问题的方法，确定算法，并画出程序流程框图。

(3) 编写程序：根据程序流程框图及所用 CPU 的指令系统，采用汇编语言进行编程设计。

(4) 检验程序：对编写好的程序进行编译、链接，并进行调试，调试时要选取一组典型数据，查看程序是否可以达到预期的目标，如果程序有错误，则返回第(3)步，修改程序，重新对程序进行检验，直至程序达到预期的目标。

(5) 编写软件说明：编写软件使用的功能、前提、方法等有关说明。

最简单的汇编语言程序为顺序程序，CPU 按照顺序执行指令，这种程序的功能有限。如果程序执行过程中，能够根据某种条件进行不同的处理，这样就构成了分支程序。由于

CPU 能够对执行的结果进行判断，从而做出相应的处理，程序的功能得到大大的增强。

一般来说，包含两条及多条分支的程序称为分支程序。实际上几乎所有的程序都可以归类于分支程序。

程序分支是通过有条件和无条件转移指令实现的，它们又与上一次 CPU 操作所产生的 PSW 中的标志位有关，影响标志位的指令有运算类指令、逻辑运算类指令、移位类指令和标志位操作指令。但应该注意，有些指令的执行对 PSW 的标志位没有影响，如移位类指令、除法指令、NOT 指令等。

有条件转移指令的转移范围为–128～+127，无条件转移指令可以在本段内转移，还可以转移到其他段的任意位置。有条件转移指令的内存需求更少，因此合理选择条件转移指令在分支程序中是至关重要的，也是正确程序设计的关键。

在分支程序设计中，要特别注意每个分支的完整性，在分支中包含 PUSH 和 POP 指令时，应该确保每一条分支中 PUSH 和 POP 指令数的对等。

4.4.1 转移指令

转移指令可以用来改变程序执行的顺序，以便构成分支程序。转移指令分两类：无条件转移指令和有条件转移指令。在执行无条件转移指令时，程序直接转移到指定位置处进行执行；在执行有条件转移指令时，程序是否转移取决于指定条件是否满足，如果条件满足，则程序转移到指定位置处进行执行，如果条件不满足，则程序继续执行。

1. 无条件转移指令

格式：
```
JMP    LABEL    ；转移到标号 LABEL 处执行程序
JMP    REG16    ；转移到由通用寄存器REG指定的位置执行程序
JMP    MEM      ；转移到由存储单元MEM指定的位置执行程序
```

说明：在 JMP LABEL 中，LABEL 为标号，当 LABEL 与该转移指令位于同一个段内时，则为段内直接转移，转移目的地址的(CS)不变，(IP)←(IP)+DISP16，其中 DISP16 表示转移目的地址与 JMP 转移指令之间的 16 位偏移量，这时也称为近(程)转移。当转移目的地址与 JMP 转移指令之间的偏移量可以用 8 位有符号数表示时，则(IP)←(IP)+DISP8，这时称为短转移。当 LABEL 与 JMP 指令位于不同段内时，则表示段间直接转移，转移目的地址为(CS)←SEG LABEL，(IP)←OFFSET LABEL，这时称为远(程)转移。

例如，为完成转移到 L1 标号处，可以采用 JMP L1，这时并不需要特别指出转移指令的种类，宏汇编程序(MASM)会根据标号 L1 的位置，自动生成相应的指令代码。如果要根据 BX 的内容进行转移，即 BX 中存放转移的目的地址，则采用 JMP BX 指令。设双字变量 VAR1 存放有转移的目的地址，则可以采用JMP VAR1 完成程序的段间转移。

例 4.33 无条件转移指令示例。

解：设在数据段中定义变量：

```
DBT1   DW  0400H
DBT2   DD  01000020H
TAB    DW  0600H,0640H,06A0H
```

则在代码段中有

```
MOV  BX,2
JMP  BX                 ; 转移到CS: 0002H
JMP  DBT1               ; 转移到CS: 0400H
JMP  DBT2               ; 转移到0100: 0020H
JMP  TAB [BX+2]         ; 转移到CS: 06A0H
JMP  WORD PTR [BX]      ; 转移到本段，偏移地址保存在DS: 0002H与DS: 0003H中
```

2. 有条件转移指令

对于有条件转移指令，只有当给定的条件满足时，才转移到指定的地址，否则执行下一条指令。依据为 PSW 中的标志位，这些标志位是由上一条指令执行时产生的。指令形式有许多种，如表 4.5 所示。

表 4.5 有条件转移指令说明

指令格式	测试条件	功能	英文描述
JC LABEL	(CF=1)	有进/借位	jump if carry
JNC LABEL	(CF=0)	无进/借位	jump if not carry
JE/JZ LABEL	(ZF=1)	相等	jump if equal/zero
JNE/JNZ LABEL	(ZF=0)	不相等	jump if not equal/not zero
JS LABEL	(SF=1)	负数	jump if sign
JNS LABEL	(SF=0)	正数	jump if not sign
JO LABEL	(OF=1)	有溢出	jump if overflow
JNO LABEL	(OF=0)	无溢出	jump if not overflow
JP/JPE LABEL	(PF=1)	有偶数个 1	jump if parity/parity equal
JNP/JPO LABEL	(PF=0)	有奇数个 1	jump if not parity/parity odd
JA/JNBE LABEL	(CF=0) ∧ (ZF=0)	高于/不低于等于	jump if above/not below nor zero
JAE/JNB LABEL	(CF=0)	高于等于/不低于	jump if above or equal /not below
JB/JNAE LABEL	(CF=1)	低于/不高于等于	jump if below /not above nor equal
JBE/JNA LABEL	(CF=1) ∨ (ZF=1)	低于等于/不高于	jump if below or equal /not above
JG/JNLE LABEL	((SF ∀ OF) ∨ ZF)=0	大于/不小于等于	jump if greater /not less nor equal
JGE/JNL LABEL	(SF ∀ OF)=0	大于等于/不小于	jump if greater or equal/not less
JL/JNGE LABEL	(SF ∀ OF)=1	小于/不大于等于	jump if less /not greater nor equal
JLE/JNG LABEL	((SF ∀ OF) ∨ ZF)=1	小于等于/不大于	jump if less or equal/not greater

前 10 条指令为根据单个标志位(CF、ZF、SF、OF、PF)的状态进行转移，接下来的 4 条指令用于两个无符号数的大小比较，最后 4 条指令为两个有符号数的大小比较。所有的有条件转移指令的寻址方式只有一种：段内直接转移，而且为短转移，即(IP)←(IP)+DISP8。

在使用有条件转移指令时，应该注意下列几点。

(1)由于有条件转移指令的指令转移范围为–128～+127，因此为了转移到更远的位置，需要将条件转移指令与 JMP 指令结合起来使用，例如，当(AL)等于 1 时要转移到较远的 KS1 处，应该采用：

```
        CMP    AL,1
        JNZ    K1
        JMP    KS1
    K1:
        ⋮
```

(2)对有符号数和无符号数进行比较时，应该采用不同的转移指令，JB、JA 为无符号数的比较指令，而 JL、JG 为有符号数的比较指令，例如：

```
    VAR1   DW  003AH
    VAR2   DW  8003H
    ⋮
    MOV    AX,VAR1
    MOV    BX,VAR2
    CMP    AX,BX       ；设置标志位CF=1，OF=1，SF=1，AF=0，ZF=0，PF=0
    JB     KS1
```

JB KS1 指令的条件满足(CF=1)，即将两个数看成无符号数时，条件 003AH<8003H 满足，因此程序转移到 KS1。

如果 JB KS1 换成 JL KS1 指令，则表示将两个数看成有符号数进行比较，条件 003AH<8003H 不满足，因此，程序不产生转移，继续执行下一条指令。

(3)应正确理解各指令的含义及测试条件。例如，JC 和 JB 指令都是测试 CF 是否等于 1，将它用在 CMP 和 SUB 之后，表示判断两个无符号数相减的结果是否小于 0，而用在 ADD 之后则表示判断相加运算是否有进位，如果用在移位指令之后，则用于判断移出的一位是否为 1。

(4)特别注意有些指令并不影响标志位，如通用传送指令 MOV 等，因此要判断变量 VAR1 是否为 0 时，应该采用：

```
        MOV    AX,VAR1        ；不影响标志位
        OR     AX,AX          ；在保持AX内容不变的前提下，设置标志位
或      AND    AX,AX
或      CMP    AX,0
        JZ     KS1
```

(5)完成同一功能可以有多种形式，例如，两个无符号数比较时，(DST)低于(SRC)时转移到 KS1，则可以采用：

```
        JB     KS1
或      JNAE   KS1
或      JC     KS1
```

4.4.2 流程图绘制

程序流程图可以直观地表示算法(程序)的流向，流程框图中使用的框主要有 4 种(图 4.5)：起止框用于表示程序的开始、返回和结束；处理框用于表示完成某个操作；判断框用于根据条件形成分支；转接符用于连接两个子流程框图，这时可以在圆圈内标注不同

的字母，以表示不同点的连接关系。要注意每个框的输入与输出，如处理框只能有一个输入和一个输出。

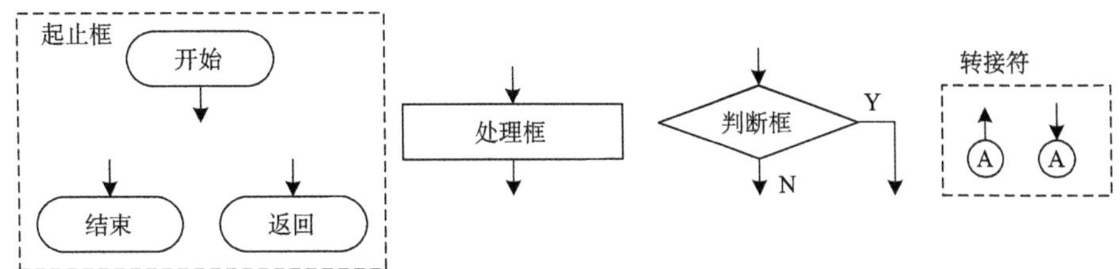

图 4.5　流程图要素

在编写程序时还应该注意，要搞清楚所使用的 CPU，了解其指令系统、寻址方式和有关的伪指令；对存储空间和工作单元应进行合理的分配，利用标号或变量来替代绝对地址，方便使用；适当地采用子程序和宏指令，以便简化程序设计，同时也可以使主程序的思路更加清晰。

4.4.3　分支程序设计示例

例 4.34　字节型变量 VAR1、VAR2 和 VAR3 存放了 3 个无符号数，将其中的内容按从大到小重新排列。

解：经重新排列后，VAR1 的值最大，VAR3 的值最小。由于变量中存放的数据为无符号数，因此应该采用 JA、JAE、JB、JBE 等指令。

编程思路：通过在三个数中找出最大值，将它与 VAR1 单元进行交换；然后对剩余的两个数进行比较，将较大值存放在 VAR2 中。汇编语言程序如下：

```
STACK  SEGMENT   STACK 'STACK'
       DW  100H  DUP(?)
TOP    LABEL WORD
STACK  ENDS
DATA   SEGMENT
VAR1   DB  46H          ; 先假设一组值，以便检验程序设计的正确性
VAR2   DB  15H
VAR3   DB  0A2H
DATA   ENDS
CODE   SEGMENT
       ASSUME  CS:CODE,DS:DATA,ES:DATA,SS:STACK
START:
       MOV  AX,DATA
       MOV  DS,AX
       MOV  ES,AX
       MOV  AX,STACK
       MOV  SS,AX
       LEA SP,TOP
```

```
        MOV AL,VAR1         ; 用户编写的程序
        CMP AL,VAR2
        JAE NO_CHG1
        XCHG AL,VAR2
NO_CHG1:
        CMP AL,VAR3
        JAE NO_CHG2
        XCHG AL,VAR3
NO_CHG2:
        MOV VAR1,AL         ; 最大值保存到VAR1
        MOV AL,VAR2
        CMP AL,VAR3
        JAE NO_CHG3
        XCHG AL,VAR3
        MOV VAR2,AL         ; 次大值保存到VAR2
NO_CHG3:
        MOV AH,4CH          ; 返回DOS操作系统
        INT 21H
CODE    ENDS
        END START
```

程序执行后，(VAR1)=0A2H，(VAR2)=46H，(VAR3)=15H，说明程序设计正确。一般来说，在程序结束处，应该使之返回到 DOS 状态，以便进行其他操作。

当要排序的数据为有符号数时，只需要将程序中相应的 JAE 指令改成 JGE 指令。

例 4.35 有一组测试数据(有符号数)，每个数据占用 16 位二进制数，数据个数存放在缓冲区的前 2 字节，现要求分别统计出大于 0、等于 0 和小于 0 的个数，分别存放在 GREATZ、ZERO、LITTLEZ 单元中。

解：有符号数的比较应该采用 JG、JGE、JL、JLE 等指令，同时还应该注意，MOV 指令不会影响 PSW 中的标志位。

编程思路：将字单元 GREATZ、ZERO、LITTLEZ 用作计数器，其初值均为 0。然后将数据与 0 比较，当其大于 0 时，GREATZ 单元加 1；当其等于 0 时，ZERO 单元加 1；当其小于 0 时，LITTLEZ 单元加 1。

为了在 BUFFER 中预先存入多个数据，可以采用同余法来产生伪随机数：

$$x = (c^*x + b)\ \mathrm{MOD}\ N$$

其中，模 N=65536；乘子 c=3；增量 b=979；MOD 为求余算法。这种方法可以植入任意的种子(初值)，这里取 x=17。重复 500 次，就可以产生 500 个字型数据。

完整的汇编语言程序如下：

```
STACK       SEGMENT   STACK 'STACK'
DW          100H   DUP(?)
TOP         LABEL WORD
```

```
STACK       ENDS
DATA        SEGMENT
BUFFER      DW 500          ；假设有500个数据，并利用重复宏随机产生
            X=17
            REPT 500
            X=(X+979)MOD 65535
            DW X
            ENDM
GREATZ      DW ?
ZERO        DW ?
LITTLEZ     DW ?
DATAE       NDS
CODE        SEGMENT
            ASSUME CS:CODE,DS:DATA,ES:DATA,SS:STACK
START:
            MOV  AX,DATA
            MOV  DS,AX
            MOV  ES,AX
            MOV  AX,STACK
            MOV  SS,AX
            LEA SP,TOP
            XOR AX,AX           ；用户编写的程序
            MOV GREATZ,AX
            MOV ZERO,AX
            MOV LITTLEZ,AX
            MOV CX,BUFFER
            LEA SI,BUFFER+2
ST_COUNT:
            MOV AX, [SI]
            ADD SI,2
            AND AX,AX
            JLE COUNT1
            INC GREATZ
            JMP COUNT3
COUNT1:
            JL COUNT2
            INC ZERO
            JMP COUNT3
COUNT2:
```

```
            INC LITTLEZ
COUNT3:
            DEC CX
            JNZ ST_COUNT
            MOV AH,4CH          ; 返回DOS操作系统
            INT 21H
CODEENDS
            END START
```

为了更加直观地展示程序设计方法，经常需要绘制出程序流程图，这一点也是学生难以掌握的内容。这里，结合这个程序给出了流程图的示例，如图 4.6 所示。

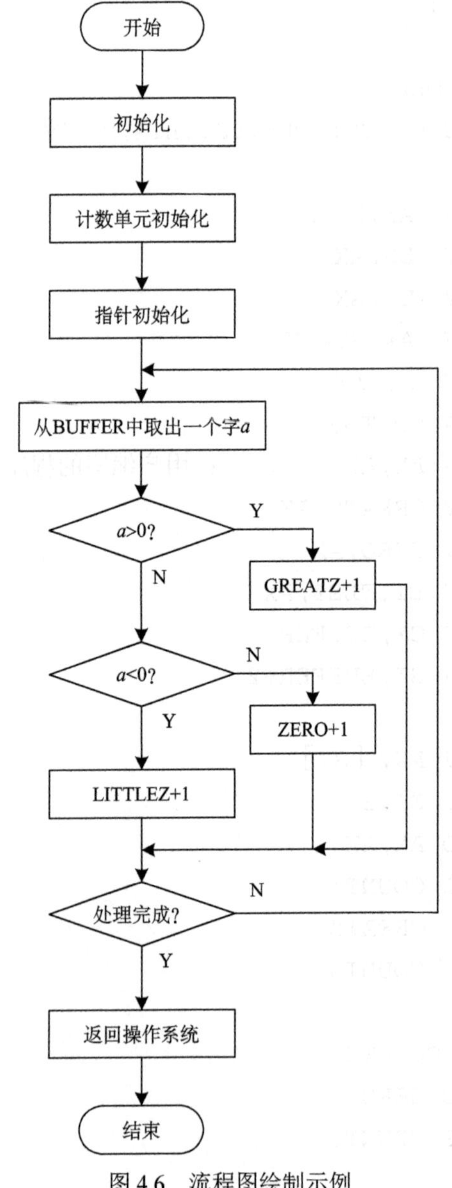

图 4.6　流程图绘制示例

在图 4.6 中，只需要阐述代码段的内容。流程图的处理框和判断框要用文字加以描述，不要变成指令的再述。

4.5 循环程序设计技术

对一组数据的操作可以采用循环结构来实现，其数据个数为循环次数。每次循环时要不断地修改指针，而且经常会出现同时使用多个指针的情况。

在汇编语言设计中，指针的正确使用是关系到程序设计好坏的重要因素，因此有必要对指针的使用进行详细介绍，这一点往往为其他同类教材所忽略。

汇编语言中可以直接采用的指针有 4 个：SI、DI、BX 和 BP，在使用 BP 指针时应该注意，其默认的段寄存器为 SS，而其他三个指针所默认的段寄存器为 DS。

当程序中只需要一个指针时，可以使用 SI、DI 和 BX 中的任意一个；当程序需要两个指针时，一般会要求程序从源操作数中取出要处理的数据，处理结果存放在另一个目的存储区域中，这样可以将 SI 指向源操作数区域，DI 指向目的操作数区域；当程序需要 3 个指针时，可以将 BX 用作第三个指针；当需要 4 个以上的指针时，应该仔细分析数据区域的操作特点，找出可以采用同一个指针处理的多个区域(参见下面指针的应用方式)。

指针的应用方式有两种。

(1) 指针表示绝对地址：将指针指向存储单元的段内偏移地址。例如：

```
LEA     SI,BUFFER
MOV     AX, [SI]
```

这样，指针 SI 的值表示缓冲区 BUFFER 的偏移地址，通过 SI 可以进行存储单元的访问。

(2) 指针表示相对地址：将指针清零，表示指向存储区域内相对偏移为 0 的地址。例如：

```
XOR     SI,SI
MOV     AX,BUFFER [SI]
```

这样，指针 SI 就不是 BUFFER 所专用的，它可以同时供其他存储区域使用，例如可以通过：

```
MOV     BX,SOURCE [SI]
```

访问另一个存储区域 SOURCE。当然，要利用同一个指针访问两个及两个以上存储区域时，它们的操作必须同步进行。

4.5.1 循环控制指令

格式：

```
LOOP LABEL                 ; (CX)←(CX)-1, (CX)≠0 时转 LABEL
LOOPZ/LOOPE LABEL          ; (CX)←(CX)-1, (CX)≠0且ZF=1时转LABEL
LOOPNZ/LOOPNE LABEL        ; (CX)←(CX)-1, (CX)≠0且ZF=0时转LABEL
JCXZ LABEL                 ; CX=0时转LABEL
```

说明： 循环控制指令的寻址方式均为段内直接转移，而且为短转移方式。下面对指令分别进行介绍。

1. LOOP 指令

LOOP 指令为常用的循环控制指令，(CX)的内容为设定的循环次数，每循环一次(CX)的内容减 1，直到(CX)为零时退出循环。其循环结构为

```
        MOV     CX,次数
                ⋮                ;循环准备
    标号:
                ⋮                ;循环体
        LOOP    标号
```

这里的“标号”与“LOOP 标号”指令之间至多包含 128B，这是因为循环控制指令为短转移指令。

2. LOOPZ/LOOPE 指令

LOOPZ/LOOPE(loop if zero/equal)指令与 LOOP 指令类似，只是当(CX)≠0 且 ZF=1 时才转至 LABEL，因此是否循环，除了与设定的循环次数有关，还与循环中设定的条件是否满足有关。例如：

```
        MOV CX,10
        ⋮
    L1:
        ⋮
        CMP AX,BX               ;若(AX)≠(BX)，即ZF=0，则退出循环
        LOOPZ L1
```

这种指令非常适合于在指定区域中查找不同的“字符”，当找到不同的“字符”时，会自动退出循环。

3. LOOPNZ/LOOPNE

LOOPNZ/LOOPNE(loop if not zero/not equal)指令的功能与 LOOPZ/LOOPE 指令相反，只是当(CX)≠0 且 ZF=0 时才转至 LABEL。例如：

```
        MOV CX,10
         ⋮
    L2:
         ⋮
        CMP AX,BX               ;若(AX)=(BX)，即ZF=1，则退出循环
        LOOPNZ L2
```

这种指令非常适合于在区域中查找指定的“字符”，当找到指定的“字符”时，会自动退出循环。

4. JCXZ 指令

JCXZ(jump if register CX=0)指令经常与循环指令配合使用。如果循环次数(CX)设定为

0，则要循环 65536 次(最大的循环次数)，这一点与常规表示不同。为此，应该在进入循环前检查(CX)的值，如果(CX)为 0，则跳过循环，这时可以采用 JCXZ 指令完成，其结构为

```
        MOV     CX,VAR1         ; 设定循环次数，可能为0
        JCXZ    DONE            ; 当(CX)=0时，跳过循环
          ⋮                     ; 循环准备
    L3:
          ⋮                     ; 循环体
        LOOP L3
          ⋮
    DONE:
```

4.5.2 字符串操作指令

字符串是指一组代码或数据，并不一定是常规的由字符构成的。字符串操作指令就是对这组代码或数据进行处理的指令，8086 系统提供了 5 类字符串操作指令：字符串传送(move byte or word string，MOVS)、字符串比较(compare byte or word string，CMPS)、字符串扫描(scan byte or word string，SCAS)、字符串装入(load byte or word string，LODS)和字符串存储(store byte or word string，STOS)指令。由于这类指令要对一组代码进行操作，希望能够成批处理数据，这需要字符串指令与重复前缀配合使用。

字符串数据应该成批存储在内存单元中，因此字符串操作指令约定：源操作数的存储地址由(DS：SI)指定，目的操作数的存储地址由(ES：DI)指定。字符串操作的类型有两种：字节操作(每次处理一字节的数据)和字操作(每次处理一个字的数据)。每次字符串指令执行后，其源地址指针 SI 和目的地址指针 DI 的内容会自动进行更新，更新的方式取决于 PSW 中的 DF 标志位：DF=0 时，SI、DI 的内容自动增加 1(字节操作)或自动增加 2(字操作)；DF=1 时，SI、DI 的内容自动递减 1(字节操作)或自动递减 2(字操作)。

1. 字符串传送指令

字符串传送指令表示将源操作数的内容传送到目的操作数，它有三种格式。

```
(1)MOVSB   ; 字节传送(ES：DI)←(DS：SI)，(SI)←(SI)±1，(DI)←(DI)±1
(2)MOVSW   ; 字传送(ES：DI)←(DS：SI)，(SI)←(SI)±2，(DI)←(DI)±2
(3)MOVS DST,SRC   ; 当DST和SRC同为字节类型时，等同于MOVSB指令
                  ; 当DST和SRC同为字类型时，等同于MOVSW指令
```

在第三种格式中，DST 和 SRC 必须为类型一致的变量，它们主要用于确定操作类型，而与实际传送的数据存储地址无关。

例如，指令 MOVS VAR1，VAR2 并不是完成 VAR2 变量的内容传送到 VAR1，而是将(DS：SI)中的内容传送到由(ES：DI)指定的位置，当 VAR1 和 VAR2 均为字节型变量时，该指令等同于 MOVSB，当 VAR1 和 VAR2 均为字型变量时，该指令等同于 MOVSW。

字符串传送指令对 PSW 的标志位无影响，目的操作数的段地址必须为 ES，而源操作数的段地址可设成其他段。

例 4.36 改变源操作数的段寄存器。

解：设在两个数据段中定义下列变量：

```
DATA   SEGMENT
BUF    DW 1234H
DATA   ENDS
DATA1  SEGMENT
BUF1   DW 5555H
BUF2   DW ?
DATA1  ENDS
```

并且让 DS 指向 DATA 段，ES 指向 DATA1 段，则

```
MOVS   BUF2,BUF
```

完成正常的从 DS 段到 ES 段的数据传送，而

```
MOVS   BUF2,BUF1
```

则完成从 ES 段到 ES 段的数据传送。

2. 重复前缀

字符串传送指令每次只能完成一个字和字节的传送，而实际应用中，经常需要将一块存储区域的内容整体搬移到另一个位置，为此，8086 提供了重复前缀。

重复前缀有三种形式：REP、REPZ/REPE 和 REPNZ/REPNE，它们放在字符串操作指令之前，表示重复执行该指令，重复次数由 CX 决定。

1) REP

重复前缀 REP (repeat string operation) 相当于 LOOP 指令，它经常与 MOVS 指令配合使用。其格式为

```
REP    ；(CX)←(CX)-1，直至(CX)=0时退出循环，即(CX)≠0时重复执行
```

当 REP 与 MOVS 指令配合时，有

```
REP MOVSB ；(ES：DI)←(DS：SI)(字节传送)，(SI)←(SI)±1，(DI)←(DI)±1
          ；(CX)←(CX)-1，(CX)≠0时重复执行，即当(CX)=0时退出循环
REP MOVSW ；与REP  MOVSB指令类似，这时每次传送一个字
```

2) REPZ/REPE

重复前缀 REPZ/REPE (repeat string operation while equal/zero) 相当于 LOOPZ/LOOPE 指令，它经常与 CMPS、SCAS 指令配合使用。其格式为

```
REPZ/REPE ；(CX)≠0，且ZF=1时重复执行
```

3) REPNZ/REPNE

重复前缀 REPNZ/REPNE (repeat string operation while not equal/not zero) 相当于 LOOPNZ/LOOPNE 指令，它经常与 CMPS、SCAS 指令配合使用。其格式为

```
REPNZ/REPNE ；(CX)≠0，且ZF=0时重复执行
```

例 4.37 将存储区域 BUFFER1 中的 100 字节数据按次序传送到 BUFFER2 中。

解：设在同一个数据段中已经定义好缓冲区 BUFFER1 和 BUFFER2，并且 DS 和 ES 都指向这个数据段，则在代码段中可以编写下列程序：

```
LEA     SI,BUFFER1
LEA     DI,BUFFER2
MOV     CX,100
CLD
REP     MOVSB
```

其中，CLD 指令可以确保 DF=0，在默认情况下，DF=0。

3. 字符串比较指令

字符串比较指令表示将源操作数与目的操作数的内容进行比较，其也有三种格式。

(1)CMPSB ；(DS：SI)-(ES：DI)(字节操作)，(SI)←(SI)±1，(DI)←(DI)±1

(2)CMPSW ；(DS：SI)-(ES：DI)(字操作)，(SI)←(SI)±2，(DI)←(DI)±2

(3)CMPSDST,SRC ；当 DST 与 SRC 同为字节类型时，该指令等同于 CMPSB 指令
；当 DST 与 SRC 同为字类型时，该指令等同于 CMPSW 指令

指令 CMPS 与 CMP 类似，比较结果不进行保存，只是用于设置 PSW 中的标志位，但是，在字符串比较指令中，采用“源操作数”减去“目的操作数”，而在 CMP 指令中，采用“目的操作数”减去“源操作数”。因此，对比较结果的转移的条件是不同的，如下：

```
CMP     DST,SRC          CMPS    DST,SRC
JG      ABC              JG      ABC
当(DST)>(SRC)时转ABC     当(ES：DI)<(DS：SI)时转ABC
```

这一点应特别引起注意。

字符串比较指令会正常影响 PSW 中的 6 个状态标志位，从而后续指令可以对比较结果进行判断与转移操作。因此 CMPS 指令经常与 REPZ/REPE、REPNZ/REPNE 配合使用，其含义有所不同。

1)REPZ　CMPS

比较两字符串时，当遇到第一个不相同的字符时，就跳出比较循环(ZF=0)。

2)REPNZ　CMPS

比较两字符串时，当遇到第一个相同的字符时，就跳出比较循环(ZF=1)。

例 4.38　BUFFER1 和 BUFFER2 为长度 100 的两个字型缓冲区，对比这两个缓冲区中的数据，如果找到相同的字，则在 ADDR 中保存该数据在 BUFFER1 中的地址，如果找不到，则在 ADDR 中置 0FFFFH。

解：设在数据段中已经定义好字型缓冲区 BUFFER1、BUFFER2 和字型变量 ADDR，并将 DS 和 ES 都指向该数据段，则在代码段中编写下列程序：

```
LEA     SI,BUFFER1
LEA     DI,BUFFER2
MOV     CX,100
CLD
REPNZ   CMPSW
JZ      FOUND
```

```
        MOV    ADDR,-1
        JMP    ELSE
FOUND:
        SUB    SI,2
        MOV    ADDR,SI
ELSE:
```

4. 字符串扫描指令

字符串扫描指令表示将目的操作数与(AL)或(AX)的内容进行比较，其也有三种格式。

(1) SCASB　　　　　　; (AL)-(ES: DI)(字节操作)，(DI)←(DI)±1

(2) SCASW　　　　　　; (AX)-(ES: DI)(字操作)，(DI)←(DI)±2

(3) SCAS　DST,SRC　; 当 DST 与 SRC 同为字节类型时，该指令等同于 SCASB 指令

　　　　　　　　　　; 当 DST 与 SRC 同为字类型时，该指令等同于 SCASW 指令

SCAS 指令与字符串比较指令类似，只是源操作数固定为 AL 或 AX 的内容。其他说明类似于字符串比较指令。

字符串扫描指令会正常影响 PSW 中的 6 个状态标志位，从而后续指令可以对比较结果进行判断与转移操作。因此 SCAS 指令经常与 REPZ/REPE、REPNZ/REPNE 配合使用，其含义有所不同。

1) REPZ　SCAS

比较(AL)或(AX)的内容与目的字符串的内容，也就是在目的字符串中查找指定的字符(AL)或(AX)，当找到第一个不相同的字符时，就跳出比较循环(ZF=0)。

2) REPNZ　SCAS

比较(AL)或(AX)的内容与目的字符串的内容，也就是在目的字符串中查找指定的字符(AL)或(AX)，当找到第一个相同的字符时，就跳出比较循环(ZF=1)。

A	31H
B	31H ←DI
C	32H
	33H
	34H
	35H

图 4.7　字符串查找图例

例 4.39　在字节型缓存区 BUFFER 中保存有 20000 个数据，要求在其中查找字符串“12345”(以 ASCII 码表示)，并将其在 BUFFER 的偏移地址存放在 ADDR 单元中，如果没有找到，则将 0FFFFH 存放在 ADDR 中。

解：为了查找一串数据，首先应该在 BUFFER 中查找第一个数据，当找到后，再对后续的数据进行对比，如果恰好都相同，则表示找到了字符串；如果有一个字符不相同，则应该回到刚才的位置继续查找第一个数据，这一点很重要，可以避免漏掉要查找的字符串。例如，在 BUFFER 中有这样的字符串：“112345”，就容易造成漏检，如图 4.7 所示，当找到第一个字符“1”时，DI 指向位置“B”，接着与第二个字符“2”比较，发现两者不同，这时 DI 已经指向位置“C”，如果不恢复原来的地址进行搜索，则程序找不到第二个“1”，从而使该正确的字符串漏检。

为对找到的第二个字符到第五个字符进行查找，应该在数据段中定义指定的字符串 STRING。数据段的内容为

```
BUFFER    DB 20000 DUP(?)
ADDR      DW ?
STRING    DB '12345'
```

并使 DS 和 ES 都指向该数据段，则设计的程序为

```
        MOV ADDR,-1
        LEA DI,BUFFER
        MOV CX,20000
        MOV AL,STRING         ；取第一个字符
        CLD
STARTSEARCH:
        REPNZ SCASB           ；查找第一个字符
        JNZ NOFOUND
        LEA SI,STRING+1
        PUSH CX               ；保存搜索次数
        PUSH DI               ；保存搜索指针
        MOV CX,4              ；比较后续字符
        REPZ CMPSB
        POP DI                ；恢复搜索指针
        POP CX                ；恢复搜索次数
        JNZ STARTSEARCH
FOUND:
          SUB DI,1            ；指针修正
          MOV ADDR,DI
NOFOUND:
```

5. 字符串装入指令

字符串装入指令表示将源字符串装入累加器 AL 或 AX，其也有三种格式。

(1) LODSB　　　　　；(AL)←(DS：SI)，(字节操作)，(SI)±1

(2) LODSW　　　　　；(AX)←(DS：SI)，(字操作)，(SI)±2

(3) LODS DST,SRC　；当 DST 与 SRC 同为字节类型时，该指令等同于 LODSB 指令
　　　　　　　　　　；当 DST 与 SRC 同为字类型时，该指令等同于 LODSW 指令

字符串装入指令不影响 FLAG，每次执行都会从源数据区取一个值送到(AL)或(AX)，重复操作意味着后面装入的内容将覆盖前面装入的内容，因此 LODS 指令很少与重复前缀配合使用。

6. 字符串存储指令

字符串存储指令表示将累加器 AL 或 AX 的内容存储到目的字符串中，其也有三种格式。

(1) STOSB　　　　　；(ES：DI)←(AL)，(字节操作)，(DI)±1

(2) STOSW　　　　　　; (ES: DI)←(AX), (字操作), (DI)±2

(3) STOS DST,SRC　　; 当 DST 与 SRC 同为字节类型时，该指令等同于 STOSB 指令

　　　　　　　　　　; 当 DST 与 SRC 同为字类型时，该指令等同于 STOSW 指令

字符串存储指令不影响 FLAG，每次执行都会将(AL)或(AX)的值存储到目的数据区中，重复操作意味着对整个数据区置入相同的值，因此 STOS 指令经常与 REP 前缀配合使用，表示将指定的数据区域进行清零或置入同一个初值。

例 4.40 对字型缓冲区 BUFFER1(长度为 200)进行清零，对字节型缓冲区 BUFFER2(长度为 256)置入初值 55H。

解：设在数据段中已经定义好缓冲区 BUFFER1 和 BUFFER2，并让 ES 指向该数据段，则可以设计汇编语言程序：

```
LEA    DI,BUFFER1
MOV    CX,200
XOR    AX,AX
CLD
REP    STOSW
LEA    DI,BUFFER2
MOV    CX,256
MOV    AL,55H
REP    STOSB
```

4.5.3 循环程序设计示例

例 4.41 设在 BUFFER 中保存有 15 个无符号字节型数据，编写程序产生这组数据的校验和，并置入第 16 个字节单元中。

解：常用的校验和产生算法为

$$h = \sum_i x_i \quad \text{MOD } 256$$

因此，设在数据段中已经定义好字节型变量 BUFFER，则程序如下：

```
    LEA    SI,BUFFER
    MOV    CX,15
    MOV    AL,0
L1: ADD    AL, [SI]
    INC    SI
    LOOP   L1
    MOV    [SI],AL         ; 保存校验结果
```

例 4.42 设在 BUFFER 中已经保存有字型数据($x_1,x_2,\cdots,x_n$)，其中前 2 字节为数据的个数，计算数据的两点平均滤波，并保存在 FILT 缓冲区中。

解：数据的差分定义为

$$dx_k = \frac{x_k + x_{k-1}}{2}, \quad k = 2,3,\cdots,n$$

设在数据段中已经定义缓冲区如下：

```
BUFFER      DW  n
            DW  X1,X2,…,Xn
FILT        DW  n-1 DUP(?)
```

然后，可以在代码段中设计程序如下：

```
            LEA     SI,BUFFER
            MOV     CX,[SI]
            ADD     SI,2
            JCXZ    PROCEND         ；当(CX)=0时，跳过循环
            LEA     DI,FILT
PROC1:
            MOV     AX,[SI]
            ADD     SI,2
            ADD     AX,[SI]
            SHR     AX,1            ；完成(AX)÷2操作
            MOV     [DI],AX         ；保存滤波结果
            ADD     DI,2
            LOOP    PROC1
PROCEND:
```

例 4.43 在缓冲区 DATABUF 中保存有一组无符号数据(8 位)，其数据个数存放在 DATABUF 的第 1、2 字节中，要求编写程序将数据按递增顺序排列。

解：这里采用双重循环实现数据的排序，这可使程序变得简单。要对 N 个数据进行从小到大排序时，可以采用"冒泡法"：从后往前，每两个数据进行比较，当前者大于后者时，交换两者的次序；否则不变。这样，经过 N–1 次比较，可以将最小值交换到第一个单元(最轻的气泡最先冒出水面)。接着对后 N–1 个数据重复上述过程，使次小值交换到第二个单元；以此类推，共进行 N–1 次比较过程，可以完成数据的排序操作。

由于每次比较操作都在相邻两个单元进行，因此只需要一个指针。汇编语言程序如下：

```
            N=100                           ；设有100个数据
STACK       SEGMENT STACK  'STACK'
            DW 100H DUP(?)
TOP         LABEL WORD
STACK       ENDS
DATA        SEGMENT
DATABUF     DW N
            DB N DUP(? )
DATA        ENDS
CODE        SEGMENT
            ASSUME CS:CODE,DS:DATA,ES:DATA,SS:STACK
START:
```

```
        MOV AX,DATA
        MOV DS,AX
        MOV ES,AX
        MOV AX,STACK
        MOV SS,AX
        LEA SP,TOP
；为了能够进行排序，DATABUF中必须已经保存数据，因此我们产生一组随机数据
        MOV CX,DATABUF
        LEA SI,DATABUF+2
        MOV BL,23
        MOV AL,11
LP:
        MOV [SI],AL
        INC SI
        ADD AL,BL
        LOOP LP
；下面给出数据排序程序
        MOV CX,DATABUF
        DEC CX                  ；外循环次数
        LEA SI,DATABUF+2        ；SI指向数据区首地址
        ADD SI,CX               ；SI指向数据区末地址
LP1:                            ；外循环开始
        PUSH CX
        PUSH SI
LP2:                            ；内循环开始，其循环次数恰好与外循
                                环的CX值一致
        MOV AL,[SI]
        CMP AL,[SI-1]
        JAE NOXCHG
        XCHG AL,[SI-1]          ；交换操作
        MOV [SI],AL
NOXCHG:
        DEC SI
        LOOP LP2
        POP SI
        POP CX
        LOOP LP1
；数据排序结束
        MOV AH,4CH              ；返回DOS
```

```
                INT 21H
CODE            ENDS
                END START
```

如果要求将数据从大到小排序，则只需要将交换条件指令“JAE NOXCHG”改成“JBE NOXCHG”；如果要排序的数据为有符号数，则只需要将交换条件指令“JAE NOXCHG”改成“JGE NOXCHG”。

例 4.44 有一组数据(16 位二进制数)存放在缓冲区 BUF 中，数据个数保存在 BUF 的前两字节中。要求编写程序实现在缓冲区中查找某一数据(16 位)，如果缓冲区中没有该数据，则将它插入缓冲区的最后；如果缓冲区中有多个被查找的数据，则只保留第一个，将其余的删除。

解：在缓冲区 BUF 中搜索指定的数据，当没有找到该数据时，在最后插入该数据；当找到该数据时，则进入搜索多余的重复数据，每次找到该数据就删除它(即将缓冲区的剩余数据向前移动一个字)。当然还应该更新缓冲区的长度单元。

要删除数据时，可以开辟另一个存储区域暂存数据，然后将暂存数据传送回原来的存储区域。

这里利用读写指针指向同一个区域来实现删除数据的功能，如图 4.8 所示，将指针 SI 和 DI 同时指向缓冲区 BUF，每次从 BUF 中读取数据后，更新 SI 指针，如果所读取的数据与要删除的数据相等，则该数据不再写回到 BUF 中，DI 不变；否则，将数据写回到 BUF(由 DI 指定位置)，并相应地更新 DI 内容。这样，SI 指针每次都在更新，而 DI 指针只有在需要的时候更新，会逐渐落后于 SI，从而完成将后续单元的内容向前移动的操作。

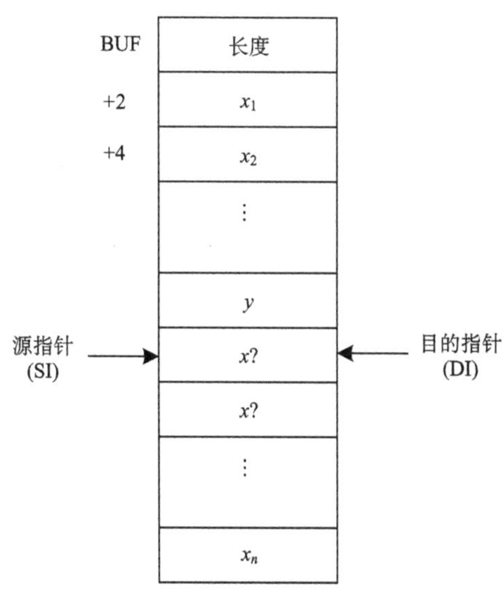

图 4.8　双指针指向同一个存储区

汇编语言程序如下：

```
STACK       SEGMENT STACK'STACK'
            DW 100H DUP(?)
```

```
TOP          LABEL WORD
STACK        ENDS
DATA         SEGMENT
BUF          DW 20                ；设缓冲区原有20个字
             DW 1000H,0025H,6730H,6758H,7344H,2023H,0025H,
                6745H,10A7H,0B612H
             DW 56AAH,15ACH,5789H,56AAH,6666H,7777H,56AAH,
                8888H, 9999H,1111H
             DW 10 DUP(?)         ；为可能的插入操作留出空间
NEW          DW 56AAH             ；指定的数据为(NEW)=56AAH
DATAE        NDS
CODE         SEGMENT
             ASSUME CS:CODE,DS:DATA,ES:DATA,SS:STACK
START:
             MOV AX,DATA
             MOV DS,AX
             MOV ES,AX
             MOV AX,STACK
             MOV SS,AX
             LEA SP,TOP
；搜索指定的数据
             MOV CX,BUF
             LEA SI,BUF+2
             MOV AX,NEW
L1:
             CMP AX, [SI]
             JZ L2
             INC SI
             INC SI
             LOOP L1
；没有找到，则插入数据
             MOV  [SI] ,AX
             INC BUF
             JMP OK          ；结束
L2:                          ；找到第一个数据，在剩余部分搜索并进行删除操作
             DEC CX
             INC SI
             INC SI
             MOV DI,SI       ；DI与SI指向剩余区域的首地址
```

```
L3:
            MOV BX, [SI]  ; 读数据
            INC SI
            INC SI
            CMP AX,BX     ; 比较
            JZ L4
            MOV [DI],BX   ; 写数据
            INC DI
            INC DI
            JMP L5
L4:         DEC BUF       ; 更新长度计数器
L5:
            LOOP L3
OK:
            MOV AH,4CH    ; 返回DOS
            INT 21H
CODE        ENDS
            END START
```

例 4.45 在缓冲区 DAT1 和 DAT2 中，存放着两组递增有序的 8 位二进制无符号数，其中前两字节保存数组的长度，要求编程实现将它们合并成一组递增有序的数组 DAT，DAT 的前两字节用于保存新数组的长度。

解：这里要用到 3 个指针，对于将数据写入数组 DAT 的指针首选使用 DI，从 DAT1 和 DAT2 读数据的两个指针可分别采用 SI 和 BX，并结合使用字符串指令，可以简化程序的设计。

在程序设计中，将由 BX 指示的缓冲区 DAT2 中的内容读入 AL，这样，当需要将 DAT1 的内容传送到 DAT 时，可直接采用 MOVSB 指令；当需要将 DAT2 的内容传送到 DAT 时，可直接采用 STOSB 指令。汇编语言程序如下：

```
STACK       SEGMENT STACK 'STACK'
            DW 100H DUP(?)
TOP         LABEL WORD
STACK       ENDS
DATA        SEGMENT
DAT1        DW 10            ; 设DAT1中有10个数据
            DB 10H,25H,67H,68H,73H,83H,95H,0A8H,0C2H,0E6H
DAT2        DW 13            ; 设DAT2中有13个数据
            DB 05,12H,26H,45H,58H,65H,67H,70H,76H,88H,92H,
               0CDH,0DEH
DAT         DW ?
            DB 200 DUP(?)
```

```
DATA      ENDS
CODE      SEGMENT
          ASSUME CS:CODE,DS:DATA,ES:DATA,SS:STACK
START:
          MOV AX,DATA
          MOV DS,AX
          MOV ES,AX
          MOV AX,STACK
          MOV SS,AX
          LEA SP,TOP
          MOV CX,DAT1        ; CX表示DAT1的数据个数
          MOV DX,DAT2        ; DX表示DAT2的数据个数
          MOV DAT,CX         ; 先计算出DAT的数据个数
          ADD DAT,DX
          LEA SI,DAT1+2      ; SI指向DAT1的数据区
          LEA BX,DAT2+2      ; BX指向DAT2的数据区
          LEA DI,DAT+2       ; DI指向DAT的数据区
          CLD
L1:
          MOV AL,[BX]
          INC BX
L2:
          CMP AL,[SI]
          JBL3
          MOVSB              ; DAT1区中的一个数据传送到DAT区
          DEC CX
          JZ L4
          JMP L2
L3:
          STOSB              ; DAT2区中的一个数据传送到DAT区
          DEC DX
          JZ L5
          JMP L1
L4:
          MOV SI,BX
          DEC SI
          MOV CX,DX
L5:
          REP MOVSB          ; 将DAT1或DAT2中剩余部分全部传送到DAT区
```

```
            MOV AH,4CH      ；返回DOS
            INT 21H
CODEENDS
            END START
```

例 4.46 已知缓冲区 BUFA 内有 20 个互不相等的整数(其序号为 0～19)，缓冲区 BUFB 内有 30 个互不相等的整数(其序号为 0～29)。编写程序完成：将既在 BUFA 中出现又在 BUFB 中出现的整数(设为 x)存放在缓冲区 BUFC 中，并将 x 在 BUFA 和 BUFB 中的序号分别存放于缓冲区 BUFCA 和 BUFCB 中。

解：这里涉及 5 个存储区域，最好有 5 个指针，但 BUFC、BUFCA 和 BUFCB 为同步操作，即当找到 x 时，需要同时对 BUFC、BUFCA 和 BUFCB 进行操作，而且每个区域都写入一字节，因此它们可以采用同一个指针，寻址方式为寄存器相对寻址，即设 AL 为找到的值，DL、BL 为序号，则其操作为

```
MOV BUFC [DI] ,AL
MOV BUFCA [DI] ,DL
MOV BUFCB [DI] ,BL
```

图 4.9 给出了缓冲区指针使用的示意图。

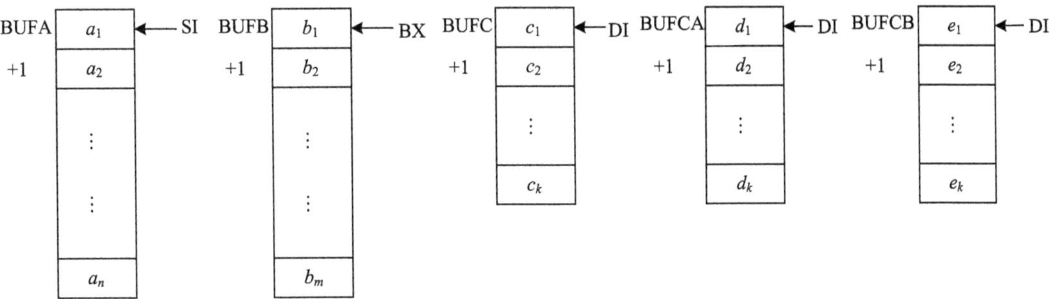

图 4.9 缓冲区指针使用

采用寄存器相对寻址表示缓冲区 BUFA 和 BUFB 的地址，如 MOV AL，BUFA[SI]，这样 SI 的内容就表示相应的序号。

完整的汇编语言程序如下：

```
STACK       SEGMENT STACK 'STACK'
            DW 100H DUP(?)
TOP         LABEL WORD
STACKE      NDS
    N1=20
    N2=30
DATA        SEGMENT
BUFA        DB 10H,25H,67H,26H,68H,73H,83H,58H,0,06H,12H
            DB 0CDH,95H,0A8H,0C2H,48H,0E6H,0F1H,1AH,0F5H
BUFB        DB 05,12H,26H,45H,53H,60H,6AH,7FH,76H,88H,92H
```

```
            DB 0C1H,0DEH,0E1H,0F5H,09,17H,23H,48H,58H,65H,
               67H,70H,7CH,
            DB 82H,96H,0CDH,0D1H,0F1H,0FEH
BUFC        DB 20 DUP(?)
BUFCA       DB 20 DUP(?)
BUFCB       DB 20 DUP(?)
DATA        ENDS
CODE        SEGMENT
            ASSUME CS:CODE,DS:DATA,ES:DATA,SS:STACK
START:
            MOV AX,DATA
            MOV DS,AX
            MOV ES,AX
            MOV AX,STACK
            MOV SS,AX
            LEA SP,TOP
;以BUFA为外循环，每字节与BUFB的所有字节比较(构成内循环)，
;以确定是否存在相同的值
            MOV CX,N1
            XOR SI,SI
            XOR DI,DI
L1:
            MOV AL,BUFA[SI]
            PUSH CX
            MOV CX,N2
            XOR BX,BX
L2:
            CMP AL,BUFB[BX]
            JZ L3
            INC BX
            LOOP L2
            JMP L4
;找到相同的值后，进行值传送和序号保存
L3:
            MOV BUFC[DI],AL
            MOV DX,SI
            MOV BUFCA[DI],DL
            MOV BUFCB[DI],BL
            INC DI
```

```
L4:
            POP CX
            INC SI
            LOOP L1
                MOV AH,4CH        ; 返回DOS
                MOV AL,0
                INT 21H
CODE            ENDS
                END START
```

4.6 子程序设计

4.6.1 子程序调用与返回指令

子程序为功能确定且独立的程序段。可以将任何一段独立的程序归整为一个子程序，当需要该段程序时，只需调用子程序即可，调用后会自动返回到调用指令的下一条指令。因此采用子程序设计时，可以简化程序设计。另外，从调试程序的角度，由于原本在多处出现的程序段缩减为子程序调用指令，调试程序更加方便。

当然，采用子程序设计后，由于调用子程序和从子程序中返回需要执行指令，并且为保护某些寄存器的内容，需要进行压入堆栈和弹出堆栈的操作，因此会使程序执行速度受到一定的影响。

子程序调用是通过自动修改(IP)和/或(CS)的内容实现的，为了确保子程序调用后能够返回到调用指令之后，CALL 指令会自动保存返回地址(IP 和/或 CS)，而 RET 指令会自动返回到 CALL 指令的下一条指令。

1. 子程序调用指令 CALL

子程序调用指令 CALL (call procedure)有以下两种格式。

```
CALL LABEL      ; 调用入口地址为标号LABEL的子程序
CALL OPR        ; 调用子程序，其入口地址为操作数OPR的内容
```

在子程序调用指令的第一种格式中，根据 CALL 指令与标号 LABEL 的相对位置，又可以分为三种情况。

(1) 当标号 LABEL 与 CALL 指令不在同一个段内时，子程序调用在段间进行，其完成的操作有：CS 入栈，IP 入栈；(IP)←LABEL 的偏移地址；(CS)←LABEL 的段地址。指令的寻址方式为段间直接寻址。

(2) 当标号 LABEL 与 CALL 指令在同一个段内，且可以采用 8 位有符号数表示其相对位移量时，则子程序调用在段内进行，其完成的操作有：IP 入栈；(IP)←(IP)+DISP8。指令的寻址方式为段内直接寻址，由于调用目的地址是(IP)与相对位移量之和，因此其寻址方式也称为相对寻址。

(3) 当标号 LABEL 与 CALL 指令在同一个段内，且需要采用 16 位有符号数表示其相

对位移量时，则子程序调用在段内进行，其完成的操作有：IP 入栈；(IP)←(IP)+DISP16。指令的寻址方式为段内直接寻址，也称相对寻址。

在子程序调用指令的第一种格式中，根据操作数 OPR 的不同，又可以分为三种情况。

(1)当 OPR 为 16 位的通用寄存器 REG16 时，子程序调用在段内进行，其完成的操作有：IP 入栈；(IP)←(REG16)。指令的寻址方式为段内间接寻址。

(2)当 OPR 为 16 位的存储单元 RAM 时，子程序调用在段内进行，其完成的操作有：IP 入栈；(IP)←(RAM)。指令的寻址方式为段内间接寻址。

(3)当 OPR 为 32 位的存储单元 RAM 时，子程序调用在段间进行，其完成的操作有：CS 入栈，IP 入栈；(IP)←(RAM)，(CS)←(RAM+2)。指令的寻址方式为段间间接寻址。

2. 子程序返回指令 RET

子程序返回指令 RET(return from procedure)有三种格式。

RET：用于段内子程序的返回，完成 IP 出栈，即(IP)←(SP)。

RETF：用于段间子程序的返回，完成 IP 出栈，CS 出栈。

RET *n*：完成 RET(或 RETF)指令功能后，(SP)←(SP)+*n*。

3. 过程定义

在 IBM PC 汇编语言中，子程序通常以过程方式编写。过程定义格式：

```
过程名PROC［类型］
          ⋮
        RET
过程名ENDP
```

其中，过程名是用户给子程序起的名字，它可以看作标号，具有段地址、偏移地址和类型的属性。子程序的类型可以取 NEAR(近程过程，可供段内调用)和 FAR(远程过程，可供段间调用)，当类型缺省时，表示 NEAR(近程过程)。

子程序还可以是另一种形式：

```
〈标号〉：
          ⋮
        RET
```

4.6.2 子程序设计技术

利用子程序可以大大地简化汇编语言的程序设计。在子程序设计过程中，有几个问题需要读者特别注意。

1. 主程序与子程序之间的参数传递

在设计子程序时，需要从主程序获取数据，这种数据称为入口参数，同时子程序执行后可能有结果数据要送给主程序，这种数据称为出口参数。主程序与子程序之间对入口参数和出口参数的传递有三种方式。

1) 寄存器参数传递方式

如果需要传递的参数个数较少，则可以通过寄存器进行传递，这时主程序与子程序之间事先进行约定，主程序在调用子程序之前，将入口参数存放在约定好的寄存器中，子程序执行后，将出口参数保存在约定的寄存器中。这种方式比较直观、容易理解。

2) 存储单元参数传递方式

如果需要传递的参数个数较多，则应该采用存储区域进行传递，这时主程序与子程序之间事先约定入口参数区域和出口参数区域，主程序在调用子程序之前，将入口参数存放在约定的存储区域中，子程序执行后，将出口参数保存在约定的存储区域中。这种方式也比较直观、容易理解。

但这种方式在处理不同的数据区域时，需要将待处理的数据传送到指定区域，从而使程序设计复杂、程序执行效率下降，为此可以采用寄存器与存储器相结合的方式。主程序与子程序之间传递的入口和出口参数不是数据本身，而是存放数据区域的首地址，这样首地址可以采用寄存器方式进行传递，这时的参数传递方式应该为寄存器方式。从这也可以看出，并不是所有参数个数较多时都只能采用存储单元方式传递。

3) 堆栈参数传递方式

将要传递的入口和出口参数通过堆栈区域进行传递，这种方式称为堆栈参数传递方式。在主程序中，将入口参数压入堆栈，在子程序中设法取出入口参数；在子程序中，将处理结果保存在堆栈中，主程序通过弹出堆栈指令取出出口参数。这种方式比较复杂，一般情况下，用户不应采用这种方式，但在设计递归子程序和可再入性子程序时，则必须采用堆栈参数传递方式。

在堆栈参数传递方式中，需要用到 BP 指针，使用 BP 时默认的段寄存器为 SS，这为堆栈操作提供了方便。

2. 子程序说明文件

子程序为功能独立的程序段，而且会被主程序多次调用。因此为方便使用，在编写并调试好子程序后，应该及时给子程序编写相应的说明文件，其内容应该包含下列 6 个部分。

(1) 子程序名。

(2) 子程序所完成的功能。

(3) 入口参数及其传递方式。

(4) 出口参数及其传递方式。

(5) 子程序用到的寄存器。

(6) 典型例子。

这里，子程序用到的寄存器是指执行子程序后可能被改变的寄存器，子程序中应该尽量少改变几个寄存器的内容，为此，需要在子程序的入口处对某些寄存器进行保护，而在出口处再恢复其内容，这样，虽然子程序中使用了这些寄存器，但从入口到出口看，这些寄存器的内容并没有改变，它们不属于子程序用到的寄存器。在主程序设计时，就不必关心这些寄存器的内容。

3. 子程序的嵌套

在子程序中还可以调用其他的子程序，这时就形成了子程序的嵌套。采用嵌套子程序设计，可以使程序结构模块化，便于编程和应用。但子程序的嵌套级数不是越多越好，而是应该适可而止，嵌套级数越多，出错的可能性就越大，这样不利于程序设计。

在设计嵌套子程序时，编程时可以从上到下设计，调试时应该由下至上进行，因为只有处于下层的子程序正确，才能对上层的子程序进行调试。

4. 递归子程序

在嵌套调用中，被调用的子程序为其他子程序。当被调用的子程序是其自身时，就形成了递归调用，这种子程序称为递归子程序。不是所有的子程序都可以递归调用的，设计递归子程序是一个较为复杂的过程，递归子程序必须具备两个基本条件。

(1)采用堆栈参数传递方式，这样才能保证本次调用与上次调用采用不同的参数，即每次调用给入口和出口参数都分配不同的存储区域。

(2)必须设定递归结束条件。

除此之外，设计递归子程序还应该有清晰的编程思路和明确的程序结构，详见例 4.54。设计递归子程序可以降低程序对存储容量的需求，但现在计算机的存储容量已经不是问题了，因此，用户应该尽量避免采用递归子程序。

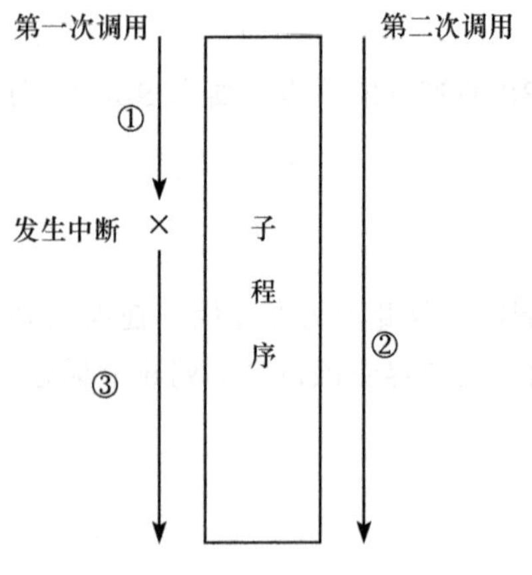

图 4.10　可再入性子程序执行流程

5. 可再入性子程序

在执行子程序期间，CPU 可能会因为有中断请求而转向中断服务子程序，如果在中断服务子程序中又调用了该子程序，这样就形成了如图 4.10 所示的情况(①、②、③为执行流程)，子程序的一次调用还没有执行完成，又调用了该子程序，如果这两次调用都能够得到正确的结果，则该子程序称为可再入性子程序。

可再入性子程序也需要采用堆栈参数传递方式，而且设计过程较为复杂，因此建议用户尽量避免设计可再入性子程序。这里给出一种回避的较好方式，即将原本要求为可再入性的子程序复制出一份，专门供中断服务子程序调用，这样可以巧妙地回避可再入性子程序的设计。

4.6.3　子程序设计示例

例 4.47　子程序设计，编写子程序实现统计一个字(AX)中“1”的个数。

解：利用移位指令或循环移位指令，每次对 CF 位进行检测：当 CF=1 时，总个数加 1；当 CF=0 时，总个数不变。

这种操作可以采用有条件转移指令来实现，但更方便的方式是采用 ADC 指令实现。子程序如下：

```
COUNTER1  PROC NEAR
          PUSH AX
          MOV CX,16
          XOR BL,BL
COU1:
          SHR AX,1
          ADC BL,0
          LOOP COU1
          POP AX
          RET
COUNTER1  ENDP
```

例 4.48 子程序应用。利用例 4.47 设计的子程序，统计字型变量 VAR1 中 1 的个数。

解：设在数据段中已经定义了变量 VAR1 和 CounterVar1，如下：

```
VAR1          DW  1234H
CounterVar1   DB  ?
```

则可在代码段中编写程序：

```
MOV       AX,VAR1
CALL      COUNTER1
MOV       CounterVar1,BL
```

执行后，结果单元 CounterVar1 的值为 5，说明 1234H 中包含 5 个“1”。

例 4.49 编写以十六进制数显示 AL 和 AX 内容的子程序(DISPAL、DISPAX)。

解：先编写显示 AL 寄存器内容的子程序 DISPAL。由于 AL 中有两位十六进制数，每一位的值为 0～9、0AH～0FH，在显示时需要将它们转换成相应的 ASCII 码，然后调用 INT 21H 的 02H 号功能进行显示。子程序 DISPAL 如下：

```
DISPAL    PROC NEAR
          PUSH AX
          PUSH CX
          PUSH DX
          PUSH AX
          MOV CL,4        ; 处理高位十六进制数
          SHR AL,CL
          CALL CHANG      ; 十六进制数变换成ASCII码
          MOV AH,02
          MOV DL,AL
          INT 21H         ; 显示一位字符
          POP AX
          AND AL,0FH      ; 处理低位十六进制数
          CALL CHANG      ; 十六进制数变换成ASCII码
          MOV AH,02
```

```
                MOV DL,AL
                INT 21H         ; 显示一位字符
                POP DX
                POP CX
                POP AX
                RET
DISPAL          ENDP
CHANG           PROC NEAR       ; 十六进制数变换成ASCII码
                CMP AL,10
                JNGE CHANG1
                ADD AL,7
CHANG1:
                ADD AL,30H
                RET
CHANG           ENDP
```

可以直接调用 DISPAL 实现显示 AX 的内容，子程序 DISPAX 内容如下：

```
DISPAX          PROC NEAR
                XCHG AL,AH
                CALL DISPAL
                XCHG AH,AL
                CALL DISPAL
                RET
DISPAX          ENDP
```

这两个子程序为用户显示中间结果和最终结果提供了方便。

例 4.50 编写子程序 TRANS16TO10，将 16 位二进制数(AX)转换成十进制数，并保存在指定的缓冲区中。

解：16 位二进制数 x 至多可以用 5 位十进制数表示，其转换算法和步骤如下。

(1)将 x 除以 10 得到商 x_1 和余数 y_1，其中 y_1 就是转换结果的最低位(个位)。

(2)将 x_1 再除以 10 得到商 x_2 和余数 y_2，其中 y_2 就是转换结果的十位。

(3)以此类推，得到 y_3、y_4 和 y_5，分别为转换结果第三到五位。

可以肯定，x_5=0 时，y_5 为转换结果的最高位。设计的子程序 TRANS16TO10，其入口参数为 AX(待转换的数据)，DI(转换结果存储区域首地址)，出口参数为存储区域的内容。汇编语言子程序如下：

```
TRANS16TO10     PROC NEAR
                PUSH AX
                PUSH BX
                PUSH CX
                PUSH DX
                PUSH DI
```

```
            MOV BX,10
            MOV CX,5
TRANS1:
            XOR DX,DX
            DIV BX
            MOV [DI],DL
            INC DI
            LOOP TRANS1
            POP DI
            POP DX
            POP CX
            POP BX
            POP AX
            RET
TRANS16TO10 ENDP
```

例 4.51 编写子程序 DISPAXD，将 16 位二进制数(AX)转换成十进制数，并显示在屏幕上。

解：利用例 4.50 的 TRANS16TO10 将 AX 转换成 5 个十进制数位，存放到 5 字节的临时存储单元 DECIMAL，利用 INT 21H 的 02 号功能进行显示。为了显示出实际的数值，从高位开始显示，同时，按照我们的习惯，高位的“0”不需要显示，因此，这里采用了一个显示标志 FLAG，当 FLAG=0 时，“0”值不显示；当 FLAG=0FFH 时，“0”值也需要显示。

设计的子程序 DISPAXD，其入口参数：AX，出口参数：无，用到的变量有 DECIMAL 和 FLAG。子程序 DISPAXD 的流程图如图 4.11 所示。

汇编语言程序如下：

```
STACK       SEGMENT STACK 'STACK'
            DW 100H DUP(?)
TOP         LABEL WORD
STACK       ENDS
DATA        SEGMENT
DECIMAL     DB 5 DUP(?)
DATA        ENDS
CODE        SEGMENT
            ASSUME CS:CODE,DS:DATA,ES:DATA,SS:STACK
START:
            MOV AX,DATA
            MOV DS,AX
            MOV ES,AX
            MOV AX,STACK
            MOV SS,AX
```

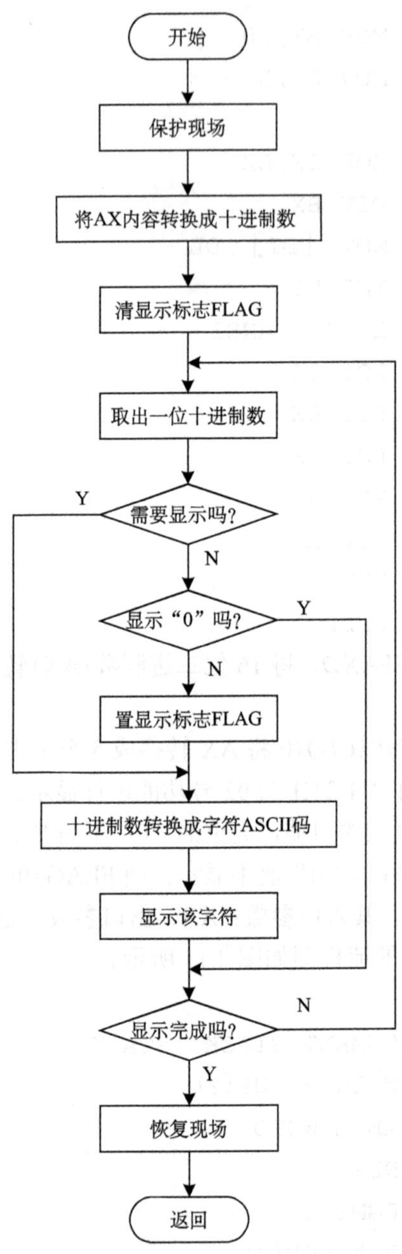

图 4.11　以十进制数方式显示 AX 的内容

```
            LEA SP,TOP
            MOV AX,23456
            CALL DISPAXD
            MOV AH,4CH          ; 返回DOS操作系统
            MOV AL,0
            INT 21H
DISPAXD     PROC NEAR
```

```
                PUSH AX
                PUSH BX
                PUSH CX
                PUSH DX
                PUSH DI
                LEA DI,DECIMAL
                CALL TRANS16TO10
                MOV CX,5
                LEA DI,DECIMAL+4
                MOV AH,2
DISPAXD2:
                MOV DL, [DI]
                ADD DL,30H
                DEC DI
                INT 21H
                LOOP DISPAXD2
                POP DI
                POP DX
                POP CX
                POP BX
                POP AX
                RET
DISPAXD         ENDP
TRANS16TO10     PROC NEAR      ; 内容参见例4.10
TRANS16TO10     ENDP
CODE            ENDS
                END START
```

例 4.52 编写子程序 TRANS10TO16，将输入缓冲区中以 ASCII 码表示的十进制数转换成 16 位二进制数。缓冲区的第一字节表示位数，后续单元存储十进制数，高位在前，低位在后，如图 4.12 所示。如果转换结果超出一个字的范围，则在 BX 中置出错标志(FFFFH)。

解：这种存放格式与通过键盘输入十进制数的格式一致，图 4.12 中，给出了 5 位十进制数的情况，“a1”表示最低位的 ASCII 码。根据题目要求，数据位数不一定恰好是 5 位，而且，最高位数字也不一定是非 0 的 ASCII 码，因此，不能采用位数来判定是否溢出。

设十进制数字符变换成数值后为 x_1～x_5，x_1 为最低位，则变换结果 y 为

$$y=10\times(10\times(10\times(10\times x_5+x_4)+x_3)+x_2)+x_1$$

据此可以编写出子程序 TRANS10TO16，入口参数为 SI(缓冲区首地址)；出口参数为 AX(变换结果)和 BX(变换结果是否出错标志)；用到的寄存器为 AX 和 BX。子程序如下：

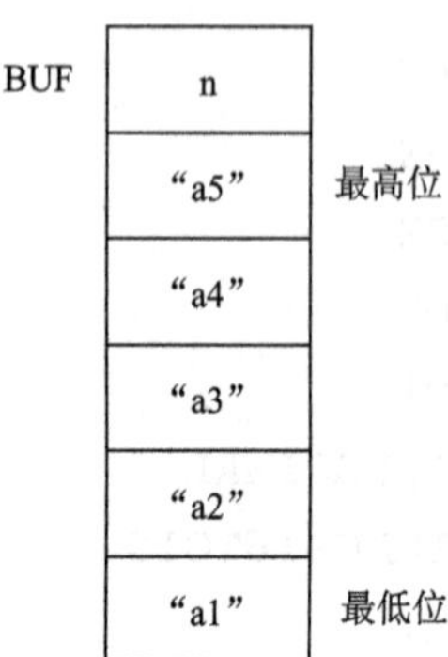

图 4.12　字符缓冲区

```
TRANS10TO16   PROC NEAR
              PUSH CX
              PUSH DX
              PUSH SI
              XOR AX,AX
              XOR CX,CX
              MOV CL, [SI]
              INC SI
              MOV AL, [SI]
              INC SI
              SUB AL,30H
              DEC CX
              JCXZ TRANSF2
              MOV BX,10
TRANSF1:
              MUL BX
              JC TRANSF_ERR
              MOV DL, [SI]
              INC SI
              SUB DL,30H
              ADD AL,DL
              ADC AH,0
              JC TRANSF_ERR
              LOOP TRANSF1
TRANSF2:
              MOV BX,0
              JMP TRANSF_OK
TRANSF_ERR:
```

```
                MOV BX,-1
TRANSF_OK:
                POP SI
                POP DX
                POP CX
                RET
TRANS10TO16     ENDP
```

例 4.53 设一组 16 位有符号数存放在缓冲区 BUFFER 中，前两字节用于存放数据个数，编写子程序 COMPUTMEAN 计算这组数据平均值。

解：计算数据平均值的子程序 COMPUTMEAN，采用堆栈参数传递方式，人口参数：缓冲区首地址压入堆栈；出口参数：计算出的平均值存入堆栈，采用与保存缓冲区首地址相同的堆栈单元。

利用堆栈参数传递方式时，一定要搞清楚堆栈的结构和指针的位置，在进入子程序后，其堆栈结构与指针如图 4.13 所示，随着子程序中 PUSH 和 POP 指令的操作，堆栈指针 SP 在移动，但 BP 指针的位置固定不变，因此，可以利用 BP 指针取出入口参数，同时将处理结果存放到指定的堆栈区域。这样的子程序为可再入性子程序。

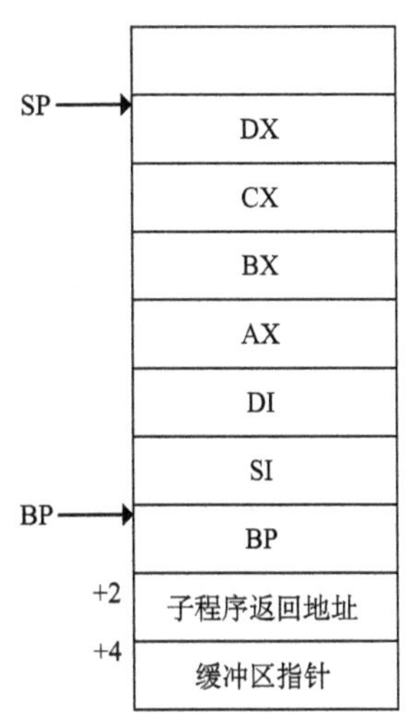

图 4.13　堆栈结构与指针

汇编语言程序如下：

```
STACK  SEGMENT STACK 'STACK'
       DW 100H DUP(?)
TOP    LABEL WORD
STACK  ENDS
DATA   SEGMENT
BUFFER DW 10            ；假设有10个数据
       DW 521,112,3654,-564,45,-166,771,1288,32709,-32014
DATA   ENDS
CODE   SEGMENT
       ASSUME CS:CODE,DS:DATA,ES:DATA,SS:STACK
START:
       MOV AX,DATA
       MOV DS,AX
       MOV ES,AX
       MOV AX,STACK
       MOV SS,AX
       LEA SP,TOP
       MOV AX, OFFSET BUFFER
```

```
        PUSH AX              ; 入口参数压入堆栈进行传递
        CALL COMPUTMEAN
        POP AX               ; 出口参数也通过堆栈得到
        CALL DISPAX          ; 调用子程序DISPAX显示AX的内容，即数据的平均值
        MOV AH,4CH           ; 返回DOS系统
        INT 21H
COMPUTMEAN PROC NEAR         ; 计算平均值子程序
        PUSH BP
        MOV BP,SP            ; 利用指针BP指向堆栈中的固定位置
        PUSH SI
        PUSH DI
        PUSH AX
        PUSH BX
        PUSH CX
        PUSH DX
        MOV SI,[BP+4]        ; 从堆栈中取出入口参数，即数据区的首地址
        XOR DX,DX
        XOR BX,BX
        XOR DI,DI
        MOV CX,[SI]          ; 取数据区长度
        PUSH CX              ; 暂存数据个数
        ADD SI,2
CPTM1:
        MOV AX,[SI]
        ADD SI,2
        CWD
        ADD BX,AX
        ADC DI,DX
        LOOP CPTM1
        MOV DX,DI
        MOV AX,BX
        POP BX               ; 取出数据个数
        IDIV BX              ; 求数据的平均值
CPTM2:
        MOV [BP+4],AX        ; 在堆栈中保存数据的平均值
        POP  DX
        POP  CX
        POP  BX
        POP  AX
```

```
        POP  DI
        POP  SI
        POP  BP
        RET
COMPUTMEAN ENDP
CODE    ENDS
        END START
```

例 4.54 递归子程序设计。设计子程序完成 $y=k!$ 的计算。

解：假设已经设计了计算 k 阶阶乘的子程序 FACTORIAL，为说明方便，采用 $f(k)$ 表示，则 $k+1$ 阶阶乘可以表示成

$$f(k+1)=(k+1)\times f(k)$$

这样，计算 k 阶阶乘的过程可以用图 4.14 表示。因此，当计算 $n!$时，要调用 k 次 FACTORIAL 子程序，每次调用使 k 值减 1，直到 $k=1$，这时将 1!=1 作为已知结果使用，然后一层一层返回。

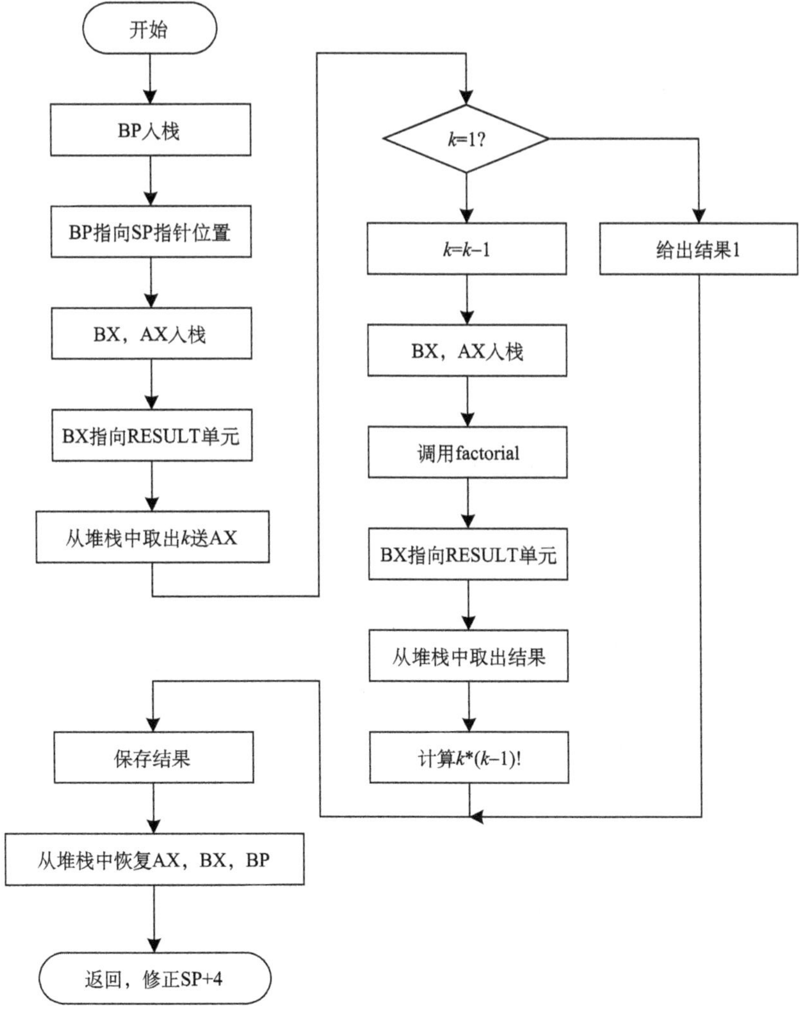

图 4.14　计算阶乘的递归子程序流程框图

为设计递归子程序 FACTORIAL，需要定义一个字单元 RESULT 用于存放计算结果，因此，FACTORIAL 的入口参数为 AX(阶乘次数 $k \leq 8$，因为 8！=40320，可以记录在 1 个字中)和字单元 RESULT 的偏移地址，出口参数为 RESULT 单元的内容。

汇编语言子程序 FACTORIAL 如下：

k=7；计算 7!，其结果应该为 5040（13B0H）

```
STACK  SEGMENT STACK 'STACK'
           DW 100H DUP(?)
           TOP    LABEL WORD
    STACK  ENDS
    DATA   SEGMENT
    RESULT DW ?
    DATA   ENDS
    CODE   SEGMENT
           ASSUME CS:CODE,DS:DATA,ES:DATA,SS:STACK
    START:
           MOV AX,DATA
           MOV DS,AX
           MOV ES,AX
           MOV AX,STACK
           MOV SS,AX
           LEA SP,TOP
           LEA SI,RESULT
           PUSH SI               ；结果单元的偏移地址压入堆栈
           MOV AX,k
           PUSH AX               ；k值压入堆栈
           CALL FACTORIAL
           MOV AX,RESULT         ；取出结果，并显示
           CALL DISPAX
           MOV AH,4CH            ；返回DOS操作系统
           INT 21H
    FACTORIAL  PROC NEAR         ；计算N!的递归子程序
           PUSH BP
           MOV BP,SP
           PUSH BX
           PUSH AX
           MOV BX,[BP+6]         ；从堆栈中取出存放结果的地址
           MOV AX,[BP+4]         ；从堆栈中取出k值
           CMP AX,1              ；结束条件判断
           JE FACT1
```

```
        PUSH BX
        DEC AX                ; k=k-1
        PUSH AX
        CALL FACTORIAL        ; 递归调用FACTORIAL
        MOV BX,[BP+6]         ; 从堆栈中取出存放结果的地址
        MOV AX,[BX]           ; 取出结果
        MUL WORD PTR [BP+4]     ; 计算k!=k*(k-1)!
        JMP FACT2
FACT1:
        MOV AX,1
FACT2:
        MOV [BX],AX           ; 保存结果
        POP AX
        POP BX
        POP BP
        RET 4                 ; 递归子程序返回，并修正SP指针
FACTORIAL    ENDP
CODE    ENDS
        END START
```

设计递归子程序的关键在于搞清楚堆栈结构与指针的使用。子程序 FACTORIAL 执行时，其前三次调用的堆栈结构如图 4.15 所示，其中，ADDR_RESLUT 表示结果单元的地址，

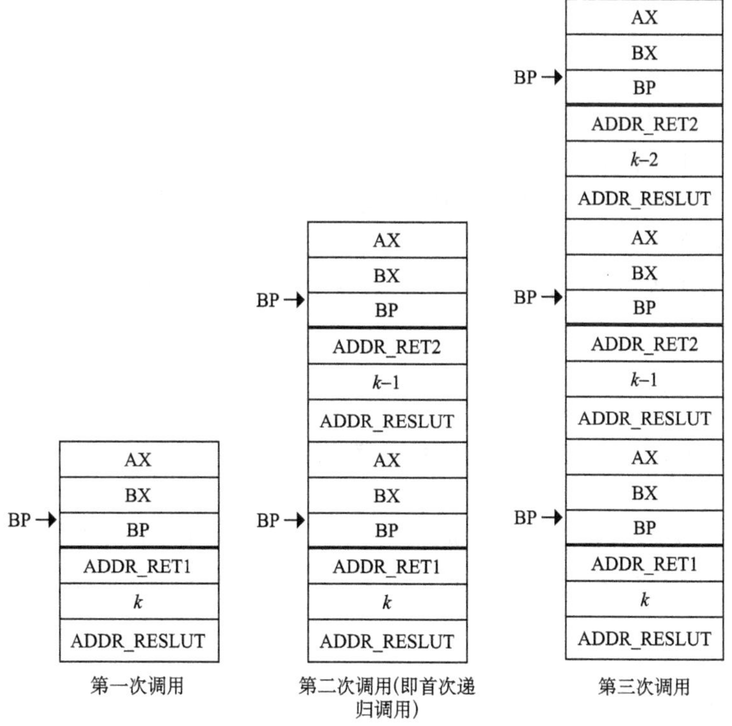

图 4.15　递归子程序前三次调用时堆栈结构与指针

ADDR_RET1 表示主程序调用时的返回地址，ADDR_RET2 表示递归调用时的返回地址。第一次由主程序调用，其返回地址也是主程序中 CALL 指令的下一条语句的地址，BP 指针指向堆栈的适当位置，这时可以通过 BP 取出结果单元的地址和 k 值；第二次调用为递归调用，是由子程序 FACTORIAL 本身所引起的，其返回地址为子程序中 CALL 指令的下一条语句的地址，BP 指针又指向了堆栈新的位置，这时可以通过 BP 取出结果单元的地址和 $k-1$ 值；第三次调用与第二次调用类似，只是通过 BP 可以取出结果单元的地址和 $k-2$ 值；以此类推，直至 $k=1$。这个过程可以描述成从上到下的调用过程。从 RET 处返回时，与调用过程次序相反，是从下到上的一个返回过程，分析过程类似。

4.7 中断程序设计

4.7.1 中断调用与返回指令

计算机在程序运行过程中，由于发生了某些“紧急事件”，需要进行特殊处理(转向中断服务子程序执行)，处理后返回到程序中断处继续执行，这种过程称为中断处理过程。这里的“紧急事件”可以是由硬件产生的，如系统掉电、硬件故障、定时计数器溢出等；可以是执行指令产生的，如除法溢出等；还可以是专门的中断调用指令所产生的。本节主要介绍专门的中断调用指令、中断服务子程序结构和中断返回指令。

1. 中断调用指令

中断调用指令(interrupt，INT)的格式为

```
INT n
```

这表示调用第 n 号中断，n 为中断类型号，其值可以是 0～255。当执行该指令时，会进行下列操作。

(1) PSW、CS、IP 入栈。

(2) 清除 IF、TF 标志。

(3) 从中断向量表中取出中断向量(中断向量为中断服务子程序的入口地址)。

(4) 转到中断服务子程序执行。

(5) 中断服务子程序的最后一条指令应该是中断返回指令，执行该指令可以返回到程序中断处继续执行。

2. 中断返回指令

中断返回指令(interrupt return，IRET)的格式为

```
IRET
```

表示从中断服务子程序返回主程序。执行该指令时，会完成 IP、CS、PSW 的出栈操作，其次序与 INT n 指令的入栈次序相反。由于修改了 IP 和 CS 的内容，实现了程序的返回功能。

3. 中断向量表

每个中断服务子程序的入口地址(称为中断向量)为 32 位(16 位的偏移地址和 16 位的

段地址)，占用 4 个地址单元。计算机中采用最低的 1024 个地址单元(称为 0 页)来存储中断向量，因此，n 号中断的中断向量存放地址为：$4\times n$，调用该中断时，可以从该地址获得中断服务子程序的入口地址。

4. 中断服务子程序结构

由于中断是随时可能调用的程序，我们无法预知其调用的位置，在设计中断服务子程序时，应该确保所有寄存器的内容保持不变。因此在中断服务子程序的入口处，应该将用到的寄存器通过堆栈进行保护，在中断程序返回之前，从堆栈中恢复寄存器的内容。中断服务子程序的结构为

```
<中断子程序名>:
    PUSHAX      ; 保护现场
    ⋮
    PUSHSI
    ⋮           ; 中断子程序主体
    POPSI       ; 恢复现场
    ⋮
    POPAX
    IRET        ; 中断返回
```

4.7.2 中断程序设计示例

例 4.55 设计 78H 号中断服务子程序，完成将 AL 所保存的 7 位二进制数加上偶校验位(D_7)，并编写程序实现给缓冲区 BUF 中的 20 个数据加上偶校验位。

解：AL 中的 7 位二进制数，其最高位为 0。可以根据这 7 位二进制数中“1”的个数，给最高位加上“0”或“1”，使 AL 中的“1”个数为偶数，这种操作称为偶检验。

利用 PF 标志位，可以判定原 AL 中“1”的个数是否为偶数，如果为奇数，则给 AL 的最高位加上“1”。编写的中断服务子程序为 SETEVEN，这里，还需要将该程序的入口地址写入中断向量表，这一点可以借助于 INT 21H 的 25H 号中断实现。

```
STACK    SEGMENT STACK 'STACK'
         DW 100H DUP(?)
TOP      LABEL WORD
STACK    ENDS
     N=20
DATA     SEGMENT
BUF      DB 10H,25H,67H,26H,68H,73H,58H,0,06H,12H,0CDH,95H
         DB 'abcdefg8'
DATA     ENDS
CODE     SEGMENT
         ASSUME CS:CODE,DS:DATA,ES:DATA,SS:STACK
START:
```

```
         MOV AX,DATA
         MOV DS,AX
         MOV ES,AX
         MOV AX,STACK
         MOV SS,AX
         LEA SP,TOP
         MOV      AH,25H       ; 写入中断向量表
         MOV      AL,78H
         PUSH DS               ; 保护DS
         PUSH CS
         POP      DS           ; DS指向CODE段
         MOV      DX,OFFSET SETEVEN    ; DX指向SETEVEN偏移地址
         INT      21H          ; 调用中断，修改中断向量表
         POP      DS           ; 恢复DS
         LEA      DI,BUF       ; 给BUF缓冲区内容加上偶校验
         MOV      CX,N
EVEN1:
         MOV      AL,[DI]
         INT      78H
         MOV      [DI],AL
         INC      DI
         LOOP     EVEN1
         MOV      AH,4CH       ; 返回操作系统
         MOV      AL,0
         INT      21H
SETEVEN PROC      NEAR         ; 偶校验中断子程序
         AND      AL, AL
         JP       SETEND
         OR       AL,80H
SETEND:
         IRET
SETEVEN ENDP
CODE     ENDS
         END START
```

4.8 综合程序设计

本节介绍一些汇编语言设计的综合示例，包括各种题型：选择题、分析题和编程题。

例 4.56 单项选择题。

(1) 在伪指令 BUF DB 20 DUP(2，2 DUP(8)) 定义的缓冲区中，数据字 0208H 的个数有(　　)。

① 20　　② 40　　③ 0　　④ 19

(2) 将 DX：AX 构成的双字(有符号数)除以 2 的指令为(　　)。

```
① SAR AX,1          ② SHR AX,1
   RCR DX,1            RCR DX,1
③ SAR DX,1          ④ SAR DX,1
   ROR AX,1            RCR AX,1
```

(3) MOV BL，55H AND 0F0H 指令执行后，(BL) 的内容为(　　)。

① 55H　　② 0F0H　　③ 50H　　④ 05H

解：答案依次为④、④、③。

例 4.57　多项选择题。

(1) 能使(AX) 和 CF 同时清零的指令有(　　)。

```
① MOV AX,0      ② SUB AX,AX     ③ CMP AX,AX
④ XOR AX,AX     ⑤ AND AX,0
```

(2) 已有定义

```
DATA      SEGMENT
VAR1      DW 10 DUP(? )
DATA      ENDS
```

则源操作数为立即寻址的指令有(　　)。

```
① MOV AX,DATA          ② MOV AX,VAR1     ③ MOV AX,OFFSET VAR1
④ MOV AX,LENGTH VAR1   ⑤ MOV AX,SIZE VAR1
```

(3) 使用 AL 寄存器的指令有(　　)。

① SAHF　　② XLAT　　③ AAA　　④ MOVSB　　⑤ STOSB

解：(1) ②④⑤　　(2) ①③④⑤　　(3) ②③⑤

例 4.58　分析下列程序段完成的功能。

```
MOV CX,100
LEA SI,FIRST
LEA DI,SECOND
CLD
REP MOVSB
```

解：只要搞清楚 MOVSB 指令的用法，就容易分析出该程序段的功能：从缓冲区 FIRST 传送 100 字节到缓冲区 SECOND。

例 4.59　分析下列程序段：

```
LEA DI,STRING
MOV CX,200
CLD
MOV AL,20H
REPZ  SCASB
```

```
        JNZ  FOUND
        JMP  NOT_FOUND
```

问：转移到 FOUND 的条件。

解：只要搞清楚 SCASB 指令和重复前缀 REPZ 的用法，就可以分析出该程序段的功能：在 200 字节的缓冲区 STRING 中，如果找到非空格字符(空格的 ASCII 码为 20H)则转到 FOUND；如果全是空格，则转到 NOT_FOUND。

例 4.60 分析下列子程序 FUNC1，并回答相应的问题。

```
FUNC1  PROC   NEAR
       XOR    CX,CX
       MOV    DX,01
       MOV    CL,X
       JCXZ   A20
       INC    DX
       INC    DX
       DEC    CX
       JCXZ   A20
A10:   MOV    AX,02
       SHL    AX,CL
       ADD    DX,AX
       LOOP   A10
A20:   MOV    Y,DX
       RET
FUNC1  ENDP
```

若该子程序的入口参数为 $X(0 \leqslant X \leqslant 10)$，其输出参数为 Y，则

(1)该子程序的功能是 $Y=f(X)=$__________；

(2)若 $X=0$，则 $Y=$__________；

若 $X=3$，则 $Y=$__________；

若 $X=5$，则 $Y=$__________。

解：分析题是出现得比较多的考题，是学生应该重视的题型之一。对于分析题，应该边分析边画流程草图，特别要注意搞清楚数据缓冲区的结构、指针及其操作过程，这样便于理解程序的功能和思路。

通过分析该子程序，很容易获知，当 $X=0$ 时，直接转到 A20，即 $Y=1$；当 $X=1$ 时，$Y=3$；当 $X=2$ 时，$Y=7$；当 $X=3$ 时，$Y=15$；如此等等，当 $X=n$ 时，有 $Y=2^0+2+\cdots+2^n=2^{n+1}-1$，因此第(1)题为 $Y=f(X)=2^{n+1}-1$；由分析过程和得到的表达式，第(2)题三个空应依次填 1、15、63。

例 4.61 已知 $N(3<N<100)$ 个 8 位无符号数已存放在缓存区 INX 中，其中第一字节存放个数 N，从第二字节开始存放数据，下列的 FUNC2 子程序完成对这 N 个数据按由大到小排序，在画线处填入必要指令，使子程序完整。

```
FUNC2  PROC   NEAR
```

```
        LEA     SI, INX
        XOR     CX,CX
        MOV     CL, [SI]
        DEC     CX
B10:    INC     SI
        MOV     DI,SI
        PUSH    SI
                ①
        MOV     AL, [SI]
B20:    INC     SI
        CMP     AL, [SI]
                ②
        MOV     AL, [SI]
        MOV     DI,SI
B30:    LOOP    B20
        POP     CX
        POP     SI
        MOV     AH, [SI]
        MOV     [SI] ,AL
        MOV     [DI] ,AH
LOOP    B10
                ③
FUNC2   ENDP
```

解：指令填空题也是出现较多的考题，学生应该给予充分的重视，它有可能会替代编程题。求解指令填空题时，应该理解题义，紧跟程序思路，从而找出缺少的指令。一般来说，题目中会有一些暗示，例如，在子程序中应该确保 PUSH 和 POP 数量上的对等；子程序要有 RET 指令等。

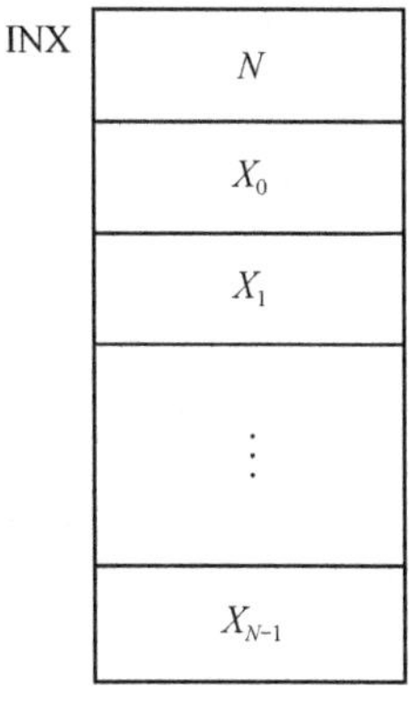

图 4.16　缓冲区 INX 的结构

对于本题，第③空显然应该填入 RET；而且 PUSH 与 POP 并不对等，因此初步分析，第①空应该填入 PUSH CX 指令。为全面分析程序，需要搞清楚数据缓冲区 INX 的结构，如图 4.16 所示，指针 SI 指向缓冲区 INX，并且随着比较操作而增加，但 DI 用于指定某个适当的位置，根据 LOOP 指令的前三条指令的交换操作，SI 为缓冲区数据的首地址(第一次循环时)，而题目要求将数据由大到小排序，因此，找到的 DI 位置应该存放着最大值，第②空处的指令应该大于等于时转移到 B30 的指令，再根据题目给出的是无符号数，所以，第②空应该填入 JAE B30 指令。

程序段完整后，再仔细看一遍，是否能够完成题目给定的任务。

例 4.62　假设 X 和 X+2 单元的内容为双精度数 P, Y 和 Y+2 单元的内容为双精度数 Q（P、

Q 均为无符号数，其中 X、Y 为低位数)，下列的子程序 FUNC3 完成：当 $2P>Q$ 时，(AX)=1；当 $2P\leqslant Q$ 时，(AX)=–1，在画线处填入必要指令，使子程序完整。

```
FUNC3  PROC   NEAR
       MOV    DX,X+2
       MOV    AX,X
       ADD    AX,AX
       ADC    DX,DX
       JC     C10
       CMP    DX,Y+2
      __①__   C20
      __②__   C10
       CMP    AX,Y
      __③__   C20
C10:   MOV    AX,1
      __④__   C30
C20:   MOV    AX,-1
C30:   RET
FUNC3  ENDP
```

解：双精度数占用 2 个字，低位字在前，高位字在后。

分析该子程序，发现这 4 个空全是有条件转移指令，由于题目给定的数据为无符号数，因此应该采用 JA、JB 等指令。子程序的前 4 条指令完成 $2\times P$，当 $2\times P$ 有进位时表示超出 32 位二进制数的范围，这时可以肯定 $2\times P>Q$，程序应转向 C10。当 $2\times P\leqslant Q$ 时，应转向 C20。只有当高位字相等时，才需要比较低位字，因此根据以上分析，可以确定各处填入的指令分别为：第①空填入 JB；第②空填入 JA；第③空填入 JBE；第④空填入 JMP。

例 4.63 编写子程序 COMPT4DIV1，完成 4 字节(即双字)的无符号数除以 1 字节。

解：设要完成的操作为 $A=P\div Q$，其中 Q 为 1 字节，P 由 4 字节构成。将 P 的 4 字节从高位到低位分别表示成 P_4、P_3、P_2 和 P_1，则

$$A=P_4\div Q\times 2^{24}+P_3\div Q\times 2^{16}+P_2\div Q\times 2^{8}+P_1\div Q$$

可以将计算分成下列 4 个步骤。

(1) 先计算 $P_4\div Q$，其商为结果 A 的 31～24 位。

(2) 应该特别注意上一步操作的余数(记作 R_1)，它应该与 P_3 构成一个字，因此这时应完成(R_1：P_3)$\div Q$，其商可能是 16 位，应该加到 A 的 31～16 位。

(3) 与(2)步类似，完成(R_2：P_2)$\div Q$，其商加到 A 的 23～8 位。

(4) 与(2)步类似，完成(R_3：P_1)$\div Q$，其商加到 A 的 15～0 位。

子程序 COMPT4DIV1 的入口参数为 DX：AX(参数 P)和 CL(参数 Q)，出口参数为 DX：AX(计算结果，即参数 A)，采用寄存器参数传递方式，用到的寄存器为 DX 和 AX。利用汇编语言编写的子程序 COMPT4DIV1 及其应用示例如下：

```
STACK      SEGMENT STACK 'STACK'
```

```
            DW 100H DUP(?)
TOP         LABEL WORD
STAC        KENDS
DATA        SEGMENT
CONST       DW 42
XDAT        DD 987654321
YDAT        DD ?                      ; 166D1BBH
DATA        ENDS
CODE        SEGMENT
            ASSUME CS:CODE,DS:DATA,ES:DATA,SS:STACK
START:
            MOV AX,DATA
            MOV DS,AX
            MOV ES,AX
            MOV AX,STACK
            MOV SS,AX
            LEA SP,TOP
            MOV CX,CONST
            MOV AX,WORD PTR XDAT
            MOV DX,WORD PTR XDAT+2
            CALL COMPT4DIV1
            MOV WORD PTR YDAT,AX
            MOV WORD PTR YDAT+2,DX
            XCHG AX,DX                ; 显示计算结果
            CALL DISPAX
            XCHG AX,DX
            CALL DISPAX
            CALL DISPCR
            MOV AH,4CH                ; 返回DOS
            MOV AL,0
            INT 21H
COMPT4DIV1     PROC NEAR
            PUSH BX
            PUSH CX
            PUSH SI
            XOR CH,CH
            CMP CX,1
            JE  COMPTDIV1
            MOV SI,CX
```

```
        PUSH AX             ; 保存低位字
        MOV AX,DX
        XOR DX,DX
        XOR BX,BX           ; 结果暂存在BX:CX
        XOR CX,CX
        PUSH AX             ; 保存高位字
        XOR AL,AL           ; 最高位字节除以Q
        XCHG AL,AH
        DIV SI
        ADD BH,AL
        MOV AH,DL           ; 次高位字节除以Q
        POP DX
        MOV AL,DL
        XOR DX,DX
        DIV SI
        ADD BL,AL
        ADC BH,AH
        MOV AH,DL           ; 第三位字节除以Q
        POP DX              ; 取出低位字
        PUSH DX
        MOV AL,DH
        XOR DX,DX
        DIV SI
        ADD CH,AL
        ADC BL,AH
        MOV AH,DL           ; 最低位字节除以Q
        POP DX              ; 取出低位字
        MOV AL,DL
        XOR DX,DX
        DIV SI
        ADD CL,AL
        ADC CH,AH
        MOV AX,CX
        MOV DX,BX
COMPTDIV1:
        POP SI
        POP CX
        POP BX
        RET
```

```
COMPT4DIV1    ENDP
CODE        ENDS
            END START
```

当除数 Q=1 时，A=P，可以直接得到结果，不需要进行复杂的运算。

例 4.64 在首地址为 XDAT 的字型数组中，第一个字存放某单位的人数 N(N<1000)，第二个字存放 B(个人所得税起征额)，从第三个字开始分别存放该单位 N 个人的 A(本月收入总额，A<300000)。要求编写汇编语言程序实现：根据个人所得税率表和个人所得税计算公式计算个人应纳税和单位应纳税总额，将结果存储在首地址为 YDAT 的字型数组中，其中第一个字存放单位人数，第二、三个字存放单位纳税总额，从第四个字开始分别存放该单位 N 个人的个人应纳税。自 2019 年 1 月 1 日起，个人所得税率起征调高至 5000 元/月，税率表如表 4.6 所示。

表 4.6 个人所得税率表

级数	E/元	C/%	D/元
1	0<E≤3000	3	0
2	3000<E≤12000	10	210
3	12000<E≤25000	20	1410
4	25000<E≤35000	25	2660
5	35000<E≤55000	30	4410
6	55000<E≤80000	35	7160
7	E≥80000	45	15160

个人所得税计算公式为

$$S(\text{应纳税}) = E(\text{全月应纳税总额}) \times C(\text{税率}) - D(\text{速算扣除数})$$

其中，E=A(本月收入总额)－B(个人所得税起征额)。例如，若张三 A=8800 元，个人所得税起征额 B=5000，由 E=A–B=3800 元，查表 4.6 可得 C=10%，D=210 元，因此张三应纳税为

$$S=(A-B)\times C-D=(8800-5000)\times 10\%-210=170\ (\text{元})$$

解：题目的要求比较复杂，而且有一定的难度。因此，应该先搞清楚缓冲区结构，输入缓冲区 XDAT 和输出缓冲区 YDAT 的结构如图 4.17 所示。在 XDAT 中，第一个字为某单位的人数 N，第二个字表示个人所得税起征额 B，从第三个字开始，每两个字存放一位员工的工资 A。在 YDAT 中，第一个字为某单位的人数 N，第二、三个字用于存放全单位应交个人所得税的总和，从第四个字开始，每两个字用于存放每位员工应交个人所得税 S。在程序设计中，分别采用指针 SI 和 DI 来指示。

为了计算方便，将表 4.6 中的个人所得税 7 个等级变换成三个数据表：TAXPOINT(个人所得税界线值，双字型变量)、TAXRATE(税率，字型变量)、DEDUCTION(速算扣除数，字型变量)，其结构如图 4.18 所示。TAXPOINT 存放每个等级的上限值，最后一级可以给定一个较大的值，如 300000(由题目限定)。

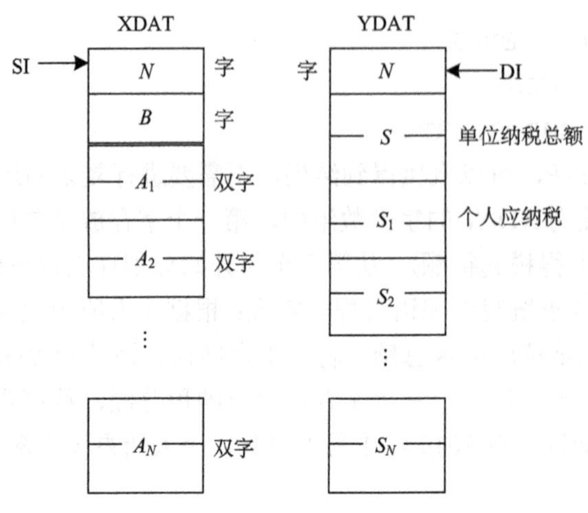

图 4.17　输入和输出的数据结构

编写子程序 INCOMERATE 实现个人所得税的计算，其入口参数为 DX：AX(工资 A)和 BX(个人所得税起征额 B)，出口参数为 DX：AX(个人所得税 S)，采用寄存器参数传递方式。

在子程序 INCOMERATE 中，先计算出 $E=A-B$，然后将 E 与 INCOME 中的上限值比较，确定出征税的等级，并通过 TAXRATE 和 DEDUCTION 找出税率 C 和速算扣除数 D，由 $S=E\times C-D$ 就可以计算出个人所得税。

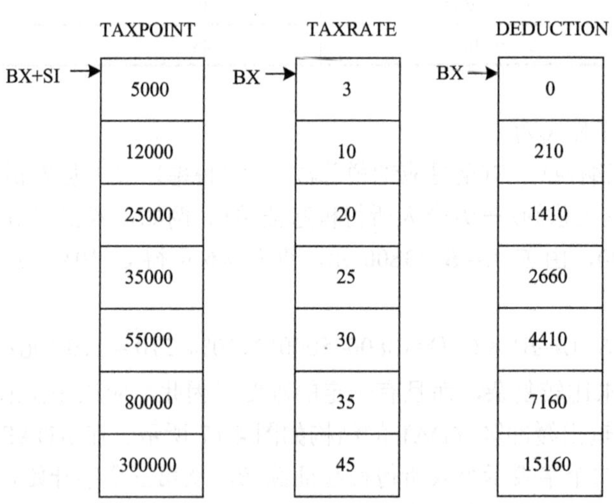

图 4.18　个人所得税界线值、税率和速算扣除数的结构

为了方便操作，在子程序 INCOMERATE 中，通过(BX)+(SI)的值作为 INCOME 的表内偏移地址，每次 BX 和 SI 都进行加 2 操作，一旦确定出等级，就可以直接采用 BX 或 SI 访问 TAXRATE 和 DEDUCTION 数据表，如图 4.18 所示。

实际上，$E\times C$ 运算相当于实现 $E\times \mathrm{dd}\div 100$(其中 dd 为相应的税率×100)，因此，可以利用例 4.63 计算 4 字节除以 1 字节的子程序 COMPT4DIV1，完成除以 100 的运算。

汇编语言程序如下：

```
STACK      SEGMENT STACK 'STACK'
           DW 100H DUP(?)
TOP        LABEL WORD
STACK      ENDS
DATA       SEGMENT
TAXRATE    DW 3,10,20,25,30,35,45
DEDUCTION DW 0,210,1410,2660,4410,7160,15160
TAXPOINT   LABEL WORD
           DD 5000,12000,25000,35000,55000,80000,300000
XDAT       DW 19,5000
           DD 8800,9800,7800,14000,15400,16000,17000,18000
           DD 9000,10000,15000,25000,30000,40000,50000,59900
           DD 60000,65000,200000
YDAT       DW ?
   DD 50 DUP(?)
DATA       ENDS
CODE       SEGMENT
           ASSUME CS:CODE,DS:DATA,ES:DATA,SS:STACK
START:
           MOV AX,DATA
           MOV DS,AX
           MOV ES,AX
           MOV AX,STACK
           MOV SS,AX
           LEA SP,TOP
           LEA SI,XDAT
           MOV CX,[SI]
           ADD SI,2
           MOV BX,[SI]           ；取出纳税起征点
           ADD SI,2
           LEA DI,YDAT+6
           MOV YDAT,CX
           MOV YDAT+2,0
           MOV YDAT+4,0
L1:
           MOV AX,[SI]           ； 取出一位员工的工资
           MOV DX,[SI+2]
           ADD SI,4
           CALL INCOMERATE       ；计算个人所得税
```

```
            MOV [DI],AX           ；保存个人所得税
            MOV [DI+2],DX
            ADD DI,4
            ADD YDAT+2,AX         ；统计单位个人所得税总额
            ADC YDAT+4,DX
            LOOP L1
            MOV AH,4CH
            INT 21H
INCOMERATE PROC NEAR              ；计算个人所得税子程序
            PUSH BX
            PUSH CX
            PUSH SI
            SUB AX,BX             ；E=A-B
            SBB DX,0
            JS INCRATE4           ；不需纳税出口
            XOR BX,BX             ；判定纳税等级
            XOR SI,SI
            MOV CX,7
INCRATE1:
            CMP DX, TAXPOINT[BX][SI+2]
            JB  INCRATE2
            JA  INCRATE3
            CMP AX,INCOME[BX][SI]
            JB INCRATE2
INCRATE3:
            ADD BX,2
            ADD SI,2
            LOOP INCRATE1
INCRATE2:                         ；根据纳税等级计算E×dd
            PUSH AX
            MOV AX,DX
            MUL TAXRATE[BX]
            POP CX
            PUSH AX
            MOV AX,CX
            MUL TAXRATE[BX]
            POP CX
            ADD DX,CX
            MOV CX,100
```

```
            CALL COMPT4DIV1          ; 计算E×dd÷100
            SUB AX,DEDUCTION[BX]     ; 计算S
            SBB DX,0
            JMP INCRATE5
INCRATE4:
            MOV DX,0
            MOV AX,0
INCRATE5:
            POP SI
            POP CX
            POP BX
            RET
INCOMERATE   ENDP
COMPT4DIV1   PROC NEAR
COMPT4DIV1   ENDP
CODE        ENDS
            END START
```

例 4.65 设已经编写好 8 个子程序(SUB0～SUB7)，要求编写程序实现从键盘输入 0～7 进行选择。

解：如果采用比较指令，则会使程序变得复杂。因此，这里介绍跳转表的方法，即利用伪指令 DW 构成各个子程序入口地址的跳转表，然后根据键盘输入进行调用。汇编语言程序如下：

```
STACK     SEGMENTSTACK 'STACK'
          DW  100H  DUP(?)
TOP       LABEL WORD
STACK     ENDS
DATA      SEGMENT
TABLE     DW SUB0,SUB1,SUB2,SUB3,SUB4,SUB5,SUB6,SUB7
STRING    DB'Pleaseinput0～7toselectsubroutines',0AH,0DH,'$'
DATA      ENDS
CODE      SEGMENT
          ASSUME CS:CODE,DS:DATA,ES:DATA,SS:STACK
START:
          MOV  AX,DATA
          MOV  DS,AX
          MOV  ES,AX
          MOV  AX,STACK
          MOV  SS,AX
          LEA  SP,TOP
```

```
ST1:
            MOV AH,9            ; 显示提示字符串
            LEA DX,STRING
            INT 21H
            MOV AH,1            ; 输入一个字符
            INT 21H
            SUB AL,30H
            JB ST1
            CMP AL,8
            JAE ST1
            SHL AL,1            ; (AL)×2
            XOR AH,AH
            MOV BX,AX
            CALL TABLE[BX]      ; 通过跳转表调用各个子程序
            JMP ST1             ; 循环执行
            MOV AH,4CH          ; 返回DOS操作系统
            INT 21H
CODE        ENDS
            END START
```

例 4.66 在 AVG 缓冲区中保存有按报考号顺序排列的研究生考生平均成绩，在 MIN 缓冲区保存有与 AVG 相对应的考生单科最低成绩，报考学生总人数存储在字变量 NUM 中，给定录取条件如下：

(1)最低单科成绩不得低于 60 分；

(2)选定录取分数线，按平均成绩从高分到低分录取，但录取人数不超过 800 人。

编程求取录取分数线 N_1 和实际录取人数 N_2。

解：首先，根据考生的单科最低成绩，剔除不合格的考生；然后将合格考生按平均成绩由高分到低分进行排序，在排序时，应该保留考生的考号信息。当合格考生人数超出计划录取人数时，录取分数线就是第 800 位考生的平均成绩；当合格考生人数不足计划录取人数时，录取分数线就是最后一位合格考生的平均成绩。汇编语言程序如下：

```
STACK       SEGMENTSTACK 'stack'
            DW 256H DUP(?)
TOP         LABEL WORD
STACK       ENDS
            N=2000              ; 考生人数
            M=800               ; 计划录取人数
DATA        SEGMENT
NUM         DW N                ; 学生总人数
AVG         DB  N DUP(?)        ; 平均成绩
MIN         DB  N DUP(?)        ; 最低单科成绩
```

```
N1          DB ?                    ; 存放录取分数线
N2          DW ?                    ; 存放实际录取人数
BUF1        DB N DUP(?)             ; 暂存平均成绩
BUF2        DW N DUP(?)             ; 暂存学号
DATA        ENDS
CODE        SEGMENT
            ASSUME CS:CODE,DS:DATA,ES:DATA,SS:STACK
START:
            MOV AX,DATA
            MOV DS,AX
            MOV ES,AX
            MOV AX,STACK
            MOV SS,AX
            LEA SP,TOP
            MOV CX,NUM
            CALL PRODUCT            ; 产生模拟数据
            XOR SI,SI               ; 剔除单科不合格的考生
            XOR DI,DI
            XOR BX,BX
            MOV CX,NUM
ELIMINATE:
            CMP MIN[SI] ,60
            JB ELIMINATE1
            MOV AL,AVG[SI]
            MOV BUF1[DI] ,AL        ; 保存合格考生的平均成绩
            INC DI
            MOV BUF2[BX] ,SI        ; 保存合格考生的考号
            ADD BX,2
ELIMINATE1:
            INC SI
            LOOP ELIMINATE
            MOV CX,DI               ; 对合格考生按平均成绩由高分到低分排序
            LEA SI,BUF1
            LEA DI,BUF2
            CALL SORT
            CMP CX,M                ; 合格考生数是否大于计划录取人数?
            JBE MATRI00
            MOV CX,M
MATRI00:
```

```
        MOV BX,CX
        MOV AL,BUF1 [BX] ; 录取分数线
        MOV N1,AL
        MOV N2,BX        ; 实际录取人数
        MOV AL,N1        ; 显示录取分数线
        CALL DISPAL
        CALL DISPCR
        MOV AX,N2        ; 显示实际录取人数
        CALL DISPAX
        CALL DISPCR
        MOV AH,4CH       ; 返回DOS操作系统
        INT 21H
SORT    PROC NEAR        ; 数据排序程序
        PUSH AX
        PUSH CX
        PUSH SI
        PUSH DI
        DEC CX
        ADD SI,CX        ; SI指向BUF1末地址
        ADD DI,CX        ; SI指向BUF2末地址
        ADD DI,CX
LP1:                     ; 外循环开始
        PUSH CX
        PUSH SI
        PUSH DI
LP2:                     ; 内循环开始
        MOV AL, [SI]
        CMP AL, [SI-1]
        JBE NOXCHG
        XCHG AL, [SI-1]  ; 交换操作
        MOV  [SI] ,AL
        MOV AX, [DI]     ; 考生考号也同步交换
        XCHG AX, [DI-2]
        MOV  [DI] ,AX
NOXCHG:
        DEC SI
        DEC DI
        DEC DI
        LOOP LP2
```

```
            POP DI
            POP SI
            POP CX
            LOOP LP1
            POP DI
            POP SI
            POP CX
            POP AX
            RET
SORT        ENDP
PRODUCT     PROC NEAR          ; 产生模拟数据
            PUSH AX
            PUSH CX
            MOV AL,17
            MOV BH,59
            LEA SI,AVG
PR1:
            ADD AL,BH
            CMP AL,100
            JAE PR1
            CMP AL,40
            JB PR1
            MOV [SI],AL
            INC SI
            LOOP PR1
            POP CX
            MOV AL,5
            MOV BH,3
            LEA SI,AVG
            LEA DI,MIN
PR2:
            ADD AL,BH
            CMP AL,15
            JAE PR2
            MOV BL,[SI]
            SUB BL,AL
            MOV [DI],BL
            INC SI
            INC DI
```

```
            LOOP PR2
            POP AX
            RET
PRODUCT     ENDP
CODE        ENDS
            END START
```

例 4.67 在首地址为 XDAT 的字节型数组中，第一个单元存放数的个数 $N(N<100)$，第二、三个单元分别存放门限 T_1 和 $T_2(T_1<T_2<256)$，从第 4 个单元开始存放 N 个无符号数(每个数占用 1 字节)。编写汇编语言程序实现：先对这 N 个数进行剔除奇异值处理，再进行滑窗式滤波处理，要求将滤波结果按四舍五入取整后存储在 YDAT 开始的内存单元中，并将数据个数存放在字节变量 NUM 中。设 $x(n)$ 为数据原值，M 为剔除奇异值后剩余数据的个数，则剔除奇异值方法为

$$y_1(n)=\begin{cases}x(n), & T_1 \leqslant x(n) \leqslant T_2 \\ \text{剔除该值}, & \text{其他}\end{cases}$$

滑窗式滤波方法为

$$y_2(n)=\begin{cases}\dfrac{1}{5}\sum\limits_{i=-2}^{z} y_1(n+i), & 3 \leqslant n \leqslant M-2 \\ y_1(n), & \text{其他}\end{cases}$$

例如，设 N=10，T_1=1，T_2=5，则：

原数据：　　　　　　3，1，4，7，5，4，3，2，6，4

剔除奇异值后：　　　3，1，4，5，4，3，2，4

滤波且四舍五入取整：3，1，3，3，4，4，2，4

解：在实际的信号处理和控制系统中，经常采用 DSP、CPU 或单片机作为处理器，这样对数据进行处理就远比在普通微机上复杂，因此，有必要进行说明。

在实际环境的数据采集中，会受到干扰和噪声的影响，也可能会产生不可预见的错误数据，导致数据明显偏移正常范围，这些值称为奇异值。在对数据区进行处理之前，应该将奇异值剔除，这样虽然会对处理精度有一定的影响，但不至于使算法失效，实际上，这样的奇异值只有很少几个，对系统精度几乎没有影响。

平滑滤波是常用的一种信号处理方法，这里采用 5 点平滑，并对结果进行四舍五入处理。由于程序采用整数表示数据，因此，应该在除法之前完成四舍五入运算。记

$$z(n)=\sum_{i=-2}^{z} y_1(n+i)$$

则

$$y_2(n)=\frac{1}{5}z(n)=z_I+\frac{z_R}{5}$$

将 $z(n)$ 分成两部分：5 的整倍数 z_I 和余数 $z_R<5$，这样四舍五入运算实际上就是对余数进行适当的处理，即

$$f\left(\frac{z_R}{5}\right)=\begin{cases}1, & z_R \geqslant 3\\ 0, & z_R<3\end{cases}$$

其中，$f(\cdot)$表示四舍五入运算。直接利用整数运算的特性，可以简化成

$$y_2(n)=\frac{1}{5}(z(n)+2)$$

这表示，计算 $z(n)/5$ 的四舍五入结果时，只需要将 $z(n)$ 先加 2，再完成除以 5 的操作。

一般情况下，计算 A/m 的四舍五入结果时，其结果为$(A+\text{int}(m/2))/m$，其中 $\text{int}(\cdot)$表示取整运算。

汇编语言程序如下：

```
            N EQU 100           ; 数据个数
            T1 EQU 10           ; 低门限
            T2 EQU 50           ; 高门限
STACK SEGMENT
            DW 256 DUP(?)
            TOP LABEL WORD
STACK ENDS
DATA SEGMENT
XDAT        DB N,T1,T2          ; 输入数据区
            X=17
            REPT N
            X=(X+79)mod 256
            DB X
            ENDM
YDAT        DB N DUP(?)         ; 输出数据区
NUM         DB ?                ; 数据的实际个数
BUF1        DB N DUP(?)
DATA ENDS
CODE SEGMENT
            ASSUME CS:CODE,ES:DATA,DS:DATA,SS:STACK
START:
            MOV AX,DATA
            MOV DS,AX
            MOV ES,AX
            MOV AX,STACK
            MOV SS,AX
            LEA SP,TOP
            LEA SI,XDAT         ; 剔除奇异值，并将有效数据暂存在BUF1
            XOR CX,CX
```

```
          MOV CL, [SI]
          MOV AL, [SI+1]
          MOV AH, [SI+2]
          ADD SI,3
          XOR BX,BX
L1:       CMP [SI] ,AL
          JB L2
          CMP [SI] ,AH
          JA L2
          MOV DL, [SI]
          MOV BUF1 [BX] ,DL
          INC BX
L2:       INC SI
          LOOP L1
          MOV NUM,BL          ; 保存有效数据个数
          MOV CX,BX           ; 开始平滑滤波处理
          SUB CX,4
          LEA SI,BUF1
          LEA DI,YDAT
          XOR AX,AX
          XOR BX,BX
          MOV AL, [SI]        ; 数据区首部两字节处理
          MOV [DI] ,AL
          MOV BL, [SI+1]
          MOV [DI+1] ,BL
          ADD AX,BX
          ADD DI,2
          ADD SI,2
          MOV BL, [SI]
          ADD AX,BX
          MOV BL, [SI+1]
          ADD AX,BX
          MOV DL,5
L3:
          MOV BL, [SI+2]
          ADD AX,BX
          PUSH AX
          ADD AX,2            ; 四舍五入运算
          DIV DL
```

```
            MOV  [DI],AL
            INC DI
            POP AX
            MOV BL,[SI-2]
            SUB AX,BX
            INC SI
            LOOP L3
            MOV AL,[SI]        ；数据区尾部两字节处理
            MOV  [DI],AL
            MOV AL,[SI+1]
            MOV  [DI+1],AL
            MOV AH,4CH
            INT 21H
CODE        ENDS
            END START
```

4.9 小　　结

本章主要介绍了数据传送、数据运算和数据位操作指令，结合 CPU 的其他指令系统，阐述了分支程序、循环程序、子程序和中断程序的结构，并通过应用示例说明了汇编语言程序设计的方法。

数据传送类指令是 CPU 8086 系统的重要指令之一，尤其是 MOV 指令，它的传送方式比较多，通过图 4.1 可以帮助学生掌握其正确的传送路径，这一点对其他的双操作数指令也适用。数据运算类指令会对 PSW 中的标志位产生影响，它与分支程序、循环程序的设计有关。但应该注意某些指令对标志位所产生的特殊影响方式，如除法指令。

数据位操作指令包括逻辑运算、移位操作，采用逻辑指令可以达到特殊的功能，如位清零、位置 1、位取反等；移位指令有无符号数移位、有符号数移位、左移、右移、循环左移和循环右移之分，特别要注意左移时的溢出问题。

分支程序是通过有条件和无条件转移指令实现的程序结构，可以根据不同的条件进行相应的处理，通过示例可以初步领略程序设计的奥秘。循环程序是一种特殊的分支程序，其结构更加紧凑，程序的可读性好，结合采用 LOOPZ/LOOPE 和 LOOPNZ/LOOPNE 指令，可以实现较为复杂的功能。

子程序是一种可以多次被调用的结构，它由功能完整独立的程序段构成，结构固定，通过设定入口参数和出口参数，可以使子程序设计变得更加灵活，而且采用子程序设计技术，主程序的模块化结构简单、条理清晰。中断程序是发生中断时所调用的程序段，中断程序的参数需要通过堆栈来传递，入口地址需要保存在中断向量表中。

本章的汇编语言程序设计示例，一方面，使学生能够掌握常规的程序设计方法，加深对汇编语言指令的理解；另一方面，可以使学生对实际编程中的技巧、技能有一个初步的认识，为实际应用打下基础。

习　题

4.1　指令正误判断，对正确指令写出源和目的操作数的寻址方式，对错误指令指出原因(设 VAR1，VAR2 为字变量，L1 为标号)。

(1)MOV SI,100　　(2)MOV BX,VAR1 [SI]

(3)MOV AX, [BX]　　(4)MOV AL, [DX]

(5)MOV BP,AL　　(6)MOV VAR1,VAR2

(7)MOV CS,AX　　(8)MOV DS,0100H

(9)MOV [BX] [SI] ,1　　(10)MOV AX,VAR1+VAR2

(11)ADD AX,LENGTH VAR1　　(12)OR BL,TYPE VAR2

(13)SUB [DI] ,78H　　(14)MOVS VAR1,VAR2

(15)PUSH 100H　　(16)POP CS

(17)XCHG AX,ES　　(18)MOV DS,CS

(19)JMP L1+5　　(20)DIV AX,10

(21)SHL BL,2　　(22)MOV AL,15+23

(23)MUL CX　　(24)XCHG CL, [SI]

(25)ADC CS: [0100] ,AH　　(26)SBB VAR1-5,154

(27)MOV AL, OFFSET VAR2　　(28)LEA SI, [BX] [DI]

(29)PUSH DH　　(30)OUT CX, AL

(31)OUT 120H, AX　　(32)MOV ES, DS

(33)JMP BYTE PTR [SI]　　(34)MOV [BX] [BP] , AX

(35)MOV ES, SEG VAR1　　(36)AND AX, DS

(37)XCHG AX, 1245H　　(38)INC [DI]

(39)ADD [DI] , DI　　(40)IN AL, BX

4.2　说明下列指令对的区别。

(1)MOV AX,VAR1 与 MOV AX,OFFSET VAR1

(2)MOV AX,VAR2 与 LEA AX,VAR2

(3)MOV AL,LENGTHVAR1 与 MOV AL,SIZEVAR1

(4)MOV AL,ES: [DI] CMP AL, [SI] 与 CMPSB

(5)SHR AL,1 与 SAR AL,1

(6)SHR AL,1 与 ROR AL,1

(7)ROL BX,1 与 RCL BX,1

(8) MOV AX, [SI] 与 LEAAX, [SI]　　(9) MOV AL, [SI] 与 MOV AX, [SI]

(10)SUB AX, BX 与 CMP AX, BX　　(11)LDS DI, BUF 与 LEA DI, BUF

(12)MOV CX, [BP] 与 MOV CX, ES: [BP]　　(13)CMP ES: [DI] , AL 与 SCASB

(14)MOV [DI] , AX 与 STOSW　　(15)MOV AL, [BX] 与 XLAT

4.3　设(DS)=2000H，(BX)=0100H，(SI)=0002H，(20100H)=3412H，(20102H)=7856H，(21200H)=4C2AH，(21202H)=65B7H，求下列指令执行后 AX 寄存器的内容。

(1)MOV AX,1200H　(2)MOV AX,BX　(3)MOV AX, [1200H]

(4)MOV AX, [BX]　(5)MOV AX,1100H [BX] (6)MOV AX, [BX] [SI]
(7)MOV AX,1100H [BX] [SI]

4.4　执行下列指令后，DX 寄存器中的内容是多少？

```
TABLE    DW  25,36,-1,-16,10000,13
PYL      DW  7
…
MOV  BX,OFFSET TABLE
ADD  BX,PYL
MOV  DX, [BX]
```

4.5　如果堆栈的起始地址为 2200：0000，栈底为 0100H，(SP)=00A8H，求：

(1)栈顶地址；

(2)SS 的内容；

(3)再存入数据 5678H，3AF2H 后，SP 的内容。

4.6　填空题。

(1) 对于指令 XCHG BX, [BP+SI]，如果指令执行前，(BX)=561AH，(BP)=0200H，(SI)=0046H，(SS)=2F00H，(2F246H)=58H，(2F247H)=FFH，则执行指令后：(BX)=________，(2F246H)=________ (2F247H)=________。

(2)近过程(NEAR)的 RET 指令把当前栈顶的一个字弹出到______；远过程(FAR)的 RET 指令弹出一个字到________后又弹出一个字到________。

(3)中断返回指令 IRET 执行后，从栈堆顺序弹出 3 个字分别送到______、______、____。

(4) 设 (SS)=1C02H，(SP)=14A0H，(AX)=7905H，(BX)=23BEH，执行指令 PUSH AX 后，(SS)=________，(SP)=______；若再执行指令：

```
PUSH BX
POP  AX
```

后，(SP)=________，(AX)=_________，(BX)=________。

(5) 设(SS)=2250H，(SP)=0140H，若在堆栈中存入 5 个数据，则栈顶的物理地址为_________，如果再从堆栈中取出 3 个数据，则栈顶的物理地址为_________。

4.7　设已用伪指令 EQU 定义了 4 个标识符：

```
N1    EQU 2100
N2    EQU 10
N3    EQU 20000
N4    EQU 25000
```

下列指令是否正确？并说明原因。

(1)ADD AL,N1-N2　　　　(2)MOV AX,N3+N4

(3)SUB BX,N4-N3　　　　(4)SUB AH,N4-N3-N1

(5)ADD AL,N2　　　　　(6)MOV AH,N2*N2

4.8　按下列要求写出指令。

(1)将 AX 寄存器的低 4 位清零，其余位不变；

(2)将 BX 寄存器的低 4 位置 1，其余位不变；

(3)将 AL 寄存器的低 4 位保持不变，高 4 位取反；

(4)测试 BX 中的位 1 和位 2，当这两位同时为 0 时将 AL 置 0FFH，否则 AL 清零；

(5)测试 BX 中的位 1 和位 2，当这两位有一位为 0 时将 AL 置 0FFH，否则 AL 清零；

(6)将 AL 中保存的字母 ASCII 码变换成相应的大写字母的 ASCII 码；

(7)将 AL 中保存的字母 ASCII 码变换成相应的小写字母的 ASCII 码；

(8)将 AX 中的各位取反；

(9)将 DX 中的低 7 位取反，高 9 位不变；

(10)将 CX 中的低 8 位与高 8 位互换；

(11) 用逻辑指令将 AX 清 0；

(12) 将 AX 的奇数位清零，偶数位不变；

(13) 将 BX 的高 8 位清 0；

(14) 将 CX 的低 4 位和高 4 位取反；

(15) 将 DH 的高 4 位置 1；

(16) 计算 AX 的相反数存于 AX 中；

(17) 对 AX 的内容算数右移两位；

(18) 将 AL 的低 4 位与高 4 位互换；

(19) 测试 CX 中 1 的个数是否为奇数，若为奇数则 AL 置 FFH，否则 AL 清零；

(20) 将 AL 的低 4 位移入 BL 的低 4 位。

4.9 写出完成下述功能的程序段。

(1)传送 40H 到 AL 寄存器；

(2)将 AL 的内容乘以 2；

(3)传送 16H 到 AH 寄存器；

(4)AL 的内容加上 AH 的内容。

计算最后结果(AL)=?

4.10 试问下列程序段执行后，AL 和 CL 的内容分别是什么？

```
MOV  AX, 1234H
MOV  BX, 5678H
ADD  AL, BL
DAA
MOV  CL, AL
MOV  AL, AH
ADC  AL, BH
DAA
```

4.11 阅读下面的程序。在______的情况下，本段程序的执行结果是(AH)=0；在______的情况下，其结果为(AH)=0FFH。

```
IN AL, 20H
TEST AL, 80H
JZ A
MOV AH, 0
```

```
    JMP B
A:  MOV AH, 0FFH
B:  HLT
```

4.12 下列程序段是比较 AX、BX 和 CX 中有符号数的大小，将最大的数放在 AX 中，请将程序填充完整。

```
      CMP  AX, BX
      _______________NEXT
      XCHG AX, BX
      NEXT: _________CX,AX
      JLE      OUT
      __________AX,CX
      OUT: …
```

4.13 下面的程序是查找 STRING 中(假设长度为 20)是否有“A”这个字符，如果有，则转向 YES 去执行；没有则转向 NO 去执行。请将程序填充完整。

```
        MOV CX, 20
        MOV BX, -1
        MOV AL, 'A'
NEXT:__________BX
        CMP AL, STRING [BX]
        ___________NEXT
        JNZ______________
YES: …
        …
        JMP_____________
NO:  …
        …
EXIT: HLT
```

4.14 写出完成下述功能的程序段。

(1)从缓冲区 BUF 的 0004 偏移地址处传送一个字到 AX 寄存器；

(2)将 AX 寄存器的内容右移 2 位；

(3)将 AX 内容与 BUF 的 0006 偏移地址处的一个字相乘；

(4)相乘结果存入 BUF 的 0020H 偏移地址处(低位在前)。

4.15 设(BX)=1100 1011B，变量 VAR 的内容为 0011 0010B，求下列指令单独执行后 BX 的内容。

(1)XOR BX,VAR　　(2)AND BX,VAR

(3)OR BX,VAR　　(4)XOR BX,1111 0000B

(5)AND BX,0000 1111B　　(6)TEST BX,1

4.16 设(DX)=1011 1011B，(CL)=3，(CF)=1，求下列指令单独执行后 DX 的内容。

(1)SHR DX,1　　(2)SAR DX,CL　　(3)SHL DX,CL

(4)SHL DX,1　　(5)ROR DX,CL　　(6)ROL DL,CL

(7) SAL DH,1　　(8) RCL DX,CL　　(9) RCR DL,1

4.17　选择题(各小题只有一个正确答案)。

(1) 执行下列三条指令后，为________。

```
MOV SP,1000H
PUSH AX
CALL BX
```

A. (SP)=1000H　　B. (SP)=0FFEH

C. (SP)=1004H　　D. (SP)=0FFCH

(2) 要检查寄存器 AL 中的内容是否与 AH 相同，应使用的指令为______。

A. AND AL,AH　　B. OR AL,AH

C. XOR AL,AH　　D. SBB AL,AH

(3) 指令 JMP NEAR PTR L1 与 CALL L1 (L1 为标号) 的区别在于______。

A. 寻址方式不同　　B. 是否保存 IP 的内容

C. 目的地址不同　　D. 对标志位的影响不同

(4) MOVAX, [BX] [SI] 的源操作数的物理地址是_______。

A. (DS)×16+(BX)+(SI)　　B. (ES)×16+(BX)+(SI)

C. (SS)×16+(BX)+(SI)　　D. (CS)×16+(BX)+(SI)

(5) MOVAX, [BP] [DI] 的源操作数的物理地址是_______。

A. (DS)×16+(BP)+(DI)　　B. (ES)×16+(BP)+(DI)

C. (SS)×16+(BP)+(DI)　　D. (CS)×16+(BP)+(DI)

(6) MOVAX,ES: [BX+SI] 的源操作数的物理地址是______。

A. (DS)×16+(BX)+(SI)　　B. (ES)×16+(BX)+(SI)

C. (SS)×16+(BX)+(SI)　　D. (CS)×16+(BX)+(SI)

(7) 假定(SS)=1000H，(SP)=0100H，(AX)=6218H，执行指令 PUSH AX 后，存放数据 62H 的物理地址是______。

A. 1010 2H　　B. 1010 1H

C. 100FEH　　D. 100FFH

(8) 下列指令中，有语法错误的是_________。

A. MOV [SI], DS: [DI]　　B. INAL, DX

C. JMP WORD PTR [SI]　　D. PUSH WORD PTR [BP+SI]

(9) JMP NEAR PTR [DI] 是_________。

A. 段内直接转移　　B. 段间直接转移

C. 段内间接转移　　D. 段间间接转移

(10) 下面哪条指令无法完成 AX 的内容清 0 的任务？

A. AND AX,0　　B. SUB AX,AX

C. XOR AX,AX　　D. CMP AX,AX

(11) 对于下列程序段：

```
NEXT:   MOV AL, [SI]
        MOV ES: [DI] ,AL
```

```
        INC     SI
        INC     DI
        LOOP    NEXT
```

也可用下面哪条指令完成同样的功能

A. REP MOV SB　　　　　　B. REP MOV SW

C. REP STO SB　　　　　　D. REP STO SW

(12) 对于下列程序段：

```
AGAIN:  MOV ES:[DI],AX
        INC     DI
        INC     DI
        LOOP    AGAIN
```

可用下面哪条指令完成相同的功能？

A. REP MOV SB　　　　　　B. REP LOD SW

C. REP STO SW　　　　　　D. REP STO SB

(13) 执行下列三条指令后，SP 存储内容为__________。

```
MOV SP,1000H
POP BX
INT 21H
```

A. (SP) = 1002H　　　　　　B. (SP) = 0FFAH

C. (SP) = 0FFCH　　　　　　D. (SP) = 1004H

4.18 寄存器 DX：AX 组成 32 位数，DX 为高位，编写程序段实现：

(1)DX：AX 右移 3 位，并将移出的低 3 位保存在 CL 中；

(2)DX：AX 左移 3 位，并将移出的高 3 位保存在 CL 中。

4.19 编写程序段实现将 BL 中的每一位重复 4 次，构成 32 位的双字 DX:AX，例如，当 BL=0101 1101B 时，得到的(DX)=0F0FH，(AX)=0FF0FH。

4.20 字变量 VAR1 中保存有小于 38250 的 16 位无符号数，编写程序段实现 VAR1÷150，并进行四舍五入操作，将商保存在字节变量 VAR2 中。

4.21 有一组无符号的 16 位数据保存在 BUFFER 中，前两字节存放数据的个数，编程实现按下式进行滤波处理：

$$\begin{cases} y(k)=\frac{1}{3}\left(x(k)+x(k-1)+x(k-2)\right), & k \geqslant 2 \\ y(k)=x(k), & k<2 \end{cases}$$

4.22 在由字符串构成的缓冲区 BUFFER 中，前两字节存放字符个数，后续每字节存放一个字符的 ASCII 码。编写程序实现将字符串'2004'替换成'2006'。

4.23 将 BUFFERS 中 N 个字按相反顺序传递到 BUFFERT 中。

4.24 已知在 BUF 的起始处保存有 N 个字符的 ASCII 码，编写汇编语言程序实现，将这组字符串传送到缓冲区 BUFR 中，并且使字符串的顺序与原来的顺序相反。

4.25 利用移位、传送和相加指令实现 AX 的内容扩大 10 倍。

4.26 在缓冲区 VAR 中连续存放着 3 个 16 位的无符号数，编写程序实现将其按递增关系排列；如果

VAR 中保存的为有符号数，再编写程序实现将其按递减关系排列。

4.27 编写程序段实现将 AL 和 BL 中的每一位依次交叉，得到的 16 位字保存在 DX 中，例如，(AL)=0110 0101B，(BL)=1101 1010B，则得到的(DX)=1011 0110 1001 1001B。

4.28 在变量 VAR1 和 VAR2 中分别保存了两个字节型的正整数，编写完整的汇编语言程序实现：

(1) 当两数中有一个奇数时，将奇数存入 VAR1，偶数存入 VAR2；

(2) 当两数均为奇数时，两个变量的内容不变；

(3) 当两数均为偶数时，两数缩小一半后存入原处。

4.29 已知在字变量 VAR1、VAR2 和 VAR3 中保存有 3 个相同的代码，但有一个错码，编写程序段找出这个错码，并将它送到 AX，其地址送 SI；如果 3 个代码都相同，则在 AX 中置–1 标志。

4.30 分析下列程序段的功能：

```
MOV     CL,04
SHL     DX,CL
MOV     BL,AH
SHL     AX,CL
SHR     BL,CL
OR      DL,BL
```

4.31 阅读下列程序段，指出它完成什么运算。

```
        CMP    AX, 0
        JGE    EXIT
        NEG    AX
EXIT:   …
```

4.32 阅读如下程序，指出其完成的功能。

```
TAB  DB  30H,31H,…,39H,41H,42H,…,46H
DISP  DB  4  DUP(?)

           MOV    CX, 4
           MOV    BX, OFFSET  TAB
           MOV    DI, OFFSET  DISP
           MOV    AL, 0
NEXT:      SHL    DX, 1
           RCL    AL, 1
           SHL    DX, 1
           RCL    AL, 1
           SHL    DX, 1
           RCL    AL, 1
           SHL    DX, 1
           RCL    AL, 1
           AND    AL, 0FH
           XLAT
```

```
            MOV     [DI] , AL
            INC     DI
            LOOP    NEXT
```

4.33 读下面的程序，指出程序完成的功能。

```
FIRST  DB   0BH,   8AH,  0H
SECOND  DB  05H,  0D7H
            MOX     CX,  2
            MOV     SI,  0
            CLC
NEXT:       MOV     AL,  SECOND [SI]
            ADC     FIRST [SI] , AL
            INC     SI
            LOOP    NEXT
            MOV     AL,  0
            ADC     AL,  0
            MOV     FIRST [SI] , AL
```

4.34 指出下列子程序完成的功能。

```
CHS         PROC
            PUSH    AX
            PUSH    DX
            MOV     DX,  390H
            IN      AL,  DX
            AND     AL,  0FH
            CMP     AL,  09H
            JG      L1
            ADD     AL,30H
            JMPS    END
L1:         ADD     AL,  37H
SEND:       OUT     DX,  AL
            POP     DX
            POP     AX
            RET
CHS         ENDP
```

4.35 下列程序段执行后，求 BX 寄存器的内容。

```
MOV CL,3
MOV BX,0B7H
ROL BX,1
ROR BX,CL
```

4.36 下列程序段执行后，求 BX 寄存器的内容。

```
MOV   CL,5
MOV   BX,7D5CH
SHR   BX,CL
```

4.37 阅读下列两个程序段，执行该程序后，AX、DX 分别是多少？

```
(1) MOV   AX, -110          (2) MOV   AX, -110
    MOV   CX, 8                 MOV   CX, 8
    CWD                         MOV   DX, 0
    IDIV  CX                    DIV   CX
```

4.38 下列程序段执行后，寄存器 AX, BX, CX, DX 和 SI 中的内容各为多少？

```
          ORG 2000H
ARY       DW  -4, 3,-2, 1
CNT       DW       $-ARY
VAR       DW       ARY, $+4
          …
          MOV      AX, ARY
          MOV      BX, OFFSET VAR
          MOV      CX, CNT
          MOV      DX, VAR+2
          LEA      SI, ARY
…
```

4.39 数组 ARRAY 中存放有一组字型数据，前两字节存放数据长度(5 的倍数)。为给这个数组中的数据进行加密保护，每 5 个数据取出一个数据进行加密处理：奇数位进行取反，偶数位不变，例如，对数据 0110 1100 1011 0001B 加密后变成 1100 0110 0001 1011B，编写加密程序 encryption 和解密程序 unencryption 。

4.40 设数组 ARRAY 存储多个 8 位无符号数据，其中第一个字用于存放数据个数，试编写程序求数组元素之和，将结果存放在 AX 中，若计算的和超出 16 位数表示的范围，则给出溢出标志 DX= –1，否则 DX=0。

4.41 设 BUF 中存放有 N 个无符号数(或有符号数)，编程实现求它们的最小值(存入 AX)和最大值(存入 DX)。

4.42 设 BUFFER 中存放有 N 个无符号数(第 1 字节存放缓冲区的长度)，编程实现将其中的 0 元素抹去，并更新其长度。

4.43 编写程序实现 N 个字乘以或除以 1 个字，设 BUFN 存放 N 个字，BUF1 存放乘数或除数，PRODUCT 存放乘积，QUOTIENT 存放商，REMAINDER 存放余数。

4.44 编写一个子程序实现统计 AL 中 1 的个数，然后检测出字节型缓冲区 BUF 中 0 和 1 个数相等的元素个数。

4.45 编写实现两个有符号数相乘的子程序，子程序入口参数为 AX、BX，出口参数为 DX、AX，其中结果的高 16 位保存在 DX 中，低 16 位保存在 AX 中。(要求：使用乘法指令外的其他指令实现。)

4.46 若 X、Y、Z 是连续存放在内存 BLOCK 开始的 3 个有符号字节数，试编写出计算：$X \times Y - Z$ 的汇编语言源程序，结果存入 RESULT 单元中。

4.47　用同余法产生 200 个小于 256 的伪随机数，统计其中奇数的个数，并计算所有奇数的和，将奇数个数存入名为 CNT 的字节单元，和存入名为 SUMODD 的字存储单元中。用完整的段定义语句编写出实现这一功能的汇编语言源程序。

4.48　已知某数组 ARRAY 中有 100 个有符号字节型数据，编写程序统计该数组中相邻的两数间符号变化的次数，并将次数存放在 NUM 单元中。

4.49　编写汇编语言程序：将字节存储单元 BUF 中组合 BCD 码拆成两个分离 BCD 码，并转换成两个对应的 ASCII 码，分别存放在 C1 和 C2 单元中。

4.50　已知数组 ARRAYA 包含 M 个互不相等的字型整数，数组 ARRAYB 包含 N 个互不相等的字型整数，编写程序实现将既在数组 ARRAYA 中又在数组 ARRAYB 中出现的整数存放在数组 ARRAYC 中。

4.51　两位十进制数相乘，被乘数和乘数以组合 BCD 码形式存于 DATA1 中和 DATA2 两个字节单元中，经乘法计算后将其乘积放在 DATA3 定义的字单元中。

4.52　在 1000H 单元和 100AH 单元开始，存放两个各为 10 字节的 BCD 数(一字节存放一个分离 BCD 码位，低地址处存放的是低 BCD 码位)，求出这两个 BCD 数的和，并且把结果(分离 BCD 数)存入 1014H 开始的存储单元。

4.53　设有 n(设为 17)个人围坐在圆桌周围，按顺时针给他们编号(1，2，…，n)，从第 1 个人开始按顺时针方向加 1 报数，当报数到 m(设为 11)时，该人出列，余下的人继续进行，直到所有人出列。编写程序模拟这一过程，求出出列人的编号顺序。

4.54　从键盘上读入一个正整数 N($0 \leqslant N \leqslant 65535$)，转换成十六进制数存入 AX，并在屏幕上显示出来。

4.55　在缓冲区 BUFFER 中，第 1 字节存放数组的长度(<256)，从第 2 字节开始存放字符的 ASCII 码，编写子程序完成在最高位给字符加上偶校验。

4.56　设一个由 N 个字组成的有符号数，其首地址保存在寄存器 SI 中，试编写程序计算这个数的绝对值。

4.57　已知斐波那契数列的定义为：$F_1=1$，$F_2=1$，$F_i=F_{i-1}+F_{i-2}$($i \geqslant 3$)，编写求该数列前 n 项的子程序。

4.58　编写程序实现循环显示 10 条信息，保存每条信息的变量分别为 INFOM1～INFORM10。

4.59　编写程序实现将包含 20 个数据的数组 ARRAY 分成两个数组：正数数组 ARRAYP 和负数数组 ARRAYN，并分别将这两个数组中数据的个数显示出来。

4.60　编写程序实现求缓冲区 BUFFER 的 100 个字中的最小偶数(存入 AX)。

4.61　编写程序实现求级数 $1^2+2^2+\cdots+n^2+\cdots$ 的前 n 项和刚大于 2000 的项数 n。

4.62　利用其他指令完成与下列指令一样的功能。

(1) `REP MOVSB`　　(2) `REP LODSB`

(3) `REP STOSB`　　(4) `REP SCASB`

4.63　设在数据段中定义了：

```
STR1  DB  'ASSEMBLE  LANGUAGE'
STR2  DB  20 DUP(?)
```

利用字符串指令编写程序段实现：

(1) 从左到右将 STR1 中的字符串传送到 STR2；

(2) 从右到左将 STR1 中的字符串传送到 STR2；

(3) 将 STR1 中的第 6 和第 7 字节装入 DX；

(4) 扫描 STR1 字符串中有无空格，如有则将第一个空格符的地址传送到 SI。

4.64 设在数据段中定义了：

```
STRINGDB 'Today is Sunday & July 16,2000'
```

编写程序实现将 STRING 中的“&”用“/”代替。

4.65 分析下列程序段完成的功能。

```
MOV CX,100
LEA SI,FIRST
LEA DI,SECOND
REP MOVSB
```

4.66 分析下列程序段：

```
LEA DI,STRING
MOV CX,200
CLD
MOV AL,20H
REPZ  SCASB
JNZ  FOUND
JMP  NOT_FOUND
```

问：转移到 FOUND 的条件。

4.67 设在数据段的变量 OLDS 和 NEWS 中保存有 5 字节的字符串，如果 OLDS 字符串不同于 NEWS 字符串，则执行 NEW_LESS，否则顺序执行程序。

4.68 编程实现将 STRING 字符串中的小写字母变换成大写字母。

4.69 设在数据段中定义了：

```
STUDENT_NAME        DB  30 DUP(? )
STUDENT_ADDR        DB  9 DUP(? )
STUDENT_PRINT       DB  50 DUP(? )
```

编写程序实现：

(1)用空格符清除缓冲区 STUDENT_PRINT；

(2)在 STUDENT_ADDR 中查找第一个“_”字符；

(3)在 STUDENT_ADDR 中查找最后一个“_”字符；

(4)如果 STUDENT_NAME 中全为空格符，则 STUDENT_PRINT 全存入“*”；

(5)将 STUDENT_NAME 传送到 STUDENT_PRINT 的前 30 字节中，将 STUDENT_ADDR 传送到 STUDENT_PRINT 的后 9 字节中。

4.70 用字符串操作指令设计实现如下功能的程序段：先将 100 个字节型数据从有效地址为 45A8H 处搬移到本段内有效地址为 1000H 处，再从中检索出等于 AL 中字符的单元，并将此单元写入空格符。

4.71 若变量 STRING 保存有一个字符串(以“＄”号作为字符串的结束标志)，编写一个程序，查找此字符串中有没有字符“#”，将字符“#”的个数存放在 NUM 单元中，并且把每一个“#”字符在内存中的有效地址存入自 POINTER 开始的连续的存储单元中。

4.72 (上机题)编写程序实现，将缓冲区 BUFFER 中的 100 个字按递增排序，并按下列格式顺序显示：

数据1<原序号>

数据2<原序号>

……

4.73 (上机题)按同余法产生一组随机数 $N(1<N\leqslant 50)$，并按 $N+50$ 赋给 45 名同学的 5 门课程的成绩，要求编程实现计算每个同学的平均成绩，并根据平均成绩统计全班的成绩各等级的人数(A：90～100，B：80～89，C：70～79，D：66～69，E：60～65，F：60 分以下)，按下列格式显示：

```
Total<总人数>
A:<人数1>
B:<人数2>
C:<人数3>
D:<人数4>
E:<人数5>
F:<人数6>
```

4.74 (上机题)编写程序实现下列 5 项功能，通过从键盘输入 1～5 进行菜单式选择。

(1)按数字键“1”，完成将字符串中的小写字母变换成大写字母。用户输入由英文大小写字母或数字 0～9 组成的字符串(以回车结束)，变换后按下列格式在屏幕上显示：

<原字符串>：abcdgyt0092

<新字符串>ABCDGYT0092

按任意键重做；按Esc键返回主菜单。

(2)按数字键“2”，完成在字符串中找最大值。用户输入由英文大小写字母或数字 0～9 组成的字符串(以回车结束)，找出最大值后按下列格式在屏幕上显示：

<原字符串>The maximum is <最大值>.

按任意键重做；按 Esc 键返回主菜单。

(3)按数字键“3”，完成输入数据组的排序。用户输入一组十进制数值(小于 255)，

然后变换成十六进制数，并按递增方式进行排序，按下列格式在屏幕上显示：

<原数值串>

<新数值串>

按任意键重做；按 Esc 键返回主菜单。

(4)按数字键“4”，完成时间的显示。首先提示用户对时，即改变系统的定时器 HH:MM:SS(以冒号间隔，回车结束)，然后在屏幕的右上角实时显示出时间 HH:MM:SS。

按任意键重新对时；按 Esc 键返回主菜单。

(5)按数字键“5”，结束程序的运行，返回操作系统。

第 5 章　总线及其形成

5.1　总线定义及分类

5.1.1　总线定义

总线是一组公用导线，是计算机系统的重要组成部分。它是计算机系统中模块(或子系统)之间传输数据、地址和控制信息的公共通道。通过总线，可以实现各部件之间的数据和命令的传输。在目前的微机系统中，均采用标准化总线结构。采用标准总线具有下列优点。

(1) 简化软、硬件设计。

(2) 简化系统结构。

(3) 易于系统扩展。

(4) 便于系统更新。

(5) 便于调试和维修。

5.1.2　总线的分类

总线有多种进行分类的方法，按连接对象可以分为内总线、外总线。内总线主要用于连接 CPU 与其他支持电路；外总线主要用于连接系统与系统、主机与外设。按传输信息的种类可分为数据总线、地址总线和控制总线。按握手技术和联络方式可分为同步传输总线和异步传输总线。按传输格式可分为并行总线和串行总线。计算机内部的总线一般都采用并行总线。但是，最常用的总线分类方法还是按功能分类，这种分类方法体现了总线在系统中的功能层次结构。按功能层次可以把总线分成下列四类。

1. 片内总线

片内总线是指连接集成电路芯片内部各功能单元的信息通路，如在微处理器的内部，寄存器与寄存器之间、寄存器与 ALU 之间都由片内总线连接。过去，片内总线的设计都是芯片生产厂家来完成的，而微型计算机系统的设计者主要关心芯片的外部特性和使用方法。但是随着微电子技术的发展，借助于 EDA 软件，设计者已经可以方便地设计符合具体需求的专用集成电路(ASIC)，片内总线的设计也成为必不可少的一个环节。

2. 元件级总线

元件级总线是指连接同一个插板内各个元件的总线，用户在设计 PCB 时，由于插板尺寸的限制以及工程经验的不同，所设计的元件级总线也有所不同。元件级总线的长度较短、负载较轻，信号在插板内的串扰、时延、反射和相互干扰相对较小，但是总线设计的一般问题在元件级总线仍然存在，一块插板内的总线设计缺陷可能影响整个系统的正常工作，因此元件级总线也是设计的重要内容。

3. 系统总线

系统总线也称为板级总线，是指连接微处理器、主存储器和 I/O 接口等系统部件的信息通路，也是连接各个插件板的通路。系统总线是微型计算机系统的重要组成部分，其设计是否合理直接关系到系统的性能和可靠性，因此自从微型计算机问世以来，各种不同用途和性能的标准化系统总线不断涌现，针对 8 位机、16 位机、32 位机甚至 64 位机的总线标准都已经付诸使用，如 STD 总线、PC/XT 总线、ISA 总线、PCI 总线等。

4. 通信总线

通信总线又称为 I/O 总线或外总线，是指连接微型计算机主机与 I/O 设备、仪器仪表，甚至其他微型计算机的总线。

一般来说，由于微型计算机主机与其他部件距离较远，通信总线中的信息可以采用并行或串行方式传送，其定时方式可以采用同步或异步方式，数据传输率较低。与之相反，系统总线通常采用同步、并行方式，数据传输率较高，以便提高系统的性能。

本章涉及的总线及其形成主要针对系统总线。在微型计算机系统中，系统总线主要有 STD、PC/XT、ISA/EISA、MCA、PCI 等。下面简要介绍微机应用系统设计中常用的一些系统总线。

(1) STD 总线 (standard bus)，它为通用标准总线，是一种规模很小、面向工业控制、设计周密的 8 位/16 位系统总线。STD 总线在 1978 年最早由 Pro Log 公司作为工业标准发明，由 STDGM 制定为 STD 80 规范，随后被批准为国际标准 IEEE P961。STD 80/MPX 作为 STD 80 追加标准，支持多主 (multi master) 系统。STD 总线工控机是工业型计算机，16 位的 STD 总线性能能够满足嵌入式和实时性应用要求，特别是它的小板尺寸、垂直放置无源背板的直插式结构、丰富的工业 I/O OEM 模板、低成本、低功耗、扩展的温度范围、可靠性和良好的可维护性设计，使其在空间和功耗受到严格限制的、可靠性要求较高的工业自动化领域得到了广泛应用。

STD 总线的性能特点如下。

① 小板结构、开放式组态：小板结构抗干扰、抗振动、抗断裂能力强；开放式的灵活组态，使用户可根据自己的需要利用模板构筑系统，易于扩充和维护。

② 高可靠性：产品平均无故障间隔率高，有的已达 60 年。

③ 适应性强：支持 Intel、Motorola、Zilog、NSC 等多家公司的 8 位/16 位微处理器。

④ 产品配套、功能齐全：国际上有近千种功能模板和控制软件产品提供。

⑤ 良好的开发环境：小板结构便于按功能划分模块，提供较大的设计灵活性。

STD 总线是一种专门设计的面向工业测量及控制的小型总线，它主要应用在以微处理器为中心的测量控制领域，尤其以应用于工业测控领域为多。

(2) PC/XT 总线。PC/XT 总线是 Intel 微机系统总线系列中最为精简的，IBM PC/XT 有 8 个 62 芯扩展槽 J_1～J_8，可以在扩展槽插入不同功能的插件板，用来扩充系统功能。通常见到的插件板有存储器扩展板和各种外设适配器，如打印机适配器、显示器适配器、网络适配器和语音系统适配器等。

连接扩展槽的 62 根线组成了 PC/XT 扩展总线。PC/XT 总线除了提供特殊需要的±12V

电源，其他信号均与 TTL 电平兼容。若为输出信号，至少可以驱动两个低功率的集成电路负载。PC/XT 总线有 8 位数据总线，20 位地址总线，其寻址空间为 1MB。

(3) ISA (industry standard architecture，工业标准体系结构) 总线。它是由 PC/XT 总线扩展而成的，共有 98 个引脚，其中前 62 个 B_1～B_{31} 和 A_1～A_{31} 与 PC/XT 总线完全相同。ISA 总线设计的最大速度为 8MHz，比 PC/XT 总线几乎快了一倍，而最佳的数据传输速率达 20Mbit/s。不过由于微处理器的执行速度更快，要在总线控制器中增加缓冲器，作为微处理器与较低速扩展总线之间的缓冲空间，这样才能使扩展总线与微处理器之间传输数据。ISA 的数据总线扩充到 16 位，增加了 SD_{15}～SD_8 高 8 位数据线。ISA 除了加宽数据路径外，其寻址空间也增加到 16MB。

ISA 总线由于性能较差，制约了高性能微处理器的发挥，因此 Compaq 等 9 家厂商在 ISA 总线的基础上又推出了 EISA (extended ISA) 总线。在 ISA 总线 98 (62+36) 个引脚的基础上，EISA 增加到 196 个引脚。这些引脚主要在寻址能力、总线宽度和控制信号三个方面对 ISA 进行了扩展。EISA 总线的数据宽度达到 32 位，并且可以根据需要自动进行 8 位、16 位和 32 位数据的转换，使微处理器能够访问不同字长的存储器和 I/O 接口。地址线为 32 根，其寻址空间为 4GB。EISA 总线的时钟频率为 8.3MHz，因此其总线带宽达到 8.3MHz×4B=33.4MB/s。

(4) MCA (microchannel architecture，微通道体系结构) 总线。为了打破 ISA 总线的传输瓶颈，IBM 公司在推出 386 微机的同时，制定了一个与 ISA 标准完全不兼容的系统总线标准——微通道结构 MCA。该标准定义了 32 位数据总线宽度，工作频率为 10MHz，传输速率为 40MB/s。虽然 MCA 总线能充分发挥 386 微机的性能，但 MCA 总线标准的微机与 ISA 总线标准的微机在软件和硬件上完全不兼容，与其配套的是 OS/2 操作系统。这样对广大微机用户而言，不仅面临着淘汰已有硬件和使用了多年的软件等问题，还要重新学习新的操作系统。所以，该总线标准的微机很难得到推广。另外，IBM 公司放弃了总线标准的开放性，并没有将 MCA 总线标准公布于众，以求达到垄断市场的目的，因而失去了其他计算机厂商的支持，陷入了软硬件缺乏的境地。

(5) PCI (peripheral component interconnect，外设部件互连标准) 总线。1992 年 Intel 公司联合了几大计算机厂商推出了新的总线标准——PCI 总线标准，主要是为了 586 以及更高档次的处理器制定的。因为在 CPU 与总线控制器之间插入了一个中介层——PCI 桥路，该桥路包括一个 PCI 控制器和一个 PCI 加速器，使得其他外设不与处理器直接相接。所以，PCI 总线是一种局部总线，既实现了高的传输速度又保证了良好的兼容性。PCI 总线具有下列特点。

① 高性能。提供了 32 位数据和地址复用总线并可升级到 64 位，工作频率可达 33MHz，数据传输速率为 133MB/s。

② 向下兼容。符合 ISA、EISA 和 MCA 标准的扩展卡完全可以在 PCI 总线系统下工作。

③ 负载多。最多可支持 10 个外部设备，可充分满足服务器需要。

④ 寿命长。支持多种处理器及未来开发的更高性能的处理器，总线本身并不依赖于任何处理器。

⑤ 使用方便。能够自动配置各种参数，支持 PCI 总线的扩展卡和部件。

⑥ 数据完整。PCI 提供数据和地址的奇偶校验功能，保证了数据的完整和准确。

⑦ 软件兼容。PCI 部件和驱动程序可以在不同的操作平台上运行。

由于 PCI 设计的先进性，其设计结构和风格都是针对 586 及更高级处理器而言的，所以很快得到了众多厂商的积极响应，从 586 系统开始，绝大部分都采用标准的 PCI 总线，在随后推出的 Pentium Ⅱ及 Pentium Ⅲ系统中 PCI 总线标准始终处于主导地位。图 5.1 是具有 PCI 总线的 PC 的典型逻辑结构。

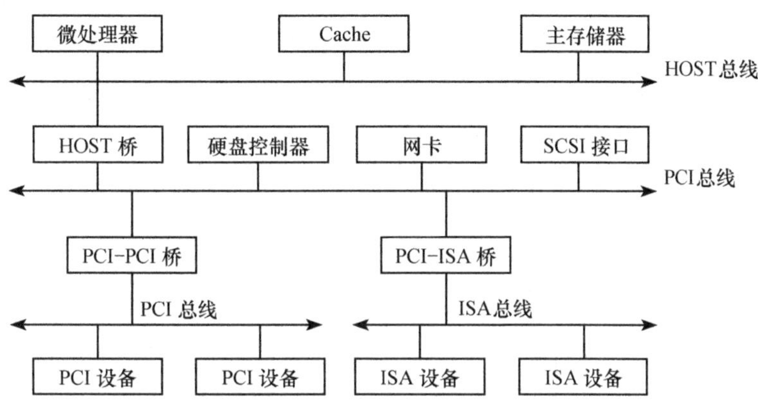

图 5.1　PC 中的 PCI 总线

在图 5.1 中，HOST 总线也称为存储总线，它连接一个或多个微处理器、Cache 和主存储器。PCI 总线连接高速的 I/O 接口，通常称为 PCI 设备，它们或者是主设备，可以主动发起一次信息传送，或者是从设备，由主设备选中后配合主设备完成一次 PCI 总线的信息传送，或者兼而有之。

在该逻辑结构中使用了三种桥设备。HOST 桥也称为 PCI 总线控制器，它含有集中式总线仲裁器，用于连接 HOST 总线和 PCI 总线，使彼此可以相互通信。PCI—PCI 桥则用于对 PCI 总线进行扩展，使多个 PCI 总线形成多层次结构，以减轻单个 PCI 总线的负载。PCI—ISA 桥则用于连接 PCI 总线和 ISA 总线，使符合 ISA 总线标准的设备也可以接入总线。

桥设备的主要功能有三个：第一，进行地址空间的映射，使位于不同总线上的设备可以看到相同的地址空间。第二，实现数据缓冲，PCI 总线的基本传送方式是突发式传送，利用桥设备可以实现不同总线之间的突发式传送。在进行写操作时，桥设备将上层总线写周期的数据缓存起来，以后的时间里再在下一层总线上启动一次写周期，使数据写入下层总线上的设备中；在进行读操作时，桥设备可以早于上层总线，直接对下层总线上的设备预先进行读操作，然后在上层总线的读周期中送出数据。无论是延迟写还是预先读，桥设备可以使不同层次总线上的读写操作按照本层次总线的读写周期来进行。第三，实现不同层次总线的协议和电平的转换。

5.2　几种常用芯片

在系统总线和 I/O 接口电路设计中，经常使用的芯片有三态门、双向三态门和锁存器等。为了使用方便，这里对这些芯片进行简要介绍。

1. 三态门

在微机系统设计中经常用到的三态门驱动器有 74LS240、74LS244 等。这里以 74LS244 为例加以说明。74LS244 由 8 个三态门构成，有 2 个三态控制端，其中每个控制端独立地控制 4 个三态门，其逻辑和功能表如图 5.2 所示，详细信息可查阅有关厂家的器件手册。

应该注意，74LS244 是一个单向的数字信号缓冲器，没有寄存信号的功能。在实际应用中，通过在 $1\overline{G}$ 和 $2\overline{G}$ 上提供有效信号(低电平)，实现将输入信号 A_i 传递到输出端 Y_i。因此，74LS244 经常用作控制总线的驱动芯片。

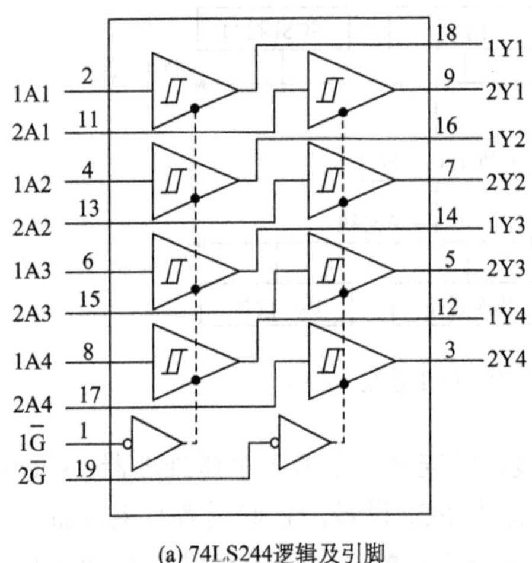

(a) 74LS244逻辑及引脚

输入		输出
$\overline{G}$	A	Y
0	0	0
0	1	1
1	X	三态

(b) 74LS244功能

图 5.2　三态门 74LS244 逻辑和功能图

2. 双向三态门

常用的双向三态门有 74LS245，其逻辑和功能如图 5.3 所示。

74LS245 是一个双向的数字信号缓冲器，与 74LS244 类似，74LS245 也没有寄存信号的功能。在实际应用中，通过在 $\overline{E}$ 上提供有效信号(低电平)，可以将信号 A_i 传递到引脚 B_i(DIR=1)，或者将信号 B_i 传递到引脚 A_i(DIR=0)。因此，74LS245 经常用作数据总线的读写控制器。

与 74LS245 类似的芯片有 Intel 的 8286 和 8287。

3. 锁存器

常用的锁存器有 74LS373、74LS374，它们都是 8 位锁存器，但输入数据锁存有所不同，74LS373 由电平控制来锁存输入数据，而 74LS374 由上升沿来锁存输入数据。

74LS373 的逻辑和功能如图 5.4 所示，当 $\overline{OE}=0$ 时，O 端有信号输出，这时的输出信号取决于 G 端信号，当 G=1 时，O 端信号等同于 D 端输入信号；当 G=0 时，O 端保持原来锁存信号。当 $\overline{OE}=1$ 时，O 端呈现出高阻态，不影响与其连接的其他芯片的输入/输出操作。

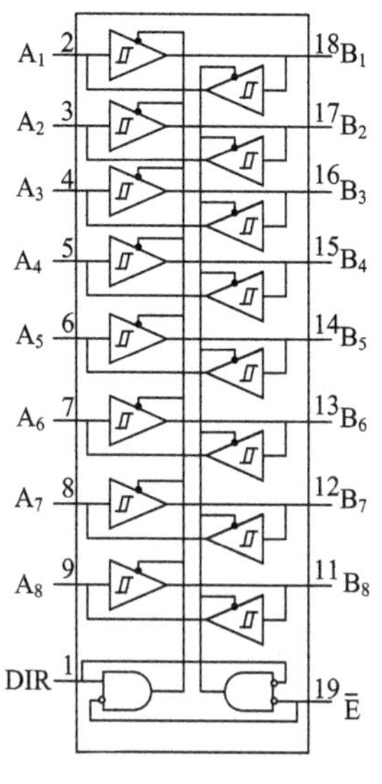

(a) 74LS245逻辑及引脚

$\overline{E}$	DIR	信号传输方向
0	1	A→B
0	0	B→A
1	X	A，B端均为三态

(b) 74LS245功能

图 5.3　双向三态门 74LS245 逻辑和功能

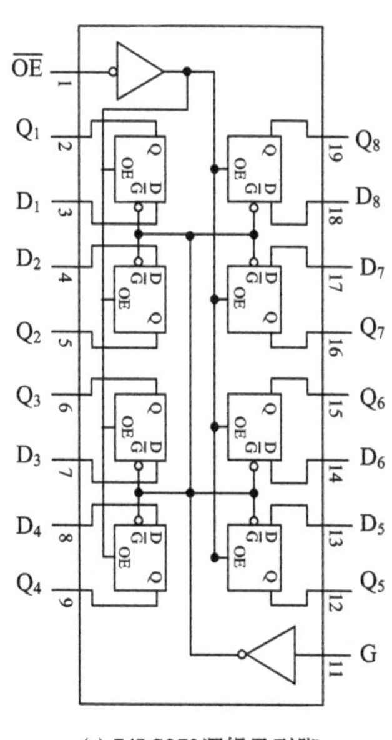

(a) 74LS373逻辑及引脚

$\overline{OE}$	G	D	Q
0	1	1	1
0	1	0	0
0	0	X	保持
1	X	X	三态

(b) 74LS373功能

图 5.4　74LS373 的逻辑及功能

74LS374 的逻辑和功能如图 5.5 所示，当$\overline{OE}=0$时，O 端有信号输出，这时的输出信号取决于 CK 端信号，当 CK 端有上升沿时，O 端信号等同于 D 端输入信号；当 CK=0 时，O 端将保持原来锁存信号。当$\overline{OE}=1$时，O 端呈现出高阻态，不影响与其连接的其他芯片的输入输出操作。

在实际应用中，74LS373 经常用作地址总线锁存器，74LS374 经常用作输入数据/输出数据寄存器。

与 74LS373、74LS374 类似的芯片有 Intel 的 8282、8283。

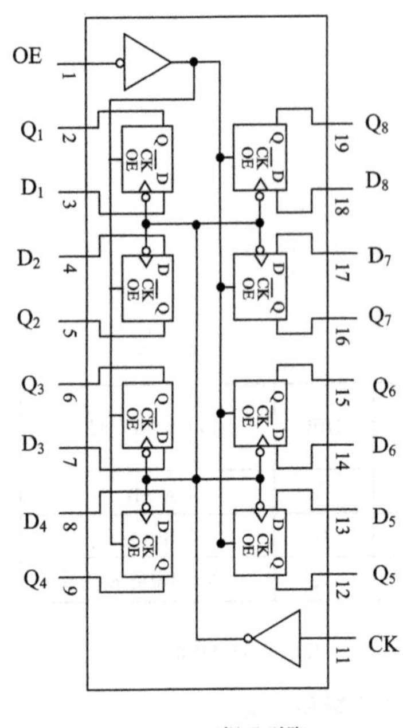

(a) 74LS374逻辑及引脚

$\overline{OE}$	CK	D	Q
0	↑	1	1
0	↑	0	0
0	0	X	保持
1	X	X	三态

(b) 74LS374功能

图 5.5　74LS374 的逻辑和功能

5.3　8086 的引脚功能及时序

第 2 章介绍微处理器的结构时已经说明，微处理器的外部结构表现为数量有限的输入/输出引脚，这些引脚构成了微处理级总线。微处理器通过微处理级总线和其他逻辑电路连接组成主机板系统，形成系统级总线，简称系统总线。

8086 微处理器采用 40 条引脚的双列直插式封装。为了减少引脚，采用分时复用的地址/数据总线，因而部分引脚具有两种功能。8086 的引脚如图 5.6 所示。8086 CPU 的 40 条引脚中，引脚 1 和引脚 20(GND)为接地端；引脚 40(V_{CC})为电源输入端，采用的电源电压为+5V±10%。

应该注意的是，Intel 8086/8088 有两种工作方式：最小方式和最大方式。在最小方式系统中，系统只有一个微处理器，即 8086(或 8088)，系统所需要的控制信号全部由 8086(或 8088)CPU 直接产生；在最大方式系统中，系统有两个或两个以上的微处理器，即除了主处理器 8086(或 8088)以外，还可能有协处理器(8087 算术协处理器或 8089 输入/输出协处理器)，这时，系统所需要的控制信号应该由总线控制器 8288 间接产生。

另外，在最大方式系统中，CPU 除了需要产生控制信号，还需要产生与其他处理器之间的控制信号，因此 8086(或 8088)引脚不足以产生这些信号，需要将一部分信号经过编码后输出，并通过外部的总线控制器 8288 进行解码后产生控制信号。

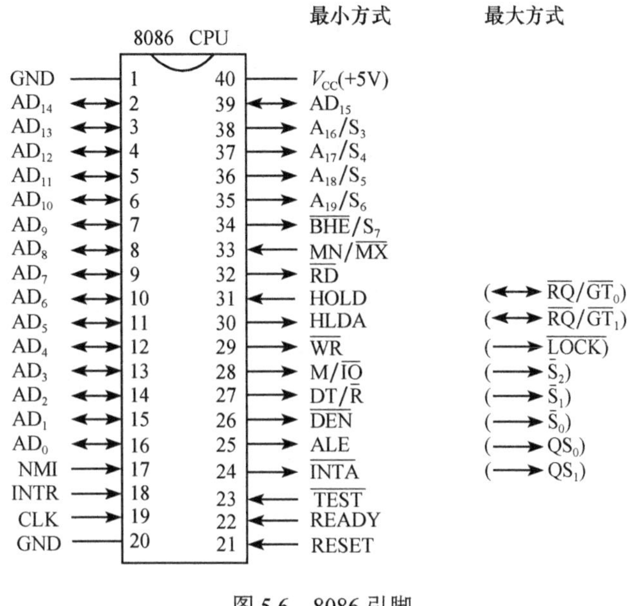

图 5.6　8086 引脚

5.3.1　最小方式下引脚功能及时序

1. MN / $\overline{\text{MX}}$（输入）

MN / $\overline{\text{MX}}$ 为工作方式控制线。接+5V 时，CPU 处于最小方式；接地时，CPU 处于最大方式。

最小方式用于由单微处理器组成的小系统，在这种方式中，由 8086 CPU 直接产生系统所需要的全部控制信号。最大方式用于实现多处理器系统，在这种方式中，8086 CPU 不直接提供用于存储器或 I/O 读写的读写命令等控制信号，而是将当前要执行的传送操作类型编码为 3 个状态位输出，由总线控制器 8288 对状态信息进行译码产生相应的控制信号。

2. CLK（输入）

CLK 为时钟信号输入端。时钟信号占空比为 33%时是最佳状态。8086 CPU 的最高频率为 5MHz，8086-2 的最高频率为 8MHz，8086-1 的最高频率为 10MHz。CLK 信号可以由 8284 时钟发生器产生。

微处理器是在统一的时钟信号 CLK 控制下，按节拍进行工作的。一个 CLK 周期称为一个时钟周期，它是 CPU 的最小工作节拍，8086 CPU 以 CLK 时钟下降沿同步工作。8086 CPU 通过总线对外部（存储器或 I/O 接口）进行一次访问所需的时间称为一个总线周期。一个总线周期至少包括 4 个时钟周期即 T_1、T_2、T_3 和 T_4，处在这些基本时钟周期中的总线状态称为 T 状态，如图 5.7 所示。CPU 执行一条指令的时间称为指令周期。

在 CPU 执行访问存储器或 I/O 接口时，如果存储器或 I/O 接口的存取速度不够快，就需要在总线周期内插入等待状态 T_W，形成较长的总线周期，如图 5.7(b) 所示，这一点需要用户通过设计产生 READY 信号的逻辑电路实现。另外，在 CPU 不访问外部总线时，总线进入空闲状态 T_I。

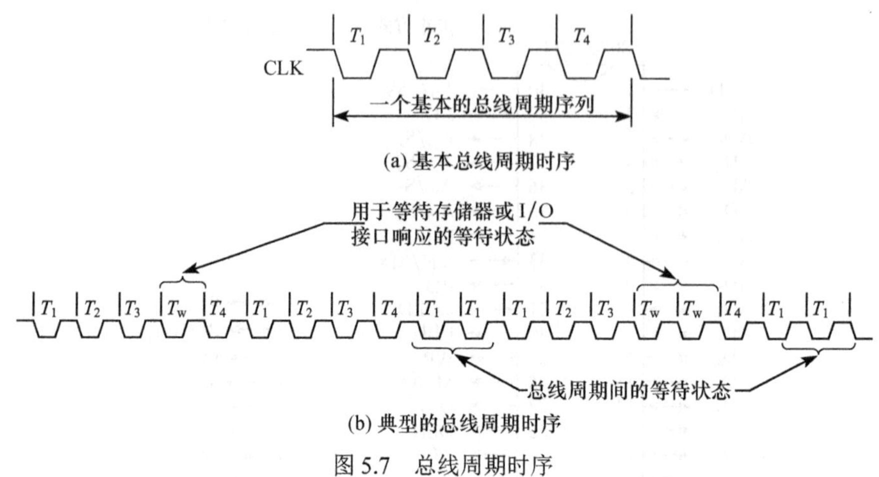

(a) 基本总线周期时序

(b) 典型的总线周期时序

图 5.7 总线周期时序

3. RESET(输入)

RESET 为系统复位信号，高电平有效，其有效信号至少保持 4 个时钟周期，且复位信号上升沿要与 CLK 下降沿同步，8086 CPU 的 RESET 信号是由 8284 时钟发生器同步产生的。RESET 信号有效时，CPU 清除 IP、DS、ES、SS、微处理器状态字 PSW 和指令队列为 0，并置 CS 为 0FFFFH。该信号结束后，CPU 从存储器的 0FFFF0H 地址开始读取和执行指令。IBM PC 系统加电或操作员在键盘上进行 RESET 操作时产生 RESET 信号。

4. 地址/数据引脚

8086 CPU 有 20 条地址总线，16 条数据总线。为减少引脚，采用分时复用方式，共占 20 条引脚。

AD_{15}～AD_0(输入/输出，三态)为分时复用的地址/数据总线。当执行对存储器读写或在 I/O 端口输入/输出操作的总线周期的 T_1 状态时，作为地址总线输出 16 位地址 A_{15}～A_0，而其他 T 状态时，作为双向数据总线输入或输出 16 位数据 D_{15}～D_0。

A_{19}/S_6、A_{18}/S_5、A_{17}/S_4 和 A_{16}/S_3(输出，三态)为分时复用的地址/状态信号线。在存储器读写操作总线周期的 T_1 状态输出高 4 位地址 A_{19}～A_{16}，对 I/O 端口输入/输出操作时，这 4 条线不用，全为低电平。在总线周期的其他 T 状态，这 4 条线用来输出状态信息，其中，S_6 始终为低电平；S_5 是 PSW 的 IF 位的当前状态；S_4 和 S_3 用来指示当前正在使用的段寄存器，如表 5.1 所示。其中 S_4S_3=10 表示对存储器访问时段寄存器为 CS，或者表示对 I/O 端口进行访问以及在中断响应的总线周期中读取中断类型号(这两种情况不需要使用段寄存器)。

表 5.1 S_4 和 S_3 的功能

S_4	S_3	段寄存器
0	0	ES
0	1	SS
1	0	CS(或 I/O，中断响应)
1	1	DS

从上面的讨论可知，这 20 条引脚在总线周期的 T_1 状态输出地址。为了使地址信息在总线周期的其他 T 状态仍保持有效，总线控制逻辑必须有一个地址锁存器，把 T_1 状态输出的 20 位地址进行锁存，这可以采用 74LS373。

5. ALE（输出）

ALE 为地址锁存允许信号，高电平有效，当 ALE 信号有效时，表示地址线上的信息有效。利用它的下降沿将地址和 $\overline{\mathrm{BHE}}$ 信号锁存在 74LS373 锁存器中。

例 5.1 利用数据锁存器 74LS373 设计系统地址总线 A_{19}～A_0 形成电路。

解： 根据 AD_{15}～AD_0、A_{19}/S_6、A_{18}/S_5、A_{17}/S_4、A_{16}/S_3 和 ALE 信号功能以及 74LS373 芯片引脚功能，设计的系统地址总线 A_{19}～A_0 形成电路如图 5.8 所示。

6. $\overline{\mathrm{DEN}}$（输出，三态）

$\overline{\mathrm{DEN}}$ 为数据允许信号，低电平有效。当 $\overline{\mathrm{DEN}}$ 信号有效时，表示 CPU 准备好接收和发送数据。如果系统中的数据线接有双向收发器 74LS245，该信号作为 74LS245 的选通信号 $\overline{\mathrm{E}}$。

7. DT / $\overline{\mathrm{R}}$（输出，三态）

DT / $\overline{\mathrm{R}}$ 为数据收/发信号，表示 CPU 是接收数据（低电平），还是发送数据（高电平），用于控制双向收发器 74LS245 的传送方向 DIR。

例 5.2 利用双向缓冲器 74LS245 设计系统数据总线 D_{15}～D_0 形成电路。

解： 根据 AD_{15}～AD_0、DEN 和 DT / $\overline{\mathrm{R}}$ 信号功能以及 74LS245 芯片引脚功能，设计的系统数据总线 D_{15}～D_0 形成电路 $\overline{\mathrm{DEN}}$ 如图 5.9 所示。

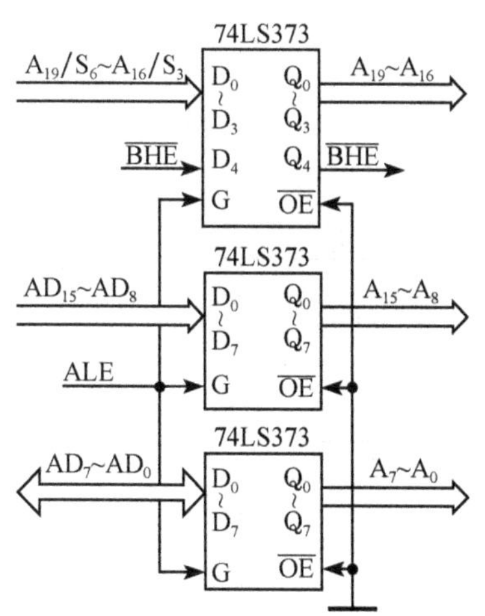

图 5.8 地址总线 A_{19}～A_0 形成电路

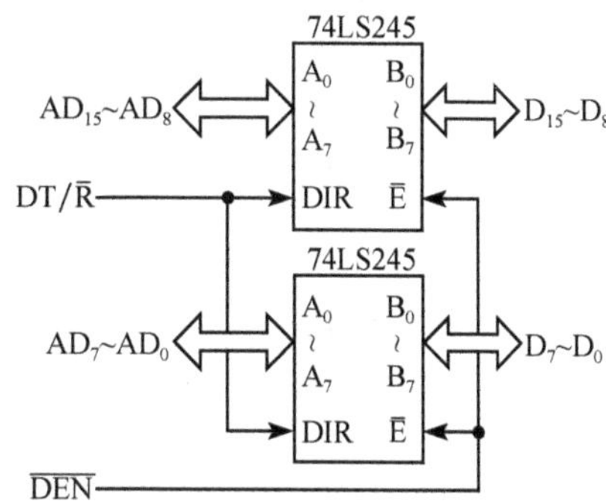

图 5.9 数据总线 D_{15}～D_0 形成电路

8. $\overline{\mathrm{WR}}$（输出，三态）

$\overline{\mathrm{WR}}$ 为写信号，低电平有效。当 $\overline{\mathrm{WR}}$ 有效时，表示 CPU 正在执行向存储器或 I/O 端口的输出操作。

9. $\overline{RD}$（输出，三态）

$\overline{RD}$ 为读信号，低电平有效。$\overline{RD}$ 有效时表示 CPU 正在执行从存储器或 I/O 端口输入的操作。

10. $M/\overline{IO}$（输出，三态）

$M/\overline{IO}$ 信号用于区分是访问存储器(高电平)，还是访问 I/O 端口(低电平)。

8086 工作在最小方式时系统总线时序图如图 5.10 所示。

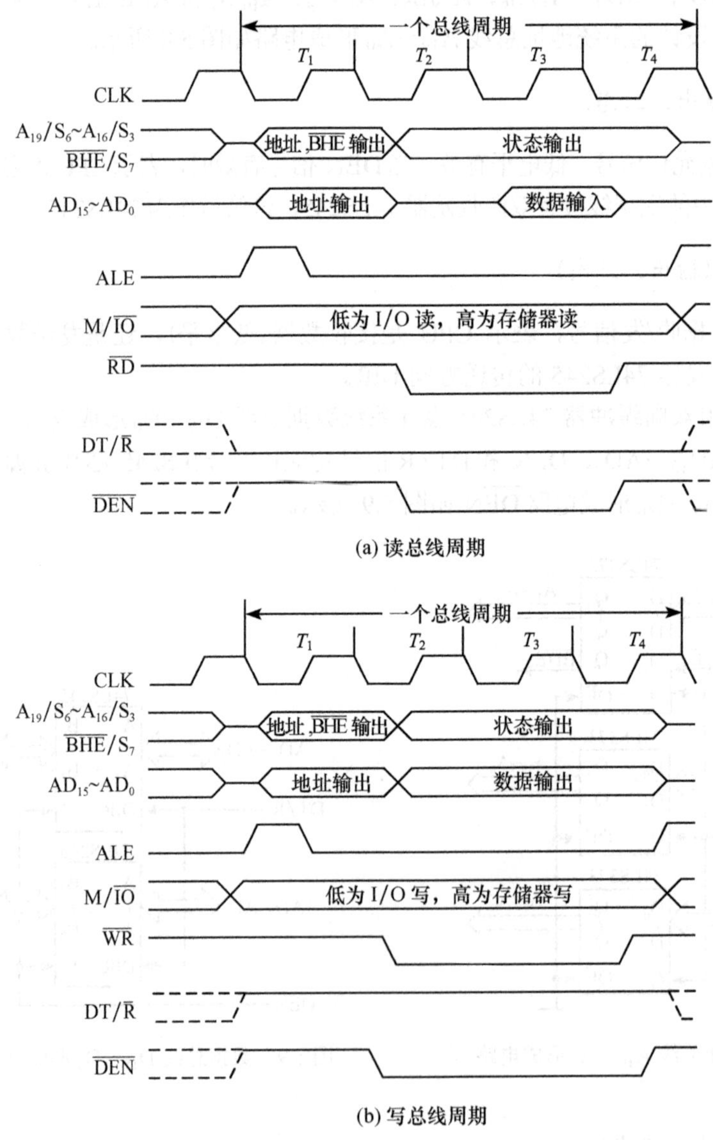

(a) 读总线周期

(b) 写总线周期

图 5.10　8086 工作在最小方式时系统总线时序图

11. READY(输入)

READY 为准备好信号，来自存储器或 I/O 的应答信号，高电平有效。CPU 在 T_3 状态的开始检查 READY 信号，当 READY 信号有效时，表示存储器或 I/O 端口准备就绪，将在下一个时钟周期内将数据置入数据总线上(输入时)或从数据总线上取走数据(输出时)，无论是读(输入)还是写(输出)，CPU 及其总线控制逻辑可以在下一个时钟周期后完成总线周期。若 READY 信号为低电平，则表示存储器或 I/O 端口没有准备就绪，CPU 可自动插入一个或几个等待周期(在每个等待周期的开始，同样对 READY 信号进行检查)，直到 READY 信号有效为止。显而易见，等待周期的插入意味着总线周期的延长，这是为了保证 CPU 和慢速的存储器或 I/O 端口之间传送数据所必需的。该信号由存储器或 I/O 端口根据其速度用硬件电路产生。

例如，某 8086 CPU 的时钟频率为 5MHz，T=0.2μs，则一个基本的总线周期给 I/O 端口的准备时间约不大于 $3T$=0.6μs，因此，如果设计的 I/O 端口速度为 0.7μs，则需要插入 1 个等待状态 T_W，其读总线时序如图 5.11 所示。在 T_3 状态的起始段检测到 READY=0，因此，插入一个等待状态 T_W；在 T_W 状态的起始段检测到 READY=1，因此，下一个状态进入 T_4 状态，完成一个总线访问周期。

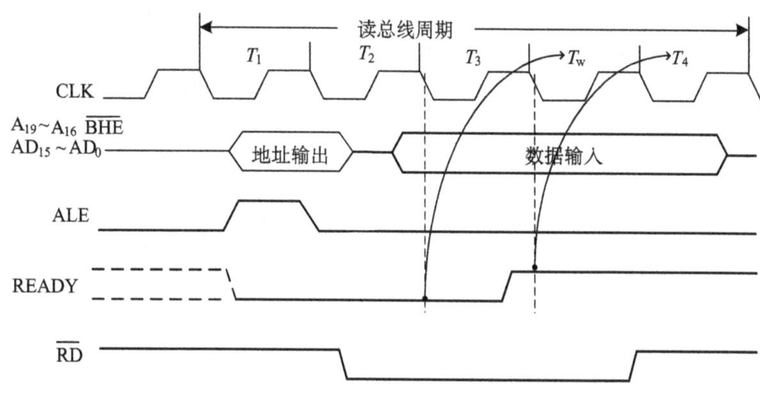

图 5.11 包含 T_W 的 I/O 读总线时序

12. $\overline{\text{TEST}}$ (输入)

$\overline{\text{TEST}}$ 为测试信号，低电平有效。当 CPU 执行 WAIT 指令时，每隔 5 个时钟周期对 $\overline{\text{TEST}}$ 输入端进行一次测试，若为高电平，则 CPU 继续处于等待状态。直到 $\overline{\text{TEST}}$ 输入端出现低电平时，CPU 才继续执行下一条指令。

13. $\overline{\text{BHE}}$ / S_7 (输出，三态)

$\overline{\text{BHE}}$ (bus high enable) 是一个地址信号，在总线周期的 T_1 状态输出 $\overline{\text{BHE}}$，在总线周期的其他 T 状态输出 S_7。S_7 指示状态，目前还没有定义，$\overline{\text{BHE}}$ 信号低电平有效。$\overline{\text{BHE}}$ 有效表示使用高 8 位数据线 AD_{15}～AD_8。$\overline{\text{BHE}}$ 和地址线 A_0 一起可以实现不同的功能，如表 5.2 所示。与地址信号一样，$\overline{\text{BHE}}$ 信号也需要进行锁存，参见图 5.8。

表 5.2　$\overline{BHE}$ 和 A_0 的不同组合状态

操作	$\overline{BHE}$	A_0	使用的数据引脚
读或写偶地址的一个字	0	0	AD_{15}～AD_0
读或写偶地址的一字节	1	0	AD_7～AD_0
读或写奇地址的一字节	0	1	AD_{15}～AD_8
读或写奇地址的一个字	0	1	AD_{15}～AD_8 （第 1 个总线周期存取低位数据字节）
	1	0	AD_7～AD_0 （第 2 个总线周期存取高位数据字节）

14. NMI（输入）

NMI 为外部非可屏蔽中断请求输入信号，上升沿有效。当该引脚输入一个由低变高的信号时，CPU 在执行完现行指令后，立即进行中断处理。CPU 对该中断请求信号的响应不受标志寄存器中断允许标志位 IF 状态的影响。

15. INTR（输入）

INTR 为外部可屏蔽中断请求输入信号，高电平有效。当 INTR 为高电平时，表示 CPU 外部有中断请求。CPU 在每条指令的最后一个时钟周期对 INTR 进行检测，如果 INTR 为高电平，则 CPU 准备响应中断。CPU 对可屏蔽中断的响应受中断允许标志位 IF 状态的影响。

16. $\overline{INTA}$（输出）

$\overline{INTA}$ 是处理器向中断控制器（8259A）发出的中断响应信号。在相邻的两个总线周期中输出两个负脉冲。

当外部中断源通过 INTR 引脚向 CPU 发出中断请求信号后，标志寄存器的中断允许标志位 IF=1（即 CPU 处于开中断）时，CPU 才会响应外部中断请求。CPU 在当前指令执行完以后，响应中断。中断响应周期时序如图 5.12 所示。

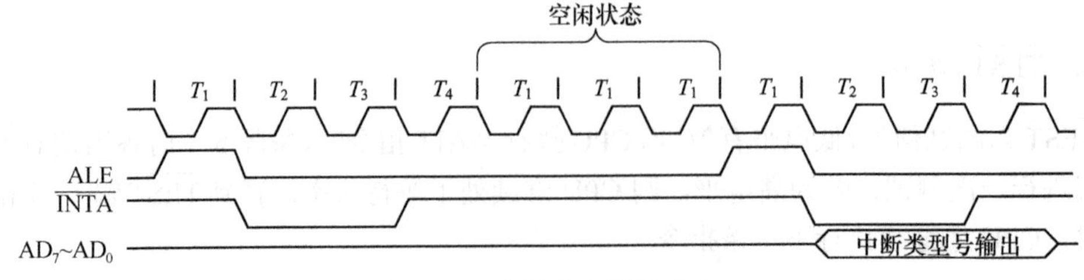

图 5.12　中断响应周期时序

在中断响应周期的两个总线周期中，CPU 从 $\overline{INTA}$ 端输出两个负脉冲，每个脉冲从 T_2 持续到 T_4 状态。中断控制器（8259A）在 $\overline{INTA}$ 的第二个负脉冲期间，将中断类型号放到 AD_7～AD_0 上，而在这两个总线周期的其余时间里，AD_7～AD_0 处于浮空状态。CPU 读入中断类型号后，则可以在中断向量表中找到该中断的服务程序入口地址（中断向量），转入中断服务。

17. HOLD(输入)

HOLD 是系统中其他总线主控设备向 CPU 请求总线使用权的总线申请信号，高电平有效。CPU 让出总线控制权直到这个信号撤销后才恢复对总线的控制权。

18. HLDA(输出)

HLDA 是 CPU 对系统中其他总线主控设备请求总线使用权的应答信号，高电平有效。当 CPU 让出总线使用权时，就发出这个信号，并使微处理器所有具有三态的引脚处于高阻状态，与外部隔离。

图 5.13 给出了最小方式中的总线请求和总线授予时序。CPU 在每个时钟脉冲的前沿测试 HOLD 引脚。如 CPU 在 T_4 之前或在 T_1 期间收到一个 HOLD 信号，则 CPU 发出 HLDA 信号。后续的总线周期将授予提出请求的主控设备，直到该主控设备撤销总线请求为止。CPU 在时钟脉冲的上升沿检测总线请求信号 HOLD 的撤销(变为低电压)，一旦检测到 HOLD 的低电平，CPU 将在该时钟脉冲后 1～2 个时钟脉冲的后沿使 HLDA 输出低电平。当 HLDA 为高电平时，CPU 所有三态输出都进入高阻状态。已在指令队列中的指令将继续执行，直到指令需要使用总线为止。

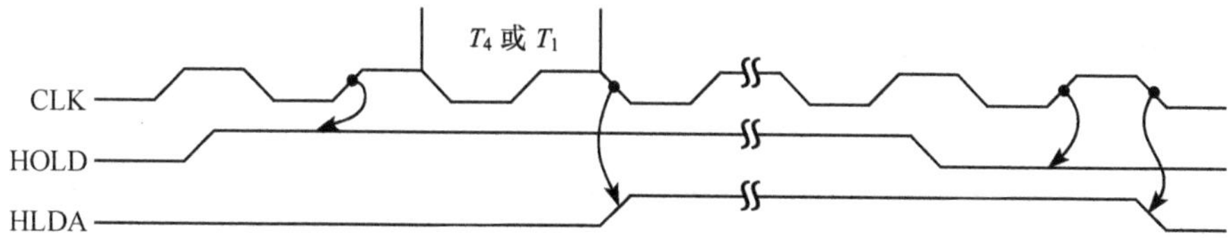

图 5.13　8086 最小方式系统中总线请求和总线授予时序

5.3.2　最大方式下引脚定义及时序

当 MN / $\overline{\text{MX}}$ 引脚接地时，8086 CPU 工作于最大方式。

这里我们先简要说明什么是最大工作方式，它和最小工作方式有何差别。在上面讨论的 8086 最小方式系统中，8086 CPU 的引脚直接提供所有必需的总线控制信号，这种方式适合于单处理器组成的小系统。在最小工作方式中，作为单处理器的 8086 CPU 通常控制着系统总线，但也允许系统中其他的主控设备——DMA 控制器通过向 8086 的 HOLD 引脚发送一个高电平信号向 CPU 提出占用系统总线的请求信号，通常在现行总线周期完成后，8086 CPU 做出响应，使 HLDA 引脚变成高电平，通知 DMA 控制器可以使用系统总线。DMA 控制器接收到 HLDA 引脚的高电平信号后，掌握系统总线控制权，进行外部设备与存储器之间的直接数据传送。当 DMA 控制器完成传送任务时，撤销发向 HOLD 引脚的总线请求信号，CPU 重新获得对系统总线的控制权。需着重指出的是，DMA 控制器虽然通过挪用总线周期实现外部设备与存储器之间的直接数据传送，提高了整个系统的能力，但 DMA 控制器却不能执行指令，其能力是相当有限的。假如系统中有两个或多个同时执行指令的处理器，这样的系统就是本节开始提到的多处理器系统。增加的处理器可以是 8086 处理器，也可以是数字数据处理器 8087 或 I/O 处理器 8089。在设计多处理器系统时，除了解决对存储器和 I/O 设备的控制、中断管理、DMA 传送时总线控制权外，还必须解决多处理器对系统总线的争用问题和处理器之间的通信问题。因为多个处理器通过公共系统总线共享存储器和 I/O 设备，所以必须增加相应的逻辑电路，以确保每次只有一个处理器占用系统总线。为了使一个处理器能够把任务分配给另一个处理器或者从另一个处理器取回执行结果，必须提供一种明确的方法来解决两个处理器之间的通信。多处理系统可以有效地提高整个系统的性能。8086 的最大工作方式就是专门为实现多处理器系统而设计的。IBM PC 系列机系统中的微处理器工作于最大工作方式，系统中配置了一个作为协处理器的数字数据处理器 8087，以提高系统数据处理的能力。

为了满足多处理器系统的需要，又不增加引脚个数，8086 CPU 工作在最大方式时，只有 24～31 控制引脚与最小方式的功能不同。CPU 通过 24～31 控制引脚输出操作状态信息，这些控制引脚各自有独立的意义，外部通过译码方法来产生更多的控制信号。这些控制引脚的功能定义如下。

1. QS_1、QS_0（输出）

QS_1、QS_0 为指令队列状态输出线，它们提供 8086 内部指令队列的状态。8086 内部在执行当前指令的同时，从存储器预先取出后面的指令，并将其放在指令队列中。QS_1、QS_0 便提供指令队列的状态信息，以便提供外部逻辑跟踪 8086/8088 内部指令序列。QS_1 和 QS_0 表示的状态情况如表 5.3 所示。

表 5.3　指令队列状态位的编码

QS_1	QS_0	指令队列状态
0	0	无操作，队列中指令未被取出
0	1	从队列中取出当前指令的第一字节
1	0	队列空
1	1	从队列中取出指令的后续字节

外部逻辑通过监视总线状态和队列状态，可以清楚 CPU 的指令执行状况。有了这种功能，8086 才能告诉协处理器（8087）何时准备执行指令。

2. $\overline{S_2}$、$\overline{S_1}$、$\overline{S_0}$（输出，三态）

$\overline{S_2}$、$\overline{S_1}$、$\overline{S_0}$ 为状态信号输出线，这 3 位状态的组合表示 CPU 当前总线周期的操作类型，如表 5.4 所示。8288 总线控制器接收这 3 位状态信息，产生访问存储器和 I/O 端口的控制信号和对 74LS373、74LS245 的控制信号。

3. $\overline{LOCK}$（输出，三态）

$\overline{LOCK}$ 为总线锁定信号，低电平有效。CPU 输出有效的 $\overline{LOCK}$ 信号表示不允许总线上的其他主控设备占用总线。该信号由指令前缀 LOCK 使其有效，并维持到下一条指令执行完成。此外，CPU 的 INTR 引脚上的中断请求也会使 $\overline{LOCK}$ 引脚从第一个 $\overline{INTA}$ 脉冲开始直

表 5.4　$\bar{S}_2\bar{S}_1\bar{S}_0$ 组合规定的状态

$\bar{S}_2\ \bar{S}_1\ \bar{S}_0$	操作状态	8288 产生的信号	$\bar{S}_2\ \bar{S}_1\ \bar{S}_0$	操作状态	8288 产生的信号
0　0　0	中断响应	$\overline{\text{INTA}}$	1　0　0	取指令	$\overline{\text{MRDC}}$
0　0　1	读 I/O 端口	$\overline{\text{IORC}}$	1　0　1	读存储器	$\overline{\text{MRDC}}$
0　1　0	写 I/O 端口	$\overline{\text{IOWC}}$, $\overline{\text{AIOWC}}$	1　1　0	写存储器	$\overline{\text{MWTC}}$, $\overline{\text{AMWC}}$
0　1　1	暂停	无	1　1　1	保留	无

至第二个 $\overline{\text{INTA}}$ 脉冲结束保持低电平。这样就保证在中断响应周期之后，其他主控设备才能占用总线。

4. $\overline{\text{RQ}}/\overline{\text{GT}_1}$和$\overline{\text{RQ}}/\overline{\text{GT}_0}$（输入/输出）

$\overline{\text{RQ}}/\overline{\text{GT}_1}$和$\overline{\text{RQ}}/\overline{\text{GT}_0}$ 为输入总线请求信号和输出总线授权信号，低电平有效，既是输入引脚，也是输出引脚。$\overline{\text{RQ}}/\overline{\text{GT}_0}$ 优先级高于 $\overline{\text{RQ}}/\overline{\text{GT}_1}$，这两个引脚主要用于不同处理器之间的连接控制。8086 最大方式时总线请求和总线授予时序如图 5.14 所示。

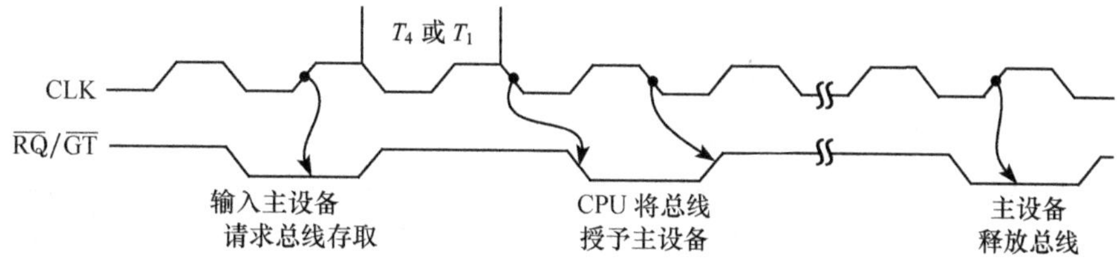

图 5.14　8086 最大方式时总线请求和总线授予时序

8086 CPU 工作在最大方式时系统总线时序图如图 5.15 所示。图中 A_{19}/S_6～A_{16}/S_3、AD_{15}～AD_0 及 $\overline{\text{BHE}}/S_7$ 的信号波形与最小方式相同。状态位 $\bar{S}_2$、$\bar{S}_1$ 和 $\bar{S}_0$ 在总线周期开始之

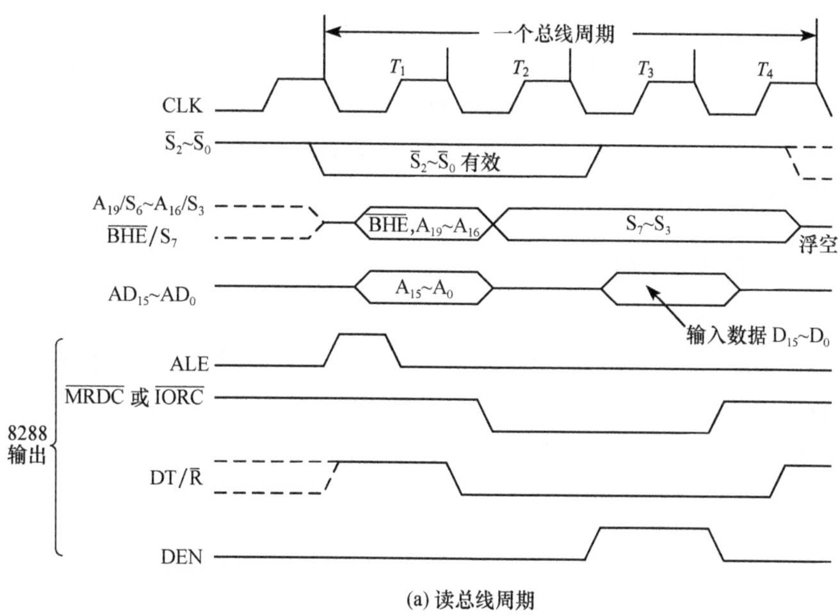

(a) 读总线周期

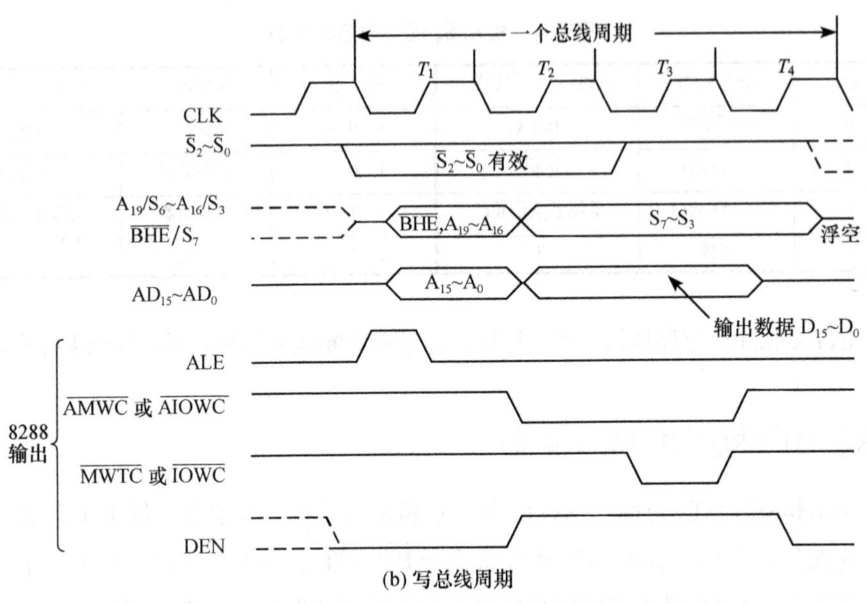

(b) 写总线周期

图 5.15 8086 最大方式系统总线时序

前设定，保持有效状态到 T_3，其余时间变为无效(全 1)状态。与最小方式系统不同之处有三点：第一，用于 74LS373 锁存器及 74LS245 收发器的控制信号、读写控制信号和 $\overline{INTA}$ 信号均由 8288 总线控制器根据 CPU 输出 $\overline{S_2}$、$\overline{S_1}$ 和 $\overline{S_0}$ 的状态产生；第二，8288 总线控制器还产生存储器读 $\overline{MRDC}$、I/O 读 $\overline{IORC}$、存储器写 $\overline{MWTC}$、先行存储器写 $\overline{AMWTC}$、I/O 写 $\overline{IOWC}$ 和先行 I/O 写 $\overline{AIOWC}$；第三，8288 输出的数据允许信号 DEN 为高电平有效信号，使用时应该经反相后加到 74LS245 的 $\overline{E}$ 端。

5.4 系统总线的形成

5.3 节讨论了 8086 CPU 工作在最小和最大方式下各引脚信号的功能及其时序关系，本节在此基础上讨论 8086 CPU 组成微型计算机系统时系统总线的形成方法。

8086 微机系统的总线有三种：地址总线、数据总线、控制总线。在最小方式和最大方式下，系统总线的形成电路有所差别。

5.4.1 最小方式系统总线形成

在 8086 CPU 的最小方式系统中，地址总线 A_0～A_{19} 和 $\overline{BHE}$ 由锁存器 74LS373 形成，数据总线 D_0～D_{15} 由双向缓冲器(也称收发器)74LS245 形成，控制总线 $M/\overline{IO}$、$\overline{WR}$、$\overline{RD}$、NMI、INTR、$\overline{INTA}$、HOLD、HLDA、$\overline{TEST}$、READY 和 RESET 等全部由 CPU 的引脚信号构成。最小方式系统总线形成电路结构，如图 5.16 所示。

为了产生 8086 CPU 所需要的最佳时钟信号，在系统总线形成电路(图 5.16)中还包括了一个专用的时钟发生器 8284A，它可以对输入的时钟信号进行 3 分频，产生占空比为 1/3 的时钟信号 CLK。

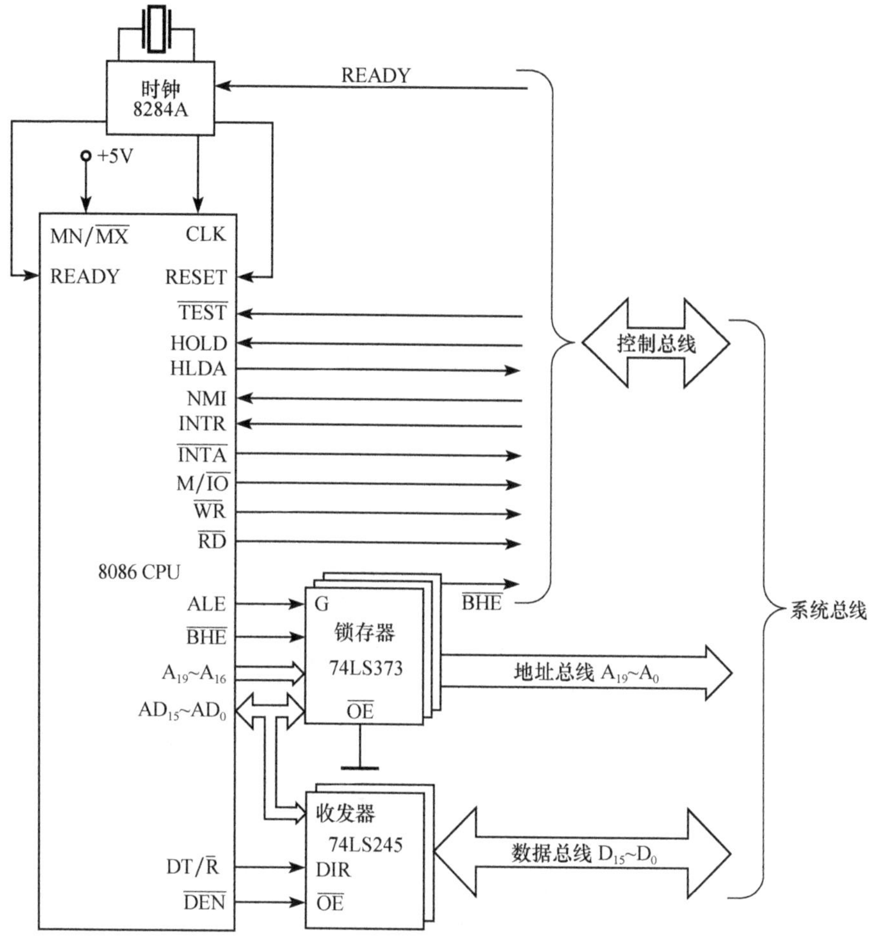

图 5.16　8086 最小方式系统总线结构

除此之外，8284A 还可以产生与时钟信号同步的复位信号(RESET)和准备好信号(READY)，如图 5.17 所示。引脚 F/$\overline{C}$ 用于指定 8284A 输入时钟的两种方式：F/$\overline{C}$ 接高电平表示采用通过 EFI 引脚输入的时钟信号；F/$\overline{C}$ 接低电平表示采用通过 X_1 和 X_2 输入的晶

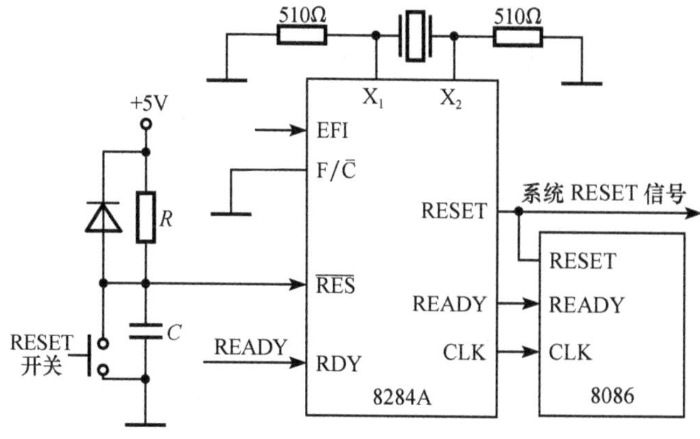

图 5.17　典型的 8284A 时钟电路的连接

体振荡器。$\overline{RES}$引脚为输入的复位信号，图 5.17 左边的复位电路有两种功能：上电复位和按键复位。RDY 引脚为输入准备好信号。

5.4.2 最大方式系统总线形成

8086 CPU 的最大方式系统总线基本上与最小方式相同，只是大部分控制总线由外部的总线控制器 8288 产生，如图 5.18 所示。

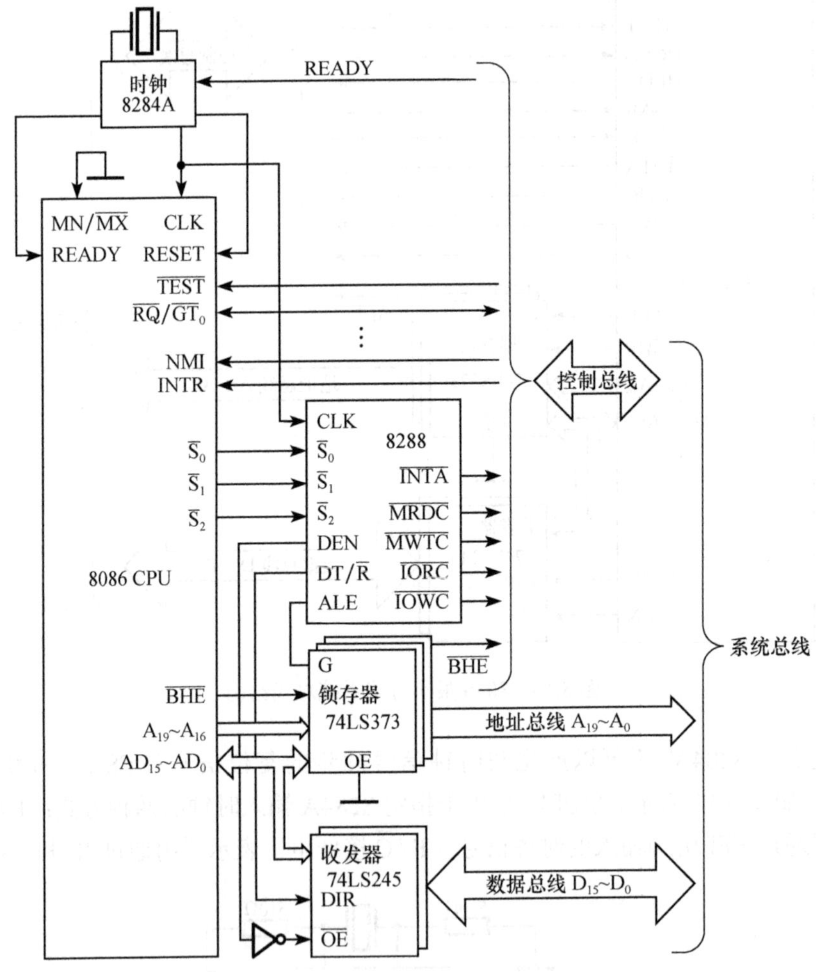

图 5.18　8086 最大方式系统总线结构

根据 CPU 引脚信号$\overline{S}_2$、$\overline{S}_1$、$\overline{S}_0$，总线控制器 8288 主要生成存储器$\overline{MRDC}$、$\overline{MWTC}$或 I/O 端口的读写信号$\overline{IORC}$、$\overline{IOWC}$，同时也产生了 ALE、DEN 和 DT / $\overline{R}$，用于控制锁存器 74LS373 和数据双向收发器 74LS245。

图 5.19 和图 5.20 分别给出了 8288 的引脚图和结构框图。8288 的输入引脚$\overline{S}_2$、$\overline{S}_1$和$\overline{S}_0$分别与 CPU 的$\overline{S}_2$、$\overline{S}_1$和$\overline{S}_0$相连接。

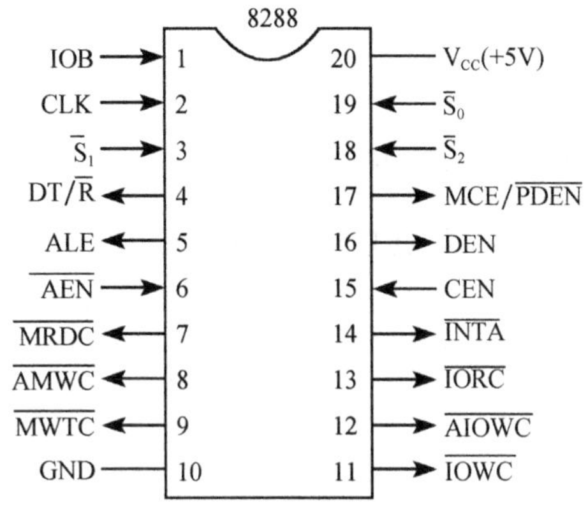

图 5.19　8288 引脚

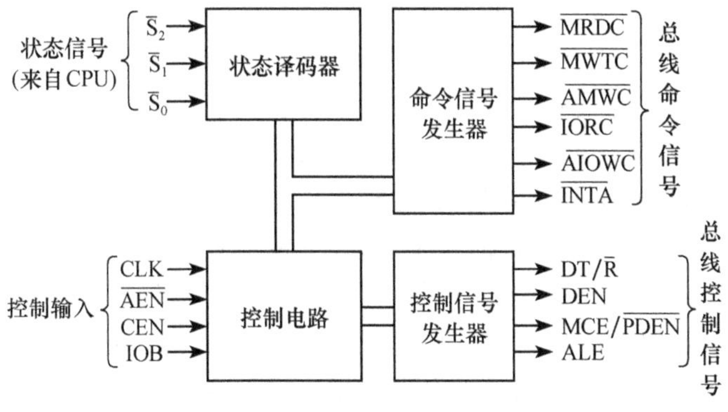

图 5.20　8288 结构框图

控制信号有 CLK、$\overline{AEN}$、CEN 和 IOB。时钟信号 CLK 应该接与 8086 所使用的相同时钟信号。CEN(command enable)为高电平有效的芯片有效信号，当 CEN 为高电平时，允许 8288 输出全部信号；当 CEN 为低电平时，8288 的总线信号和 DEN、$\overline{PDEN}$ 被强制为无效。在系统中包含两个以上 8288 时，必须使用 CEN 信号，这时，只有正在控制总线的那个 8288 的 CEN 为高电平。$\overline{AEN}$ (address enable)是支持多总线结构的控制信号，当 8288 输出的总线信号用于多总线结构时，该引脚要与总线仲裁器 8289 的 $\overline{AEN}$ 端相连接，以满足多总线的同步条件。

IOB(input/output bus mode)用于控制 8288 的工作模式，IOB 引脚为低电平时，表示 8288 工作于系统总线模式，这时 8288 产生访问存储器和 I/O 端口的全部信号，以实现对存储器和 I/O 端口的控制。如果 IOB 接高电平，8288 只用作对 I/O 端口的控制，即只在访问 I/O 端口时使 $\overline{IORC}$、$\overline{IOWC}$ 或 $\overline{INTA}$ 有效，在存储器读写时不产生任何操作。另外，IOB 端接高电平时，MCE / $\overline{PDEN}$ 端输出 $\overline{PDEN}$ 信号，该信号与 DEN 信号时序相同，但极性相反。此时，不必考虑 $\overline{AEN}$ 端信号的状态。如果 IOB 端接低电平，MCE / $\overline{PDEN}$ 端输出 MCE 信号。MCE 信号是在 $\overline{INTA}$ 周期的 T_1 状态期间有效的信号，可作为主中断控制器 8259A 的级联地址输出到地址总线时的同步信号使用。在单处理器系统中，$\overline{AEN}$ 和 IOB 接地，CEN 接高电平。

最大方式系统中，对存储器和I/O端口进行读写的控制信号和对74LS373、74LS245的控制信号均由8288产生。现对这些信号分别说明如下。

1. 地址锁存器和数据收发器的控制信号

在最大方式下，由8288产生的ALE和$DT/\overline{R}$信号与最小方式下的同名信号相同；应该注意的是，由8288产生的DEN信号的极性，与最小方式下由CPU直接产生的$\overline{DEN}$信号恰好相反，所以DEN信号应该经反相后，加到数据收发器$\overline{E}$端。

2. 控制总线信号

(1) $\overline{INTA}$：向中断控制器或中断设备输出的中断响应信号。

(2) $\overline{IORC}$：I/O读信号，指示I/O接口把被访问的I/O端口中的数据放到系统数据总线上。通常在系统总线中此信号用$\overline{IOR}$来表示。

(3) $\overline{IOWC}$：I/O写信号，指示I/O接收系统数据总线上的数据，并将其写入被访问的I/O端口内。通常在系统总线中此信号用$\overline{IOW}$来表示。

(4) $\overline{MRDC}$：存储器读信号，指示存储器把被访问存储单元的内容放到系统数据总线上。通常在系统总线中此信号用$\overline{MEMR}$来表示。

(5) $\overline{MWTC}$：存储器写信号，指示存储器接收系统数据总线上的数据，并将其写入被访问的存储单元中。通常在系统总线中此信号用$\overline{MEMW}$来表示。

另外，8288还输出$\overline{AIOWC}$（先行I/O写信号）和$\overline{AMWC}$（先行存储器写信号）。这两个信号除了提前一个时钟周期输出外，分别与$\overline{IOWC}$和$\overline{MWTC}$信号一样。这样，就使慢速接口能增加一个时钟周期来准备写入数据。这两个信号不能用于多总线结构。

以上用于系统控制总线的信号均是低电平有效。这些信号与$\overline{S}_2$、$\overline{S}_1$和$\overline{S}_0$状态组合的关系见表5.4。

在8086最大方式系统中，系统总线中的地址总线和数据总线与最小方式系统相同。控制总线有$\overline{BHE}$、$\overline{IORC}$、$\overline{IOWC}$、$\overline{MRDC}$、$\overline{MWTC}$、$\overline{LOCK}$、$\overline{RQ}/\overline{GT_1}$、$\overline{RQ}/\overline{GT_0}$、$\overline{INTA}$、INTR、NMI、$\overline{TEST}$、READY、RESET等。

5.4.3 PC/XT系统总线

为了在IBM PC/XT系统上开发外部设备接口，必须清楚系统总线所提供的信号，IBM PC/XT机中系统总线的全部信号都连接在扩充插槽的接点上。IBM PC/XT机系统总线形成电路如图5.21所示。

图5.22为IBM PC/XT总线信号排列图。从功能上分，系统总线可以分为3组：地址总线、数据总线和控制总线。

1. 地址总线

A_0～A_{19}：地址总线，输出。这是系统存储器和I/O端口公用的地址总线。在访问存储器时，使用全部的20位地址总线，在访问I/O端口时，只使用10位地址总线A_0～A_9。

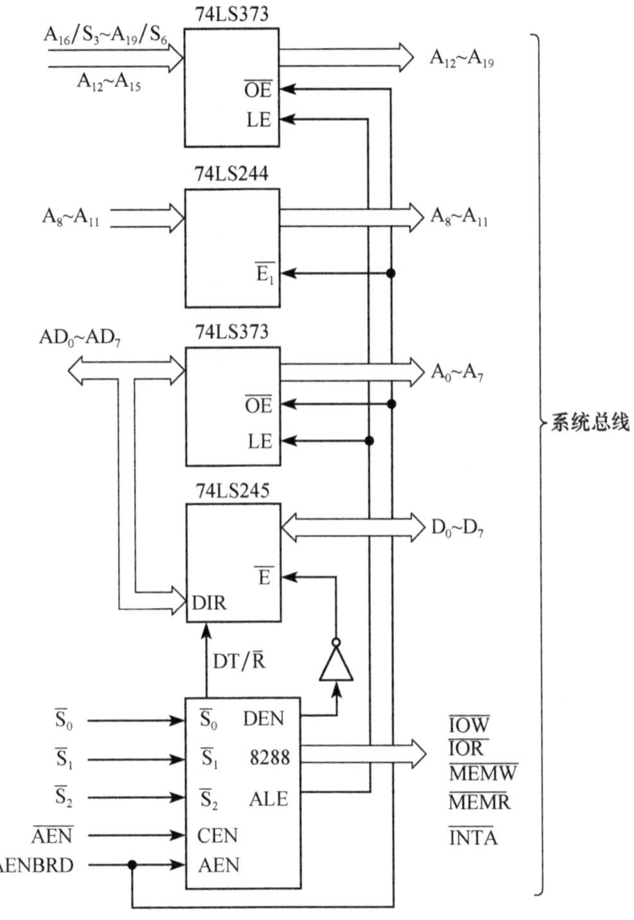

图 5.21　IBM PC/XT 系统总线形成电路

2. 数据总线

D_0～D_7：数据总线，双向。D_0 为低位，D_7 为高位。

3. 控制总线

对控制总线，按功能还可以细分成下列几组。

1) 存储器操作需要的控制信号

$\overline{MEMR}$：存储器读控制信号，输出，低电平有效，扩充板上的存储器在该信号控制下，把选定单元的数据置入数据总线。

$\overline{MEMW}$：存储器写控制信号，输出，低电平有效。扩充板上的存储器在该信号控制下，把数据总线上的数据写入选定的存储单元。

2) I/O 读写操作需要的控制信号

$\overline{IOR}$：I/O 端口读操作控制信号，输出，低电平有效。在执行 IN 指令时，CPU 发出 $\overline{IOR}$ 信号；在 DMA 传送时，由 DMA 控制器发出 $\overline{IOR}$ 信号。I/O 接口设计时可以利用 $\overline{IOR}$ 控制

信号把外设的数据置入数据线 D_0～D_7。

焊接面		后	元件面
GND	B_1	A_1	$\overline{I/O\ CHCK}$
RESET DRV	B_2	A_2	D_7
+5V	B_3	A_3	D_6
$+IRQ_2$	B_4	A_4	D_5
−5V	B_5	A_5	D_4
$+DRQ_2$	B_6	A_6	D_3
−12V	B_7	A_7	D_2
RESERVED	B_8	A_8	D_1
+12V	B_9	A_9	D_0
GND	B_{10}	A_{10}	I/O CHRDY
$\overline{MEMW}$	B_{11}	A_{11}	AEN
$\overline{MEMR}$	B_{12}	A_{12}	A_{19}
$\overline{IOW}$	B_{13}	A_{13}	A_{18}
$\overline{IOR}$	B_{14}	A_{14}	A_{17}
$\overline{DACK_3}$	B_{15}	A_{15}	A_{16}
DRQ_3	B_{16}	A_{16}	A_{15}
$\overline{DACK_1}$	B_{17}	A_{17}	A_{14}
DRQ_1	B_{18}	A_{18}	A_{13}
$\overline{DACK_0}$	B_{19}	A_{19}	A_{12}
CLOCK	B_{20}	A_{20}	A_{11}
IRQ_7	B_{21}	A_{21}	A_{10}
IRQ_6	B_{22}	A_{22}	A_9
IRQ_5	B_{23}	A_{23}	A_8
IRQ_4	B_{24}	A_{24}	A_7
IRQ_3	B_{25}	A_{25}	A_6
$\overline{DACK_2}$	B_{26}	A_{26}	A_5
T/C	B_{27}	A_{27}	A_4
ALE	B_{28}	A_{28}	A_3
+5V	B_{29}	A_{29}	A_2
OSC	B_{30}	A_{30}	A_1
GND	B_{31}	A_{31}	A_0
		前	

图 5.22　IBM PC/XT 总线信号排列图

$\overline{IOW}$：I/O 端口写操作控制信号，输出，低电平有效。在执行 OUT 指令时由 CPU 发出 $\overline{IOW}$ 信号；在 DMA 传送时由 DMA 控制器发出 $\overline{IOW}$ 信号。可以利用 $\overline{IOW}$ 控制信号使外设接收数据总线上的数据。

AEN：寻址有效信号，输出，低电平有效。在 DMA 操作时 AEN 为高；在执行 IN 和 OUT 指令时 AEN 为低。当用户自己开发 I/O 接口时，AEN 信号不可忽视，即 I/O 端口地址译码时，AEN=0 要参加译码。

$\overline{I/O\ CHCK}$：I/O 通道检测信号，输入，低电平有效。在扩充板上的存储器或 I/O 端口上，如果有奇偶校验逻辑，则由外部逻辑提供有效的 $\overline{I/O\ CHCK}$ 信号，这将引起 NMI 中断。

3) 存储器读写和 I/O 读写都可能需要的信号

ALE：地址锁存允许信号，输出。ALE 的高电平表示地址总线上的地址信号有效。因此，可以利用 ALE 的下降沿将地址信号保存在锁存器中，构成地址总线，以便在后续的 T 状态期间保持地址信号有效。

I/O CHRDY：I/O 通道准备好信号，输入，低电平有效。如果扩充板上的存储器或 I/O 接口的读写速度较低，在基本的总线周期内不能完成读写操作，就需要通过外部逻辑电路产生低电平的 I/O CHRDY 信号，以此来延长总线周期。

4) 中断请求信号

IRQ_2～IRQ_7：中断请求信号(2～7 级)，输入，上升沿有效。在 IBM PC/XT 系统中，设计包含了一片中断控制器 8259，可以管理 8 个外部中断源，其中，IR_0 和 IR_1 已经分配给定时中断和键盘中断，另外 6 个中断请求信号 IRQ_2～IRQ_7 可以被其他设备使用。在这 6 个中断级中，IRQ_2 优先级最高，IRQ_7 优先级最低。

5) DMA 操作请求和响应信号

DRQ_1～DRQ_3：DMA 传送请求信号，输入，高电平有效。外部总线控制设备需要直接访问存储器时，可以通过 DRQ_i 向 CPU 申请使用总线，DRQ_1 的级别最高，DRQ_3 的级别最低。DRQ_0 已用于控制主机板内部动态存储器的刷新。

$\overline{DACK_0}$～$\overline{DACK_3}$：DMA 请求的应答信号，输出，低电平有效。当 CPU 对 DMA 请求信号 DRQ_0～DRQ_3 做出响应(即给外设让出总线控制权)时，使相应的 $\overline{DACK_0}$～$\overline{DACK_3}$ 信号输出低电平。

T/C：方向为输出，来自于 DMA 控制器，当某个通道计数到终值(0)时，该端输出高电平信号。

4. 其他信号线

OSC：振动器信号，输出，产生 14.318MHz 的方波信号。

CLK：时钟信号，输出，时钟信号是 OSC 信号通过三分频形成的，其频率为 4.77MHz，占空比为 33%。

RESET DRV：复位驱动信号，输出，高电平有效。在系统加电或复位时产生有效的 RESET DRV，在时间上与时钟信号的下降沿同步，用于对接口或外设的初始化。

此外，还有一些电源输出端：2 个+5V，1 个−5V，1 个+12V，1 个−12V，地线 GND 共有 3 个引脚。

5. 8088 与 8086 的差异

Intel 8086/8088 CPU 属于第三代微处理器，均有 20 条地址线，直接寻址能力达 1MB，但 8088 与 8086 之间也有一些不同之处，具体表现为以下几方面。

(1) 在 CPU 内部，8086 CPU 的指令队列寄存器由 6 字节组成，而 8088 CPU 的指令队列寄存器由 4 字节组成。

(2) 在 CPU 外部，8088 与 8086 的差异表现为以下几方面。

① 8086 CPU 中的 AD_{15}～AD_8 在 8088 中为单一的地址总线 A_{15}～A_8(输出，三态)，只用于输出地址。这样，在 8086 系统中用于锁存这 8 位地址的 1 片 74LS373 在 8088 系统中为可选部件。用于数据线上的 74LS245 收发器在 8088 系统中只需 1 片，在 8088 系统中，74LS245 的 A 数据端只与 AD_7～AD_0 相连，系统数据总线为 D_7～D_0。

② 在最小方式下，8088 中的引脚 $IO/\overline{M}$ 与 8086 的 $M/\overline{IO}$ 相对应，但信号极性与 8086 相反。即 8088 的 $IO/\overline{M}$ 为高电平时代表 I/O 操作，为低电平时代表存储器操作。

(3) 8086 中的 $\overline{BHE}/S_7$ 引脚在 8088 中为 $\overline{SS_0}$ (输出)。仅用于在最小方式中提供状态信息，在最大方式中始终为高电平。

5.5 小　　结

在微机系统中，总线实现了芯片与芯片、插板与插板、系统与系统之间的连接和通信，是微机系统的重要组成部分。所以对于微机应用系统的设计者来讲，不管是基于微处理器，还是基于标准化的系统总线来设计应用系统，掌握系统总线的形成方法以及总线信号功能是设计的关键。

在讲解总线的定义及分类的基础上，本章所讨论的总线结构和时序、系统总线的形成方法是微机应用系统硬件设计的基础。主要内容有以下几点。

(1)几种常用的接口芯片。

(2)8086 CPU 的引脚功能、系统总线结构及系统总线时序。其每一部分又从最小方式系统和最大方式系统两个方面加以讨论，其中最小方式系统是重点，最大方式系统可通过与最小方式系统比较异同来掌握。时序中的读写时序是重点，要求能够画出读、写时序，同时结合总线结构理解微处理器执行一条指令的过程，即微处理器的工作原理。

搞清楚 8086/8088 CPU 的一些重要引脚信号，如 RESET、ALE、$\overline{RD}$、$\overline{WR}$、$\overline{DEN}$、DT / $\overline{R}$、M / $\overline{IO}$(IO / $\overline{M}$)、READY 等的含义，并掌握两种方式下的系统总线(地址总线、数据总线和控制总线)的形成方法。

(3)8088 CPU 与 8086 CPU 的主要差异。

(4)PC/XT 系统总线结构及系统总线信号功能。

习　题

5.1　微处理器的外部结构表现为_______，它们构成了微处理器级总线。

5.2　微处理器级总线经过形成电路之后形成了_______。

5.3　简述总线的定义及在计算机系统中采用标准化总线的优点。

5.4　在微型计算机应用系统中，按功能层次可以把总线分成哪几类?各类总线有什么作用?

5.5　简述 RESET 信号的有效形式和系统复位后的启动地址。

5.6　8086 CPU 和 8088 CPU 中复用的引脚有哪些?

5.7　8086 和 8088 CPU 的某些引脚为何要设置为复用引脚？CPU 怎么解决地址线和数据线的复用问题？ALE 信号和 $\overline{BHE}$ 信号电平何时有效？它们有效时表示什么含义？

5.8　具有三态功能的引脚处于高阻态意味着什么？

5.9　8086 CPU 的输入控制信号 RESET、READY 和 $\overline{TEST}$ 各起什么作用？当它们有效时，CPU 将做何种操作？

5.10　8086 CPU 的控制信号 HOLD、HLDA、NMI、INTR 和 $\overline{INTA}$ 各起什么作用？当它们有效时，CPU 将出现什么反应？

5.11　8086 CPU 和 8088 CPU 有何异同点？

5.12　8086/8088 CPU 在最大方式下 $\overline{RQ}$ / $\overline{GT_1}$ 和 $\overline{RQ}$ / $\overline{GT_0}$ 引脚起什么作用？其传输方向有何特点？

5.13　8086 CPU 的 M / $\overline{IO}$ 信号在访问存储器时为_______电平，访问 I/O 端口时为____电平。

5.14　在 8086 系统总线结构中，为什么要有地址锁存器？

5.15 根据传送信息的种类不同，系统总线分为________、________和________。

5.16 三态逻辑电路输出信号的三个状态是________、________和________。

5.17 在 8086 的基本读总线周期中，在________状态开始输出有效的 ALE 信号；在________状态开始输出低电平的 $\overline{RD}$ 信号，相应的 $\overline{DEN}$ 为________电平，$DT/\overline{R}$ 为________电平；引脚 AD_{15}～AD_0 上在________状态期间给出地址信息，在________状态完成数据的读入。

5.18 利用常用芯片 74LS373 构成 8086 系统的地址总线，74LS245 作为总线收发器构成数据总线，画出 8086 最小方式系统总线形成电路。

5.19 微机中的控制总线提供________。

A.数据信号流

B.存储器和 I/O 设备的地址码

C.所有存储器和 I/O 设备的时序信号

D.所有存储器和 I/O 设备的控制信号

E.来自存储器和 I/O 设备的响应信号

F.上述各项

G.上述 C、D 两项

H.上述 C、D 和 E 三项

5.20 微机中读写控制信号的作用是________。

A.决定数据总线上数据流的方向

B.控制存储器操作读/写的类型

C.控制流入、流出存储器信息的方向

D.控制流入、流出 I/O 端口信息的方向

E.以上所有

5.21 微处理器最基本的 4 种总线操作是________、________、________、________。

5.22 8086 最小方式下有 3 个最基本的读写控制信号，它们是 $M/\overline{IO}$、________和________；8086 最大方式下有 4 个最基本的读写控制信号，它们是 $\overline{MEMR}$、________、________和________。

5.23 8086 执行指令 MOV AX，［SI］时，在其引脚上会产生________总线操作；执行指令 OUT DX，AX 时，在其引脚上会产生________总线操作。

5.24 8086 CPU 工作在最大方式，引脚 $MN/\overline{MX}$ 应接________。

5.25 RESET 信号在至少保持 4 个时钟周期的________电平时才有效，该信号结束后，CPU 内部的 CS 为________，IP 为________，程序从________地址开始执行。

5.26 在构成 8086 最小系统总线时，地址锁存器 74LS373 的选通信号 G 应接 CPU 的________信号，输出允许端 $\overline{OE}$ 应接________；数据收发器 74LS245 的方向控制端 DIR 应接________信号，输出允许端 $\overline{E}$ 应接________信号。

5.27 8086 CPU 在读写一个字节时，只需要使用 16 条数据线中的 8 条，在________个总线周期内完成；在读写一个字时，自然要用到 16 条数据线，当字的存储对准时，可在________个总线周期内完成；当字的存储为未对准时，则要在________个总线周期内完成。

5.28 CPU 在________状态开始检查 READY 信号、________电平时有效，说明存储器或 I/O 端口准备就绪，下一个时钟周期可进行数据的读写；否则，CPU 可自动插入一个或几个____，以延长总线周期，从而保证快速的 CPU 与慢速的存储器或 I/O 端口之间协调地进行数据传送。

5.29　8086 最大系统的系统总线结构较最小系统的系统总线结构多一个芯片______。

5.30　微机在执行指令 MOV [DI]，AL 时，将送出的有效信号有______。

A. RESET　　B.高电平的 $M/\overline{IO}$ 信号　　C. $\overline{WR}$　　D. $\overline{RD}$

5.31　在 8086 最小方式下，引脚 CLK、A_{19}/S_6～A_{16}/S_3、AD_{15}～AD_0、ALE、$\overline{DEN}$、$M/\overline{IO}$、$\overline{RD}$、$\overline{WR}$ 是什么含义?画出它们在没有等待状态的 I/O 读总线周期中的时序图。

5.32　设指令 MOV　AX，DATA 已被取到 CPU 的指令队列中准备执行，并假定 DATA 为偶地址，试画出下列情况该指令执行的总线时序图。

(1)没有等待的 8086 最小方式。

(2)有一个等待周期的 8086 最小方式。

5.33　上题中，如果指令分别为：

```
(1)MOV  DATA+1，AX
(2)MOV  DATA+1，AL
(3)OUT  DX，AX        ；DX的内容为偶数
(4)IN   AL，0F5H
```

重做上题(1)。

5.34　8086 最小方式下，读总线周期和写总线周期的相同之处是：在______状态开始使 ALE 信号变为有效________电平，并输出________信号来确定是访问存储器还是访问 I/O 端口，同时送出 20 位有效地址，在________状态的后部，ALE 信号变为________电平，利用其下降沿将 20 位地址和 $\overline{BHE}$ 的状态锁存在地址锁存器中；不同之处是：从________状态开始数据传送阶段。

第 6 章　存储器设计

存储器是计算机实现记忆功能的部件，用来存放程序和数据，是微机系统中的重要组成部分。存储器的容量越大，表明能存储的信息越多，计算机的处理能力也就越能充分展现。由于计算机的大部分操作要与存储器频繁交换信息，存储器的工作速度往往限制了计算机的处理速度。因此，人们总是希望计算机的存储器容量要大，速度要快。

6.1　存储器分类

存储器系统由外存储器和内存储器两部分组成。

外存储器是 CPU 通过 I/O 接口电路才能访问的存储器，其特点是容量大、速度较低，又称为海量存储器或二级存储器。外存储器用来存储当前暂时不用的程序和数据。CPU 不能直接用指令对外存储器进行读/写操作，如果要执行外存储器存放的程序，必须先将该程序由外存储器调入内存储器。在微机中常用硬磁盘、软磁盘和 U 盘等作为外存储器。

内存储器用来存放当前运行的程序和数据，一般由一定容量的速度较高的存储器组成，CPU 可直接用指令对内存储器进行读/写操作。在微机中，内存储器是由半导体存储器芯片组成的。内存储器也称为主存储器，或简称为存储器。内存储器的分类如下：

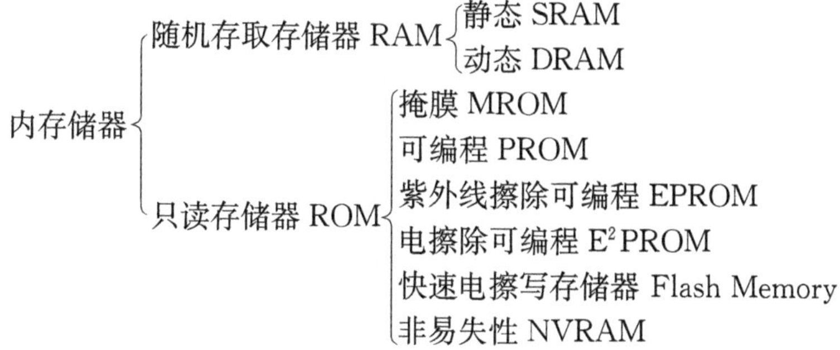

(1) SRAM (static RAM，静态 RAM)。SRAM 利用半导体双稳态触发器的两种稳定状态来表示逻辑“1”和“0”，可以使用双极型器件实现，也可以使用单极型器件实现。前者可由两个双发射极晶体管和两个电阻组成，后者可用 6 个 MOS 管组成。相对于 DRAM，SRAM 的特点是只要不撤除工作电源，所保存的信息就不会丢失；读出信息时不破坏原保存信息，一经写入可多次读出；存取速度较快，但功耗较大、存储容量较小。因此，SRAM 适用于不需要大容量存储器的系统，如单片机、工控机的内存和微机的高速缓存。

(2) DRAM (dynamic RAM，动态 RAM)。DRAM 是利用 MOS 管的栅极对其衬底间的分布电容来保存信息，用该电容是否存有电荷，即电容有无放电电流来表示逻辑“1”和“0”。DRAM 的每个存储单元所需的 MOS 管较少，可以用 4 个、3 个甚至单个 MOS 管组成，因此其存储容量较大、功耗较低。DRAM 的主要问题是由于 MOS 管栅极分布电容上的电荷会因漏电而逐渐消失，所保存的信息只能维持 2ms 左右的时间。因此，为了维持 DRAM 中的信息，必须配置刷新电路，每隔 1～2ms 要对其刷新一次。此外，DRAM 的存取速度较慢，适合组成大容量的存储器，如一般微机系统中的内存都采用 DRAM 组成。

(3) MROM（masked ROM，掩模 ROM）。MROM 中的信息是在生产时由厂家一次性写入的，不能更改，适合保存可以成批生产的、成熟的程序与数据（如 BIOS），其成本非常低。

(4) PROM（programmable ROM，可编程 ROM）。PROM 中的信息可以由用户在特定条件下写入，一经写入，无法更改。

(5) EPROM（erasable programmable ROM，紫外线擦除可编程 ROM）。可由用户使用紫外线照射来擦除信息，然后使用专用的编程器重新写入新的信息，并可多次擦除和多次改写，因此被广泛应用。

(6) E^2PROM 或 EEPROM（electrically erasable programmable ROM，电可擦除可编程 ROM）。用特定的电信号即可多次清除和改写信息，可以在线擦除或写入全部信息和按字节改写信息，因此它比 EPROM 使用更加方便，但存取速度较慢，价格较贵。

(7) Flash Memory 为快速电擦写 ROM，NVRAM 为非易失性 RAM，是 SRAM 与 E^2PROM 的共同体，这两者比 ROM 的读写速度快，而且断电不会丢失信息。

目前微机系统中存储器的层次结构如图 6.1 所示。

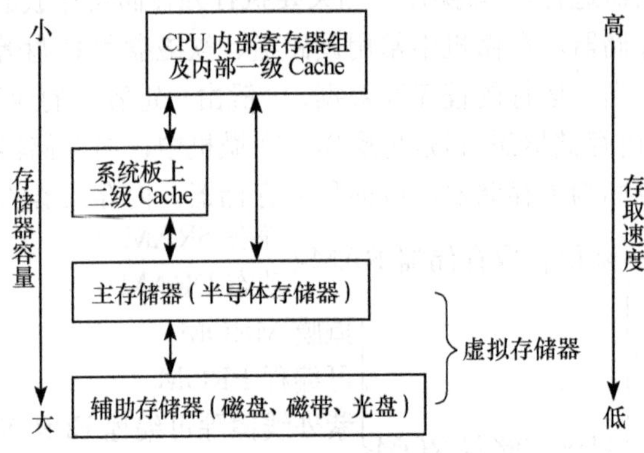

图 6.1 微机系统中存储器的层次结构

6.2 存储器主要技术指标

1. 存储容量

存储容量就是半导体存储器芯片中存储单元的总数。存储容量通常用字节表示，如 SRAM 芯片 Intel 62256 的容量是 32KB。

半导体存储器芯片的存储容量通常与集成度有关，DRAM 芯片通常比 SRAM 芯片集成度高，因而有更高的容量，这也就是目前 PC 系列机中普遍使用动态存储器的原因。

2. 读写速度

半导体存储器芯片的速度一般用存取时间和存储周期两个指标来衡量。

存取时间（access time）是指从启动一次存储器操作，到完成这次操作的时间。例如，对于读操作，从读信号有效到数据稳定地出现在存储器芯片数据引脚所经历的时间就是存取时间。

存储周期(memory cycle)是指对于两次独立的存储器单元的操作，从启动第一次操作开始到能够启动第二次操作之间的最小时间间隔。

显然，两种不同的速度指标反映了存储器芯片不同的速度性质，在选择存储器芯片时应注意是否与微处理器的总线周期时序匹配。作为一种保守的估计，在存储器芯片的手册中可以查得最小读出周期(read cycle time) $t_{cyc}(R)$ 和最小写周期(write cycle time) $t_{cyc}(W)$。如果根据计算，微处理器对存储器的读写周期都比存储器芯片手册中的最小读写周期大，那么我们认为该存储器芯片是符合要求的，否则要另选速度更高的存储器芯片。

第 5 章已经介绍了 8086 CPU 对存储器的读写需要 4 个时钟周期(一个基本的总线周期)。因此，作为一种保守的工程估计，存储器芯片的最小读出时间应满足：

$$t_{cyc}(R) < 4T - t_{da} - t_D - T \tag{6.1}$$

其中，T 为 8086 微处理器的时钟周期；t_{da} 为 8086 微处理器的地址总线时延；t_D 为各种因素引起的总线附加时延。这里的 t_D 应该认为是总线长度、附加逻辑电路、总线驱动器等引起的时延总和。

同理，存储器芯片的最小写入时间应满足:

$$t_{cyc}(W) < 4T - t_{da} - t_D - T \tag{6.2}$$

根据式(6.1)和式(6.2)就能够很容易选择存储器芯片的速度。例如，8086 微处理器的时钟为 4.77MHz，T＝210ns，t_{da}=110ns，另外假设 t_D=150ns，将这些数据代入式(6.1)和式(6.2)即可得到

$$t_{cyc}(R) = t_{cyc}(W) < 630\text{ns} - 110\text{ns} - 150\text{ns} = 370\text{ns}$$

因此，所选择的存储器芯片的最小读写周期应小于 370ns，这样才能满足 8086 微处理器的存取要求。

3. 非易失性

非易失性是指存储器在掉电后信息仍然能够保存。在半导体存储器芯片中，SRAM 和 DRAM 一般都是易失的，如果希望程序和数据在掉电后能够存在，通常有两个途径：第一，在掉电后使用后备电池为 SRAM 和 DRAM 供电；第二，选用只读存储器，如 EPROM、E^2PROM 或 Flash 存储器芯片。

4. 可靠性

半导体存储器芯片的可靠性通常用平均无故障时间(mean time between failure，MTBF)来衡量，MTBF 越长，则可靠性越高。为了延长 MTBF，主存储器常采用纠错编码技术，如用字长为 1bit 的存储器芯片按字节扩展存储器容量时，使用 9 片存储器芯片而不是 8 片，第 9 片的作用就是存放奇偶校验码。

此外，存储器芯片的指标还包括成本、体积等方面，在选择存储器芯片时，应根据这些指标综合考虑。

6.3 几种常用存储器芯片介绍

1. SRAM 芯片 Intel 6264

Intel 62 系列是存储容量不同的一组 SRAM，如表 6.1 所示。

表 6.1 Intel 62 系列 SRAM 的容量

型号	6264	62128	62256	62512
容量	8KB	16KB	32KB	64KB

Intel 6264 的容量为 8KB，采用 CMOS 工艺制造，主要特点如下。

(1) 高速度，对于不同类型，存取时间为 45～85ns。

(2) 低功耗，典型情况下等待状态为 1.0μW，而操作时为 25mW。

(3) 完全静态，无须时钟和定时选通脉冲。

(4) 所有输入和输出信号与 TTL 电平兼容。

Intel 6264 具有多种封装形式，DIP 封装的引脚排列及功能如图 6.2 所示。只有当片选信号 $\overline{CS_1}=0$、$CS_2=1$ 同时有效，且 $\overline{WE}=0$、$\overline{OE}=1$ 时，才允许将 D_7～D_0 引脚上的数据写入由地址 A_{12}～A_0 指定的存储单元；当两个片选信号同时有效，且 $\overline{WE}=1$、$\overline{OE}=0$ 时，就能将由地址 A_{12}～A_0 指定的存储单元的数据输出到 D_7～D_0 引脚上。而当 $\overline{CS_1}$、CS_2 任一片选信号无效时，D_7～D_0 引脚均处于高阻状态，与系统数据总线 D_7～D_0 隔离，从而避免了数据总线的竞争。

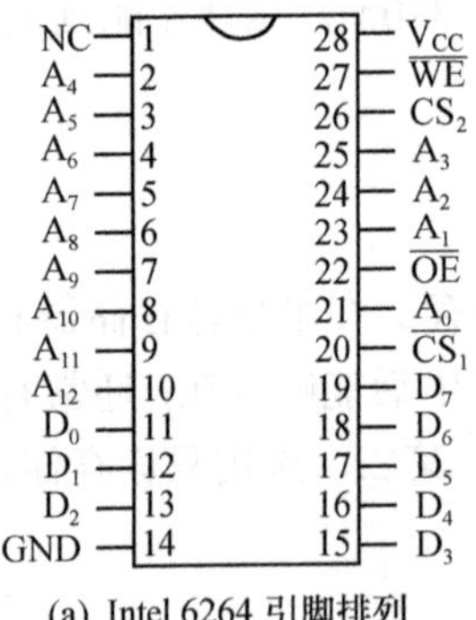

(a) Intel 6264 引脚排列

$\overline{CS_1}$	CS_2	$\overline{WE}$	$\overline{OE}$	数据引脚
H	X	X	X	高阻
X	L	X	X	高阻
L	H	H	L	输出
L	H	L	H	输入
L	H	H	H	高阻

(b) 功能

图 6.2 Intel 6264 引脚排列及功能

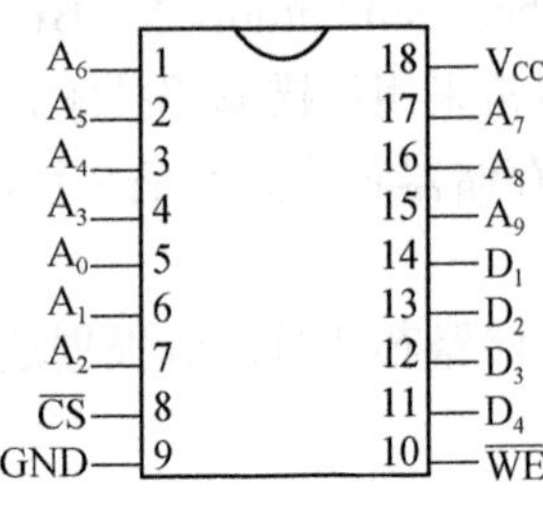

图 6.3 Intel 2114 引脚排列

2. SRAM 芯片 Intel 2114

Intel 2114 为 1K×4bit 的 SRAM，单一的+5V 电源，所有的输入端和输出端都与 TTL 电平兼容。它的引脚排列如图 6.3 所示。

2114 SRAM 芯片的地址输入端有 10 个(A_0～A_9)，在片内可以寻址 2^{10}=1K 个存储单元，4 位共用的数据输入/输出端(D_1～

D_4)采用三态控制，该芯片只有一个片选端$\overline{CS}$和一个写允许控制端$\overline{WE}$。存储器芯片内部数据线通过I/O电路以及输入、输出三态门与外部数据总线相连，并受片选信号$\overline{CS}$和写允许信号$\overline{WE}$的控制。当$\overline{CS}$和$\overline{WE}$为低电平时，输入三态门打开，信息由外部数据总线写入存储器；当$\overline{CS}$为低电平，而$\overline{WE}$为高电平时，则输出三态门打开，从存储器读出的信息送至外部数据总线。而当$\overline{CS}$为高电平时，不管$\overline{WE}$为何种状态，该存储器芯片不读出也不写入，而是处于与外部总线完全隔断的状态。

3. SRAM 芯片 Intel 6116

Intel 6116为2K×8位的SRAM芯片，其引脚如图6.4所示。其中A_0～A_{10}为11条作片内寻址的地址引脚，D_0～D_7为8条数据引脚，$\overline{CS}$为片选信号，用作片外寻址，以选择该2K×8位的存储单元在整个存储地址空间中的具体位置。$\overline{WE}$为写控制信号，$\overline{OE}$为输出允许(读控制)信号。

4. DRAM 芯片 Intel 41256

图 6.4　Intel 6116 引脚排列

与SRAM一样，DRAM也有各种容量的芯片可供选择，Intel 41256是容量为256K×1位的DRAM芯片，存取时间为200～300ns，引脚排列和功能如图6.5和表6.2所示。

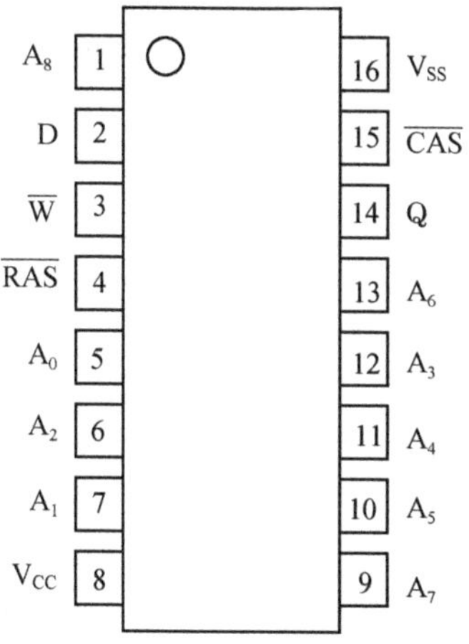

图 6.5　Intel 41256 的引脚排列

表 6.2　Intel 41256 的引脚功能

引脚	功能
A_0～A_8	地址输入
D	数据输入
Q	数据输出
$\overline{W}$	读/写信号
$\overline{RAS}$	行地址选通信号
$\overline{CAS}$	列地址选通信号
V_{CC}	电源(+5V)
V_{SS}	地

为了减少地址引脚，DRAM芯片通常都是将地址信号分两次输入，首先输入9位行地址，然后输入9位列地址，两次输入的地址分别由行地址选通信号$\overline{RAS}$和列地址选通信号$\overline{CAS}$的下降沿送入地址缓冲器，通过地址译码器选中一个存储单元。

Intel 41256的输入和输出数据引脚是分开的，$\overline{W}$由信号控制读写操作，当$\overline{W}$为高电平时，进行读操作，所选中的存储单元的数据经过三态的输出缓冲器由Q引脚输出，而当$\overline{W}$为低电平时，数据由D引脚进入三态的输入缓冲器，然后写入选中的存储单元中。图6.6给出了对Intel 41256进行读操作的时序。

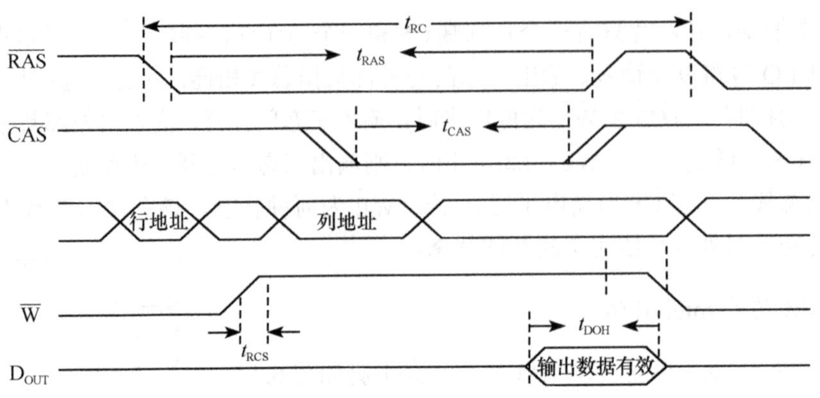

图 6.6　Intel 41256 的读操作时序

在图 6.6 中，t_{RC} 为读周期时间，t_{RAS} 为 $\overline{RAS}$ 的信号宽度，t_{CAS} 为 $\overline{CAS}$ 的信号宽度，t_{RCS} 为读信号建立时间，t_{RCH} 为读信号保持时间，t_{DOH} 为数据输出保持时间。对于这些时间长度都有一定的要求，可以查阅有关手册。

DRAM 芯片通常无须片选引脚，这是因为 $\overline{RAS}$、$\overline{CAS}$ 信号实际上起到了片选信号的作用。

由于工艺特点，DRAM 芯片在工作过程中需要每隔 1～2ms 进行一次刷新。刷新操作以行为单位进行，对所有行刷新一遍的时间称为刷新周期。对每行的刷新实际上就是对该行所有存储单元同时进行一次读操作，再由存储体中的读写电路将原有信息写入各个存储单元中。因此，刷新一行只需要给出行地址，并由 $\overline{RAS}$ 信号锁存，不需要列地址和 $\overline{CAS}$ 信号，图 6.7 给出了刷新一行的时序。

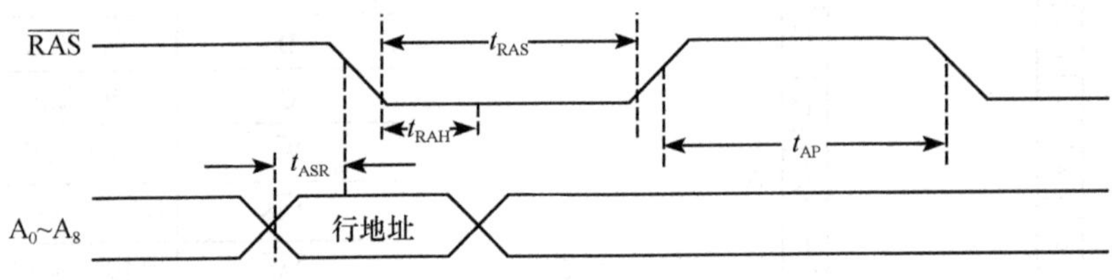

图 6.7　Intel 41256 的刷新时序

在刷新过程中数据输入和输出端均呈高阻状态，故在此期间不能对 DRAM 进行正常的读写操作。

5. 高速 DRAM 芯片

DRAM 芯片由于集成度高、容量大而成为实现存储器的主流芯片。为了提高读写速度，人们对 DRAM 芯片进行了不断的改进，依次出现了快页模式、扩展数据输出方式、同步方式等多种类型的动态存储器。

1) 快页模式

快页模式(fast page mode，FPM) DRAM 可以采用突发方式连续读写多个存储单元的数据，这些存储单元的行地址必须相同，也就是在一页内。快页模式的 DRAM 读操作时序如图 6.8 所示，图中的 R、C、D 分别表示行地址、列地址和读出数据。

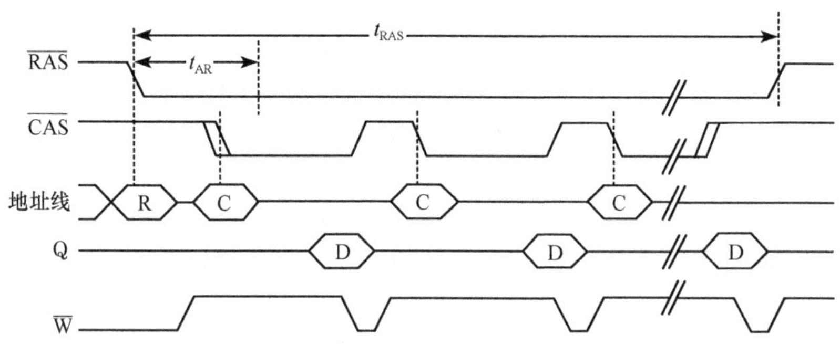

图 6.8　快页模式的 DRAM 读操作时序

在一个读周期开始阶段，$\overline{RAS}$ 和 $\overline{CAS}$ 信号的下降沿分别将行地址、列地址送入 DRAM，这时在读信号的作用下输出数据，在正常情况下，读周期随之结束，但是在快页模式下，$\overline{RAS}$ 信号保持不变，而 $\overline{CAS}$ 信号则可以多次有效输入多个列地址，从而读出多个存储单元的内容。可见，快页模式是通过减少 $\overline{RAS}$ 信号的建立时间来提高读写速度的。

2) 扩展数据输出方式

扩展数据输出(extended data output，EDO) DRAM 采用一种特殊的读写电路控制逻辑，在读写一个地址单元时，同时启动对地址连续的下一个存储单元的读写周期。从而节省了重选地址的时间。与快页模式相比，使 DRAM 的性能提高了将近 15%～30%，而其制造成本与快页模式相近。

3) 同步方式

EDO DRAM 只能适应总线频率小于 40MHz 的情况，随着主频更高的 CPU 出现，EDO DRAM 很快被同步 SDRAM(synchronous DRAM) 替代。

SDRAM 采用双存储器结构，其内部包括两个交错的存储体阵列，当 CPU 从一个存储体访问数据时，另一个存储体已准备好读写数据。通过两个存储阵列的紧密切换，读写效率得到成倍提高。SDRAM 在理论上可与 CPU 主频同步，也就是在一个时钟周期内完成读写操作，因而成为今后 DRAM 发展的主流，目前市场上流行的 DDR(双倍速) 存储器就属于 SDRAM 的范畴。

6. EPROM 芯片 Intel 2764

Intel 27 系列是不同容量的 EPROM 芯片，如表 6.3 所示。

表 6.3　Intel 27 系列 EPROM 的容量

型号	2716	2764	27256	27512
容量/KB	2	8	32	64

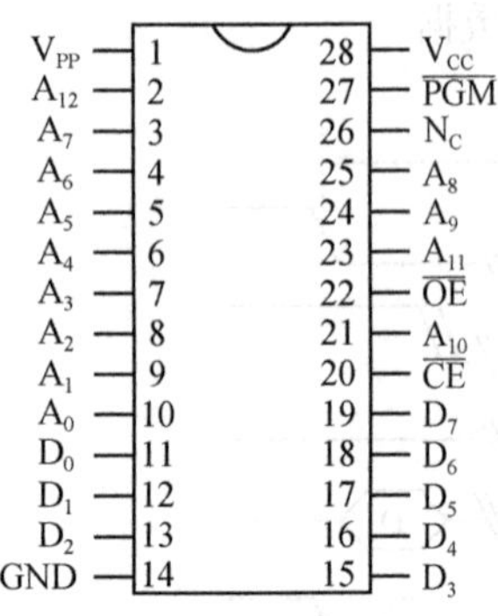

图 6.9　2764 的引脚排列

Intel 2764 是 8K×8 位的 EPROM 芯片，其引脚排列如图 6.9 所示，Intel 2764 的引脚与前面介绍的 SRAM 6264 芯片的引脚是兼容的。在软件调试时，可将程序先放到 RAM 中，以便在调试中修改。一旦调试成功，可将程序固化在 EPROM 中，再将 EPROM 插在原 RAM 的插座上即可正常运行，这给使用者带来很大方便。

1) Intel 2764 各引脚的含义

(1) A_0～A_{12}：13 根地址输入线。用于寻址片内 8KB 存储单元。

(2) D_0～D_7：8 根双向数据线。正常工作时输出数据，编程时输入数据。

(3) $\overline{CE}$：片选信号。低电平有效，$\overline{CE}=0$ 表示选中此芯片。

(4) $\overline{OE}$：输出允许信号。低电平有效，$\overline{CE}=0$ 且 $\overline{OE}=0$ 时，芯片中的数据可由 D_0～D_7 引脚输出。

(5) $\overline{PGM}$：编程脉冲输入端。对 EPROM 编程时，在该端加上 50ms±5ms 的负脉冲；读操作时 $\overline{PGM}$=1。

(6) V_{PP}：编程电压输入端。编程时应在该端加上编程电压，不同的芯片对 V_{PP} 值的要求不同，常见的是+12.5V。

2) Intel 2764 的工作过程

Intel 2764 有数据读出、编程写入和擦除三种工作方式。

(1) 数据读出。这是 Intel 2764 常用的工作方式，用于读出 Intel 2764 中存储的内容，工作过程与 SRAM 芯片类似。把要读出的存储单元地址送到 A_0～A_{12} 上，然后使 $\overline{CE}=0$、$\overline{OE}=0$，就可在 D_0～D_7 上读出需要的数据。Intel 2764 读出时序如图 6.10 所示。

在读方式下，编程脉冲输入端 $\overline{PGM}$ 及编程电压 V_{PP} 端都接在+5V 电源 V_{CC} 上。

(2) 编程写入。对 EPROM 芯片的编程有两种方式：标准编程和快速编程。

在标准编程方式下，每给出一个编程负脉冲就写入一字节的数据。具体的方法是：V_{PP} 上加编程电压，地址线、数据线上给出要编程单元的地址及其数据，并使 $\overline{CE}=0$、$\overline{OE}=1$。上述信号稳定后，在 $\overline{PGM}$ 端加上宽度为 50ms±5ms 的负脉冲，就可将一字节的数据写入相应的地址单元中。不断重复这个过程，就可将数据逐一写入。

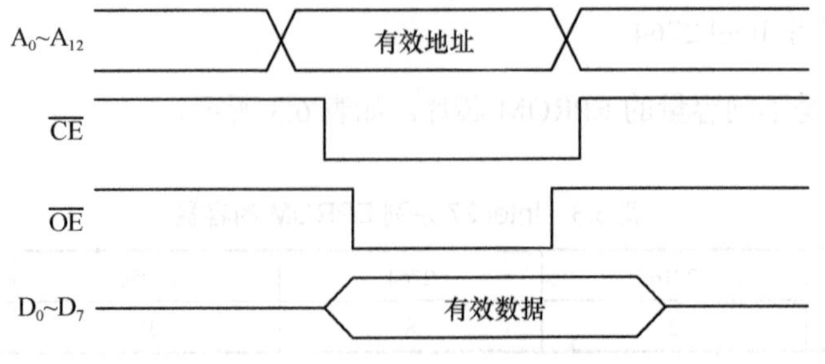

图 6.10　Intel 2764 的读出时序

写入一个单元后将 $\overline{OE}$ 变低，可以对刚写入的数据读出进行校验。当然也可以写完所有单元后统一进行校验。

快速编程使用 100μs 的编程脉冲依次写完所有要编程的单元，然后从头开始校验每个写入的字节。若写得不正确，则再重写此单元。写完后再校验，不正确还可再写。

标准编程方法编程脉冲宽度为 50ms，编程速度慢。目前大多采用快速编程方法。

不同厂家、不同型号的 EPROM 芯片，对编程要求的电压、脉冲宽度会有些区别。

(3)擦除。EPROM 的一个重要优点是可以擦除重写，允许擦除一万次以上。对一个使用过的 EPROM 芯片进行编程之前，应首先进行擦除操作。擦除器利用紫外线光照射 EPROM 的窗口，擦除完毕后可读一下 EPROM 的每个单元，若其内容均为 FFH，就认为擦除干净了。

7. E^2PROM 芯片 28C16

ROM 因为具有非易失性而得到广泛应用，但是早期的掩模 ROM、PROM 和 EPROM 因为使用不便已被逐渐淘汰，取而代之的是 E^2PROM 和 Flash 等存储器。

Intel 28C 系列包含不同容量的 E^2PROM 芯片，如表 6.4 所示。与 EPROM 相比，E^2PROM 的优点是：第一，编程时不需要加高电压，也不需要专门的擦除过程；第二，引脚与相同容量的 SRAM 芯片兼容，因此读写操作与 SRAM 芯片相同，只是写入时间较长，约为 5ms，所以每次写入需要延时一段时间，以保证可靠写入。

表 6.4　Intel 28C 系列 E^2PROM 的容量

型号	28C16	28C64	28C256	28C512
容量/KB	2	8	32	64

图 6.11 给出了 Intel 28C16 的引脚排列，其中 $\overline{CE}$ 是片选信号，各个引脚的功能及芯片的使用方法与 SRAM 相似，这里不再赘述。

8. 串行 E^2PROM 存储器芯片 24C64

前面介绍的几种半导体存储器芯片都是并行操作的，其数据是并行地写入或读出存储器的，除了这一类存储器芯片，实际上也存在串行操作的存储器芯片，其常见类型是 E^2PROM 和 Flash。与并行存储器芯片相比，尽管串行存储器芯片的读写速度较慢，但是它具有连线简单、尺寸较小、功耗低，以及掉电非易失的优点，因而在小型的、便携式的微型计算机应用系统中得到广泛的应用。

24C 系列是 Atmel 公司生产的 2 线串行 E^2PROM 存储器芯片，其中 AT24C64 的容量是 64Kbit，即 8KB。AT24C64 串行 E^2PROM 存储器芯片的引脚排列如图 6.12 所示。下面从引脚功能、读写时序等几方面进行介绍。

1） 引脚功能

(1) V_{CC} 和 GND：分别是电源引脚和地线，AT24C64 的工作电压为 2.7～5.5V。

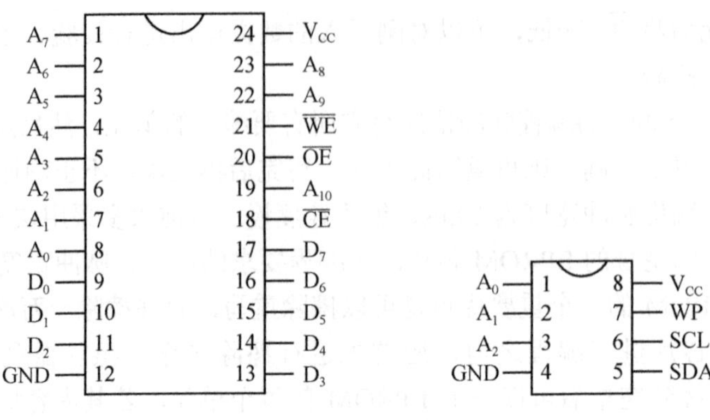

图 6.11 Intel 28C16 的引脚排列　　图 6.12 AT24C64 的引脚排列

(2) SCL(serial clock)：串行时钟信号的输入引脚，在写操作时，AT24C64 在每个时钟信号上升沿采样并接收一位数据，而在读操作时，AT24C64 在每个时钟信号下降沿送出一位数据。

(3) SDA(serial data)：双向的串行数据引脚，写入或读出的串行数据均由该引脚传送。微处理器与 AT24C64 的引脚 SDA 和 SCL 连接，因此 AT24C64 被称为 2 线串行 E^2PROM，传送数据和时钟的两根信号线实际上构成了 2 线的串行总线(I^2C 总线)。SDA 引脚上传送的数据只能在 SCL 为低电平时发生变化，若在 SCL 为高电平时发生变化，则 SDA 引脚传送的是微处理器向 AT24C64 发出的命令，如果是由高电平变化为低电平，则微处理器发出的是开始(start)命令，如果是由低电平变化为高电平，则微处理器发出的是停止(stop)命令。图 6.13 和图 6.14 给出了 SDA 引脚上传送正常数据和传送开始命令、停止命令的时序图。

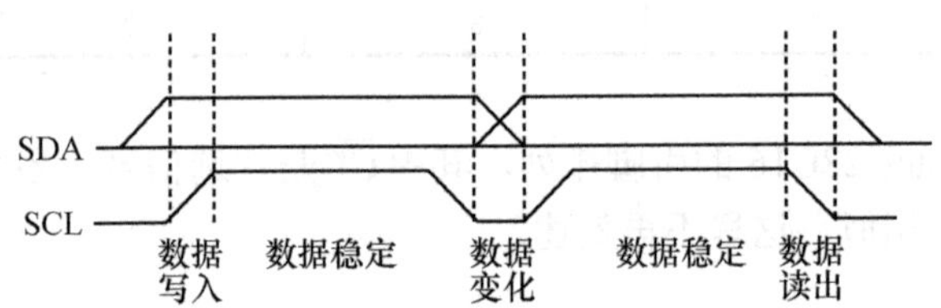

图 6.13 传送正常数据的时序

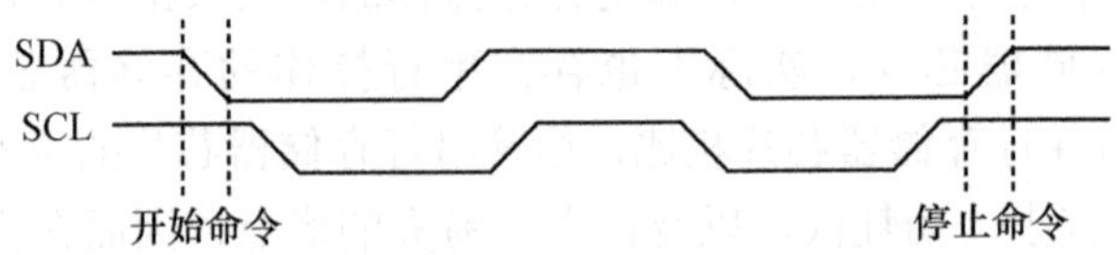

图 6.14 传送开始命令、停止命令的时序

微处理器分别使用开始命令和停止命令来指示一次读/写操作的开始和结束。SDA 引脚上的数据写入或读出是以 8 位(字节)为单位的，每写入 8 位数据后，AT24C64 在第 9 个时钟周期送出一位 0，这是对写操作的应答(acknowledge)，通知微处理器 8 位数据已经被接收，图 6.15 给出了写操作及应答的时序。

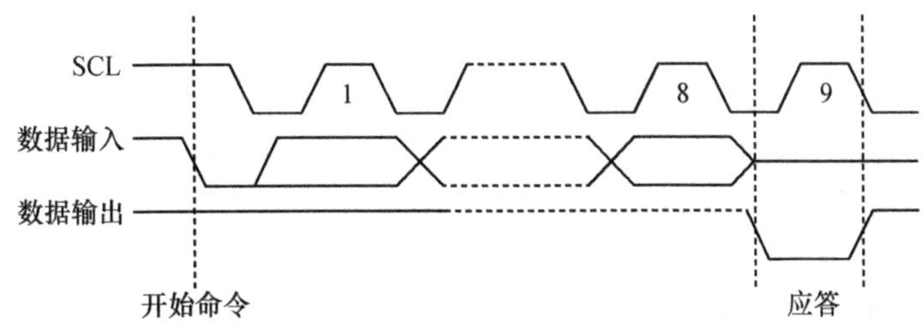

图 6.15　写操作及应答的时序

(4) A_0～A_2：器件地址引脚，用于指定微处理器所访问的芯片。当微处理器通过 2 线串行总线访问串行存储器时，至多可以采用 8 个 AT24C64 芯片，器件地址分别为 000～111B。

在实际设计中，用户应该为每个 AT24C64 芯片指定一个不同的器件地址。

(5) WP (write protect)：写保护引脚。当 WP 接地时，表示允许对芯片进行正常的写操作；而当 WP 接 V_{CC} 时，表示禁止对芯片低四分之一区间(16Kbit)的写操作；当 WP 悬空时，芯片内部电路会将 WP 拉到低电平。

2) 写操作

AT24C64 芯片有两种写操作方式。

(1) 字节写方式。通过字节写方式可以向 AT24C64 写入一字节，其时序分为 5 个部分，如图 6.16(a)所示。

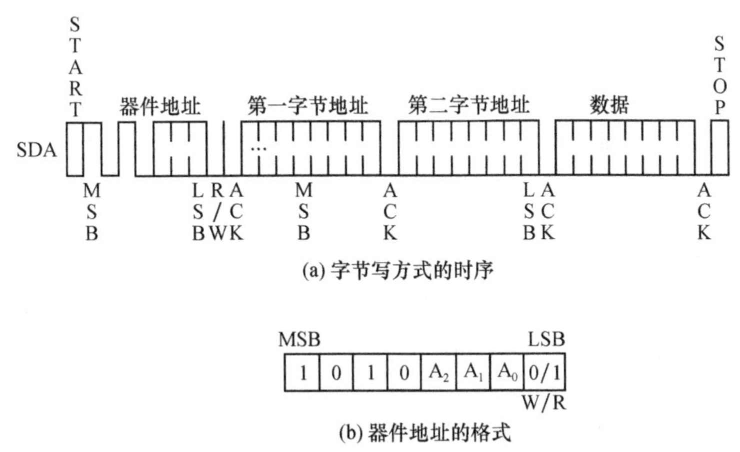

图 6.16　字节写方式时的时序与器件地址的格式

① 微处理器向 AT24C64 发出开始命令，启动一次写操作。

② 微处理器通过串行总线给出器件地址。器件地址的格式如图 6.16(b)所示，高 4 位固定为“1010”，表示是对 2 线 E^2PROM 进行寻址，随后是三位器件地址，最低位是读/写控制位，“1”表示进行读操作，而“0”表示进行写操作。连接在串行总线上的存储器芯片与器件地址进行比较，符合地址的芯片返回应答，而地址不符的芯片则进入空闲状态。

③ 微处理器给出 2 字节的存储器单元地址，AT24C64 按字节编址，需要 13 位地址，第一字节地址的高三位不用。AT24C64 需要对每字节的地址进行应答。

④ 微处理器写入 8 位数据，并由 AT24C64 应答。

⑤ 微处理器给出停止命令，结束写操作。

上述 5 步完成后，AT24C64 进入内部的写周期，在此期间不会对外部进行响应。

(2) 页写方式。页写方式可以向 AT24C64 连续写入最多 32 字节。AT24C64 中连续的 32 字节称为 1 页，共有 256 页。每页的 13 位起始地址中最低 5 位为全 0，而每页的结束地址中最低 5 位为全 1，起始地址与结束地址统称为页边界。

页写方式的步骤与字节写方式相似，只是在写入 1 字节数据后并不发送停止命令，而是接着再连续写入最多为 31 字节数据，每写入 1 字节，AT24C64 返回一个应答。直到写入所有数据后再发送停止命令。同样，AT24C64 接下来进入内部的写周期，在此期间不会对外响应。

在页写方式中，每写入 1 字节数据，内部地址的低 5 位加 1，而高 8 位地址不发生任何变化。因此在达到页边界后继续写入，低 5 位地址会发生“回卷”(roll up)，造成本页起始单元的数据被覆盖。

3) 读操作

读操作与写操作相似，区别是在写入器件地址时最低位为 1。读操作分为当前地址读、随机地址读和顺序读三种方式。

(1) 当前地址读方式。当前地址读方式的操作过程如图 6.17(a) 所示。AT24C64 内部的当前地址计数器维持最后一次读或写操作的地址，称为当前地址。当微处理器送出器件地址并收到应答后，AT24C64 送出当前地址中存放的数据。读操作结束后，当前地址计数器的值加 1。

(2) 随机地址读方式。随机地址读方式是通过一次假写操作和一次当前地址读操作来实现的，如图 6.17(b) 所示。微处理器发送器件地址、存储单元地址并收到应答后，再发送一个开始命令，通过一次当前地址读操作，使 AT24C64 送出目标地址中的 1 字节数据。对于当前地址读方式和随机地址读方式，微处理器接收到数据后无须应答，而是产生一个停止命令。

(3) 顺序读方式。在进行顺序读操作时，首先要启动一次当前地址读操作或随机地址读操作，微处理器接收到数据后再发送给 AT24C64 一个应答，一旦收到应答，AT24C64 就顺序送出后续地址中的数据，每接收到 1 字节数据，微处理器进行一次应答，直到发出一个停止命令为止。操作过程如图 6.17(c) 所示。

6.4 扩展存储器设计

在实际应用中，由于单片存储芯片的容量总是有限的，很难满足实际存储容量的要求，因此需要将若干存储芯片连在一起进行扩展，通常有三种方式：位扩展、字节扩展及字节和位扩展。

6.4.1 位扩展

在微机系统中，存储器是按字节来构成的，而所选择的存储器芯片的字长不足 8 位时，用这样的存储器芯片构成系统所需的存储器子系统电路，就必须进行位扩展，即将几片存储器芯片并起来，以增加存储字长。例如，用 2 片 1K×4bit 的 SRAM 芯片 2114 组成 1K×

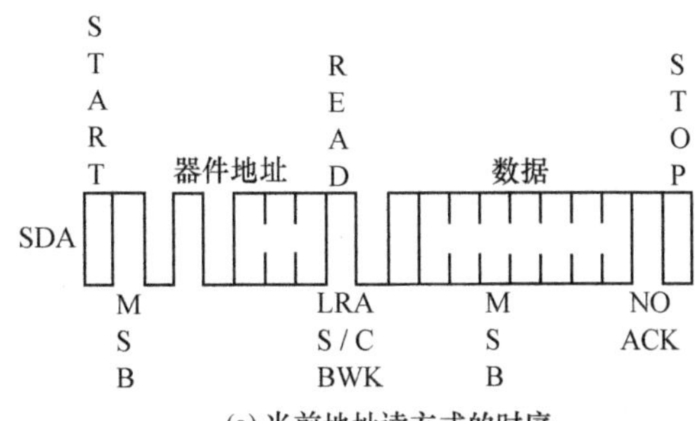

(a) 当前地址读方式的时序

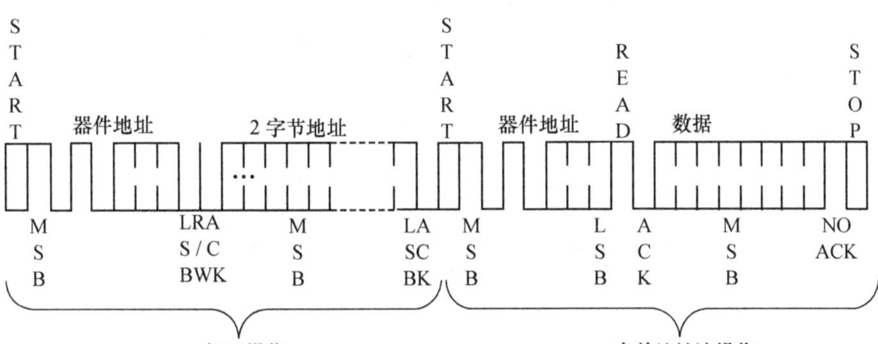

(b) 随机地址读方式的时序

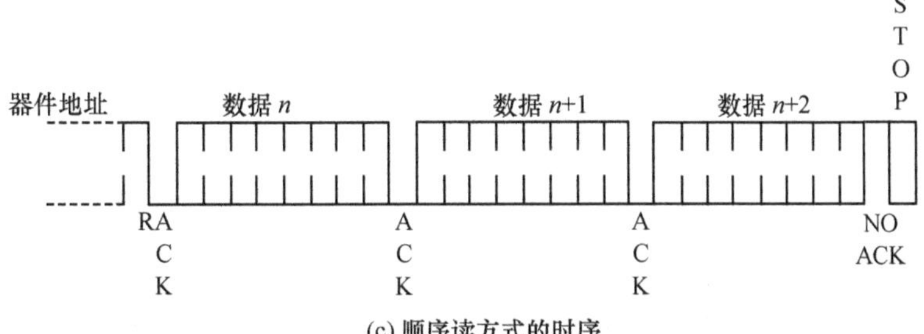

(c) 顺序读方式的时序

图 6.17　三种读操作方式的时序

8bit（即 1KB）的存储器。位扩展设计如图 6.18 所示，图中两片 2114 的地址线 $A_0 \sim A_9$、$\overline{WE}$ 分别与系统总线的 $A_0 \sim A_9$、$\overline{WR}$ 连接（8088 工作在最小方式时），两个芯片的片选 $\overline{CE}$ 连在一起与系统地址线 A_{10} 连接（线地址译码方式），1#芯片的 4 位数据线 $D_0 \sim D_3$ 与系统数据线

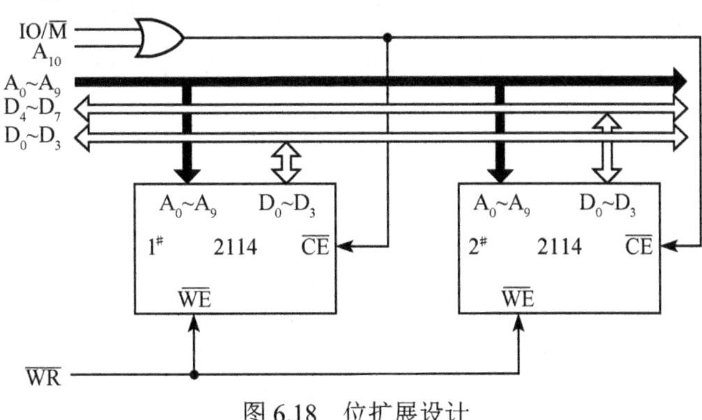

图 6.18　位扩展设计

D_0～D_3连接，2#芯片的 4 位数据线 D_0～D_3与系统数据线 D_4～D_7连接，这样便构成了一个 1K×8bit 的存储器。硬件连接之后便可以确定存储单元的地址，即 A_0～A_{10} 的编码状态 000H～3FFH 就是 1KB 存储单元的地址。

6.4.2 字节扩展

字节扩展是指增加存储器字节的数量(容量)。例如，用 2 片 2K×8bit 的 SRAM 芯片 6116，组成 4K×8bit 的存储器，字节扩展设计如图 6.19 所示。两个芯片的引脚 A_0～A_{10}、D_0～D_7、$\overline{OE}$、$\overline{WE}$ 分别与系统地址总线 A_0～A_{10}、数据总线 D_0～D_7 和读写控制线 $\overline{RD}$、$\overline{WR}$ 连接。其中，1#芯片的片选 $\overline{CE}$ 与 A_{11} 连接，2#芯片的片选 $\overline{CE}$ 与 A_{11} 反相之后连接。当 A_{11} 为低电平时，选择 1#芯片读/写；当 A_{11} 为高电平时，选择 2#芯片读/写。由图可见，1#芯片的地址范围是 00000H～007FFH，2#芯片的地址范围是 00800H～00FFFH。

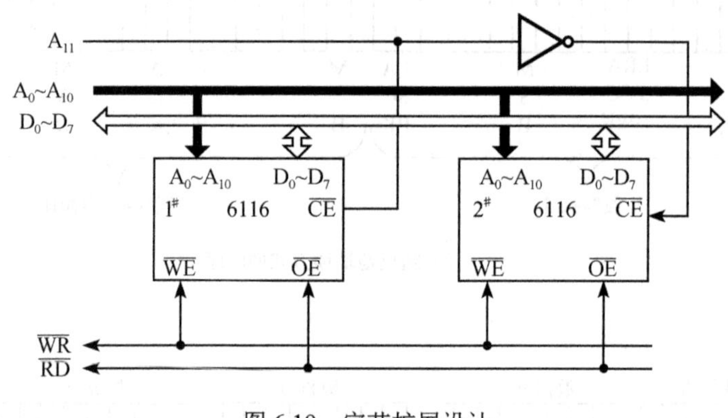

图 6.19 字节扩展设计

6.4.3 字节和位扩展

字节和位扩展是字节扩展和位扩展的组合。例如，用 4 片 1K×4bit 的 RAM 芯片 2114，组成 2K×8bit 的存储器，字节和位扩展设计如图 6.20 所示。图中 1#和 2#芯片为一组，3#和 4#芯片为一组，片内 A_0～A_9 和 $\overline{WE}$ 分别与系统地址总线 A_0～A_9 和 $\overline{WR}$ 对应连接。1#和 3#芯片内数据线 D_0～D_3 作为低 4 位，与系统数据总线 D_0～D_3 连接；2#和 4#芯片内数据线 D_0～D_3 作为高 4 位，与系统数据总线 D_4～D_7 连接；1#和 2#芯片的 $\overline{CE}$ 连在一起，与 2-4 线译码器输出端 $\overline{Y_0}$ 连接；3#和 4#芯片的 $\overline{CE}$ 连在一起，与 2-4 线译码器输出端 $\overline{Y_1}$ 连接；系统的高位地址线 A_{10} 和 A_{11} 作为 2-4 线译码器的输入。当 $A_{10}A_{11}$=00 时，选择 1#和 2#芯片读/写；当 $A_{10}A_{11}$=01 时，选择 3#和 4#芯片读/写。

6.4.4 存储器地址译码方法

存储区域通常由多个存储器芯片组成，CPU 要实现对存储单元的访问，首先要选择存储器芯片，然后再从选中的芯片中依照地址码选择相应的存储单元读/写数据。通常，存储器芯片内部存储单元的地址由 CPU 输出的低 n 位(n 由片内存储容量 2^n 决定)地址码指定；而芯片的片选信号则是通过对 CPU 输出的高位地址线译码产生，用以选择该芯片的所有存

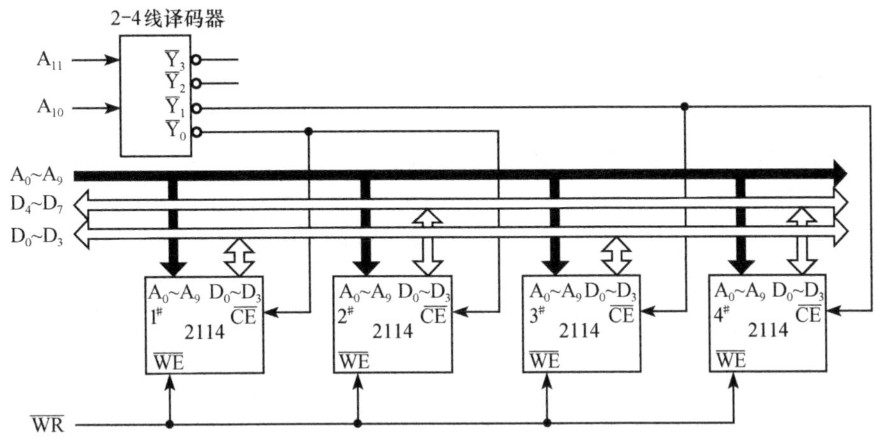

图 6.20　字节和位扩展设计

储单元在整个存储地址空间中的具体位置。例如，在 8088 CPU 的最小方式系统中，要设计 1 片 Intel 6264，则系统地址总线的 A_{12}～A_0 接 Intel 6264 的地址引脚，地址总线的 A_{19}～A_{13} 通过译码电路给出了 Intel 6264 的片选信号。由于 Intel 6264 的容量为 8KB，因此将整个微处理器存储空间分成 128×8KB=1MB，可以为这片 Intel 6264 分配的存储空间有 128 个位置，如图 6.21 所示。如果通过地址译码 A_{19}～A_{13}=0000 000B，则其地址范围为 00000～01FFFH；如果通过地址译码 A_{19}～A_{13}=0000 010B，则其地址范围为 00004～05FFFH。

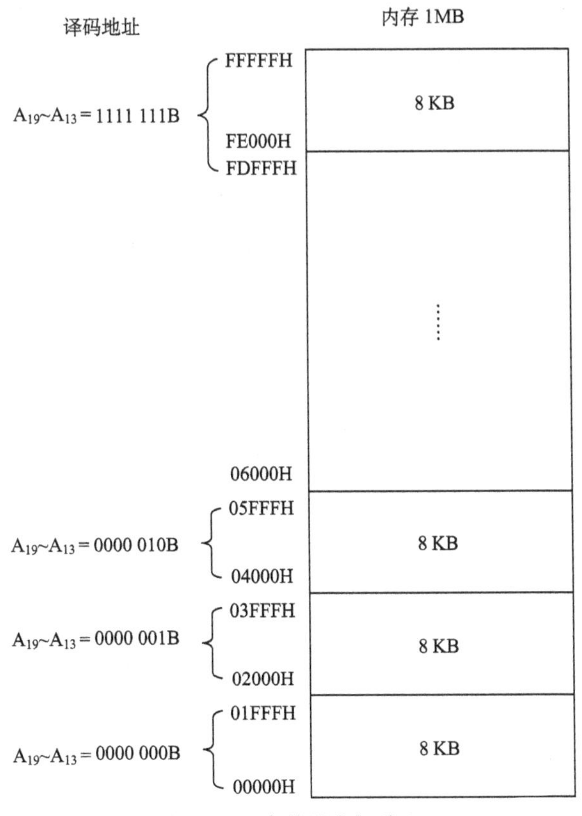

图 6.21　存储器空间分配

下面介绍三种片选信号的产生方法。

1. 全地址译码方式

存储器芯片的引脚除了地址线、数据线、写控制线、读控制线之外，还可能有一个或几个片选信号引脚。

除了用于存储器芯片片内地址外，微处理器总线的其他地址总线都参加芯片的片选地址译码，这种方式称为全地址译码方式。在全地址译码方式下，存储器芯片只占用整个存储空间中的一块区域，访问该存储芯片片内单元时采用唯一的地址。

例 6.1 在 8088 CPU 工作在最大方式组成的微机应用系统中，扩充设计 8KB 的 SRAM 电路，SRAM 芯片用 Intel 6264。若分配给该 SRAM 的起始地址为 62000H～63FFFH，片选信号($\overline{CS_1}$)为低电平有效。请用全地址译码方法设计该 SRAM 存储器的片选信号形成电路。

解：因为 Intel 6264 的片容量为 8K×8bit(8KB)，因此只需要 1 片 Intel 6264 存储器芯片，既不需要位扩展，也不需要字节扩展。

由于 Intel 6264 片内地址线有 13 根，所以 8088 CPU 系统地址总线的低 13 位 A_{12}～A_0 直接与 Intel 6264 的片内地址引脚 A_{12}～A_0 相连接，作片内寻址，来选择片内具体的存储单元。

由于采用全地址译码，所以 8088 CPU 系统地址总线的高 7 位 A_{19}～A_{13} 全部参加译码，且当 A_{19}～A_{13}=0110001B 时，其译码输出(低电平有效)作为存储器芯片的片选信号 $\overline{CS_1}$ 。当 $\overline{CS_1}$ 有效时，对应的存储器地址范围为 62000H～63FFFH 连续的 8KB 存储区域。

由于 $\overline{CS_1}$ 为低电平有效，所以在地址译码电路设计中，若采用门电路进行设计，要注意 A_{19}～A_{13} 中的所有“1”电平地址进行逻辑与非，所有“0”电平地址进行逻辑或。系统总线的 $IO/\overline{M}=0$ 也要参加译码。据此设计的 SRAM 存储器的片选信号($\overline{CS_1}$)形成电路如图 6.22 所示。

存储器读/写控制信号 $\overline{RD}$ 、$\overline{WR}$ 直接连接到 Intel 6264 的 $\overline{OE}$ 和 $\overline{WE}$ 引脚。

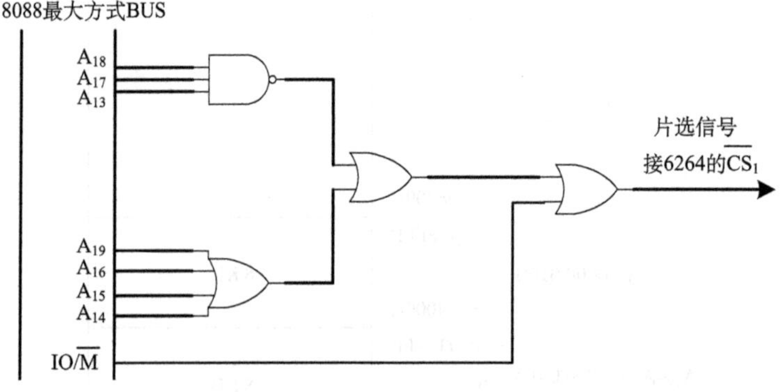

图 6.22 全地址译码方法设计的 SRAM 存储器的片选信号形成电路

2. 部分地址译码方式

部分地址译码方式也称为局部地址译码方式。在某些小型微机应用系统中，由于内存容量不大，存储器只占内存空间的一小部分。在这种情况下，为了简化地址译码电路和其他附属电路，可以采用部分地址译码方式。部分地址译码方式的特点是某些高位地址线被省略而不参加地址译码，简化了地址译码电路，但地址空间会有重叠。例如，在 8088 CPU 组成的微机系统中，存储器芯片采用 8KB 容量的 6264 芯片。在设计地址译码时，地址线 A_{19} 未参加译码，只有 A_{13}～A_{18} 6 条地址线参加译码。这时每块 6264 将占有两个 8KB 的内存空间。也就是说，内存空间发生了重叠现象，其重叠情况如图 6.23 所示。从图中可以看到，连接到内存空间最低 8KB 地址区的那一块 6264 芯片，实际占有的内存地址空间为 00000H～01FFFH、80000H～81FFFH。它占有了两个 8KB 的内存空间。可以以此类推，如果有两条高位地址线不参加地址译码，那么就会使 4 个存储空间发生重叠；3 条高位地址线不参加地址译码，则会产生 8 个重叠空间。重叠空间数满足下述关系：重叠空间数=2^n，其中，n 为不参加地址译码的高位地址线数。局部译码虽然可以简化地址译码电路，但是也付出了代价，使可使用的存储空间缩小了。在重叠空间中，只允许连接一块芯片，以确保内存单元使用的唯一性，否则会使存储器操作发生混乱。这种译码方式在小型的微机应用系统中得到了广泛的应用。

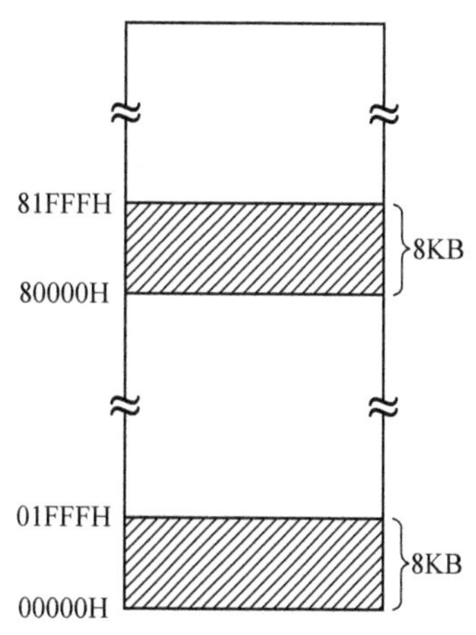

图 6.23　内存地址重叠情况

例 6.2　在 8088 CPU 工作在最小方式组成的微机应用系统中，扩充设计 8KB 的 SRAM 电路，SRAM 芯片用 Intel 6264。若分配给该 SRAM 的地址范围为 00000H～0FFFFH，片选信号（$\overline{CS_1}$）为低电平有效。请用部分地址译码方法设计该 SRAM 存储器的片选信号形成电路。

解：因为 Intel 6264 的片容量为 8K×8bit（8KB），因此只需要 1 片 Intel 6264 存储器芯片。而题目给出的地址范围为 00000H～0FFFFH，共 64KB，说明有 8 个地址重叠区，即采用部分地址译码时，有 3 条高位地址线（A_{15}、A_{14} 和 A_{13}）不参加译码。

由于 8088 CPU 工作在最小方式，所以，$IO/\overline{M}=0$ 要参加译码。根据以上原则设计的 SRAM 存储器的片选信号（$\overline{CS_1}$）形成电路如图 6.24 所示。

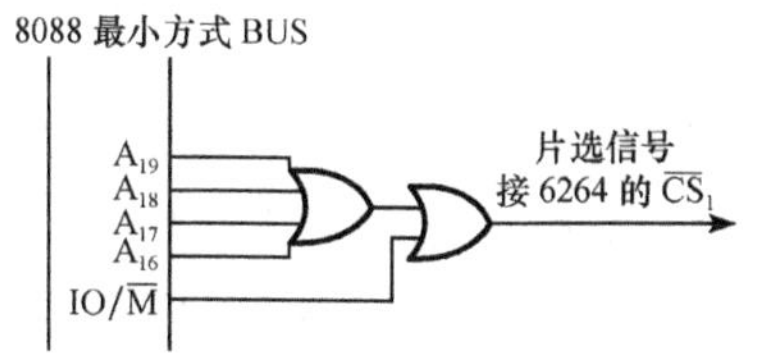

图 6.24　部分地址译码方法设计的 SRAM 存储器的片选信号形成电路

3. 线选译码方式

线选法是指选择除存储器芯片片内寻址以外的高位地址线中的某一条，作为存储器芯片的片选控制信号。例如，在例 6.2 中，地址 00000H～0FFFFH 内包含 64KB，如果采用 8KB 的 SRAM，则可以容纳 8 片（以地址 A_{15}、A_{14} 和 A_{13} 区分）。现在采用线选法进行译码时，即将地址线 A_{15}、A_{14} 和 A_{13} 分别接到存储器芯片的片选端，这样只能容纳 3 片 8KB 的 SRAM，如图 6.25 所示。第①片存储器以地址线 A_{13} 作为片选信号，第②片存储器以地址线 A_{14} 作为片选信号，第③片存储器以地址线 A_{15} 作为片选信号，而且，应该确保任何时刻只能有一片存储器被选中(如读操作)，因此这 3 片存储器的高位地址应该分别是 A_{15}～A_{13}=110、101、011B。

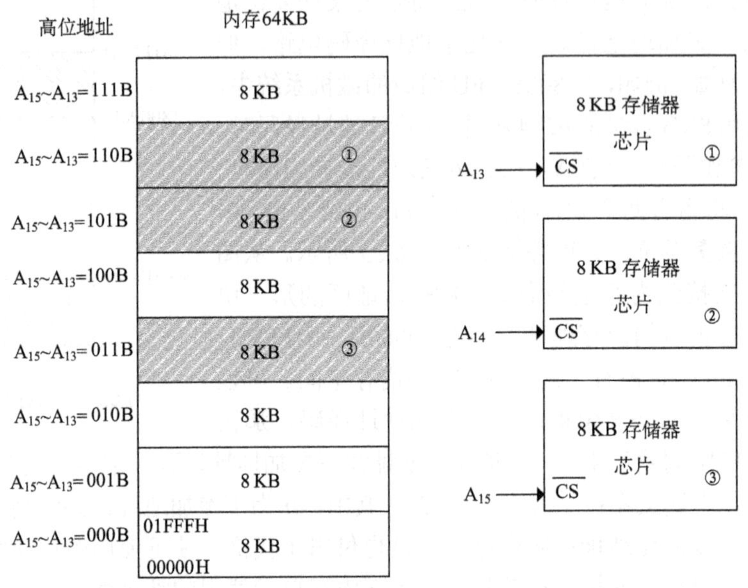

图 6.25　线选法存储器区域分配和存储器片选信号连接方法

需要注意的是，用于片选的地址线每次寻址时只能有一位有效，不允许同时有多位有效，这样才能保证每次只选中一个芯片或一个芯片组。线选法的优点是选择芯片不需要外加逻辑电路，译码线路简单；缺点是把地址空间分成了相互隔离的区域，且地址重叠区域多，不能充分利用系统的存储器空间。因此，这种方法适用于扩展容量较小的系统。

6.4.5　存储器地址译码电路

存储器地址译码电路可以用前面介绍的小规模组合电路(门电路)来设计。但是，在有些应用场合，为了简化译码电路的设计，常采用专用译码器来实现，如 3-8 线译码器 74LS138、2-4 线译码器 74LS139、双 2-4 线译码器 74LS155、4-16 线译码器 74LS154 等，每个专用译码器可以同时产生多个存储器芯片的片选信号。也可以采用数字比较器、EPROM、GAL、CPLD/FPGA 等实现译码电路设计。用它们来设计地址译码电路，不仅简单，而且灵活性和可靠性高。由于篇幅有限，下面仅对用 74LS138 和比较器进行译码电路设计时作简单介绍。

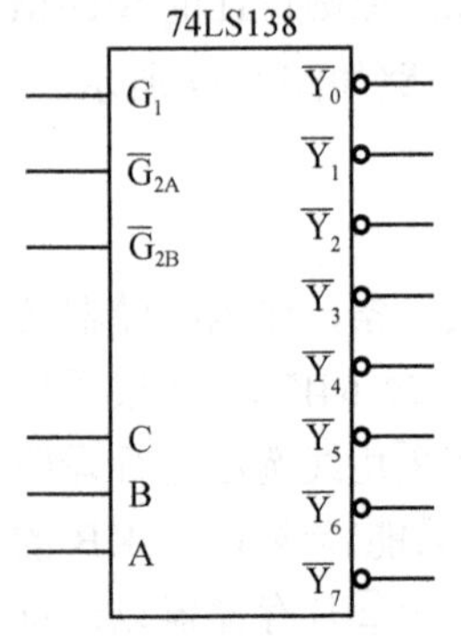

图 6.26　74LS138 的引脚

1. 专用译码器 74LS138 及应用

74LS138 是一种 3-8 线译码器，其引脚如图 6.26 所示。74LS138 有 3 个二进制地址输入端，有 8 种不同状态地址译码输出。其真值表如表 6.5 所示。输入端 A、B、C 中的 A 为最低位，C 为最高位。当某一个输出端有效时(为低电平)，对应的地址空间将被选通。该输出端通常可接到存储器芯片的片选端($\overline{CS}$)，作为芯片的选通信号。G_1、$\overline{G}_{2A}$、$\overline{G}_{2B}$为 74LS138 的选通信号，当 G_1=1、$\overline{G}_{2A}=\overline{G}_{2B}=0$ 时，74LS138 才能进行正常译码。

表 6.5　74LS138 的真值表

片选端			输入端			有效输出端
G_1	$\overline{G}_{2A}$	$\overline{G}_{2B}$	C	B	A	$\overline{Y}_0$～$\overline{Y}_7$
1	0	0	0	0	0	$\overline{Y}_0=0$，其余$\overline{Y}$为 1
1	0	0	0	0	1	$\overline{Y}_1=0$，其余$\overline{Y}$为 1
1	0	0	0	1	0	$\overline{Y}_2=0$，其余$\overline{Y}$为 1
1	0	0	0	1	1	$\overline{Y}_3=0$，其余$\overline{Y}$为 1
1	0	0	1	0	0	$\overline{Y}_4=0$，其余$\overline{Y}$为 1
1	0	0	1	0	1	$\overline{Y}_5=0$，其余$\overline{Y}$为 1
1	0	0	1	1	0	$\overline{Y}_6=0$，其余$\overline{Y}$为 1
1	0	0	1	1	1	$\overline{Y}_7=0$，其余$\overline{Y}$为 1

例 6.3　在某 8088 微处理器系统中，需要用 8 片 6264 构成一个 64KB 的存储器。其地址分配在 00000H～0FFFFH 内存空间，地址译码采用全译码方式，用 74LS138 作为译码器，请画出存储器译码电路。

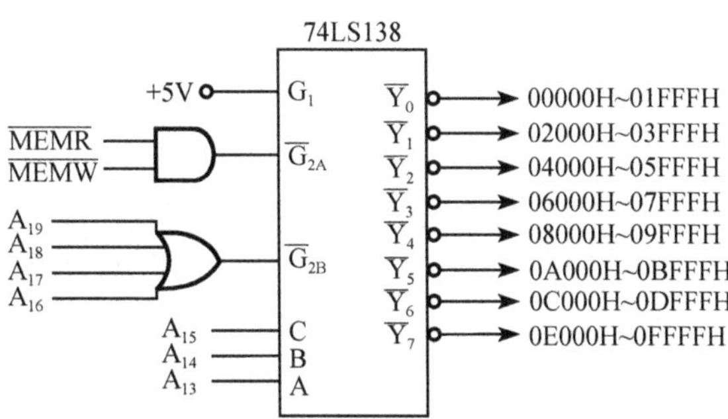

图 6.27　用 74LS138 作为译码器的存储器译码电路

解：根据题目已知条件和 74LS138 译码器的功能，设计的存储器译码电路如图 6.27 所示。图中 74LS138 的每一个输出端均与一块 6264 芯片的片选端相连，8 个输出端分别选通 1 个 8KB 的存储空间(即 1 个 6264 模块)，共占有 64KB 内存空间。

2. 比较器 74LS688 及应用

数字比较器也可以用作译码电路，下面以数字比较器 74LS688 为例进行说明。

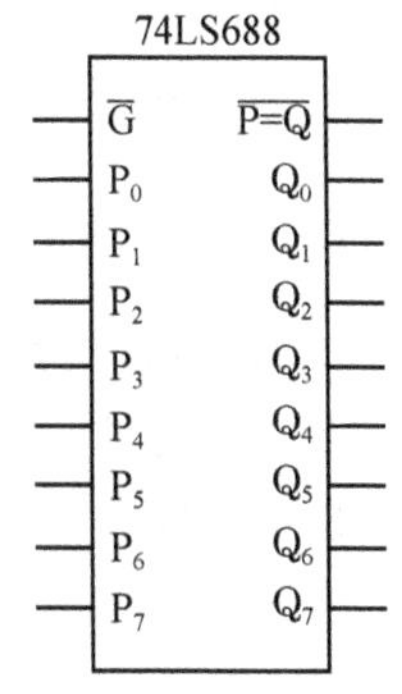

图 6.28　74LS688 引线图

数字比较器 74LS688 的引线如图 6.28 所示。74LS688 将输入的 8 位二进制编码 P_7～P_0 与 Q_7～Q_0 进行比较，当 P=Q 时，引脚

$\overline{P=Q}$输出低电平；当 P≠Q 时，引脚$\overline{P=Q}$输出高电平。输入引脚$\overline{G}$为 74LS688 的片选端，当$\overline{G}=0$时，74LS688 正常工作，否则 74LS688 无效，这时引脚$\overline{P=Q}$为高电平。

例 6.4 利用 74LS688 设计译码电路，输出端$\overline{P=Q}$作为 Intel 62128 SRAM 的$\overline{CS}$片选信号，分配给 Intel 62128 的地址范围为 74000H～77FFFH。画出 8088 CPU 工作在最大方式下的译码电路。

解：由于 Intel 62128 为 16KB SRAM，片内寻址的地址引脚为 14 条，故片外寻址用于参加译码的地址线为 A_{19}～A_{14} 共 6 根。用 74LS688 进行译码时，将高位地址线 A_{19}～A_{14} 接在 74LS688 的 P_5～P_0，另两条线 P_7、P_6 接到固定的高电平(也可以直接接到地上)。74LS688 的 Q 边通过短路插针，接成所需编码 011101B，Q 边与 P 边相对应的多余输入脚接成相同的高电平。8088 CPU 工作在最大方式下与系统总线相连的译码电路如图 6.29 所示。

如果要改变内存芯片的地址，只需改变 Q 边的插针位置。因此，这种结构可以为改变内存地址带来方便。若不需要改变地址，则直接给定 Q 边的编码就可以了。

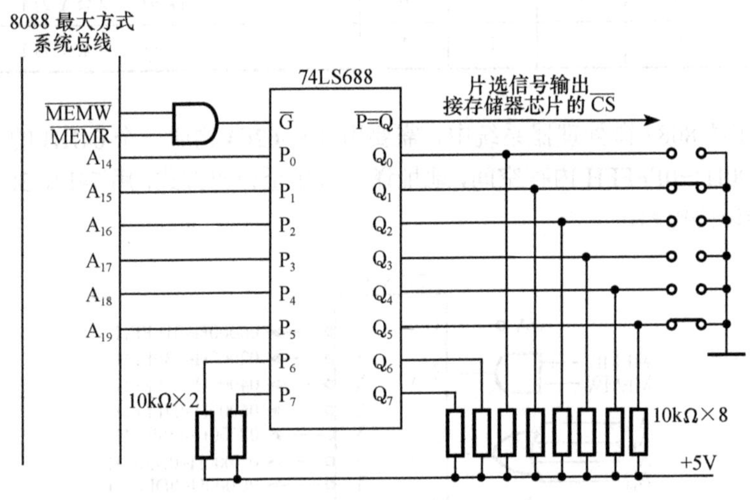

图 6.29 74LS688 用作译码器的译码电路

6.4.6 扩展存储器接口电路设计

在扩展存储器接口电路设计中，常遇到如存储器位扩展、字节扩展、地址译码方法及译码电路等问题。下面介绍如何在微机应用系统中设计存储器子系统接口电路。

1. 8088 系统中存储器的组成

8088 CPU 的地址总线有 20 条，它的存储器是以字节为存储单元组成的，每字节对应一个唯一的地址码，所以具有 1MB(1048576 B)的寻址能力。与 8086 CPU 不同，8088 CPU 只有 8 条数据线，是准 16 位微处理器，所以存储器的组成与一般 8 位微机系统中存储器接口电路的设计方法是相同的。

例 6.5 在 8088 CPU 工作在最大方式组成的微机系统中，扩充设计 16KB 的 SRAM 存储器电路，存储器芯片选用 Intel 6264，起始地址为 80000H，且地址是连续的，译码器用

74LS138。

(1)此 SRAM 存储区的最高地址是多少?

(2)画出此存储电路与 8088 系统总线的连接图;

(3)用一种 RAM 自检方法编写此 RAM 区的自检程序。

解:(1)因为 Intel 6264 的片容量为 8KB,因此由 2 片 Intel 6264 构成连续的 RAM 存储区域的总容量为 2×8KB=16KB。其可用的最高 RAM 地址为

$$80000H+4000H-1=83FFFH$$

(2)此存储电路与 8088 系统总线的连接如图 6.30 所示。

(3)RAM 上电自检是指检测 RAM 工作是否正常,即检测 RAM 读写是否正常、数据线是否有“粘连”故障、地址线是否有“链桥”故障等。在实际的工程应用中,RAM 自检常采用 55H 和 AAH 数据图案检测、谷(峰)值检测、数据图案平移检测等方法。采用 55H 和 AAH 数据图案检测的原理是给要检测的 RAM 存储区的每个地址单元分别写入 55H 和 AAH 数据,并将写入的数据读出比较,如与写入的数据一致,表明该地址单元数据读写正常,否则表明工作不正常,应给出相应的出错报警提示。用 55H 和 AAH 数据图案进行 RAM 检测的参考程序如下:

```
        MOV     AX,8000H
        MOV     DS,AX
        MOV     SI,0
        MOV     CX,16*1024
        MOV     AL,55H
NEXT1:  MOV     [SI],AL
        MOV     BL,[SI]
        CMP     BL,AL
        JNE     ERROR
        INC     SI
        LOOP    NEXT1
        MOV     SI,0
        MOV     CX,16*1024
        MOV     AL,0AAH
NEXT2:  MOV     [SI],AL
        MOV     BL,[SI]
        CMP     BL,AL
        JNE     ERROR
        INC     SI
        LOOP    NEXT2
        ⋮
ERROR:
        ⋮
```

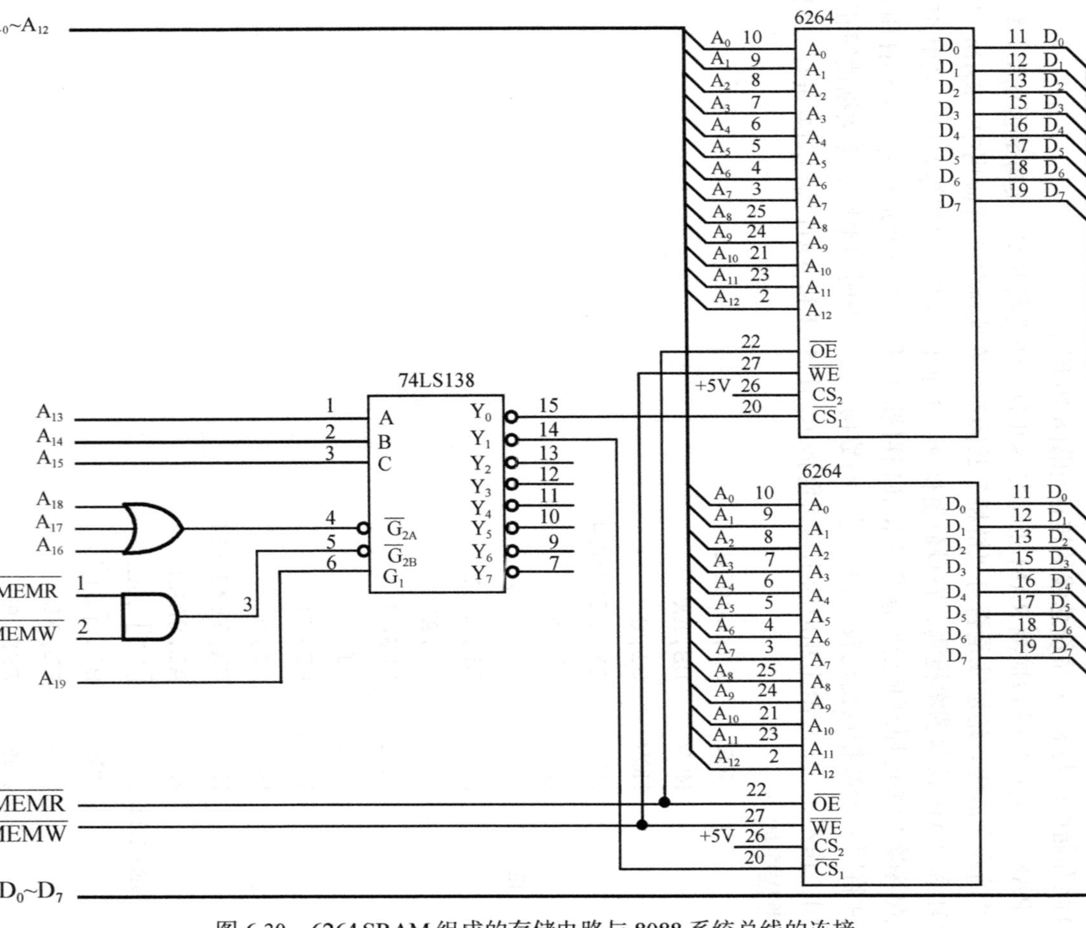

图 6.30　6264 SRAM 组成的存储电路与 8088 系统总线的连接

2. 8086 系统中存储器的组成

8086 CPU 与 8088 CPU 一样，也有 20 条地址总线，其寻址能力达 1MB。不同之处是 8086 CPU 数据总线是 16 位的，与 8086 CPU 对应的 1MB 存储空间可分为两个 512KB(524288B)的存储体。其中一个存储体由奇地址的存储单元(高字节)组成，另一个存储体由偶地址的存储单元(低字节)组成。前者称为奇地址的存储体，后者称为偶地址的存储体，如图 6.31 所示(图中省略了读写控制信号)。偶地址存储体的数据线与 16 位数据总线的低 8 位(D_7～D_0)连接，奇地址存储体的数据线与数据总线的高 8 位(D_{15}～D_8)连接。20 位地址总线中的 19 条线(A_{19}～A_1)同时对这两个存储体寻址，地址总线中的另一条线(A_0)只与偶地址存储体相连接，用于对偶地址存储体的选择。奇地址存储体的选择信号为 $\overline{BHE}$ 。当 A_0 为 0 时，选中偶地址存储体，当 A_0 为 1 时，不能选中偶地址存储体，也不能选中奇地址存储体。在第 5 章介绍 8086 引脚功能时已说明了 A_0 和 $\overline{BHE}$ 的组合状态所对应的传送类型。从表 6.6 可以看出，A_0 和 $\overline{BHE}$ 两个信号相互配合，可同时对两个存储体进行读/写操作，也可对其中一个存储体单独进行读/写操作。当进行 16 位数据(字)操作时，若这个数据的低 8 位存放在偶地址存储体中，而高 8 位存放在奇地址存储体中，则可同时访问奇偶地址两个存储体，在一个总线周期内可完成 16 位数据的存取操作。若 16 位数据在存储器中的存放格式与上述格式相反，即低 8 位存放在奇地址存储体中，而高 8 位存放在偶地址存储体中，则需两个总线周期才能完成此 16 位数据的存取操作。第 1 个总线周期完成奇地址存储体中低 8 位字节的数据传送，然后地址自动加 1；在第 2 个总线周期中完成偶地址存储体中高 8 位字节的数据传送。上述从奇地址开始的 16 位(字)数据的两步操作是由 CPU 自动完成的。除增加一个总线周期(4 个时钟周期)外，其他与从偶地址开始的 16 位数据操作完全相同。若传送的是 8 位数据(字节)，则每个总线周期可在奇地址或偶地址存储体中完成一字节数据的读/写操作。

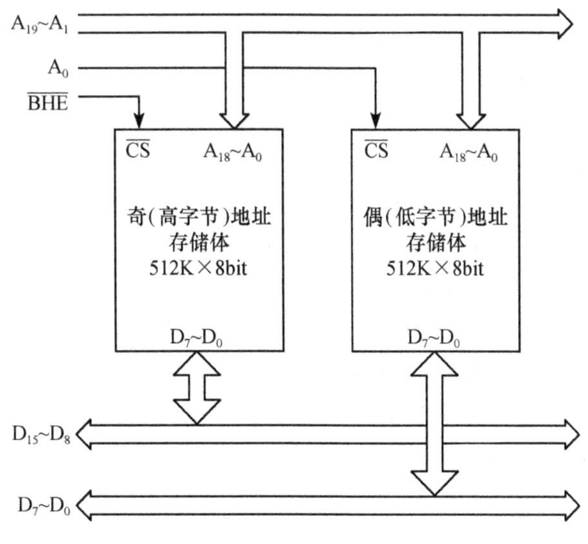

图 6.31　8086 对应的存储器组成原理图

表 6.6 存储体选择

$\overline{BHE}$	A_0	操作
0	0	从偶地址传送一个字
0	1	从奇地址传送一字节
1	0	从偶地址传送一字节
1	1	无操作

根据 8086 系统中存储器的组成原理，ROM 模块和 RAM 模块都要由奇偶两个地址存储体来组织。8086 CPU 加电复位后启动地址为 FFFF0H，8086 的中断向量表放在存储器地址的最低端 00000H 和 003FFH 之间，占用 1KB 的存储空间。因此 8086 系统中 ROM 模块地址分配在存储器地址空间高端，RAM 模块地址分配在存储器地址空间的低端。

在存储器设计时同样要考虑总线读写时序和存储器芯片的存取速度的配合问题。

例 6.6 在 8086 最小方式系统中，利用 2 片 Intel 6264 构成连续的 RAM 存储区域，起始地址为 00000H，求可用的最高 RAM 地址，并利用 74LS155 设计译码电路，画出此 RAM 电路与 8086 最小方式系统的连接图。

解：Intel 6264 的存储容量为 8K×8bit，因此由两片 Intel 6264 构成连续的 RAM 存储区域的总容量为 2×8KB＝16KB=04000H，其可用的最高 RAM 地址为

$$00000H+04000H-1=03FFFH$$

由于 8086 系统有 16 位数据总线，因此应将存储器模块分成奇片和偶片两组，然后通过译码电路产生片选信号。

片内地址线有 13 根，接地址总线的 A_1～A_{13}，A_0 和 $\overline{BHE}$ 用于区分奇偶片，A_{14}、A_{15} 用作 74LS155 的两个输入（A_0 和 A_1），A_{16}～A_{19} 用于产生 74LS155 的片选（即 1G 和 2G）。用 74LS155 设计译码电路，所设计的 RAM 电路与 8086 最小方式系统的连接图如图 6.32 所示。

由 74LS155 产生的第一组信号（$1Y_0$～$1Y_3$）中的 $1Y_0$ 作为偶地址存储器芯片的片选信号，第二组（$2Y_0$～$2Y_3$）中的 $2Y_0$ 作为奇地址存储器芯片的片选信号。

例 6.7 在 8086 最小方式下，若系统要求 16KB 的 ROM 和 16KB 的 RAM，ROM 区的地址为 FC000H～FFFFFH，RAM 区的地址为 00000H～03FFFH，ROM 采用两片 2764（8K×8bit）EPROM 芯片，RAM 采用两片 6264（8K×8bit）SRAM 芯片。试画出此存储电路与 8086 最小方式下系统总线的连接图。

解：8086 最小方式系统与存储器读/写操作有关的信号线有：地址总线 A_0～A_{19}，数据总线 D_0～D_{15}，控制信号 $M/\overline{IO}$、$\overline{RD}$、$\overline{WR}$ 和 $\overline{BHE}$。图 6.33 给出了 8086 最小方式系统 16KB ROM 和 16KB RAM 存储器逻辑图。

在图 6.33 中，U1 和 U2 两片 2764 EPROM 芯片构成 16KB ROM 模块，U3 和 U4 两片 6264 SRAM 芯片构成 16KB RAM 模块。U1 和 U3 为偶地址存储体，U2 和 U4 为奇地址存储体。

ROM 地址译码器的译码功能是由 8 输入端与非门 74LS30（U5）完成的，当 A_{14}～A_{19} 和 $M/\overline{IO}$ 信号均为高电平时，其输出端为低电平，用它作为 2764 的片选信号 $\overline{CE}$。对 ROM

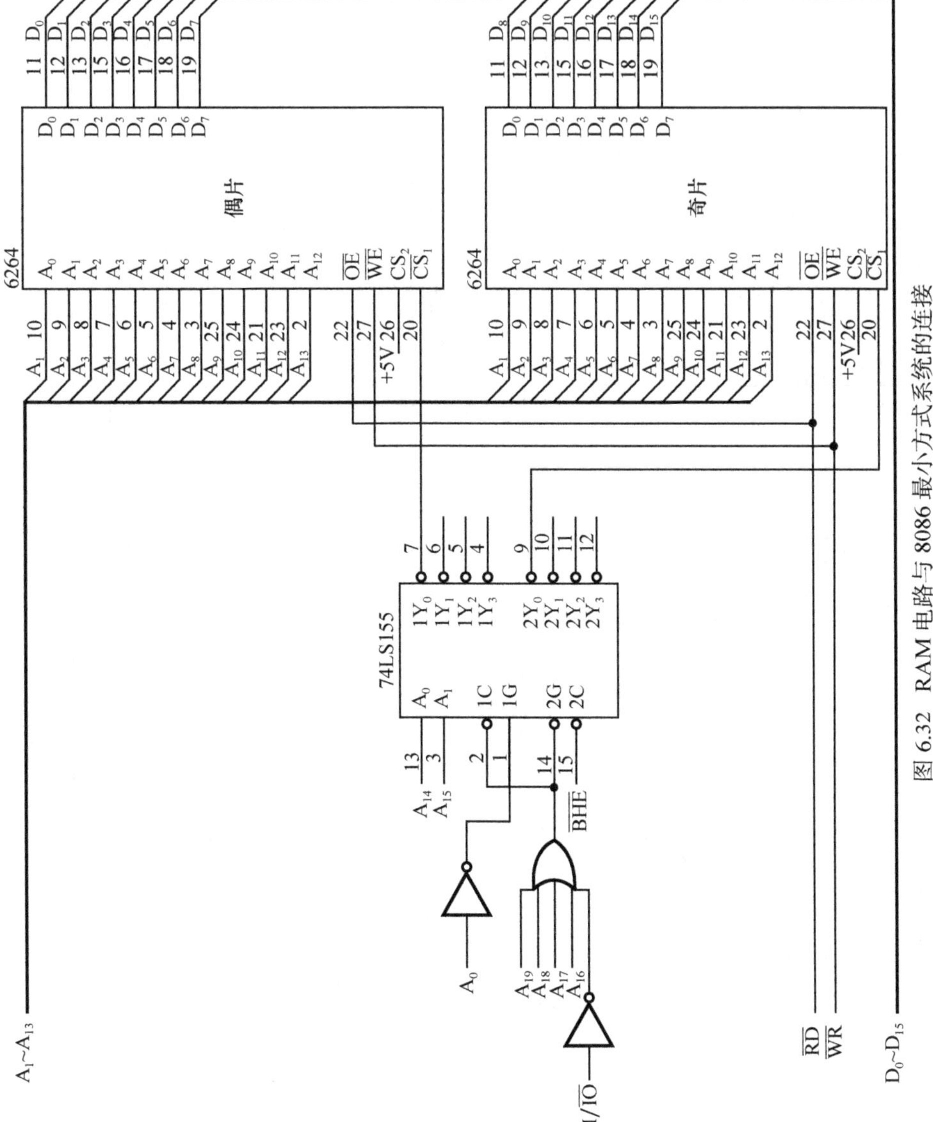

图 6.32 RAM 电路与 8086 最小方式系统的连接

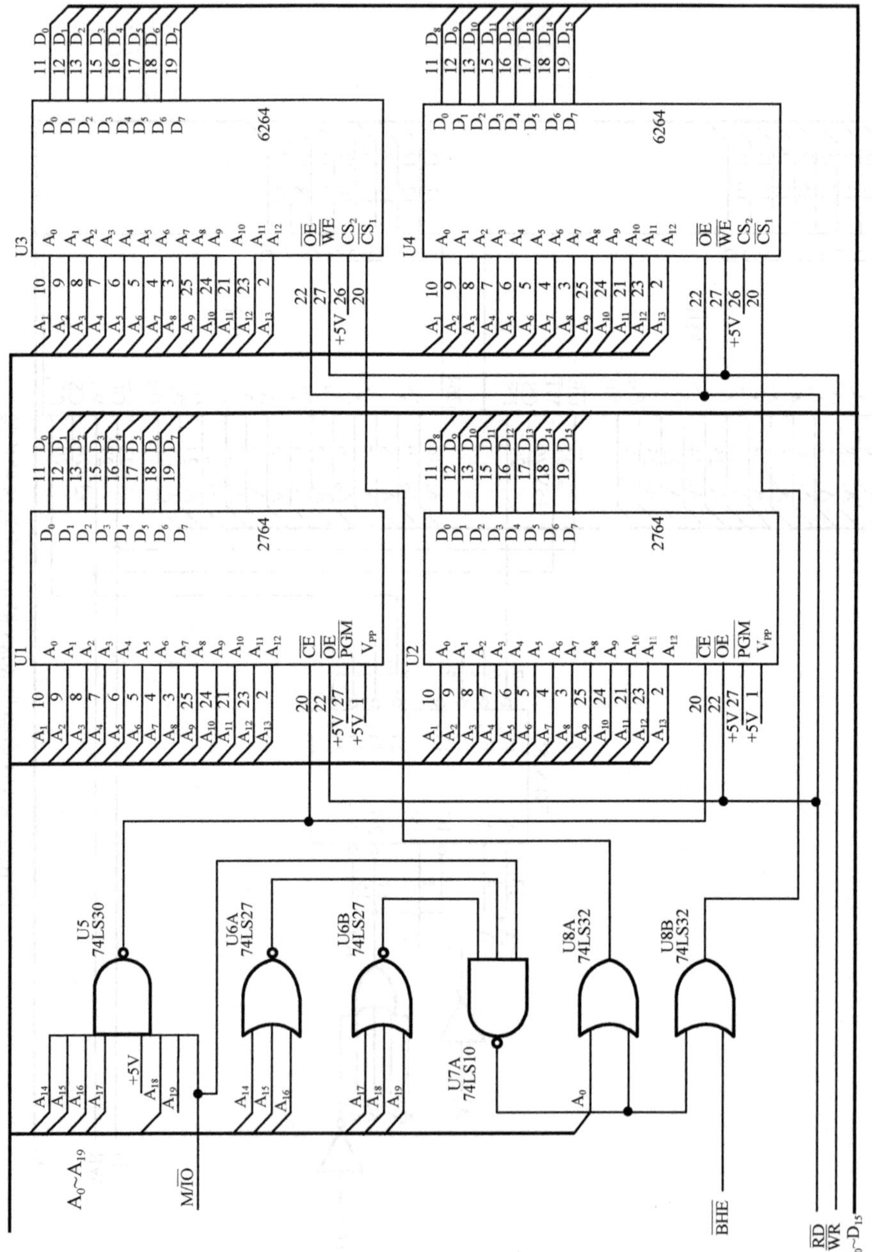

图 6.33 8086 最小方式系统 16KB ROM 和 16KB ROM 存储器逻辑

只有读操作，当读操作时，无论从奇地址读，还是从偶地址读，无论是读字节，还是读字，存储器总是从偶地址开始读出一个字回送给 CPU，由 CPU 根据指令决定接收高位字节、低位字节或者一个字。从奇地址开始的字的读取则是由两个总线周期完成的。

RAM 地址译码由两个 3 输入或非门 74LS27(U6：A 和 U6：B)和一个 3 输入与非门 74LS10(U7：A)完成。当 A_{14}～A_{19} 均为低电平、$M/\overline{IO}$ 信号为高电平时，译码输出为低电平。译码输出和 A_0 均为低电平，2 输入或门 74LS32(U8：A)输出低电平，用它作为偶地址 RAM 芯片(U3)的片选信号 $\overline{CS_1}$。译码输出和 $\overline{BHE}$ 信号均为低电平时，2 输入或门 74LS32(U8：B)输出低电平，用它作为奇地址 RAM 芯片(U4)的片选信号 $\overline{CS_1}$。两片 6264 的第 2 片选信号引脚 CS_2 均接+5V。

在图 6.32 中，控制总线中写信号 $\overline{WR}$ 与 6264 的 $\overline{WE}$ 连接，读信号 $\overline{RD}$ 与 2764、6264 的 $\overline{OE}$ 引脚连接。

若将图 6.32 中 $M/\overline{IO}$ 信号改为+5V，$\overline{RD}$ 信号改为 $\overline{MEMR}$，$\overline{WR}$ 改为 $\overline{MEMW}$，就组成了 8086 最大方式系统 16KB ROM 和 16KB RAM 存储器逻辑图，其地址分配与最小方式系统相同。

6.4.7 CPU 总线负载能力

CPU 输出线的直流负载能力为一个 TTL 负载，而目前的存储器通常采用 MOS 电路，其直流负载很小，主要是电容负载，所以在简单系统中，CPU 可直接与存储器相连，而在较大系统中，就要考虑 CPU 的负载能力，必要时可以通过缓冲器或总线驱动器来提高总线的负载能力。常用的缓冲器或总线驱动器有 74LS373、74LS244(单向 8 位)和 74LS245(双向 8 位)等。

1. 总线竞争的概念

总线竞争也称总线争用，就是在同一总线上，同一时刻有两个或两个以上的器件输出其状态。例如，如图 6.34 所示，如果在某一时刻门 1 和门 2 同时输出它们的状态，则会发生两个门的竞争。

总线发生竞争，系统将无法工作。如果门 1 输出为低电平，门 2 输出为高电平，则总线上的状态难以确定。且门 1 的灌电流(吸收电流)和门 2 的拉出电流很可能将门 1、门 2 损坏。在微机系统中，总线竞争必须避免。因为只要发生竞争，微机肯定无法正常工作，且会损坏微机中的芯片。

2. 总线负载的计算

在微机中，某一芯片的驱动能力，也就是它能在规定的性能下供给下一级的电流(或吸收下级的电流)的能力及允许在其输出端所接的等效电容的能力。前者认为是下级电路对驱动器的直流负载；后者则认为是下级电路对驱动器的交流负载。

1) 直流负载的估算

为了说明直流负载的估算方法，我们以图 6.35 所示的门电路为例进行具体计算，而对其他形式的电路，方法也是一样的。

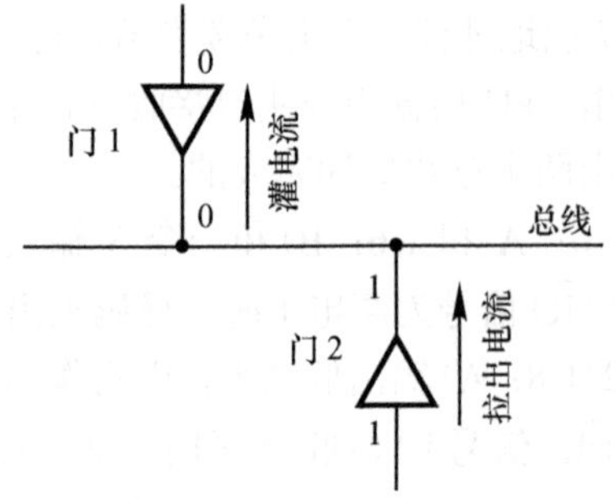

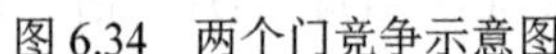
图 6.34　两个门竞争示意图

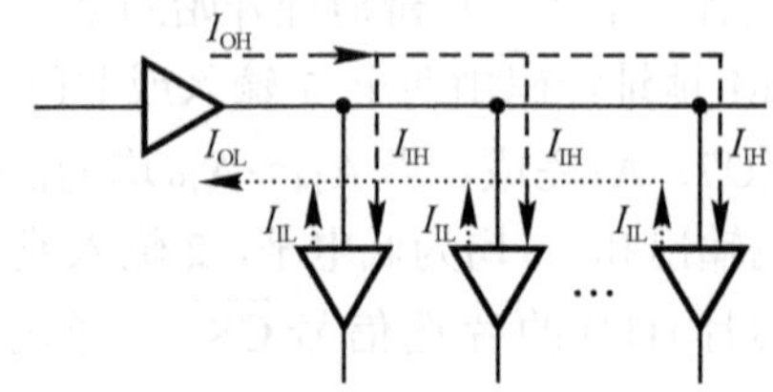

图 6.35　负载计算示意图

左侧的驱动门驱动右侧的负载门。当驱动门的输出为高电平时，它为负载门提供高电平输入电流 I_{IH}。为了使电路正常工作，驱动门必须有能力为所有负载门提供它们所需的电流。因此，驱动门的高电平输出电流 I_{OH} 不得小于所有负载门所需要的高电平输入电流 I_{IH} 之和，即满足下面的算式：

$$I_{OH} \geqslant \sum_{i=1}^{N} I_{IHi} \tag{6.3}$$

其中，I_{IHi} 为第 i 个负载门的高电平输入电流；N 为驱动门所驱动的负载数。同样，当驱动门输出为低电平时，驱动门的低电平输出电流 I_{OL}(实际是负载的灌电流)应不小于所有负载门的低电平输入电流 I_{IL}(实际是负载门的漏电流),即满足下面的算式：

$$I_{OL} \geqslant \sum_{i=1}^{N} I_{ILi} \tag{6.4}$$

2)交流负载的估算

就目前应用来说，通常使用的频率并不高。因此，一般只需考虑电容的影响。因为电容的存在可使脉冲信号延时，边沿变坏。因而，许多电路芯片都规定所允许的负载电容 C_P。另外，总线的引线及每一个负载都有一定的输入电容 C_I。从交流负载来考虑，必须满足下面的算式：

$$C_P \geqslant \sum_{i=1}^{N} C_{Ii} \tag{6.5}$$

其中，C_P 为驱动门所能驱动的最大电容；C_{Ii} 为第 i 个负载的输入电容。

例 6.8　查手册得到某一门电路的 I_{OH}=15mA，I_{OL}=24mA，I_{IL}=0.2mA，I_{IH}=0.1mA，C_P=150pF，C_I=5pF。若用这样的门来驱动同样的门，能驱动的负载个数为多少？

解：由式(6.3)算出

$$N=15\text{mA}/0.1\text{mA}=150(\text{个})$$

由式(6.4)算出

$$N=24\text{mA}/0.2\text{mA}=120(\text{个})$$

由式(6.5)算出

$$N=150\text{pF}/5\text{pF}=30(\text{个})$$

以直流负载和交流负载进行估算，理论上算出用这样的门可以驱动 30 个同样的门，但实际应用时，一般不超过 10 个。

3. 总线的驱动与控制

前面已经叙述过，在较大的微机应用系统中，微处理器级总线需要驱动，如果系统级总线所带的负载个数比较多，就要考虑系统总线的负载能力。对微处理器级总线的驱动在第 5 章已经进行了介绍，这里主要介绍系统总线的驱动及控制。由于系统地址总线、控制总线是单向的，所以驱动电路比较简单，可以采用 74LS373、73LS244 等进行驱动。而对于数据双向的系统总线的驱动与控制，要遵循下列原则。

(1) 只有当 CPU 读板内内存单元时，驱动器指向系统总线的三态门才允许导通。

(2) 只有当 CPU 写板内内存单元时，驱动器指向板内的三态门是导通的。

(3) 当 CPU 不去寻址板内内存时，驱动器两边均处于高阻状态。

例 6.9 若要在 PC/XT 总线上扩展内存，地址为 A4000H～A4FFFH，试设计该内存扩展(卡)插件板的板内数据总线驱动与控制电路。

解：根据系统双向数据总线的驱动与控制设计原则，依据题目给出的板内存储器地址范围，用 74LS245 数据双向缓冲器设计的该内存扩展(卡)插件板的板内数据总线驱动与控制电路如图 6.36 所示。

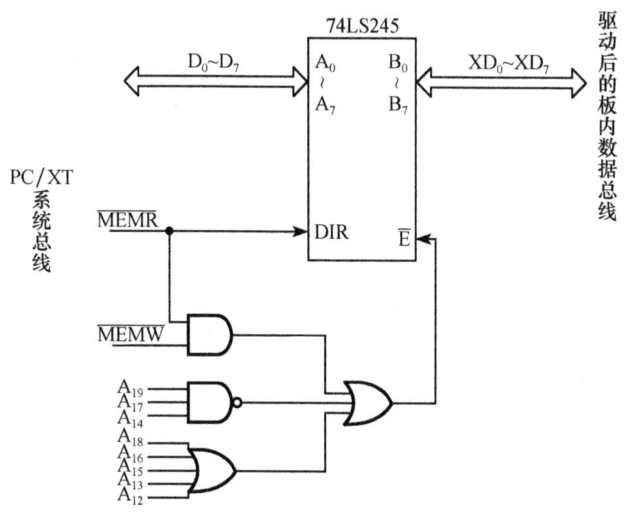

图 6.36　内存扩展板的板内数据总线驱动与控制电路

6.5　多端口存储器设计

在多微处理器系统中，经常利用多端口存储器实现处理器之间的快速数据交换。多端口存储器包括双端口、三端口、四端口等。本节仅对双端口存储器进行简要介绍。

6.5.1 双端口存储器

1. 引线

双端口存储器 DS1609 的引线如图 6.37 所示。由图 6.37 可以看到，双端口存储器的引线分为两个独立的端口，分别画在图 6.37 的两侧。引线 AD_0～AD_7 为复用引线，这 8 条线上可输入地址信号，也可以传送数据。其他控制信号已经介绍过，不再说明。

用户既可以通过 A 端口对 DS1609 进行读/写操作，也可以通过 B 端口对它进行读/写，两者独立控制，互不影响。

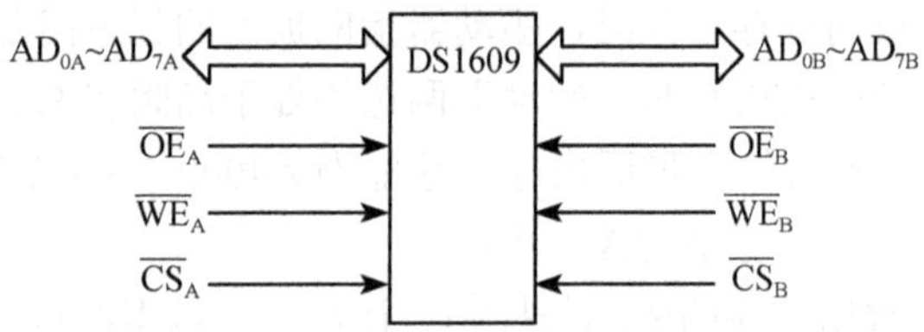

图 6.37　双端口存储器 DS1609 的引线

2. 读/写操作

DS1609 的任一端口的读/写操作，可用图 6.38 和图 6.39 所示的时序图来表示。

由图 6.38 可以看到 DS1609 的读操作过程：在 AD_0～AD_7 上加上地址信号，利用 $\overline{CS}$ 的下降沿锁存地址于芯片内部。然后，在 $\overline{CS}$ 和 $\overline{OE}$ 同时为低电平时，将地址单元中的内容读出。在写入数据时，首先在 AD_0～AD_7 上加上地址信号，由 $\overline{CS}$ 下降沿锁存。然后在 AD_0～AD_7 上加上要写入的数据，在 $\overline{CS}$ 和 $\overline{WE}$ 同时为低电平的作用下，将数据写入相应的地址单元。

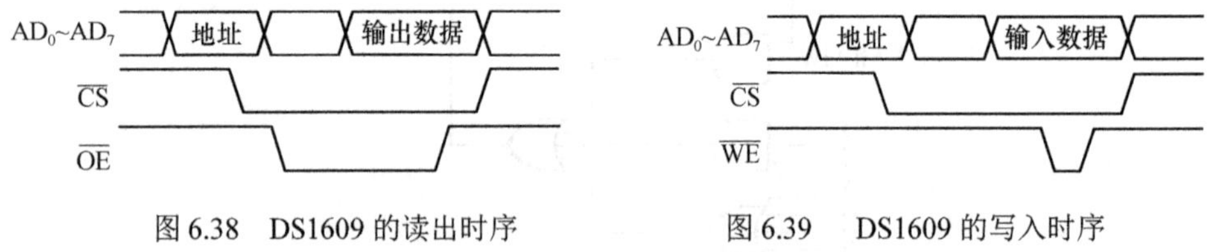

图 6.38　DS1609 的读出时序　　图 6.39　DS1609 的写入时序

3. 同时操作

双端口存储器允许对 A、B 两端口的存储单元同时操作，下面分别说明。

(1) 对不同存储单元允许同时进行读或写操作。

(2) 允许对同一单元同时进行读操作。

(3) 当一个端口写某单元而另一端口同时读该单元时，读出的数据要么是旧数据，要么是新写入的数据。因此，这种情况也不会发生操作混乱。

(4) 当两个端口同时对同一单元写数据时，就会引起竞争，产生错误。因此，这种情况应想办法加以避免。

4. 竞争的消除

对于 DS1609 来说，竞争发生在对同一单元同时写数据时。为了防止竞争的发生，可以另外设置两个接口，该接口能保证一个端口只写而另一个只读。例如，可以用带有三态门输出的 74LS373、74LS374 锁存器来实现。如果可能，也可在 DS1609 中设置两个单元，一个 A 端口只写而 B 端口只读，另一个则相反。在 A 端口向 DS1609 写数据时，先读 B 端口的写状态。若 B 端口不写，则将自己的写状态写到存储单元中。当 B 端口写入时，同样查询 A 端口的状态。其过程可用图 6.40 所示的流程图来说明。

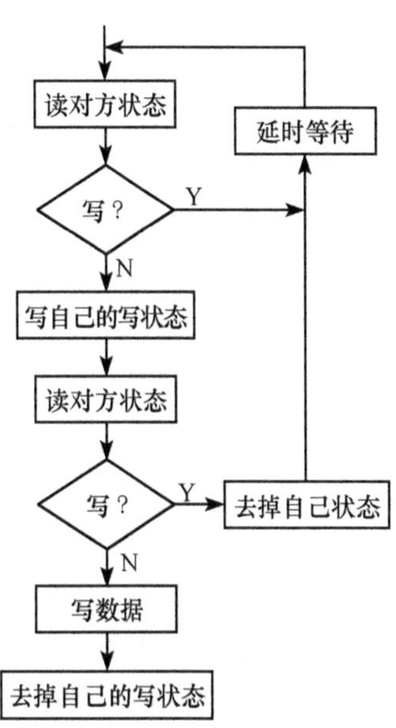

图 6.40　查询写入流程图

5. 连接使用

在了解上述情况的基础上，连接使用相对就比较容易了。将 DS1609 直接与 8088 CPU 相连接，而另一端口与单片机相连接，构成多机系统的框图如图 6.41 所示。

以上以 DS1609 为例说明了双端口存储器的应用。其关键是避免发生总线竞争而造成错误。对于其他型号的双端口存储器也可用类似的思路解决问题。

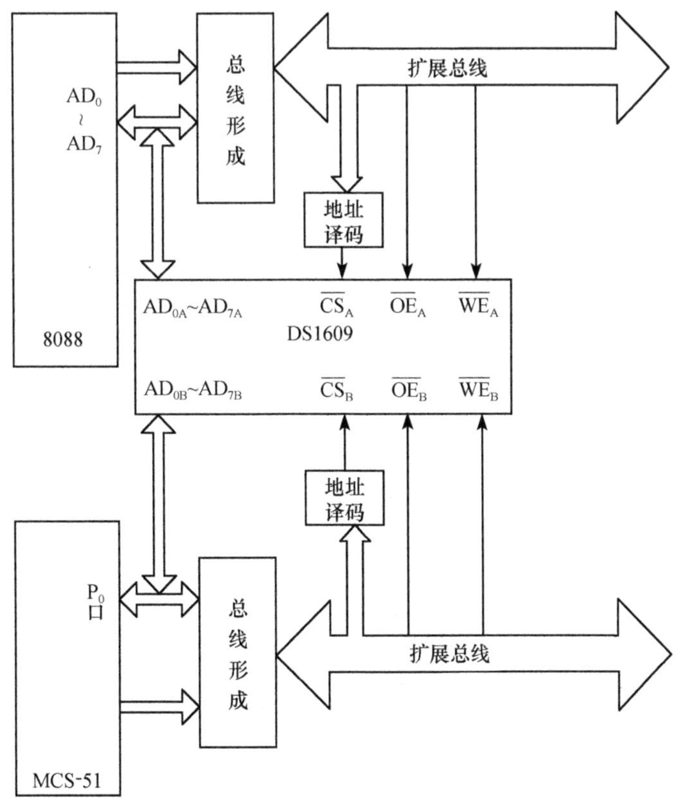

图 6.41　DS1609 的连接框图

6.5.2 先进先出(FIFO)存储器

在数字电路中，有利用移位寄存器实现 FIFO 的产品，这种电路的工作是通过移位来实现的。而这里要说明的 FIFO 存储器，它是由若干存储单元构成的，数据写入之后就保持不动，而 FIFO 是利用芯片内部的地址指针的自动修改来实现的。下面仅以异步 FIFO 存储器 DS2009 为例加以说明。

1. DS2009 的引线及功能

FIFO 存储器 DS2009 也是双端口存储器，它的一个端口是只写的，而另一个端口是只读的，其引线如图 6.42 所示。D_0～D_8 为 9 条输入数据线；Q_0～Q_8 为 9 条输出数据线；$\overline{RS}$ 为复位输入端，低电平有效，使写入地址回到(000H)。由于 DS2009 为 512×9bit 容量，每写入一个 9 位数据，地址自动加 1；当地址加到 1FFH 后，再加 1，又可回到 000H 从头开始。引脚 $\overline{FL}/\overline{RT}$ 用于多片 DS2009 级联使用，以便增加 FIFO 深度，用低电平的 $\overline{FL}$ 表示首选读/写的芯片。$\overline{RT}$ 加上负脉冲可使读出地址复位到 000H；引脚 $\overline{EF}$ 为 FIFO 缓冲器空标志，低电平表示 FIFO 存储器中的数据已空，无数据可读；$\overline{FF}$ 为缓冲器满标志，低电平表示 FIFO 存储器的各单元已写满。只有有数据读出后，$\overline{FF}$ 才变为高电平；$\overline{XI}$ 和 $\overline{XO}$ 用于多片级联扩展数据宽度或容量深度。$\overline{HF}$ 为缓冲器半满标志，当 FIFO 存储器已写入的数据达到或超过一半(256 个)时，$\overline{HF}$ 有效(低电平)，常用于单片或字宽扩展。

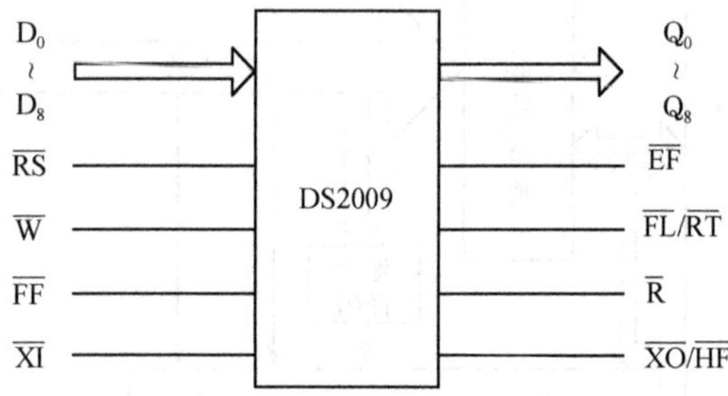

图 6.42 FIFO 存储器 DS2009 引线图

2. 具体操作

(1) 写操作。在 FIFO 非满($\overline{FF}=1$)的条件下，利用 $\overline{W}$ 脉冲的上升沿将数据写入。每写入一个数据，内部写地址指针自动加 1，并在 512 个单元内循环。

(2) 读操作。在 FIFO 非空($\overline{EF}=1$)状态下，利用 $\overline{R}$ 脉冲下降沿，可将数据读出。每读出一个数据，内部读地址指针自动加 1，并在 512 个单元内循环。

芯片的满与空是由芯片内部写地址指针和读地址指针的距离来决定的。同时，对芯片的写与读是完全独立的，可以同时进行，也可以各自操作。利用芯片所提供的状态信号，可以方便地实现 FIFO 的数据传送。

(3) 级联操作。可以利用多片 DS2009 实现字宽的扩展。利用两片级联即可实现 18 位(两个 9 位)数据的扩展，达到 512×18bit 的 FIFO 存储器。同样，利用多片也可以实现深度的扩展。例如，利用 4 片 DS2009 级联即可达到 2048×9bit 的深度扩展。

6.6 小　结

存储器是计算机系统的重要组成部分，用于存储计算机工作所必需的数据和程序。它分为内存储器和外存储器。

本章要求在了解半导体存储器分类及技术指标的基础上，掌握存储器芯片的最小读出时间与最小写入时间的计算，着重掌握微机或微机应用系统内存储器系统的构成及与 CPU 的连接方法。在内存储器系统的构成及与 CPU 的连接中，重点掌握存储器的位扩展和字节扩展、存储器的地址译码方法及译码电路、总线负载的计算和总线驱动与控制方法。

需要指出的是，在 8086 微机系统中进行内存电路设计时，一定要注意奇片存储器与偶片存储器要分开设计，并注意数据总线的连接及片选信号的产生。

习　题

6.1　简述内存储器的分类及每种存储器的用途。

6.2　简述存储器的主要技术指标有哪些。

6.3　在实际工程应用中，存储器芯片的速度怎样估算？

6.4　常用的存储器地址译码方式有哪些？它们各有什么特点？

6.5　在 8086 微机系统中，数据总线有 16 条，为了实现在一个总线周期内完成对一个字的操作，存储器分为奇地址存储体和偶地址存储体，简述它们与系统总线如何连接。

6.6　用下列 RAM 芯片构成 32KB 存储器模块，各需多少芯片？16 位地址总线中有多少位参与片内寻址？多少位可用作片选控制信号？

(1) 1K×1bit；(2) 1K×4bit；(3) 4K×8bit；(4) 16K×4bit。

6.7　若存储器模块的存储容量为 256KB，则利用上题中给出的 RAM 芯片，求出构成 256KB 存储模块各需多少块芯片？20 位地址总线中有多少位参与片内寻址？多少位可用作片选控制信号？

6.8　一台 8 位微机系统的地址总线为 16 位，其存储器中 RAM 的容量为 32KB，首地址为 4000H，且地址是连接的。问可用的最高地址是多少？

6.9　某微机系统中内存的首地址为 4000H，末地址为 7FFFH，求其内存容量。

6.10　利用全地址译码将 6264 芯片接在 8088 的系统总线上，其所占地址范围为 00000H～03FFFH，试画连接图。写入某数据并读出与之比较，若有错，则在 DL 中写入 01H；若每个单元均对，则在 DL 写入 EEH，试编写此检测程序。

6.11　简述 EPROM 的编程过程，并说明 E^2PROM 的编程过程。

6.12　若要将 4 块 6264 芯片连接到 8088 最大方式系统 A0000H～A7FFFH 的地址空间中，现限定要采用 74LS138 作为地址译码器，试画出包括板内数据总线驱动的连接电路图。

6.13　若在某 8088 微机系统中，要将一块 2764 芯片连接到 E0000H～E7FFFH 的空间中，利用局部译码方式使它占有整个 32KB 的空间，试画出地址译码电路及 2764 芯片与总线的连接图。

6.14　若某微机系统的地址总线有 16 条，采用 2 片 2K×8bit 的 Intel 6116 SRAM 芯片形成 4KB 的存储器，其地址分配在 2000H～3FFFH 的内存空间，地址译码采用部分地址译码方式，采用 74LS138 作为地址译码器，设计片选译码电路，画出存储器芯片与系统总线的连接电路，并指出每片 6116 所占用的内存空间地址范围。

6.15　已知某 ROM 芯片容量为 4K×4bit，其部分引脚如图 6.43 所示。

(1)若用该 ROM 芯片构成 00000H～01FFFH(ROM1)与 03000H～03FFFH(ROM2)两个寻址空间的内存区域，需要几片该芯片？共几个芯片组？

(2)在 8088 最小方式系统下，用 74LS138 设计译码电路，画出芯片组与系统总线的连接图。

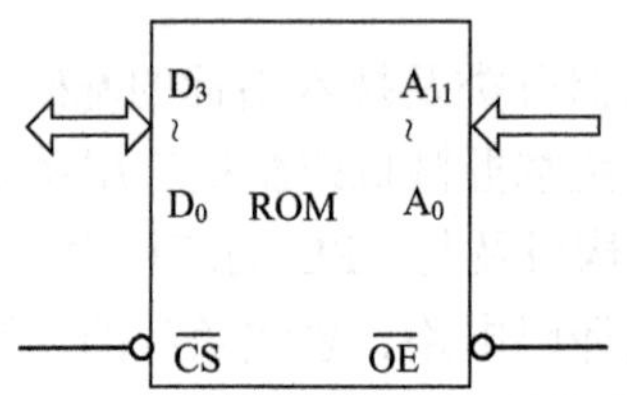

图 6.43　ROM 芯片引脚

6.16　已知某 SRAM 芯片的部分引脚如图 6.44 所示，在 8088 最大方式形成的微机系统中，要求用该芯片构成 70000H～7BFFFH 空间的内存。

(1)需要几片该芯片？

(2)给出每片芯片所占用的地址范围。

(3)采用 74LS138 进行地址译码，画出存储器设计电路图。

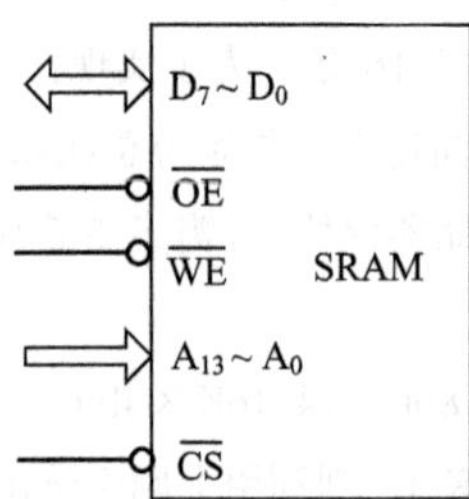

图 6.44　SRAM 芯片引脚

6.17　编写一个 RAM 检测程序，要求使用交替读写 55H 和 AAH 的方式检测出地址范围为 2000H～AFFFH 的内存区有多少字节单元出错，且把出错的字节单元地址保存在偏移地址为 1000H 的缓冲区。

6.18　在 8086 CPU 工作在最小方式组成的微机系统中，扩充设计 16KB 的 SRAM 电路，SRAM 芯片选用 Intel 6264，内存地址范围为 70000H～73FFFH，试画出此 SRAM 电路与 8086 系统总线的连接图。

6.19　E^2PROM 28C16 芯片各引脚的功能是什么？如果要将一片 28C16 与 8088 系统总线相连接，并能随时改写 28C16 中各单元的内容，试画出 28C16 和 8088 系统总线的连接图(地址空间为 40000H～407FFH)。

第 7 章　常用芯片的接口技术

7.1　I/O 接口概述

7.1.1　输入/输出系统

计算机中完成输入/输出(简称 I/O)操作的部件称为输入/输出系统，包括 I/O 软件和 I/O 硬件两部分。而 I/O 硬件和软件的综合设计称为 I/O 接口技术。

1. I/O 软件

I/O 软件的作用是在 I/O 硬件的基础上实现输入/输出操作。在不同结构和性能的计算机中，所采用的 I/O 软件技术差异很大，如在微型计算机中，I/O 软件主要包括使用 I/O 指令编写的输入/输出程序，以及操作系统中有关的管理模块。而在高性能计算机中，由于通常采用通道、I/O 处理机方式实现输入/输出操作，I/O 软件还包括通道程序或 I/O 处理机程序。

在现代计算机中，使用 I/O 指令编写的输入/输出程序通常以驱动程序的形式出现。

2. I/O 硬件

I/O 硬件一般包括 I/O 控制部件、I/O 设备和 I/O 接口三部分。

I/O 控制部件完成对输入和输出操作过程的控制，有效地提高输入/输出的效率，典型的 I/O 控制部件包括中断控制器、DMA 控制器等。

I/O 设备种类繁多，实现机制各异，常见的有键盘、鼠标、显示器、硬盘、打印机、调制解调器、扫描仪等设备。实际系统中采用的 A/D、LED、LCD 等，也是常见的 I/O 设备。

I/O 接口实现了 I/O 设备和系统总线之间的连接，是本章学习的重点。

7.1.2　接口

1. I/O 接口的功能

I/O 接口是指 I/O 设备与系统总线之间的连接部件。在早期的计算机中，I/O 设备种类很少且不常更换，每个 I/O 设备与 CPU 之间设有专门的逻辑控制电路，这些逻辑控制电路与 CPU 构成一个相互牵扯、不可分割的整体。这样的连接方式不仅使线路复杂，而且使增加、减少或者更换 I/O 设备非常困难。

为了克服这种缺点，现代计算机设置了 I/O 接口，每个 I/O 设备通过 I/O 接口连接在系统总线上，通过更换接口，可以方便地更换 I/O 设备，增加了系统的灵活性。

I/O 接口能够实现的功能主要有下列几个方面。

(1)地址选择。计算机系统中通常有很多个 I/O 设备，每个 I/O 设备有自己的设备号(即设备地址)，I/O 接口中的设备地址选择电路通过译码可以选择进行输入/输出的 I/O 设备。

(2)控制功能。在进行输入/输出操作时，CPU 向 I/O 设备发出各种控制命令，这些控制命令需要通过 I/O 接口传送给 I/O 设备。

(3) 状态指示。在进行输入/输出操作时，CPU 需要了解 I/O 设备的当前状态（“忙”“就绪”“出错”“中断请求”等)，I/O 接口可以监视 I/O 设备的状态，并及时向 CPU 报告。

(4) 速度匹配。I/O 设备种类繁多、速度差异很大，I/O 接口通过内部的数据缓冲器可以匹配 CPU 与 I/O 设备之间的速度差异，提高了输入/输出的效率。

(5) 转换信息格式。例如，有些 I/O 设备操作的是串行数据，而 CPU 一般传送的是并行数据，I/O 接口则实现了串行和并行数据的转换。

(6) 电平转换。CPU 与 I/O 设备采用不同的电平，I/O 接口则需要实现不同电平之间的转换，如 TTL 电平与 RS-232C 之间的电平转换。

(7) 可编程性。可编程性是指 I/O 接口具有多种功能和工作方式，通过软件(即 OUT 指令)可以对 I/O 接口的功能和工作方式进行选择。具有可编程性的 I/O 接口(如 8255A 等)可以提高计算机系统的通用性。

2. I/O 接口的分类

在微型计算机系统中，接口的种类繁多，这是由 I/O 设备的多样性决定的。根据不同的分类标准，I/O 接口可以有下列几种分类方法。

(1) 按照与 I/O 设备的数据传送方式，可以分为并行接口和串行接口，它们与 I/O 设备之间分别以并行和串行方式进行数据传送。

(2) 按照通用性可以分为通用接口和专用接口。通用接口可以适用于多种 I/O 设备，如 Intel 8255A、Intel 8251A 等接口电路。专用接口只适用于特定的 I/O 设备，如 Intel 8279 是专门用于键盘和数码管的接口电路芯片，而 Intel 6845 是专门用于 CRT 显示器的接口电路芯片，实现刷新操作的定时控制。

(3) 按照可编程性可以分为可编程接口和不可编程接口。可编程接口能够提供多种工作方式，根据具体情况通过软件编程进行选择，适用范围较广，而不可编程接口则不具备这样的性质。

(4) 不同的接口可以支持不同的输入/输出控制方式(程序直接控制的 I/O 方式、I/O 中断方式、DMA 方式等)。为了方便起见，有些接口也能够同时支持多种输入/输出控制方式，如 Intel 8255A 既能支持程序直接控制的 I/O 方式，也能支持 I/O 中断方式。

3. I/O 接口的组成

一个简单的 I/O 接口的逻辑组成如图 7.1 所示。

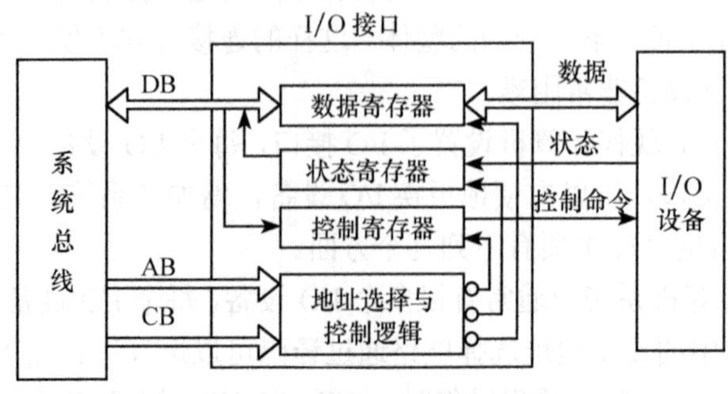

图 7.1　I/O 接口的逻辑组成

从图 7.1 可以看出，I/O 接口一方面通过系统总线与 CPU 连接，另一方面通过通信总线与 I/O 设备连接，成为 CPU 与 I/O 设备之间交换信息的桥梁。因此，常用的接口电路芯片有与系统总线连接的引脚，如数据引脚(与数据总线连接)、地址引脚(与地址总线连接)和控制引脚(如读、写、时钟、复位、中断请求输出等，与控制总线连接)，也有一些与 I/O 设备连接的引脚。

CPU 与 I/O 设备之间交换的信息有数据信息、控制信息和状态信息三种信息，分别通过 I/O 接口内部的三种寄存器来完成。

数据寄存器(或者称为数据缓冲器)存放的是数据信息，如果是输入操作，则 I/O 设备首先将准备好的数据写入数据寄存器，然后由 CPU 通过数据总线将数据读入。如果是输出操作，则首先由 CPU 将输出的数据写入数据寄存器，然后由 I/O 接口将数据传送给 I/O 设备。在输入/输出操作期间，I/O 接口根据需要还要进行数据格式转换、电平转换等处理工作。

状态寄存器存放的是 I/O 设备的状态信息，如“忙”“就绪”等，CPU 通过对状态寄存器的读操作可以查询 I/O 设备的当前状态。

控制寄存器存放的是对 I/O 设备的控制命令，如启动、停止、工作方式选择等。当 CPU 需要对 I/O 设备进行控制时，将控制命令写入控制寄存器，由控制寄存器输出实现对 I/O 设备的控制。

综上所述，输入/输出操作实际上是通过 CPU 对 I/O 接口中的各种寄存器(I/O 端口)的读、写操作实现的。

7.2 外设接口的编址方式

7.2.1 I/O 端口

I/O 端口(port)就是指 I/O 接口内部可由 CPU 进行读/写操作的各种寄存器，根据存放信息的不同，这些寄存器分别称为数据端口、控制端口和状态端口。

对于不同的 I/O 接口，其内部的 I/O 端口的种类、数量和字长可能存在差异，甚至连名称也不尽相同，但本质上都是用于存放数据、控制和状态信息的，都是用于完成输入/输出操作的。

7.2.2 I/O 端口的编址方式

通常情况下一个微型计算机系统内有多个 I/O 接口，每个 I/O 接口内部又有多个 I/O 端口，CPU 在访问某个 I/O 端口时就需要对其进行地址选择。选择的方式与访问存储器中存储单元的情况相似，系统为每个 I/O 端口分配了一个地址，这样的地址称为 I/O 端口地址，或者简称 I/O 地址。当 CPU 访问某个 I/O 端口时(用 IN/OUT 指令)，首先通过地址总线给出 I/O 地址，I/O 接口内的设备地址选择电路通过地址译码选中要访问的 I/O 端口，然后在读、写等控制信号的作用下对其进行读/写操作。

安排 I/O 端口地址的方式称为 I/O 端口的编址方式。在微型计算机中，根据 I/O 端口地址与存储单元地址之间的关系，I/O 端口编址方式可以分为独立编址和统一编址两种方式。

1. 独立编址方式

独立编址方式是指 I/O 端口与存储器有相互独立的地址空间(如 8086 和 8088 CPU)。两者之间之所以有相互独立的地址空间，是因为访问 I/O 端口和存储器时采用了不同类型的读/写信号。当 CPU 给出一个地址时，若存储器的读或写信号有效，则该地址在存储器中选中一个存储单元进行读/写。相反，若 I/O 读或写信号有效，则该地址选中一个 I/O 端口进行访问。

如果地址总线为 N 根，则系统的寻址空间为 2^N。采用独立编址方式时，则分配给存储单元的地址共 2^N 个，而分配给 I/O 端口的地址也可以达到 2^N 个，所以 I/O 端口、存储器各自都有一个大小为 2^N 的地址空间。

8086/8088 系统是典型的独立编址方式，这是因为虽然它们只提供一种读($\overline{RD}$)、写($\overline{WR}$)信号，但是用存储器和 I/O 选择信号 $M/\overline{IO}$ (8088 是 $IO/\overline{M}$ 信号)可以区分是进行存储器读写操作还是 I/O 端口的读写操作，如图 7.2 所示。

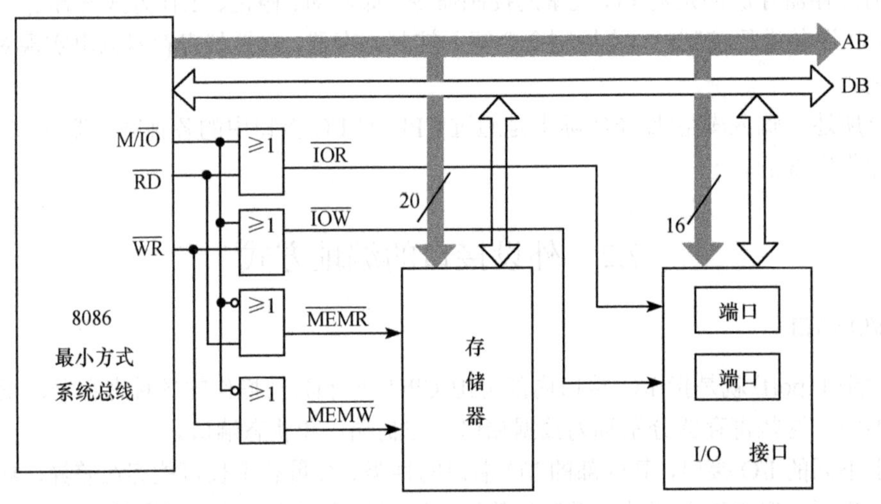

图 7.2 8086/8088 的独立编址方式

实际上，正是由于 I/O 端口与存储器的地址空间相互独立，所以它们可以使用不同的地址位数，如在 8086/8088 系统中，如果访问存储器，则通过地址总线给出 20 位地址，存储器的地址空间为 1MB；如果访问 I/O 端口，则通过地址总线给出 16 位地址(地址总线高 4 位不用)，因此 I/O 地址空间为 64KB，一般情况下，这样的 I/O 地址空间已经足够使用了。

为了能够在访问 I/O 端口和存储器时给出不同的读/写信号，微处理器的指令系统中除了有对存储器操作的指令外，还必须有专门的 I/O 指令，执行不同的指令就会产生不同类型的读/写信号。例如，8086/8088 使用 MOV 等指令访问存储器，而用 IN 和 OUT 指令访问 I/O 端口，两类指令执行时分别使 $M/\overline{IO}$ 为高电平和低电平。

独立编址方式的优点之一是存储器的容量可以达到与地址总线所决定的地址空间相

同；优点之二是访问 I/O 端口时的地址位数可以较少，提高总线的利用率。但是缺点是必须设置专门的 I/O 指令，增加了指令系统和有关硬件的复杂性。

2. 统一编址方式(或称为存储器映射编址)

统一编址方式是指 I/O 端口与存储器共享同一个地址空间，存储单元只占用其中一部分地址，而 I/O 端口则占用另外一部分地址。由于两者使用同一个地址空间，所以访问 I/O 端口和存储器可以使用相同的读/写信号，在这种情况下，要求给各个存储单元和各个 I/O 端口分配互不相同的地址，CPU 通过不同地址来选择某一个存储单元或 I/O 端口进行访问。图 7.3 说明了两种编址方式中地址空间的关系。

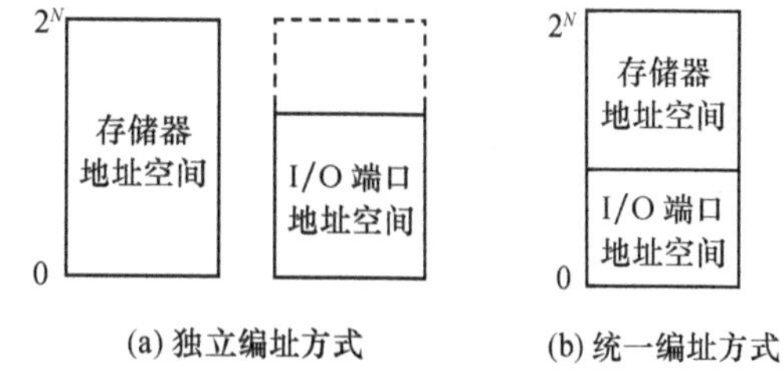

图 7.3　两种编址方式的地址空间对比

与独立编址方式相比，统一编址方式的优点是无须专门的 I/O 指令，从而使编程较为灵活，但是 I/O 端口占用了存储器的一部分地址空间，因而影响到系统中存储器的容量，并且访问存储器和访问 I/O 端口必须使用相同位数的地址，使指令地址码加长，总线中传送信息量增加。

7.3　输入/输出的指令和基本方式

7.3.1　输入/输出指令

在第 2.5 节中提到，8086/8088CPU 采用两个独立的地址空间，即存储器地址空间和 I/O 端口地址空间，这就是说，访问存储器与访问 I/O 端口的指令是不同的，因此，不能采用 MOV 指令来访问 I/O 端口。

8086/8088CPU 提供了访问 I/O 端口的专门指令，由于系统至多可以有 65536 个端口寄存器，因此端口地址只需要使用 16 位地址表示，这一点与存储器不同。

1. 端口输入指令

端口输入指令 IN（Input byte or word from port）的格式为

```
IN   DST, SRC
```

表示 CPU 从端口读取数据。DST 用于指定存储读取数据的寄存器，这里只能取 AL 或 AX 寄存器，当从 8 位端口中读取一个字节时，采用 AL 寄存器；当从 16 位端口中读取一个字时，采用 AX 寄存器。SRC 用于指定端口地址，它有两种寻址方式：①当端口地址可以用 8 位地址值表示时，SRC 可以直接用地址值（port）表示，这时的寻址方式为直接寻址；②当端口地址不能用 8 位表示时，SRC 取 DX，即将端口地址存放在 DX 中，通过 DX 找到端口地址，这时的寻址方式为寄存器间接寻址。当然，对可以用 8 位地址表示的端口访问也可以采用寄存器间接寻址方式。

2. 端口输出指令

端口输出指令 OUT（Output byte or word to port）的格式为

OUT　DST, SRC

表示 CPU 将数据送给 I/O 端口。其说明与 IN 指令类似，只是 SRC 用于指定存储读取数据的寄存器，DST 用于指定端口地址。

综上所述，合法的输入/输出指令只有下列 8 条（设 port 表示 8 位的端口地址值）。

字节输入/输出：	IN　AL, PORT	OUT　PORT, AL
	IN　AL, DX	OUT　DX, AL
字型输入/输出：	IN　AX, PORT	OUT　PORT, AX
	IN　AX, DX	OUT　DX, AX

注意，端口输入/输出指令是与硬件相配合的指令，示例在硬件设计中给出。

7.3.2　输入/输出的基本方式

微型计算机需要大量的输入/输出操作，因此输入/输出操作的效率是影响系统性能的重要因素。输入/输出的控制方式是指以何种方式控制计算机的主机(包括微处理器、存储器等)与 I/O 接口之间进行数据传送。根据 I/O 设备与主机的并行工作程度，微型计算机的输入/输出控制方式主要有无条件传送方式、程序查询方式、I/O 中断方式和 DMA 方式等四种。

1. 无条件传送方式

无条件传送方式又称为“同步传送方式”，是指 I/O 设备可以在微处理器限定的时间内准备就绪，因此微处理器可以直接执行预先编制的 I/O 程序实现输入/输出操作，而无须查询 I/O 设备的状态。

无条件传送是最简单的输入/输出控制方式，所需要的软、硬件较少，实现简单，但是前提条件是要求 I/O 设备能够及时准备就绪，通常只有开关、发光二极管和七段 LED 数码管等适合这种方式。

无条件传送方式典型的输入/输出接口形式如图 7.4 所示。在输入端口设计中，所选择的输入接口芯片的输出端必须具有三态功能(如图 7.4(a)中的 74LS244)，只有这样，才能

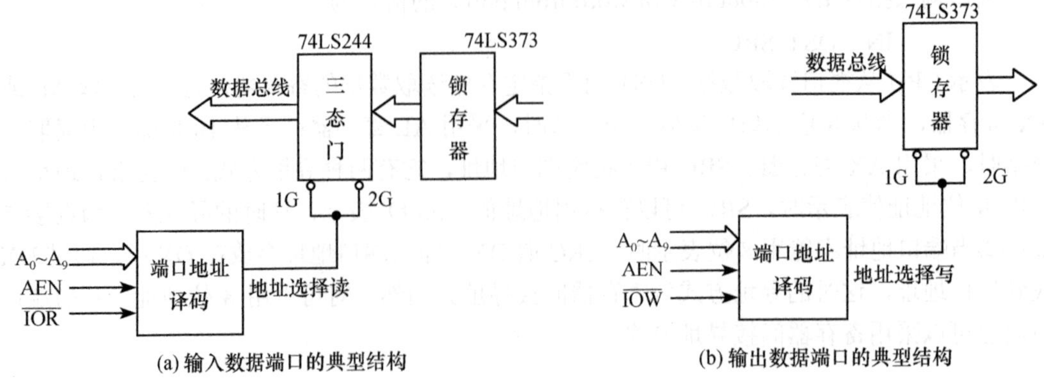

(a) 输入数据端口的典型结构　　(b) 输出数据端口的典型结构

图 7.4　输入/输出数据端口的典型结构

保障不发生总线竞争。CPU 执行 IN 指令时从输入端口输入一个数据。在输出端口设计中，所选择的输出接口芯片的输出端必须具有锁存功能(如图 7.4(b)中的 74LS373)，只有这样，才能保障快速 CPU 与慢速 I/O 设备之间的速度匹配问题。CPU 执行 OUT 指令时可将一个数据输出并锁存到输出端口。

2. 程序查询方式

程序查询方式也称为“异步传送方式”或者“有条件传送方式”，其典型结构如图 7.1 所示。在这种方式中，微处理器在进行输入/输出操作前要不断查询 I/O 设备的状态，只有当 I/O 设备准备就绪时才执行 I/O 指令，完成输入/输出操作。因此，I/O 接口除了数据端口外，还需要具有指示 I/O 设备状态的端口，以供微处理器的查询和检测。在 7.1 节介绍的微型打印机接口“忙”信号无效时才能将数据传送给打印机接口，否则会覆盖接口中打印机还没有及时接收的数据，造成数据丢失。

图 7.5 是微处理器采用程序查询方式从一个 I/O 设备输入一个数据块(如硬盘的一个扇区)并存放到内存的基本流程图。

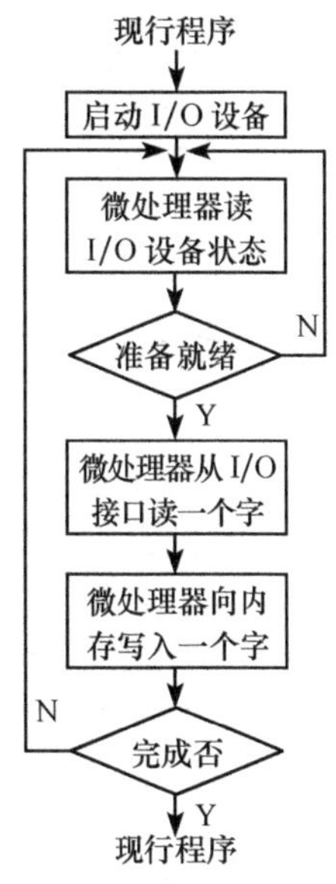

图 7.5 程序查询方式的流程图

由图 7.5 可以看出，微处理器在启动 I/O 设备后，需要查询 I/O 设备的状态，在 I/O 设备未准备就绪时，这种查询操作反复进行，犹如“原地踏步”，因而暂停了现行程序的执行，可见这种方式占用了微处理器的大量时间，因此输入/输出操作的效率不高。

当系统中有多个 I/O 设备进行输入/输出操作时，微处理器需要按照一定次序或优先级轮流查询这些 I/O 设备的状态，当某个 I/O 设备就绪时，完成这个 I/O 设备的输入或输出操作，其流程如图 7.6 所示。由于微处理器需要轮流查询多个 I/O 设备的状态，所以当某个设备准备就绪时，微处理器并不一定能及时响应，特别是在 I/O 设备速度较快时，问题更加严重，所以程序查询方式的实时性也较差，通常只适合慢速设备的输入/输出操作。

3. I/O 中断方式

尽管程序查询方式的实现较为简单，但效率不高，实时性不强，而采用 I/O 中断方式则可以改进上述缺点。

中断概念的出现是计算机技术的一个重大变革，计算机系统利用中断方式可以完成多种操作和功能，如对紧急情况(电源掉电)和异常(运算溢出)的处理、实时控制以及程序调试等，当使用中断方式完成输入/输出操作时，通常称为 I/O 中断。

I/O 中断方式的过程如图 7.7 所示。微处理器在启动 I/O 设备后并不需要查询其状态，而是继续执行现行程序。只有当 I/O 设备准备就绪并提出中断请求后微处理器才予以响应。假定 I/O 设备是在微处理器执行第 K 条指令期间提出中断请求的，则微处理器在执行完第 K 条指令后响应中断请求，转向执行中断服务程序，通过其中的 I/O 指令完成输入/输出操作。中断服务程序结束后又回到断点处，从第 K+1 条指令继续执行现行程序。执行一次中断服务程序完成的是一个字长数据的传送，如果需要传送一个数据块，则在启动 I/O 设备后不断重复上述过程，直至一个数据块传送结束。

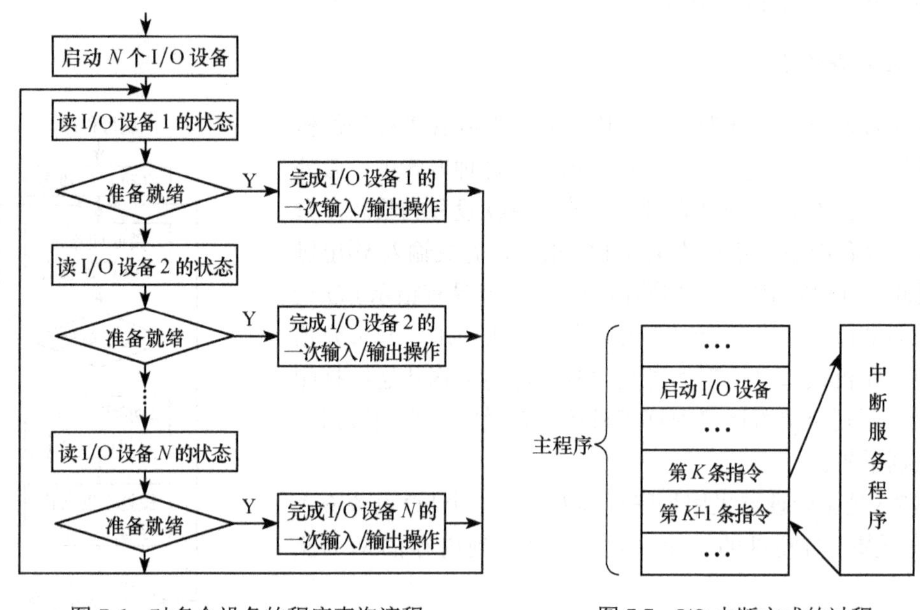

图 7.6　对多个设备的程序查询流程　　　　图 7.7　I/O 中断方式的过程

I/O 中断方式在 I/O 设备准备期间不需要微处理器“原地踏步”查询 I/O 设备的状态，也就是说微处理器执行现行程序与 I/O 设备的准备工作是并行的，而程序查询方式则是串行的，所以 I/O 中断方式充分利用了微处理器资源，提高了输入/输出操作的效率。

当采用 I/O 中断方式实现系统中多个 I/O 设备的输入/输出操作时，利用硬件排队电路和中断屏蔽寄存器可以灵活地安排这些 I/O 设备的优先级，及时地对中断请求做出响应，因此具有较好的实时性。

与程序查询方式相比，实现 I/O 中断方式需要增加有关的软、硬件，如接口中需要增加中断请求电路，系统中还要增加中断控制电路，实现优先级设置和判定、中断允许和屏蔽，以及产生中断向量地址等功能，因此 I/O 中断方式在一定程度上增加了成本和复杂性。有关中断概念及中断方式下的硬软件设计将在第 8 章中详细介绍。

4. DMA 方式

尽管 I/O 中断方式在一定程度上提高了微处理器实现输入/输出操作的效率，但仍然存在一些缺点：第一，数据传送过程必须由微处理器执行 I/O 程序来实现，输入/输出操作占用了微处理器时间；第二，I/O 中断方式按字节或字输入/输出数据，对于每字节或字的数据，需要花费 1～2 个总线周期在系统总线上传送，每条 I/O 指令的执行又需要 1 个 I/O 总线周期，此外还要花费时间修改地址指针和计数器，因此很难达到较高的数据传输率；第三，每传送一次数据，微处理器需要执行一次中断服务程序，而每一次进入中断服务程序，都需要进行一系列的保护和恢复断点现场的工作，这些工作与输入/输出操作并无直接关系，是实现 I/O 中断方式的额外时间开销；第四，在具有指令流水线的微处理器中，一旦进入中断，需要清除指令队列中已有的指令，装入中断服务程序的指令，而返回断点时，又需要重新装入断点处的指令，这种方式造成了指令流水线的断流，降低了并行工作机制的效率。所以 I/O 中断方式还不能使输入/输出操作的效率达到理想的程度。

DMA(direct memory access)方式称为直接存储器访问方式，其含义是直接在主存储器和 I/O 设备之间成块传送数据，既不需要微处理器的参与，数据也不需要在微处理器中进行中转。

在 DMA 方式中，控制数据在主存储器和 I/O 接口之间进行传送的硬件称为 DMA 控制器(DMAC)，其内部组成和工作原理如图 7.8 所示。由于 DMA 控制器将 I/O 设备连接在总线上，作用类似于 I/O 接口，因此也将其称为 DMA 接口。

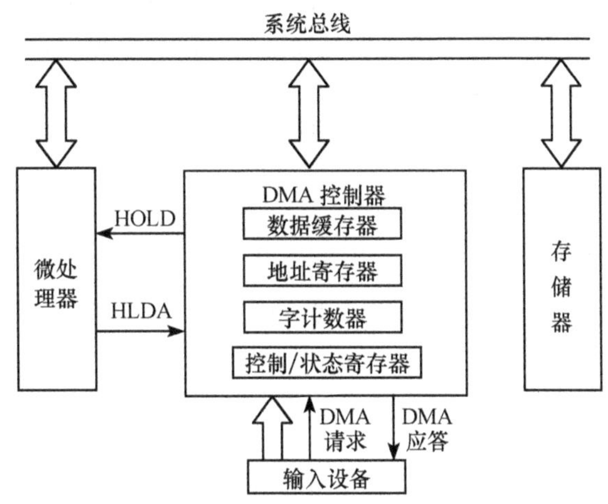

图 7.8　DMA 控制器的内部组成和工作原理

在数据传送过程中，数据缓存器用于暂存数据，地址寄存器存放的是在主存储器中的地址，它的值随着数据的传送而递增或递减，字计数器的初值等于数据块的字节数，每传送一字节，字计数器自动减 1，当其值变为 0 时，传送结束，而控制/状态寄存器和控制逻辑电路则用于控制 DMA 工作方式、指示 DMA 控制器的状态。

以输入设备为例，一个完整的 DMA 传送过程如下。

(1)微处理器启动输入设备，并且将数据块在主存储器的起始地址、数据块的字或字节数，以及 DMA 的工作方式等内容写入地址寄存器、字计数器和控制/状态寄存器，完成对 DMA 控制器的设置。

(2)输入设备准备就绪后将一字节写入 DMA 控制器的数据缓存器中，并向 DMA 控制器提出 DMA 请求。

(3)DMA 控制器向微处理器发出 HOLD 信号，申请总线的使用权。微处理器释放总线，并通过 HLDA 信号向 DMA 控制器做出应答。

(4)DMA 控制器占用总线，通过总线给出地址、数据和写信号，将一字节数据写入主存储器中，然后将字计数器减 1，并向输入设备做出 DMA 应答。

(5)重复(2)～(4)步，直至计数器为 0，然后 DMA 控制器通过中断方式通知微处理器传送结束，并释放总线。

DMA 控制器有不同的工作方式，其传送过程存在一定差异，但上述流程大体反映了DMA 传送方式的原理。

DMA 传送方式的突出优点是传送过程无须处理器的控制，数据也无须经过微处理器，而是直接在 I/O 设备与主存储器间进行，因此既节省了微处理器的时间，也使传送速率大大提高，特别适合于硬盘等高速 I/O 设备的输入/输出操作。

7.4 常用芯片的接口技术

第 5 章介绍了在简单的 I/O 接口设计中常用到的一些接口芯片，如 74LS244、74LS245、74LS373 等。除此之外，在 I/O 输出端口设计中，还经常用到 74LS374、74LS273 等芯片。它们与第 5 章介绍的 74LS373 的不同之处是使能信号的有效形式，74LS373 的使能信号 G 为高电平有效，而 74LS374、74LS273 的使能信号 CP 为上升沿有效。从微处理器的读/写时序可以看出，用 74LS374、74LS273 数据输出锁存器作为输出端口芯片，其可靠性要比用 74LS373 作为输出端口芯片高。

7.4.1 I/O 地址译码及译码电路

I/O 地址译码方式和存储器地址译码方式一样，有下列三种。

(1) 全地址译码方式。

(2) 部分地址译码方式。

(3) 线地址译码方式。

在 I/O 地址译码中，采用的译码电路形式也和存储器地址译码一样，有以下几种。

(1) 门电路译码。

(2) 专用译码器译码。

(3) 数字比较器译码。

(4) 可编程逻辑器件(如 CPLD/FPGA) 译码等。

在 I/O 地址译码中，不管采用何种译码方式和译码电路形式，与存储器地址译码不同之处为参加译码的地址线的条数不同，以及参加译码的控制信号不同。下面给出了在不同的系统中进行 I/O 端口地址译码及 I/O 电路设计时用到的总线信号。

(1) 8086 最小方式系统：A_{15}～A_0，D_{15}～D_8，D_7～D_0，$M/\overline{IO}$，$\overline{RD}$，$\overline{WR}$，$\overline{BHE}$。

(2) 8086 最大方式系统：A_{15}～A_0，D_{15}～D_8，D_7～D_0，$\overline{IOR}$，$\overline{IOW}$，$\overline{BHE}$。

(3) 8088 最小方式系统：A_{15}～A_0，D_7～D_0，$IO/\overline{M}$，$\overline{RD}$，$\overline{WR}$。

(4) 8088 最大方式系统：A_{15}～A_0，D_7～D_0，$\overline{IOR}$，$\overline{IOW}$。

(5) IBM PC/XT 系统：A_9～A_0，D_7～D_0，$\overline{IOR}$，$\overline{IOW}$，AEN。

注意，IBM PC 系统机采用的 CPU 为 8088，给 I/O 分配地址只用了 A_9～A_0 10 条地址线，所以 I/O 地址空间为 2^{10}B=1KB(即 000H～3FFH)。其中前 512B 地址分配给主机板上的 I/O，后 512B 地址分配给插件板上的 I/O。而且当 AEN＝1 时表示正在进行 DMA 操作，因此，设计译码电路时，应该使 AEN＝0。

7.4.2 系统总线驱动及控制

第 6 章已经介绍了存储器插件板设计时应注意避免总线竞争及总线负载的驱动等问题，与存储器电路设计一样，在较大的微机应用系统中，I/O 插件板设计时也要考虑系统总线的负载能力，必要时可以通过缓冲器或总线驱动器来提高总线的负载能力。常用的缓冲器或总线驱动器有 74LS373、74LS244(单向 8 位)和 74LS245(双向 8 位)等。同样，对单向的地址总线及控制总线的驱动可以采用 74LS373、74LS244 等芯片，而对双向系统数据总线的驱动与控制，要遵循下列原则。

(1) 只有当 CPU 读板内 I/O 端口时，驱动器指向系统总线的三态门才允许导通。

(2) 只有当 CPU 写板内 I/O 端口时，驱动器指向板内的三态门是导通的。

(3) 当 CPU 不寻址板内 I/O 端口时，驱动器两边均处于高阻状态。

7.4.3 典型例题

例 7.1 在 PC/XT 系统总线上扩充设计一个数据输出端口，分配给该端口的地址为 280H，输出端口芯片用 74LS374，输出设备为 8 个发光二极管(LED)。

(1) 画出此输出端口与 PC/XT 系统总线以及与 LED 的连接图;

(2) 编写使 8 个 LED 每间隔一段时间交替亮灭的功能程序段。

解：74LS374 的功能和 74LS373 相同，都是 8 位数据输出锁存器，不同之处是使能信号的有效形式，74LS374 的使能信号 CP 为上升沿有效。LED 导通时流过的电流应小于等于 20mA，否则会损坏器件。设计的输出端口与 PC/XT 系统总线以及与 LED 的连接图如图 7.9 所示。

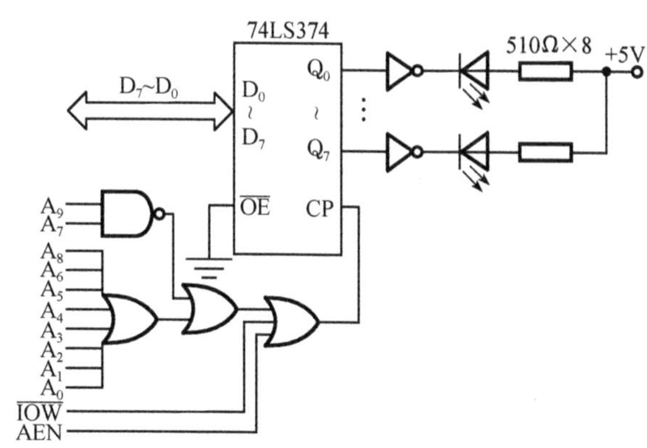

图 7.9　例 7.1 的连接图

编写使 8 个 LED 每间隔一段时间交替亮灭的功能程序段如下：

```
        MOV   DX,280H
LOP:    MOV   AL,0FFH
        OUT   DX,AL             ; 使8个LED亮
        CALL  DELAY1S           ; 调用1s延时子程序
        MOV   AL,00H
        OUT   DX,AL             ; 使8个LED灭
```

```
CALL DELAY1s
JMP  LOP
```

例 7.2 在 8086 CPU 工作在最小方式组成的微机系统中，扩充设计一个数据输入端口，分配给该端口的地址为 8001H，输入端口芯片用 74LS245，输入设备为 8 个乒乓开关。

(1) 画出此输入端口与 8086 系统总线以及与输入设备的连接图；

(2) 编写程序检测 K_0 开关，若 K_0 断开，程序转向 PROG1；K_0 闭合，程序转向 PROG2。

解： 由于在 8086 系统中设计数据输入端口，且端口地址 8001H 为奇地址，所以使用高 8 位数据线，且在 I/O 端口地址译码中，$\overline{BHE}=0$ 要参加译码。设计的输入端口与 8086 系统总线以及与输入设备的连接图如图 7.10 所示。

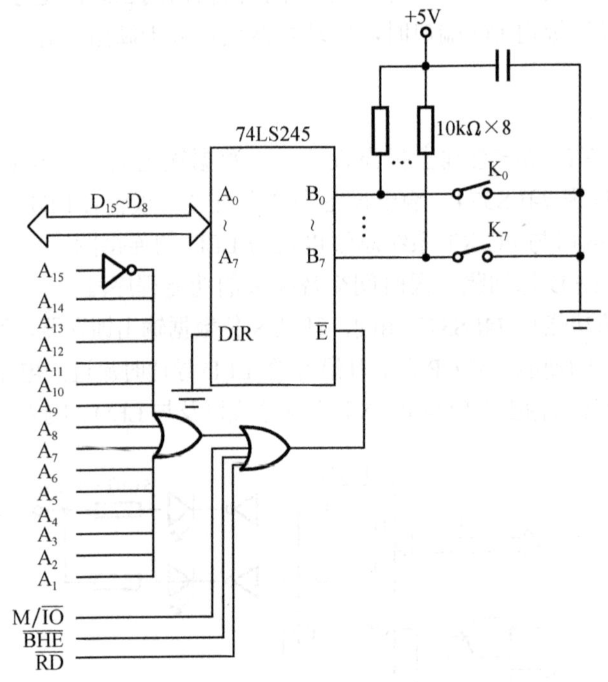

图 7.10 例 7.2 的连接图

若 K_0 开关断开，程序转向 PROG1，K_0 闭合，程序转向 PROG2 的程序如下：

```
MOV     DX,8001H
IN      AL,DX
TEST    AL, 01H
JZ      PROG2
PROG1:   ⋮
PROG2:   ⋮
```

例 7.3 某一输出设备的工作时序如图 7.11 所示。当它不忙时，其状态信号 BUSY=0，CPU 可经接口向外设输出数据，而当数据加到外设上时，必须利用 $\overline{STB}$ 负脉冲将数据锁存于外设，并命令外设接收该数据。在 8088 系统下，设计出如图 7.12 所示的接口电路，利用端口 02F9H 的 D_0 输出 $\overline{STB}$ 信号，利用 02FAH 的 D_7 输入外设状态 BUSY。

要求编写程序，将内存中从 40000H 开始的连续 50 个字节单元的数据，利用查询法输出到该设备。

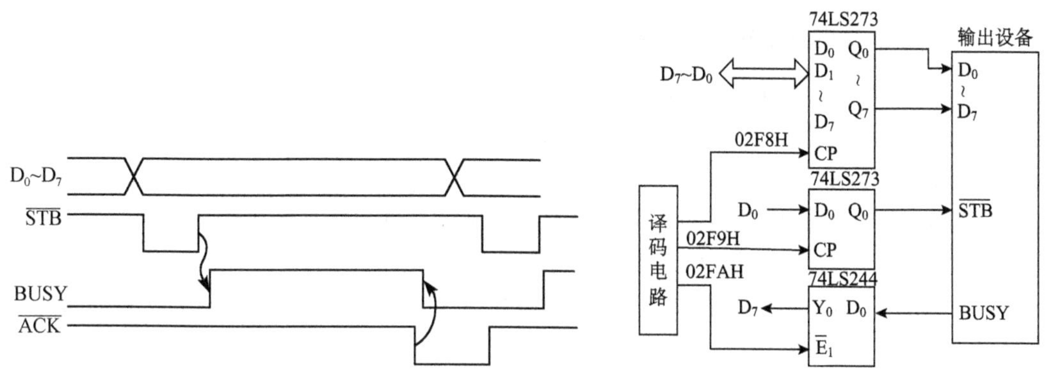

图 7.11　外设工作时序　　　　图 7.12　8088 系统下的接口电路

解：设备数据端口地址为 02F8H，完成指定任务的程序段如下：

```
        MOV   AX,4000H
        MOV   DS,AX
        MOV   SI,0
        MOV   CX,50        ；初始化
        MOV   DX,2F9H
        MOV   AL,01H
        OUT   DX,AL        ；使 STB=1
GODON:  MOV   DX,2FAH
WAIT1:  IN    AL,DX
        TEST  AL,80H       ；查询外设状态
        JNZ   WAIT1        ；若忙，则等待
        MOV   DX,2F8H
        MOV   AL,[SI]
        OUT   DX,AL        ；输出数据
        MOV   DX,2F9H
        MOV   AL,00H
        OUT   DX,AL        ；使 STB=0，输出负脉冲
        NOP
        NOP
        MOV   AL,01H
        OUT   DX,AL        ；使 STB=1
        INC   SI
        LOOP  GODON
        HLT
```

7.5　数模转换器芯片及其接口技术

7.5.1　D/A 转换器的性能指标参数和术语

为了设计好微机应用系统，特别需要关心的是微机与数据转换器(A/D 转换器及 D/A 转换器)的接口、数据转换器件的模拟输入或模拟输出特性，以及为使它们正常工作需要附加的外接电路。因此，必须对转换器件的性能有正确的了解。但是，为了选择一个合理的、适用的器件去查阅数据转换器的数据手册时，常常会碰到一些比较生疏的技术术语。正确地了解这些术语的含义，对正确地选择器件是非常有益的。

需要指出的是，各厂家对同一技术术语往往给出不尽相同的定义。下面介绍的是通常使用的定义。

1. 分辨率

分辨率(resolution)参数表明数模转换器(DAC)对模拟值的分辨能力，它是最低有效位(LSB)所对应的模拟值，它确定了能由 D/A 转换器产生的最小模拟量的变化。分辨率通常用二进制数的位数表示，如分辨率为 8 位的 D/A 转换器能给出满量程电压的 1/256 的分辨能力。

2. 精度

D/A 转换器的精度(accuracy)表明 D/A 转换的精确程度，可分为绝对精度和相对精度。

(1)绝对精度(absolute accuracy)。D/A 转换器的绝对精度(绝对误差)指的是在数字输入端加有给定的代码时，在输出端实际测得的模拟输出值(电压或电流)与应有的理想输出值之差。它是由 D/A 转换器的增益误差、零点误差、线性误差和噪声误差等综合引起的，因此在 D/A 转换器的数据图表上往往是以单独给出各种误差的形式来说明绝对误差的。

(2)相对精度(relative accuracy)。D/A 转换器的相对精度值是满量程值校准以后，任一数字输入的模拟输出与它的理论值之差。对于线性 D/A 转换器来说，相对精度就是非线性度。

在 D/A 转换器数据图表中，精度特性一般是以满量程电压(满度值)V_{FS}的百分数或以 LSB 的分数形式给出的，有时用二进制数的形式给出。精度±0.1%指的是：最大误差为V_{FS}的±0.1%。若满度值为 10V，则最大误差为$V_E=\pm 10mV$。

n 位 D/A 转换器的精度为±1/2LSB 指的是最大可能误差为

$$V_E=\pm\frac{1}{2}\times\frac{1}{2^n}V_{FS}=\pm\frac{1}{2^{n+1}}V_{FS}$$

精度为 n 位指的是最大可能误差为$V_E=\frac{1}{2^n}V_{FS}$。

注意：精度和分辨率是两个截然不同的参数。分辨率取决于转换器的位数，而精度则取决于构成转换器与各个部件的精度和稳定性。

3. 线性误差和微分线性误差

(1)线性误差(linearity error)。它有时称为非线性度。由于种种原因，D/A 转换器的实际转换特性(各数字输入值所对应的各模拟值之间的连线)与理想的转换特性(始终点连线)之间是有偏差的，这个偏差就是 D/A 转换器的线性误差。图 7.13 中给出的线性误差通常是误差的最大值，并以 LSB 的分数值的形式给出。好的 D/A 转换器的线性误差不应大于±1/2 LSB。

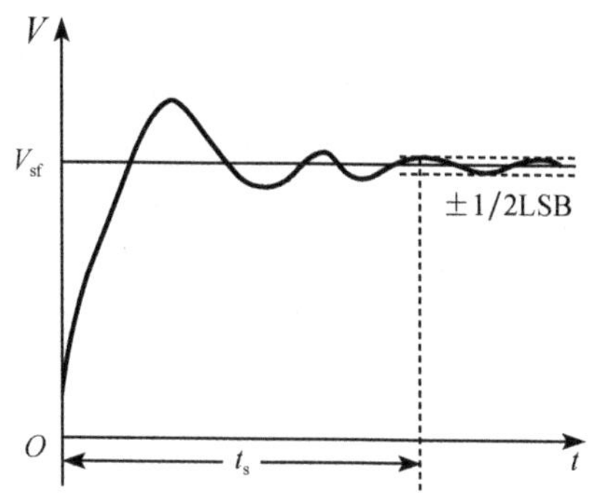

图 7.13 D/A 转换器的建立时间

(2)微分线性误差(differential linearity error)。一个理想的 D/A 转换器，任意两个相邻的数字码所对应的模拟输出值之差应恰好是一个 LSB 所对应的模拟值。如果大于或小于一个 LSB，就是出现了微分线性误差，其差值就是微分线性误差值。微分线性误差通常也是以 LSB 的分数值形式给出的。微分线性误差为±1/2LSB 指的是转换器在整个量程中，任意两个相邻数字码所对应的模拟输出值之差，都在(1±1/2)LSB 所对应的模拟值之间。微分线性误差是一个非常重要的特性参数，因为这个参数如果超过一个 LSB，必将导致特性曲线的非单调性(数字值增大，模拟输出反而减小)。D/A 转换器的非单调性(non-monotonicity)是解码网络电阻值的不精确或由于某种原因出现变值所引起的，而且都是出现在进位的转折点上。例如，当数字 1100 所产生的模拟值小于 0111 所产生的模拟值时，就会出现非单调性。而开关树型 D/A 转换器，由于采用分压器结构，从根本上保证了单调性特性。

4. 数据转换器的温度系数

(1)温度系数(temperature coefficient)。这个术语用于说明转换器受温度变化影响的特性。有几个转换参数都受温度变化的影响，如增益、线性度、零点及偏移等。这些参数的温度系数都指的是在规定的温度范围内，温度每变化 1℃这些参数的变化量。在这些参数的温度系数中，影响最大的是增益温度系数。

(2)增益温度系数(gain temperature coefficient)。它定义为周围变化 1℃所引起的满量程模拟值变化的百分数(10^{-6}/℃)。对于典型的转换器，增益温度可能在(10×10^{-6}～100×10^{-6})/℃范围内。虽然每摄氏度(℃)只有万分之一的变化，是一个非常小的值，但对于一个 10 位的转换器来说，温度变化 10℃就导致 1LSB 的满量程电压误差。大多数转换器的工作温度范围为 0～70℃，这就意味着将产生 0.7%的误差。这样大的误差在很多应用中是不允许的，所以要特别给予注意。

5. 建立时间

建立时间(setting time)是 D/A 转换器的一个重要性能参数。它通常定义为：在数字输入端发生满量程码的变化以后，D/A 转换器的模拟输出稳定到最终值±1/2LSB 时所需要的时间，如图 7.13 所示的 t_s。

当输出的模拟量为电流时，这个时间很短；如输出形式是电压，则它主要是输出运算放大器所需的时间。

6. 电源敏感度

电源敏感度(power supply sensitivity)反映转换器件对电源电压变化的敏感程度。它通常定义为：当电源电压的变化ΔU_S为电源电压U_S的1%时，所引起的模拟值变化的百分数。典型的要求为0.05%/%ΔU_S，这指的是电源电压变化1%导致数据转换器的模拟值出现不大于0.5%的误差。电源敏感度特性或称为电源抑制比，有时它以百万分数(10^{-6}/%ΔU_S)的形式给出，以代替前面给出的%/%形式的定义。性能良好的转换器当电源电压变化3%时，满量程模拟值的变化应不大于±1/2LSB。

7. 输出电压一致性(顺从性)

当D/A转换器只提供电流输出时，它的输出电阻应该很大，这时可以直接用负载电阻，把电流输出转变为电压输出，省略运算放大器。但是，负载电阻值(输出电压值)不可以无限增加，当增加到一定程度时，就将使它对电流输出的影响超过一定程度，而使电流输出特性遭到破坏。在可以使D/A仍然提供规定的电流输出特性条件下，在电流输出端通过负载电阻能得到的电压输出的最大范围称为输出电压一致性(output voltage compliance)(与电流输出特性一致)。

7.5.2 D/A转换器的分类

D/A 转换器的内部电路构成无太大差异，一般按输出是电流还是电压、能否进行乘法运算等进行分类。大多数D/A转换器由电阻阵列和n个电流开关(或电压开关)构成，按数字输入值切换开关，产生比例于输入值的模拟电流(或电压)信号。此外，也有为了改善精度而把恒流源放入器件内部的。一般来说，由于电流开关的切换误差小，大多采用电流开关型电路。电流开关型电路直接输出生成的电流称为电流输出型D/A转换器，电压开关型电路为直接输出电压型D/A转换器。

1. 电压输出型

电压输出型D/A转换器虽然有直接从电阻阵列输出电压的，但一般用内置输出放大器以低阻抗输出。直接输出电压的器件仅用于高阻抗负载，由于无输出放大器部分的延迟，故常作为高速D/A转换器使用。

2. 电流输出型

电流输出型 D/A 转换器很少直接利用电流输出，大多外接电流-电压转换电路得到电压输出。后者有两种方式：一是只在输出引脚上接负载电阻而进行电流-电压转换；二是外接运算放大器。用负载电阻进行电流-电压转换的方法，虽可在电流输出引脚上出现电压，但必须在规定的输出电压范围内使用，而且由于输出阻抗高，所以一般外接运算放大器使用。此外，当输出电压不为零时，大部分CMOS D/A转换器不能正确动作，所以必须外接运算放大器。当外接运算放大器进行电流-电压转换时，电路构成基本上与内置放大器的电压输出型相同，这时由于在 D/A 转换器的电流建立时间上加入了运算放大器的延迟，响应变慢。此外，这种电路中运算放大器因输出引脚的内部电容而容易起振，有时必须进行相位补偿。

3. 乘算型

D/A 转换器中有使用恒定基准电压的，也有在基准电压上加交流信号的，后者由于能得到数字输入和基准电压输入相乘的结果而输出，因而称为乘算型 D/A 转换器。乘算型 D/A 转换器一般不仅可以进行乘法运算，而且可以作为使输入信号数字化地衰减的衰减器及对输入信号进行调制的调制器使用。

4. 一位 D/A 转换器

一位 D/A 转换器与前述转换方式全然不同，它将数字值转换为脉冲宽度调制或频率调制的输出，然后用数字滤波器进行平均化而得到一般的电压输出(又称位流方式)，用于音频等场合。

7.5.3 典型 D/A 转换器的工作原理

目前市场上 D/A 转换器的种类很多，功能、特性各异，下面仅介绍较为典型的 D/A 转换器芯片 DAC0832。

1. 主要性能

DAC0832 是 NS(National Semiconductor Corporation)公司生产的内部带有数据输入寄存器和(R-2R)T 型电阻网络的 8 位 D/A 转换器，DAC0832 与微机接口方便，转换控制容易，具有一定的代表性。

DAC0832 具有以下主要特性。

(1)电流输出型 D/A 转换器。

(2)数字量输入具有双重缓冲功能，且可以双缓冲、单缓冲或直通方式数字输入。

(3)输入数据的逻辑电平满足 TTL 电平规范。

(4)分辨率 8 位。

(5)满量程误差为±1LSB。

(6)转换时间(建立时间)1μs。

(7)增益温度系数为 20×10^{-6}/℃。

(8)参考电压±10V。

(9)单电源+5～+15V。

(10)功耗 20mW。

2. 内部结构及引脚功能

DAC0832 是一种具有 20 个引脚的双列直插式芯片，内部结构和外部结构引脚如图 7.14 所示。

由图 7.14 可知，DAC0832 内部由二级缓冲寄存器(一个 8 位输入寄存器和一个 8 位 DAC 寄存器)和一个 D/A 转换器(R-2R T 型电阻解码网络)及转换控制电路组成。两个 8 位输入寄存器可以分别选通从而使 DAC0832 实现双缓冲工作方式，即可把从 CPU 送来的数据先送入输入寄存器，在需要进行转换时，再选通 DAC 寄存器，实现 D/A 转换，这种工作方式称为双缓冲工作方式。各引脚功能说明如下。

ILE：输入锁存允许信号，输入，高电平有效。

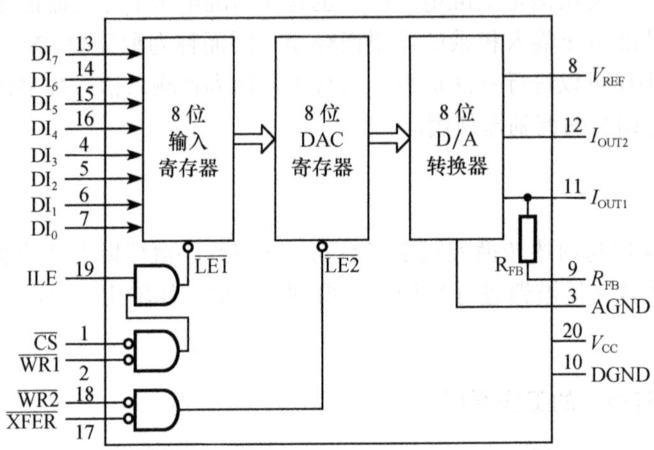

图 7.14 DAC0832 内部结构和外部引脚

$\overline{CS}$：片选信号，输入，低电平有效，它和输入锁存允许信号 ILE 合起来决定 $\overline{WR1}$ 是否起作用。

$\overline{WR1}$：写信号 1，它作为输入寄存器的写选通信号（锁存信号）将输入数据锁入 8 位输入锁存器。$\overline{WR1}$ 必须与 $\overline{CS}$、ILE 同时有效。

$\overline{WR2}$：写信号 2，即 DAC 寄存器的写选通信号。$\overline{WR2}$ 有效，将锁存在输入寄存器中的数据送到 8 位 DAC 寄存器中进行锁存，此时传送控制信号 $\overline{XFER}$ 必须有效。

$\overline{XFER}$：数据传送控制信号，输入，低电平有效，用来控制 $\overline{WR2}$。

DI_7～DI_0：8 位数字输入端，DI_0 为最低位，DI_7 为最高位。

I_{OUT1}：DAC 电流输出 1，它为数字输入端逻辑电平为 1 的各位输出电流之和。当 DAC 寄存器的内容为全 1 时，I_{OUT1} 为最大；DAC 寄存器的内容为全 0 时，I_{OUT1} 为最小。

I_{OUT2}：DAC 电流输出 2，I_{OUT2} 等于常数减去 I_{OUT1}，即 $I_{OUT1}+I_{OUT2}$=常数。此常数对应于一个固定基准电压的满量程电流。

R_{FB}：片内反馈电阻引脚，与外接运算放大器配合构成 I/V 转换器。

V_{REF}：参考电源或称基准电源输入端，此端可接一个正电压或一个负电压，范围为+10～−10V。由于它是转换的基准，故要求电压准确、稳定性好。

V_{CC}：芯片供电电压端，范围为+5～+15V，最佳值为+15V。

AGND：模拟地，即芯片模拟电路接地点，所有的模拟地要连在一起。

DGND：数字地，即芯片数字电路接地点，所有的数字电路地连在一起。使用时，再将模拟地连到一个公共接地点，以提高系统的抗干扰能力。

为保证 DAC0832 可靠地工作，要求 $\overline{WR1}$ 和 $\overline{WR2}$ 的宽度不小于 500ns，若 V_{CC}=15V，则宽度为 100ns，输入数据的保持时间应不小于 90ns，这些在与微机接口时都容易满足。

此外，对于不用的数字输入端不能悬空，应根据要求接地或接 V_{CC}。

3. DAC0832 的三种工作方式

改变图 7.14 中几个转换控制信号的时序和电平，就可使 DAC0832 处于三种不同的工作方式。

1) 直通方式

直通方式就是使 DAC0832 内部的两个寄存器(输入寄存器和 DAC 寄存器)处于不锁存状态。数据一旦到达输入端 DI_7～DI_0，就直接送入 D/A 转换器，被转换成模拟量。输入数据变化，D/A 转换器的输出模拟量跟着变化。实现直通方式，必须使 ILE 为高电平，$\overline{CS}$、$\overline{WR1}$、$\overline{WR2}$ 和 $\overline{XFER}$ 端都需接数字地。

直通方式一般可用于一些不采用微机的控制系统中。例如，在构成波形发生器时，是把要产生的基本波形的数据存放在 ROM 中，然后连续地取出这些数据送到 DAC 转换成电压信号，而不需要用任何外部控制信号，这时就可以用直通方式。

2) 单缓冲方式

单缓冲方式就是使两个寄存器中的一个处于直通方式，另一个处于锁存方式，输入数据值经过一级缓冲器送入 D/A 转换器，通常的做法是将 $\overline{WR2}$ 和 $\overline{XFER}$ 均接地，使 DAC 寄存器处于直通方式，而把 ILE 接高电平，$\overline{CS}$ 接端口地址译码信号，$\overline{WR1}$ 接 CPU 系统总线的 $\overline{IOW}$ 信号，使输入寄存器处于锁存方式，这样便可以通过执行一条 OUT 指令，选中该端口，使 $\overline{CS}$ 和 $\overline{WR1}$ 有效，从而启动 D/A 转换。单缓冲方式只需执行一次写操作即可完成 D/A 转换。一般当不需要多个模拟量同时输出时，可采用单缓冲方式。

3) 双缓冲方式

双缓冲方式就是输入寄存器和 DAC 寄存器均处于锁存状态，数据要经过两级锁存(即两级缓冲)后再送入 D/A 转换器，这就是说，要执行两次写操作才能完成一次 D/A 转换。利用双缓冲方式，可在 D/A 转换的同时，进行下一个数据的输入，这样能够有效地提高转换速度。这时，只要将 ILE 接高电平，$\overline{WR1}$ 和 $\overline{WR2}$ 接 CPU 的 $\overline{IOW}$，$\overline{CS}$ 和 $\overline{XFER}$ 分别接两个不同的 I/O 地址译码信号。当执行 OUT 指令时，$\overline{WR1}$ 和 $\overline{WR2}$ 均变为有效低电平。这样，可先执行一条 OUT 指令，选中 $\overline{CS}$ 端口，把数据写入输入寄存器；再执行第二条 OUT 指令，选中 $\overline{XFER}$ 端口，把输入寄存器内容写入 DAC 寄存器，实现 D/A 转换。

4. DAC0832 双缓冲方式举例

由于 DAC0832 双缓冲的特性，其适合应用于两个或多个模拟量同时输出的场合。由三片 DAC0832 组成的这种系统如图 7.15 所示。

ILE 置为高电平，在 $\overline{WR}$ 为低电平和片选信号 $\overline{CS_1}$、$\overline{CS_2}$、$\overline{CS_3}$ 分别为低电平的控制下，有关数据分别被输入相应 DAC0832 的输入寄存器。当需要进行同时模拟输出时，在 $\overline{XFER}$ 和 $\overline{WR}$ 均为低电平的作用下，把各输入寄存器中的数据同时传送给各自的 D/A 寄存器。3 个 D/A 同时转换，同时给出模拟输出。

可以看出，工作在双缓冲方式时，能做到在对某数据转换的同时，进行下一个数据的采集，因此转换速度较高。

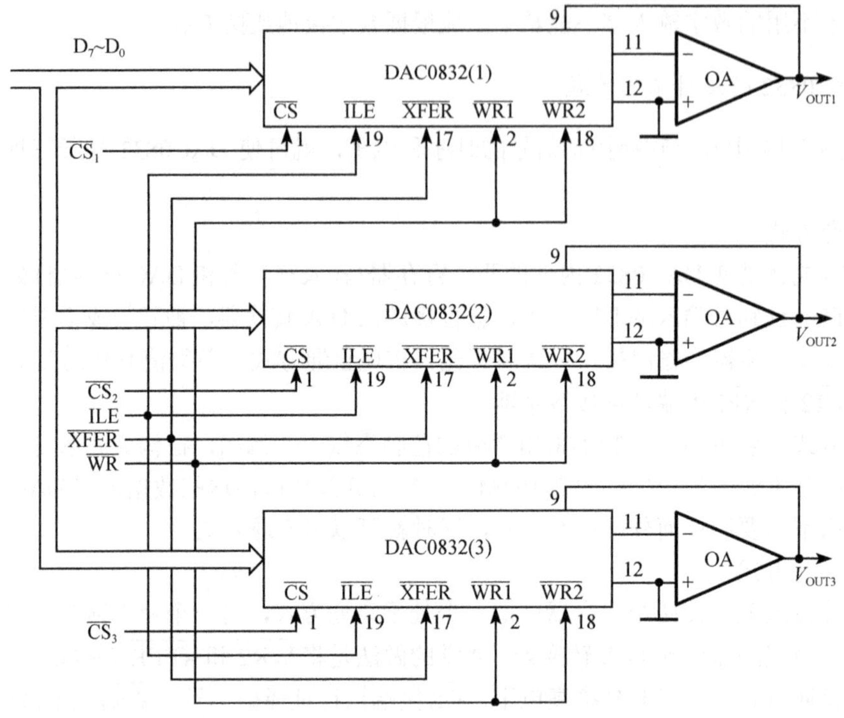

图 7.15　三个模拟量同时输出的接线图

5. DAC0832 的模拟输出

1) 单极性工作

当输入数字为单极性数字时，电路接法如图 7.16 所示。V_{REF} 可以是稳定的直流电压，也可以是−10～+10V 的可变电压。当为可变电压时，即可实现二象限乘。V_{OUT} 的极性与 V_{REF} 相反，其数值由数字输入和 V_{REF} 决定。

R_1 用于零校准，R_2 用于满度增益校准。在一般情况下，内部反馈电阻 R_{FB} 能满足满度增益精度要求，因而在反馈回路中不需串加校准电阻 R_2，也不需并联 R_3。

2) 双极性工作

当输入为双极性数字(偏移二进制码)时，电路接法如图 7.17 所示。如果基准电压 V_{REF} 也是可变电压，则可实现四象限乘。

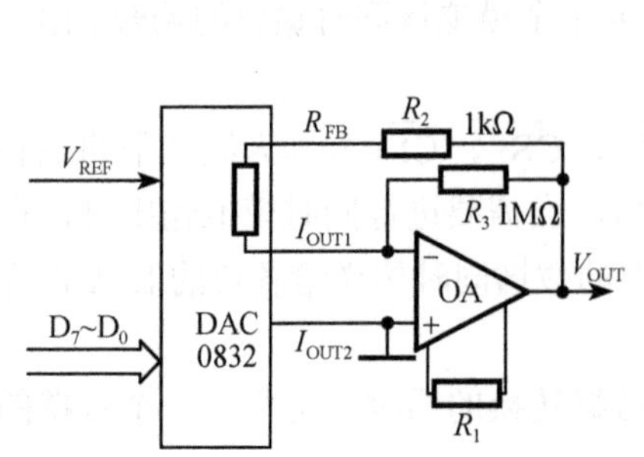

图 7.16　单极性工作输出接线图

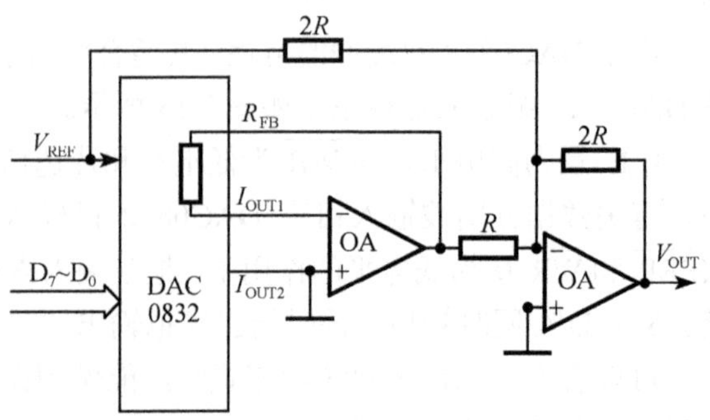

图 7.17　双极性工作输出接线图

6. CPU 和 DAC0832 接口

因 DAC0832 本身有数据锁存器，所以与 CPU 的连接很简单，只需要外加地址译码给出片选信号即可。若不要求几片 DAC0832 同时输出模拟量，则可只用一级缓冲。这时，可将 $\overline{CS}$ 和 $\overline{XFER}$ 接在地址译码的同一个输出端上，把 $\overline{WR1}$ 和 $\overline{WR2}$ 接同一个控制信号。因本例没有外界的禁止输入锁存控制，ILE 可以简单地接+5V。其接口电路如图 7.18 所示，这里转换器的地址安排为 88H。

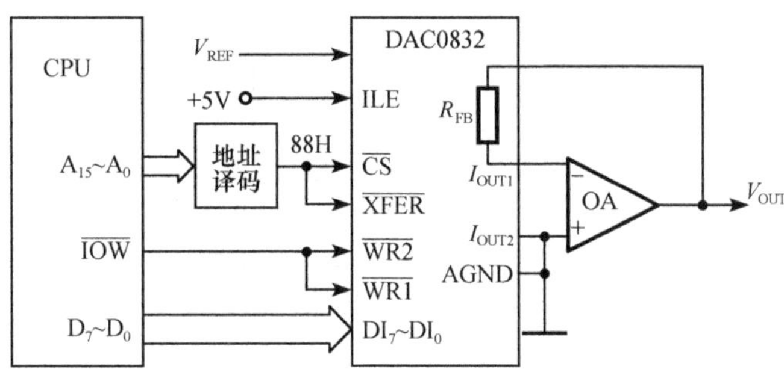

图 7.18　CPU 和 DAC0832 接口

7.5.4　D/A 转换器应用示例

D/A 转换器的用途十分广泛，作为应用举例，这里把 D/A 转换器当作波形发生器，即利用 D/A 转换器产生各种波形，如方波、三角波、锯齿波等。其基本原理是：利用 D/A 转换输出模拟量与输入数字量呈正比关系这一特点，将 D/A 转换器作为微机的输出接口，CPU 通过程序向 D/A 转换器输出随时间呈不同变化规律的数字量，则 D/A 转换器就可输出各种各样的模拟量(电流或电压)。利用示波器可以从 D/A 转换器输出端观察到各种波形。

例 7.4　图 7.19 是使用 DAC0832 产生各种波形的硬件连接图。利用两片 74LS374 作为 DAC0832 的数据接口和控制信号。端口地址分别为 3F0H、3F2H。通过编程，改变 DAC0832 输入的数字量，在 V_{OUT} 端产生各种输出电压波形。

解：设计译码电路，使 CPU 访问端口地址 3F0H 时，CS_1 有效(低电平)，CPU 访问端口地址 3F2H 时，CS_2 有效(低电平)。

```
          MOV  DX,3F2H          ；控制端口
          MOV  AL,01H
          OUT  DX,AL
；生成锯齿波循环
          MOV  BL,00H           ；输出数据初值
LOP:      MOV  DX,3F0H          ；数据端口
          INC  BL               ；修改数据
          MOV  AL,BL
          OUT  DX,AL            ；锯齿波输出
          MOV  DX,0F2H          ；控制端口
```

```
MOV  AL,0
OUT  DX,AL
```

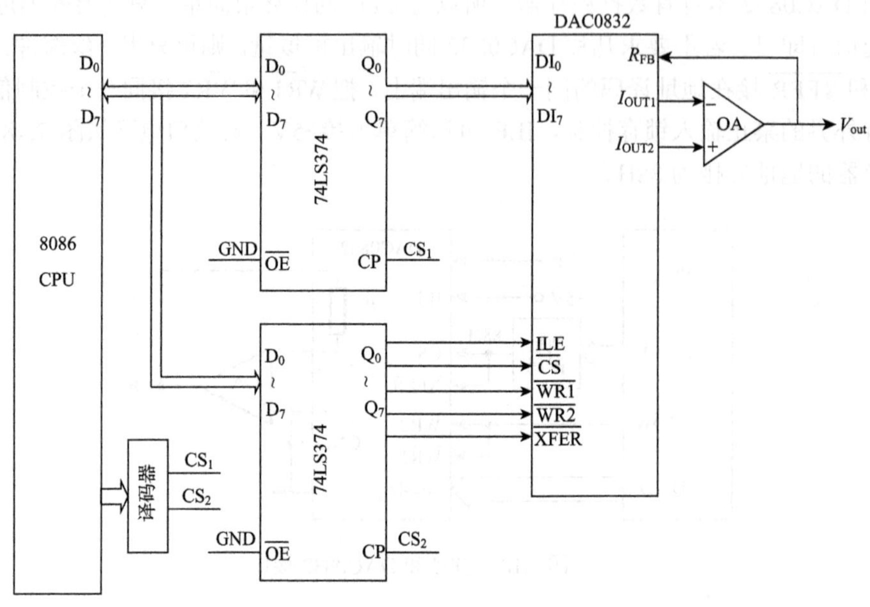

图 7.19 DAC0832 作为波形发生器的硬件连接图

```
MOV  AL,01H
OUT  DX,AL
JMP  LOP               ；锯齿波循环
```

上述程序段能产生如图 7.20 所示的正向锯齿波波形(其测量波形为示波器反向测量波形)。

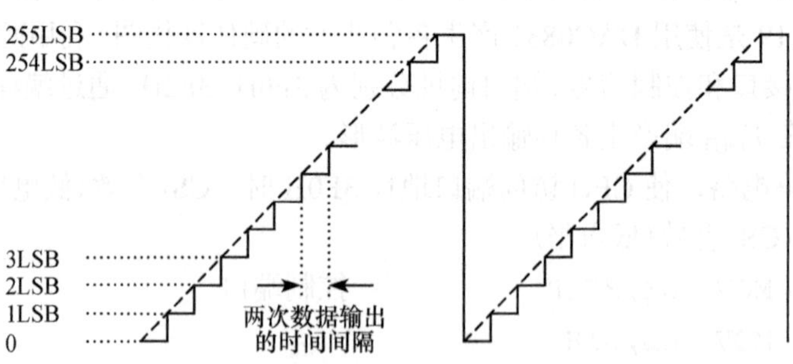

图 7.20 正向锯齿波波形

从 0 增长至最大输出电压，中间要分成 256 个小台阶，但从宏观看，仍是一个线性增长的电压。对于锯齿波的周期可以用时延进行调整，在 JMP 指令前加延时程序，可以控制台阶的大小，从而调整锯齿波的周期。当延时时间短时，可用几条 NOP 指令来实现。

产生三角波的程序如下：

```
MOV  DX,3F2H           ；控制端口
MOV  AL,01H
```

```
        OUT  DX,AL
;生成三角波循环
        MOV  BL,00H          ;输出数据初值
        MOV  BH,01H
LOP:    MOV  DX,3F0H         ;数据端口
        ADD  BL,BH           ;修改数据
        MOV  AL,BL
        OUT  DX, AL          ;三角波输出
        MOV  DX,0F2H         ;控制端口
        MOV  AL,0
        OUT  DX,AL
        MOV  AL,01H
        OUT  DX,AL
        CMP  BL,0            ;顶点判断
        JNZ  LOP
        NEG  BH
        JMP  LOP             ;三角波循环
```

按类似方法可以产生方波和梯形波，方波的宽度可以用延时程序来实现，作为练习，读者可编写产生方波和梯形波的程序段。

7.6 模数转换芯片及其接口技术

7.6.1 A/D 转换器

1. A/D 转换器的分类及特点

A/D 转换器的分类及特点见表 7.1。

表 7.1 A/D 转换器的分类及特点

<table>
<tr><th colspan="3">分类</th><th>特点</th><th colspan="3">分类</th><th>特点</th></tr>
<tr><td rowspan="10">计数器</td><td rowspan="5">V/F 型</td><td>单积分型</td><td rowspan="5">分辨率高，结构简单，便宜，能抑制周期性干扰，速度低</td><td rowspan="10">比较型</td><td rowspan="5">反馈型</td><td rowspan="2">跟踪型</td><td rowspan="2">转换速度快，精度高</td></tr>
<tr><td>电荷平衡型</td></tr>
<tr><td>量子化平衡型</td><td rowspan="3">串行</td><td rowspan="3">转换快，适合单通道采集，对噪声敏感</td></tr>
<tr><td>脉宽调制型</td></tr>
<tr><td>二重平衡型</td></tr>
<tr><td rowspan="5">积分型</td><td>双积分型</td><td rowspan="5">分辨率高，响应快，抑制噪声，速度低</td><td rowspan="5">非反馈型</td><td rowspan="2">并行</td><td rowspan="2">集成度高，速度较快</td></tr>
<tr><td>四重积分型</td></tr>
<tr><td>同时积分型</td><td rowspan="2">串并行</td><td rowspan="2">转换速度最快，元件多，复杂，价格高，精度低</td></tr>
<tr><td>五相比较型</td></tr>
<tr><td>逐次比较型</td><td>分级型</td><td>速度快，精度高</td></tr>
</table>

2. A/D 转换器的基本原理

下面简要介绍常用的几种类型的基本原理及特点：积分型、逐次比较型、并行比较型/串并行比较型、Σ-Δ调制型、电容阵列逐次比较型及压频变换型。

1) 积分型

积分型 A/D 转换器工作原理是将输入电压转换成时间(脉冲宽度信号)或频率(脉冲频率)，然后由定时器/计数器获得数字值。其优点是简单电路就能获得高分辨率，但缺点是由于转换精度依赖于积分时间，因此转换速率很低。初期的单片 A/D 转换器大多采用积分型，现在逐次比较型已逐步成为主流。

2) 逐次比较型

逐次比较型 A/D 转换器由一个比较器和 D/A 转换器通过逐次比较逻辑构成，从 MSB 开始，顺序地对每一位将输入电压与内置 D/A 转换器输出进行比较，经 n 次比较而输出数字值。其电路规模属于中等，优点是速度较高、功耗低，在低分辨率(＜12 位)时价格便宜，但高精度(＞12 位)时价格很高。

3) 并行比较型/串并行比较型

并行比较型 A/D 转换器采用多个比较器，仅进行一次比较就实行转换，又称 Flash(快速)型。由于转换速率极高，n 位的转换需要 2^n-1 个比较器，因此电路规模极大，价格也高，只适用于视频 A/D 转换器等速度特别高的领域。

串并行比较型 A/D 转换器在结构上介于并行型和逐次比较型之间，最典型的是由两个 $n/2$ 位的并行型 A/D 转换器组成，用两次比较实行转换，所以称为 Half Flash(半快速)型。还有分成三步或多步实现 A/D 转换的称为分级(multistep/subrangling)型 A/D 转换器，而从转换时序角度又可称为流水线(pipelined)型 A/D 转换器，现代的分级型 A/D 转换器中还加入了对多次转换结果进行数字运算的修正特性等功能。这类 A/D 转换器速度比逐次比较型高，电路规模比并行型小。

4) Σ-Δ (sigma delta) 调制型

Σ-Δ型 A/D 转换器由积分器、比较器、1 位 D/A 转换器和数字滤波器等组成，原理上近似于积分型，它将输入电压转换成时间(脉冲宽度)信号，用数字滤波器处理后得到数字值。电路的数字部分基本上容易单片化，因此容易做到高分辨率。这种类型主要用于音频和测量。

5) 电容阵列逐次比较型

电容阵列逐次比较型 A/D 转换器在内置 D/A 转换器中采用电容矩阵方式，也可称为电荷再分配型。在一般的电阻阵列 D/A 转换器中，多数电阻的值必须一致，在单芯片上生成高精度的电阻并不容易。如果用电容阵列取代电阻阵列，可以用低廉的成本制成高精度单片 A/D 转换器。当前的逐次比较型 A/D 转换器大多为电容阵列式的。

6) 压频变换型

压频变换型(voltage-frequency converter)是通过间接转换方式实现模数转换的。其原理是首先将输入的模拟信号转换成频率，然后用计数器将频率转换成数字量。从理论上讲，这种 A/D 转换器的分辨率几乎可以无限增加，只要采样时间能够满足输出频率分辨率要求的累积脉冲个数的宽度。其优点是分辨率高、功耗低、价格低，但是需要外部计数电路共同完成 A/D 转换。

7.6.2 A/D 转换器的主要指标

1) 分辨率

分辨率(resolution)指数字量变化一个最小量时模拟信号的变化量，定义为满刻度与 2^n 的比值。分辨率又称精度，通常以数字信号的位数来表示。

2) 转换速率

转换速率(conversion rate)是指完成一次从模拟转换到数字(A/D 转换)所需时间的倒数。积分型 A/D 转换器的转换时间是毫秒级，属低速 A/D 转换器；逐次比较型 A/D 转换器是微秒级，属中速 A/D 转换器；全并行/串并行型 A/D 转换器可达到纳秒级。采样时间则是另外一个概念，是指两次转换的间隔。为了保证转换的正确完成，采样速率(sample rate)必须小于或等于转换速率。因此，有人习惯上将转换速率在数值上等同于采样速率也是可以接受的。常用单位是 KSPS 和 MSPS，表示每秒采样千/百万次(kilo/million samples per second)。

3) 量化误差

量化误差(quantizing error)是由于 A/D 转换器的有限分辨率而引起的误差，即有限分辨率 A/D 转换器的阶梯状转移特性曲线与无限分辨率 A/D 转换器(理想 A/D 转换器)的转移特性曲线(直线)之间的最大偏差。通常是一个或半个最小数字量的模拟变化量，表示为 1LSB、1/2LSB。

4) 偏移误差

偏移误差(offset error)是输入信号为零时输出信号不为零的值，可外接电位器调至最小。

5) 满刻度误差

满刻度误差(full scale error)是满度输出时对应的输入信号与理想输入信号之差。

6) 线性度

线性度(linearity)是实际转换器的转移函数与理想直线的最大偏移，不包含以上三种误差。

A/D 转换器的其他指标还有：绝对精度(absolute accuracy)、相对精度(relative accuracy)、微分非线性、单调性和无错码、总谐波失真(total harmonic distotortion，THD)和积分非线性。

7.6.3 典型 A/D 转换器工作原理

目前市场上 A/D 转换器的种类很多，功能、特性各异。为了方便学习与实验，下面以 A/D 转换芯片 ADC0809 为例。

1. 主要性能

ADC0809 是 CMOS 数据采集器件，它不仅包括一个 8 位的逐次逼近型 A/D 部分，而且提供一个 8 通道的模拟多路开关和联合寻址逻辑。它的主要特性如下。

(1) 分辨率为 8 位。

(2) 精度为 7 位。

(3) 转换时间为 100μs。

(4) 工作温度范围为–40～+85℃。

(5) 功耗为 15mW。

(6) 输入电压范围为 0～+5V。

(7) 采用了由电阻阶梯和开关组成的开关树型 D/A 转换器，能确保无漏码。

(8) 零偏差和满量程误差均小于 1/2LSB，故不需要校准。

(9) 单一+5V 电源供电。

(10) 8 个模拟输入通道，有通道地址锁存。

(11) 数据有三态输出能力，易于与微机相连，也可独立使用。

2. 内部结构及引脚功能

ADC0809 的原理框图如图 7.21 所示。图 7.21 中的树状开关和电阻网络一起，实现单调性的 D/A 转换。

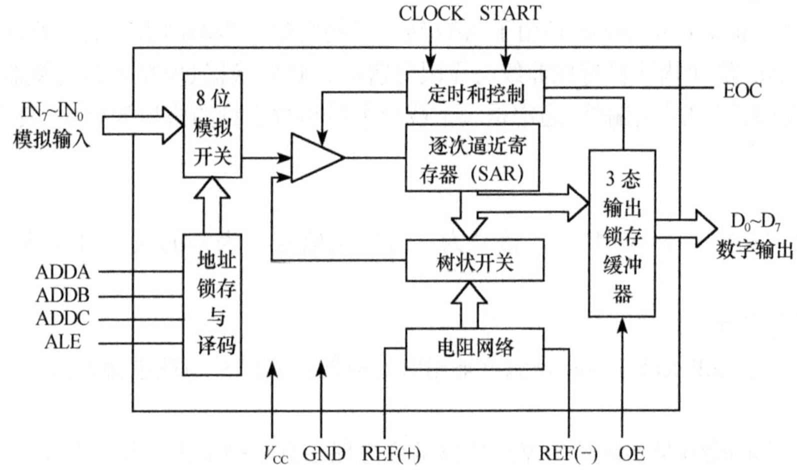

图 7.21　ADC0809 的原理框图

图 7.22 给出了 ADC0809 芯片的引脚图，表 7.2 给出了该芯片的引脚功能说明。

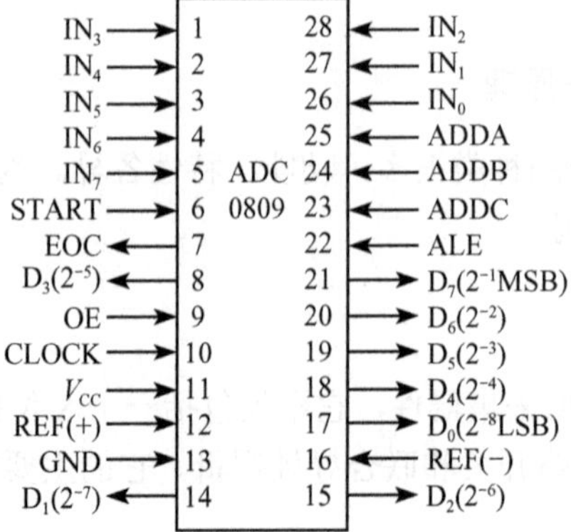

图 7.22　ADC0809 引脚功能图

表 7.2　ADC0809 芯片引脚功能说明

引脚名	功能说明	引脚名	功能说明
D_7～D_0	数字数据输出端	IN_7～IN_0	8 个模拟信号输入端
START	启动转换信号输入端	EOC	转换结束状态信号输出端
OE	允许输出数据信号输入端	CLOCK	时钟脉冲输入端
ADDA，ADDB，ADDC	选择模拟通道的地址输入端	ALE	允许地址锁存信号输入端
REF(+)，REF(–)	基准电压输入端	V_{CC}	电源(+5V)
GND	地		

3. 模拟输入

该芯片有 8 个模拟量输入通道，每个通道输入电压范围为 0～+5V。8 个模拟通道由 3 个地址输入 ADDC、ADDB、ADDA 来选择模拟通道，地址输入通过 ALE 信号予以锁存。地址输入可直接取自地址总线或数据总线。地址与选通某通道的关系见表 7.3。

表 7.3　ADC0809 地址输入与选中通道关系

选中通道	地址			选中通道	地址		
	C	B	A		C	B	A
IN_0	0	0	0	IN_4	1	0	0
IN_1	0	0	1	IN_5	1	0	1
IN_2	0	1	0	IN_6	1	1	0
IN_3	0	1	1	IN_7	1	1	1

模拟输入通道的锁存可以相对于转换开始操作独立地进行(当然，不能在转换过程中进行)，然而通常是把通道锁存和启动转换结合起来完成(同一条指令)。

ADC0809 的最大模拟输入范围为 0～5.25V。基准电压 V_{REF} 根据 V_{CC} 确定，典型值为 $V_{REF(+)}=V_{CC}$，$V_{REF(-)}=0$，$V_{REF(+)}$不允许比 V_{CC} 高，$V_{REF(-)}$不允许比 GND 低。如果 ADC0809 用于测量电压或电流的绝对值，则基准电压必须是标准电压(精确的)。例如，基准电压选为 5.12V，则 1LSB 的误差为 20mV。

ADC0809 特别适用于模拟量来自比例传感器(电位计、应变仪热敏电阻、电桥等)的比例测量系统，这时关心的是相对满度值的比值，而不是它的绝对值。因而对基准电压的要求可以大大降低，消除了一些误差源，并为应用降低了成本。因输入电压范围正是电源电压范围，所以这些传感器能直接与本芯片的电源相接，而它们的输出又能直接送入多路开关的输入端，如图 7.23 所示。

4. 数字接口

数据输出线 2^{-1}～2^{-8}(TTL 电平)来自具有三态输出能力的 8 位锁存器，除 OE 为高电平外，均为高阻状态，故可直接接到系统数据总线上。

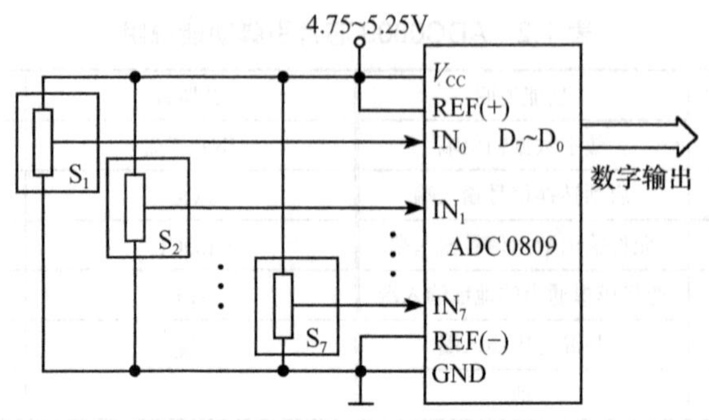

图 7.23　ADC0809 用于比例测量接线图

启动信号 START 要求持续时间在 200ns 以上，大多数微机产生的读或写信号都符合这一要求，因此可用它们产生 START 信号，启动 A/D 转换。

时钟脉冲 CLOCK 要求频率范围为 10kHz～1MHz(典型值为 640kHz)，可由微处理器时钟分频得到。

转换结束信号 EOC，转换正在进行中时，为低电平，其余时间为高电平，用于指示转换已经完成，结果数据存入锁存器。这个状态信号可用作中断申请。

ADC0809 工作时序如图 7.24 所示。

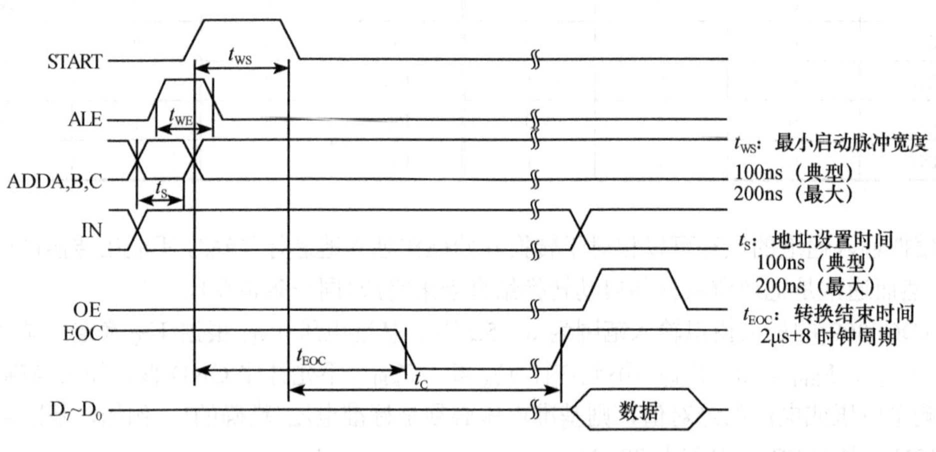

图 7.24　ADC0809 工作时序图

转换由 START 为高电平来启动(START 对 CLOCK 可不同步)，START 的上升沿将 SAR 复位，真正转换从 START 的下降沿开始。在 START 上升沿之后的 2μs 加 8 个时钟周期内(不定)，EOC 状态输出信号将变低，以指示转换操作正在进行中。EOC 保持低电平直至转换完成后再变为高电平。当 OE(允许数据输出)被置为高电平时，三态门打开，数据锁存器的内容输出到数据总线上。

5. ADC0809 与 8088 CPU 查询法接口

例 7.5　ADC0809 与 8088 CPU 采用查询法的接口电路如图 7.25 所示。设译码器输出的地址分别为：100H～107H、101H、102H，编写采用查询方式对 0 通道采样一个点和对 0～

7 通道各采样 100 个点的程序。

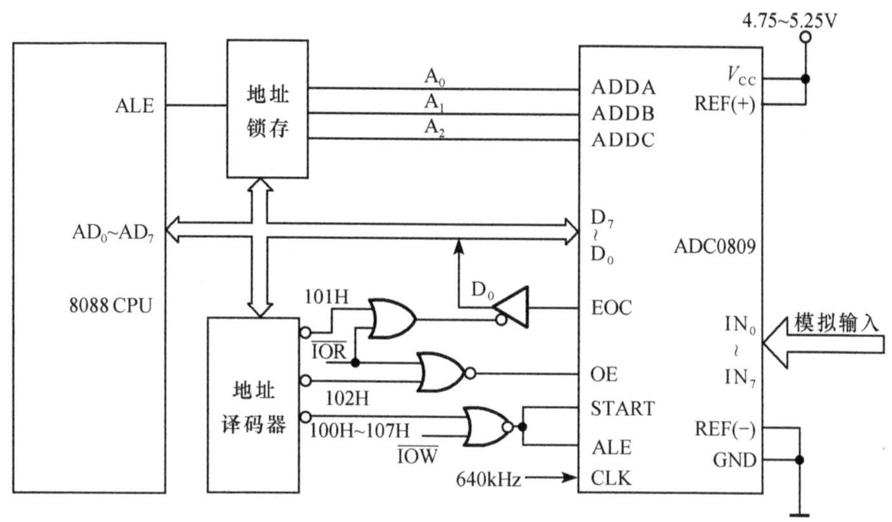

图 7.25　ADC0809 与 8088 CPU 的接口

解：仅对模拟通道 IN_0 进行 A/D 转换一次，采用查询方式的程序如下：

```
        MOV     DX,100H
        OUT     DX,AL          ；选通IN0，启动A/D转换
        NOP                    ；延时2μs加8个时钟周期(不定)
        NOP                    ；可根据CPU的速度决定NOP的个数
        NOP
        NOP
        MOV     DX,101H
    WT: IN      AL,DX          ；输入EOC标志
        TEST    AL,01H
        JZ      WT             ；未结束，返回等待
        MOV     DX,102H
        IN      AL,DX          ；结束，把结果送入AL中
```

若对 IN_0～IN_7 8 个通道的模拟量各采样 100 个点，并转换成数字量，采用查询方式的程序如下(伪指令省略)：

```
        MOV     BX,OFFSET WP   ；设置BX为数据存储指针
        MOV     CL,100         ；设置CL计数初值
    NA: MOV     DX,100H
    P8: OUT     DX,AL          ；选通一个通道，启动A/D
        NOP                    ；可根据CPU的速度决定NOP的个数
        MOV     DX,101H
    WT: IN      AL,DX          ；输入EOC标志
```

```
TEST   AL,01H          ; 测试状态
JZ     WT              ; 未结束，返回等待
MOV    DX,102H
IN     AL,DX           ; 结束，读数据
MOV    [BX],AL         ; 存数
INC    BX              ; 修改存储地址指针
INC    DX              ; 修改A/D通道地址
CMP    DX,108H         ; 判断8个通道是否转换完
JNZ    P8              ; 未完，返回启动新通道
DEC    CL              ; 100个点是否采样完了，未完返回再启动IN0通道
JNZ    NA
HLT                    ; 100个点完成，暂停
```

7.7 小　　结

通过本章学习，要求了解 I/O 接口技术的有关概念，包括输入/输出系统的组成，I/O 接口的功能及分类，I/O 端口的编址方式，在此基础上了解 I/O 接口与 I/O 端口之间的区别。

掌握微型计算机的输入/输出控制方式及每种输入/输出方式的特点，重点掌握无条件输入/输出方式和查询输入/输出方式的典型结构，并能利用一些常用接口芯片进行简单的 I/O 接口电路设计和 I/O 驱动程序设计。在 I/O 接口电路设计中，重点掌握 I/O 译码方法及译码电路的设计。而在不同的系统中进行 I/O 端口地址译码及 I/O 电路设计时，要弄清楚不同的控制信号要参加译码。

通过本章学习，重点掌握 D/A、A/D 的主要性能指标参数和术语，如 D/A 的分辨率及影响 D/A 转换的主要原因，A/D 的分辨率及量化误差的计算等。掌握 D/A、A/D 与 CPU 的接口方法及程序设计方法。

习　　题

7.1　简述 I/O 接口的基本功能。

7.2　简述 I/O 接口与 I/O 端口的区别。

7.3　简述 I/O 端口的编址方式及优缺点。

7.4　简述程序查询、中断和 DMA 三种方式的优缺点。

7.5　为什么 I/O 设备不能像存储器一样直接连接到系统总线上，而必须通过 I/O 接口连接到系统总线，与计算机主机进行通信？

7.6　在程序查询、I/O 中断以及 DMA 方式中，实际应用中选择传输方式的主要依据是什么？

7.7　8086 CPU 有______条地址总线，可形成______的存储器地址空间，可寻址范围为______；地址总线中的______条线可用于 I/O 寻址，形成______的输入/输出地址空间，地址范围为______；PC 中用了条地址线进行 I/O 操作，其地址空间为______，可寻址范围为______。

7.8　对于微机而言，任何新增的外部设备，最终总是要通过______与主机相接。

7.9　在主机板外开发一些新的外设接口逻辑，这些接口逻辑的一侧应与______相接，另一侧

与________相接。

7.10 CPU 与 I/O 接口之间的信息一般包括________、________和_______三种类型，这三类信息的传送方向分别是_______、________和________。

7.11 CPU 从 I/O 接口的________中获取外设的“忙”、“闲”或“准备好”信号。

7.12 I/O 数据缓冲器主要用于协调 CPU 与外设在_________上的不匹配。

7.13 从 I/O 端口的地址空间与存储器地址空间的相对关系的角度来看，I/O 端口的编址方式可以分为_________和________两种方式。

7.14 需要靠在程序中排入 I/O 指令完成的数据输入/输出方式有_________。

A. DMA　　B.程序查询方式　　C.中断方式

7.15 计算机主机与外设采用_________方式传送批量数据时，效率最高。

A.程序查询方式　　B.中断方式

C.DMA 方式　　D.I/O 处理机

7.16 当采用_________方式时，主机与外设的数据传送是串行工作的。

A.程序查询方式　　B.中断方式

C.DMA 方式　　D.I/O 处理机

7.17 在 DMA 传送过程中，控制总线的是_________。

A.CPU　　B.外部设备　　C.DMA 控制器　　D.存储器

7.18 在 DMA 传送过程中，CPU 与总线的关系是_________。

A.只能控制数据总线　　B.只能控制地址总线

C.与总线短接　　D.与总线隔离

7.19 下列哪一个器件可以用来设计简单的输入接口电路________。

A.锁存器　　B.三态缓冲器

C.反相器　　D.译码器

7.20 8086 CPU 用________指令从端口读入数据，用______指令向端口写入数据。

7.21 在 8088 CPU 组成的计算机系统中有一个接口模块，片内占用 16 个端口地址 300～30FH，设计产生片选信号的译码电路。

7.22 在 IBM PC 系统中，如果 AEN 信号未参加 I/O 端口地址译码，会出现什么问题？在没有 DMA 机构的其他微机系统中，是否存在同样的问题？

7.23 在 8088 CPU 工作在最大方式组成的微机系统中，利用 74LS244 设计一个输入端口，分配给该端口的地址为 04E5H，试画出连接图。

7.24 在上题的基础上，利用 74LS374 设计一个输出端口，分配给该端口的地址为 E504H，试画出连接图。若上题中输入端口的 bit3、 bit4 和 bit7 同时为 1，将内存 BUFFER 开始的连续 10 个字节单元的数据由 E504H 端口输出；若不满足条件，则等待。试编写程序。

7.25 在 8086 最大系统中，分别利用两片 74LS244 和 74LS273 设计 16 位输入和输出接口，其起始端口地址为 504H、506H，画出硬件连接图。

7.26 设某一个输入接口中有一个 8 位数据端口和一个 8 位状态端口，数据端口和状态端口的地址分别为 300H 和 302H，其中状态端口的 D_3 位为 1 表示输入缓冲区满，可以输入，否则数据未准备好。设计程序实现查询方式读入一字节数据。

7.27 在 IBM PC/XT 系统中有一个输出设备，其地址为 3C0H，如图 7.26 所示，使用 74LS138 芯片产生该设备的接口电路片选信号。

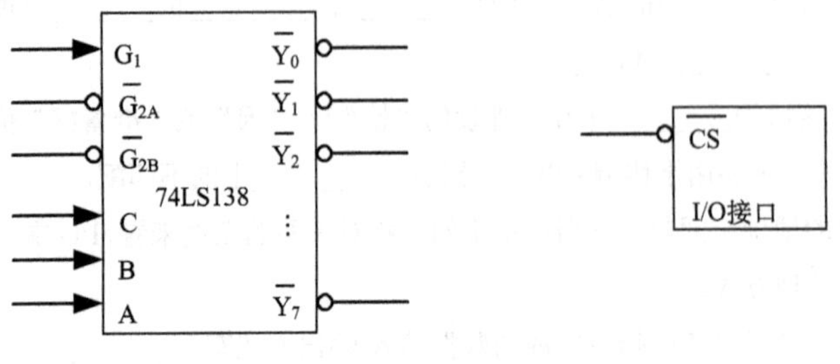

图 7.26　译码电路

7.28　在某微机系统中有两个输入设备(设备 1 和设备 2)，采用程序查询方式输入数据，其中设备 1 的数据端口地址为 120H，设备 2 的数据端口地址为 122H，状态端口地址为 124H。状态位 D_0 为设备 1 的数据准备好信号(高电平有效)，状态位 D_4 为设备 2 的数据准备好信号(高电平有效)，试编写一段程序完成从两个输入设备共读入 100 个字符，分别存于 BUF1 和 BUF2 缓冲区。

7.29　有一台硬币兑换机，平时等待纸币输入，当硬件检测到有效纸币输入时，会给状态端口(端口地址为 FAH) D_2 位置 1，并在数据输入端口(端口地址为 FCH)给出纸币类型：01H 代表 1 元，05H 代表 5 元，10H 代表 10 元，20H 代表 20 元。若兑换机硬币输出系统准备就绪，则状态端口 D_3 位由硬件置 1，然后将兑换的 5 角硬币数送数据输出端口(端口地址为 FEH)，硬币输出系统根据硬币数输出硬币完成兑换。编写程序完成以上要求。

7.30　A/D 和 D/A 转换器在微机控制系统中起何作用？

7.31　A/D 转换器和 D/A 转换器的精度有何区别？

7.32　A/D 转换器有哪些性能参数及术语，它们的含义是什么？

7.33　D/A 转换器有哪些性能参数及术语，它们的含义是什么？

7.34　现有两块 DAC0832 芯片，要求连接到 IBM PC/XT 的总线上，其 D/A 转换器输出电压均要求为 0～5V，且两路输出在 CPU 更新输出时应使输出电路同时发生变化，试设计该接口电路。接口芯片及地址自定。

7.35　试设计一个采用查询法并用数据线选择通道的 CPU 和 ADC0809 的接口电路，并编制程序，使之把所采集的 8 个通道的数据送往给定的内存区。

7.36　设被测温度变化范围为 300～30000℃，如果要求测量误差不超过±1℃，应选用分辨率和精度都为多少位的 A/D 转换器(设 A/D 转换器的分辨率和精度的位数一样)？

第 8 章　中断系统与可编程中断控制器 8259A

在微机系统中，中断功能是靠微处理器本身的功能和与之配合的外部逻辑共同实现的，它是微机系统必须具备的、重要的功能。在第 7 章讨论输入/输出方式时，已经介绍了 I/O 中断方式的过程和特点。本章首先讨论中断的基本概念，然后讨论 8086 CPU 的中断系统，最后讨论可编程中断控制器芯片 8259A 及其应用。

8.1　中断的基本概念

8.1.1　中断系统中的名词概念

1. 中断

在 CPU 执行程序的过程中，由于某个事件的发生，CPU 暂停当前正在执行的程序，转去执行处理该事件的中断服务程序，待中断服务程序执行完成后，CPU 再返回到原被中断的程序继续执行。这个过程称为中断。

2. 中断源及分类

能引起 CPU 中断的事件称为中断源。

有的中断源在微处理器的内部，称为内部中断源，如程序异常(运算溢出等)、陷阱中断(单步运行程序)、软件中断(执行 INT 指令)等。

大多数的中断源在微处理器的外部，称为外部中断源，如外部故障(电源故障、存储器读写校验错)、外部事件(定时时间到、外部特殊信号)、I/O 事件(外部设备完成一次 I/O 操作，请求数据传输)等。

3. 中断类型号

在一个微机系统中，中断源的个数较多。哪个中断源向 CPU 提出中断请求，CPU 响应该中断请求后就应正确地转向该中断源对应的中断服务程序入口，执行该中断服务程序。为了能使 CPU 识别中断源，从而能正确地转向该中断源对应的中断服务程序入口，通常用二进制编码来给中断源编号，该编号称为中断类型号。例如，在 8086 系统中，除法错中断类型号为 00H，陷阱中断类型号为 01H。

4. 中断断点

由于中断的发生，某个程序被暂停执行，该程序中即将执行但由于中断而没有被执行的那条指令(即中断发生时 CPU 正在执行指令的下一条指令)的地址称为中断断点，简称断点。

5. 中断服务程序

处理中断事件的程序段称为中断服务程序，如除法错中断服务程序、输入/输出中断服务程序等。

不同类型的中断对应有不同的中断服务程序。

中断服务程序不同于一般的子程序。子程序由某个程序调用，它的调用是由程序设定的，因此是确定的。中断服务程序由某个事件引发，它的发生往往是随机的、不确定的。

6. 中断系统

为实现计算机的中断功能而配置的相关硬件、软件的集合称为中断系统。

8.1.2 中断工作方式的特点

具备了中断功能后，计算机的整体性能可以得到很大的提高，具体表现为以下几个方面。

(1) 并行处理能力。利用中断功能可以实现微处理器和多个外设同时工作，仅仅在它们相互需要交换信息时，才进行“中断”。这样微处理器可以控制多个外设并行工作，提高了微处理器的使用效率。

(2) 实时处理能力。当微处理器应用于实时控制时，现场的许多事件需要微处理器迅速响应、及时处理，而提出请求的时间往往又是随机的。利用中断系统才能实现实时处理。

(3) 故障处理能力。在微处理器运行过程中，有时会出现一些故障，例如，电源掉电(指电源电压快速下降，可能即将停电)、存储器读写校验错、运算出错等。可以利用中断系统，通过执行故障处理中断服务程序进行处理，而不影响其他程序的运行。

(4) 多道程序或多重任务的运行。在操作系统的调度下，微处理器运行多道程序或多重任务。一个程序需要等待外设 I/O 操作结果时，就暂时“挂起”，同时启动另一道程序运行。I/O 操作完成后，挂起的程序再排队等待运行。这样，多个程序交替运行。从大的时间范围来看，多道程序在“同时”运行。也可以给每道程序分配一个固定的时间间隔，利用时钟定时中断进行多道程序的切换。由于微处理器速度快，I/O 设备速度慢，各道程序感觉不到微处理器在做其他的服务，好像专为自己服务一样。

8.1.3 中断管理

中断系统需要实现对中断全过程的控制，解决中断源识别、中断优先权和中断嵌套等一系列问题。

1. 对中断全过程的控制

中断源发出中断请求后，微处理器需要确定是否响应这一中断。若允许响应这个中断请求，微处理器在保护断点后，转移到相应的中断服务程序进行执行，中断处理完后，微处理器又返回到断点处继续执行被中断的程序。

2. 中断源的识别

微处理器收到中断请求后，需要识别是哪一个中断源发出了中断请求信号，以便执行相应的中断服务程序。中断源的识别有软件和硬件两种方法。

(1) 软件识别方法：多个设备的中断源可以共用一个中断服务子程序。当微处理器响应其中的一个中断请求后，进入中断服务程序，并在这个中断服务程序里查询各个中断源的状态，从而确定是哪一个设备申请了中断。

(2) 硬件识别方法：微处理器响应某个设备发出的中断请求后，进入一个“中断响应周期”，申请中断的设备向微处理器发送它的中断类型号。

3. 中断的优先权

微处理器系统对各个设备所发出的中断请求的处理有轻重缓急，有些设备发出的中断请求需要微处理器立即处理，如电源故障。因此，需要根据中断的性质及处理的轻重缓急对中断源进行排队，并给予优先权。优先权，是指有多个中断源同时提出中断请求时，微处理器响应中断的优先次序。

4. 中断嵌套

微处理器在处理级别低的中断过程中，如果出现了级别更高的中断请求，则微处理器会暂停执行低级中断的处理程序，而转向处理更高级的中断，等高级中断处理完毕后，再接着执行低级的未处理完的中断服务程序，这种中断处理方式称为多重(级)中断或中断嵌套。图 8.1 所示为二级中断嵌套过程示意图，图中外设 2 的中断优先权高于外设 1。

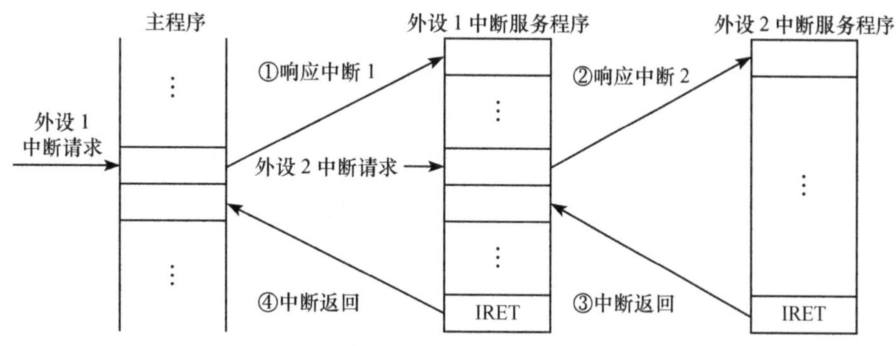

图 8.1　二级中断嵌套过程

需要注意的是，由于微处理器在响应中断时已将 IF 清零，所以一定要在中断处理程序中加入开中断指令，才有可能进行中断嵌套。

8.1.4 中断过程

对于不同类型的中断源，微处理器的响应及处理过程不完全一样，下面叙述一个大致过程。

1. 中断源请求中断

微处理器系统中有两类中断源：外部中断源和内部中断源。

(1) 外部中断源。由外部硬件产生的中断请求信号，它又可以分为非可屏蔽中断和可屏蔽中断。

(2) 内部中断源。在程序运行过程中由指令发出的中断或由指令结果异常产生的中断。

微处理器可以用程序控制的方法实现对外部可屏蔽中断源的屏蔽，这种操作称为中断屏蔽。在管理外部中断的接口内增设一个中断屏蔽触发器(可以用 D 触发器实现)，该触发器的 $\overline{Q}$ 端与中断请求信号相与后连接到 CPU 的 INTR。当 $\overline{Q}=0$ 时，外设发出的中断请求被屏蔽。因此，通过适当地设定中断屏蔽触发器的状态，就可以控制各个设备的中断请求信号。

2. 中断响应

中断源提出中断请求后，必须满足一定的条件，微处理器才可响应中断。

(1) 响应可屏蔽中断必须同时具备以下条件。

① 微处理器处于中断允许状态(IF=1)。

② 没有不可屏蔽中断请求和总线请求。

③ 当前指令执行结束。

(2) 响应不可屏蔽中断必须同时满足以下条件。

① 没有总线请求。

② 当前指令执行结束。

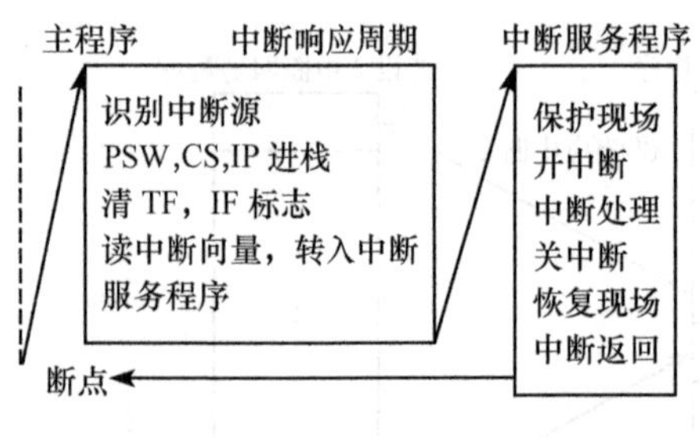

图 8.2　中断响应过程示意图

(3) 响应内部中断的条件：当前指令执行结束。

微处理器接收中断请求后转入中断响应周期，如图 8.2 所示。在中断响应周期完成以下任务。

① 识别中断源，获得中断源的中断类型号。

② 将 PSW 和 CS、IP(断点)依次压入堆栈保存。

③ 清除陷阱标志位 TF 和中断允许标志位 IF。

④ 获得相应的中断服务程序入口地址，转入中断服务程序。

3. 中断服务

中断服务程序的主要内容包括以下几方面。

(1) 保护现场。在执行中断服务程序时，先保护中断服务中要使用的寄存器的内容，中断返回前再将其内容恢复。这样，中断处理程序的运行就不会影响主程序的运行。具体的做法是将这些寄存器内容压入堆栈。

(2) 开中断。在中断服务程序中开中断(IF=1)，以便在执行中断服务程序时，能够响应较高级别的中断请求。

(3) 中断处理。中断处理是指执行输入/输出操作或处理非常事件，执行过程中允许微处理器响应较高级别设备的中断请求。

(4)关中断。在恢复现场之前应该关中断，以便确保恢复现场的完整性和正确性。

(5)恢复现场。中断服务程序执行结束前，应将堆栈中保存的内容按入栈相反的顺序弹出，恢复到原来的寄存器中，从而保证被中断的程序能够正常地继续执行。

(6)中断返回。在中断服务程序的最后，需要安排一条中断返回指令，用于将堆栈中保存的IP、CS、PSW的值弹出，使程序回到被中断的地址，并恢复被中断前的PSW状态。

8.2 8086的中断系统

8.2.1 8086微处理器的中断类型

8086微处理器用8位二进制码表示一个中断类型，因此可以有256个不同的中断。这些中断可以分为外部可屏蔽中断、外部非可屏蔽中断、内部中断三类，如图8.3所示。

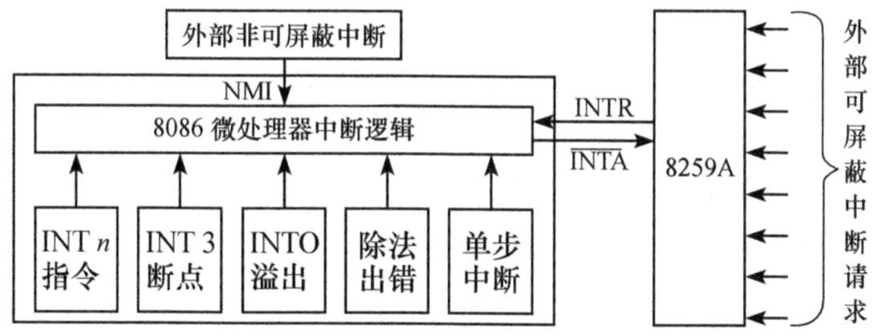

图8.3　8086中断结构

8086微处理器有两根外部中断请求输入引脚：NMI和INTR，非可屏蔽中断请求信号通过NMI引脚输入，可屏蔽中断请求信号通过INTR引脚输入。所有的可屏蔽中断源由可编程中断控制器8259A统一管理。

8086微处理器规定了各类中断的优先级：除法错误中断、INT *n*和INTO指令的优先级最高，其次为不可屏蔽中断NMI，再者为可屏蔽中断INTR，单步中断的优先级最低。

1. 外部可屏蔽中断

微处理器是否响应通过INTR发出的可屏蔽中断请求，受标志寄存器中的中断允许标志位IF的控制。IF=0时，微处理器不响应INTR的中断请求，IF=1时，微处理器响应INTR的中断请求。可以用STI指令使IF=1，称为开中断；用CLI指令使IF=0，称为关中断。

系统复位后，或微处理器响应了任何一种中断(内部中断、NMI、INTR)后，都会使IF=0。因此，一般情况下可以用STI指令使IF=1，允许响应中断。

8086的可屏蔽中断源由可编程中断控制器8259A统一管理，每片8259A可以接收8个外部设备的中断请求。外部设备将中断请求信号送到8259A的输入端，8259A根据屏蔽状态决定是否给8086的INTR端发出高电平有效的中断请求信号。8086响应中断请求以后给8259A发出$\overline{\text{INTA}}$信号，8259A利用此信号，将已向8259A提出中断请求且中断优先级别最高的中断类型码送给8086。INTR中断的类型码可以是8～255。

2. 外部非可屏蔽中断

当 NMI 引脚接收到上升沿触发的中断请求信号时，只要输入脉冲有效宽度(高电平有效时间)大于两个时钟周期就能被 8086 锁存，微处理器必须响应 NMI 中断请求的响应，不受中断允许标志位 IF 控制。不管 IF 的状态如何，只要 NMI 信号有效，8086 现行指令执行结束，都会立即响应 NMI 中断请求。NMI 中断类型码固定为 2。

3. 内部中断

内部中断是执行 INT *n*、INTO 等指令，或由于除法出错，或进行单步操作而引起的中断。8086 微处理器的内部中断有 5 种类型。

(1)除法错中断。在执行 DIV(无符号数除法)或 IDIV(有符号数除法)指令时，若发现除数为零或商超过寄存器所能表达的范围(商溢出)，8086 微处理器立即执行中断类型码为 0 的内部中断。

(2)单步中断。8086 标志寄存器中有一个陷阱标志位 TF，若 TF=1，则微处理器每执行完一条指令就引起一个中断类型码为 1 的内部中断。它用于实现单步操作，是一种强有力的调试手段。

(3)断点中断。INT 3 指令产生一个中断类型码为 3 的内部中断，称为断点中断。在程序调试过程中，需要跟踪程序走向、了解程序执行过程的中间结果时，可以用 INT 3 指令临时替换原有的指令，称为设置断点。程序执行到“断点”处，会因执行 INT 3 指令进入类型 3 的中断服务程序，原程序被暂停执行。此时可以在类型 3 对应的中断服务程序中读出程序的执行环境(指令地址、寄存器值、变量的当前结果等)，供程序员观察。最后恢复原来的指令，继续执行被调试的程序。

(4)溢出中断。溢出中断由 INTO 指令产生。8086 标志寄存器中有一个溢出标志位 OF，若上一条指令的执行结果使 OF=1，则 INTO 指令将引起中断类型码为 4 的内部中断；否则此指令不起作用，程序顺序执行下一条指令。

(5)INT *n* 指令。用户可以用 INT *n* 指令产生一个中断类型码为 *n* 的中断，如 DOS 系统功能调用 INT 21H 指令的中断类型码为 21H。

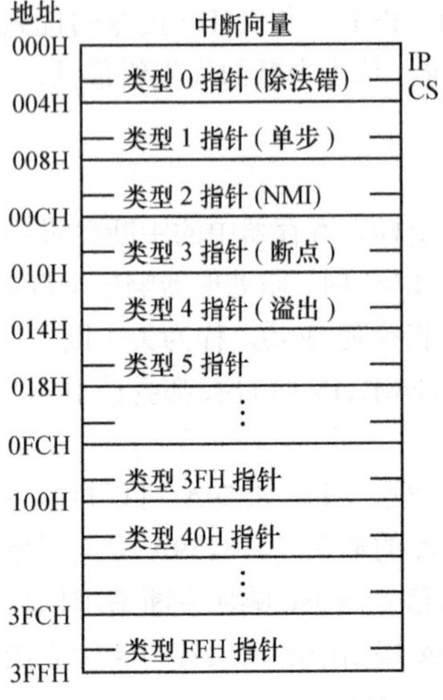

图 8.4 中断向量表

8.2.2 8086 微处理器的中断向量表

中断向量也称为中断指针，就是中断服务程序的入口地址。8086 的中断向量表如图 8.4 所示，它用于存储各个中断服务程序的入口地址。中断向量表占用存储器从 00000H 开始的最低地址区的 1024 个单元，每个中断向量占用 4B，故可存 256 个中断向量。中断服务程序入口中的偏移地址存入两个低地址字节，入口的段地址存入两个高地址字节。中断向量在中断向量表中的存储顺序是以中断类型号为索引的。中断类型号乘以 4 就是该中断的中断向量在中断向量表中的开始地址。例如，中断类型号为 0，其中断向量保存在 00000H～00003H 地址中。中断类型号为 1，其中断向量保存在 00004H～00007H 地址……中断类型号为 255 时，其中断向量保存在 003FCH～003FFH 地址。

使用某个中断前，应先将中断服务程序入口地址的段地址和偏移地址分别装入中断向量表中的相应单元中。专用中断类型（如除法错中断类型）以及 DOS 和 BIOS 软中断指令的中断向量，开机过程中在系统初始化时装入。用户开发的应用程序需要使用某个中断类型时，可以使用 AH=25H 的 DOS 系统功能调用，将中断服务程序入口地址装入中断向量表。如果用户以自己的中断服务程序替换系统某类中断，必须将原始中断向量先保存起来，用户停止使用该中断向量时，再将其恢复。

8.2.3 8086 CPU 的中断响应和返回操作过程

中断响应的操作过程对于可屏蔽中断、非可屏蔽中断和内部中断是不尽相同的。

1. 可屏蔽中断的响应过程

在 IF 位为 1(即开中断)的情况下，从 INTR 端加入中断请求信号开始，到进入中断服务程序为止所经过的一系列操作，称为可屏蔽中断的响应过程。这个响应过程包括以下操作。

(1) 等待当前指令结束，然后进入中断响应周期。这就是说，在进入中断响应周期之前必须执行完当前指令。有几种特殊情况应该说明，首先，关于有前缀的指令。大家知道，指令前缀有 3 种：指定段寄存器前缀(如指令 MOV AX，CS：VAR)、重复前缀(如指令 REP MOVSB)和 LOCK 前缀。指令前缀汇编后是一字节的代码，排在指令的指令码前边，应该明确的概念是，指令前缀本身不是独立的指令，只是指令的一部分，所以不允许在前缀码和指令码之间响应中断。说得更具体一点，就是响应中断时要在堆栈里保存返回地址，这个返回地址不允许是前缀码下一字节的地址。但是对于有重复前缀的字符串操作指令，例如，REP MOVSB 指令，每一次传送(一字节或一个字)之后就可以响应中断，但这时保存的返回地址是 REP 字节的地址。这就保证了中断服务程序执行结束返回时，仍返回到这条指令，把没有完成的重复传送操作完成。如果不希望在重复操作期间被中断，可在这条指令前设置 CLI(关中断)指令，在这条指令后设置 STI(开中断)指令。其次，对于目的地址是段寄存器的 MOV 和 POP 指令(CS 不允许是目的地址)，本条指令之后不允许响应中断，而是等再执行一条指令后才能响应中断。这一操作特点可以保证在更换段地址又更换指针(如 SS 和 SP 都更换)之间不被中断。

(2) 微处理器从外部的中断控制逻辑获得中断类型号。Intel 公司的中断控制器 8259A 最适合为 Intel 公司的微处理器组成中断控制逻辑，它能向 CPU 提供中断类型号。中断响应周期有关信号的时序关系如图 8.5 所示。中断响应周期在时间上占两个机器周期，共 8 个时钟周期。微处理器 INTR 端上接收有效的中断请求信号后，在 $\overline{\text{INTA}}$ 端相继发出两个负脉冲。第 1 个机器周期的 $\overline{\text{INTA}}$ 脉冲通知外部中断控制逻辑微处理器接收中断请求。第 2 个机器周期的 $\overline{\text{INTA}}$ 脉冲控制外部中断控制逻辑把中断类型号置于数据总线的 D_0～D_7，由 CPU 读取。

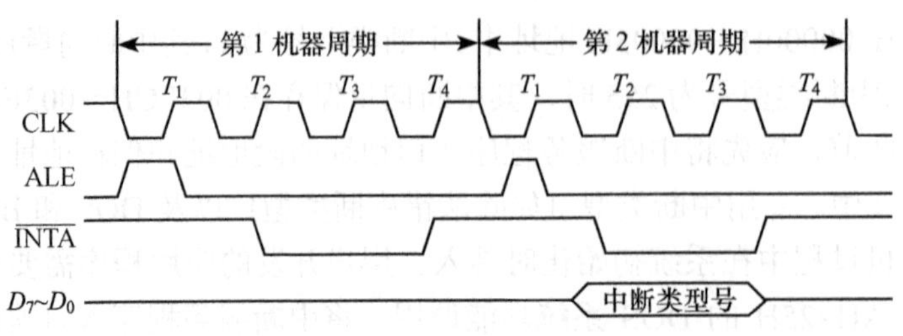

图 8.5　中断响应周期的时序关系

(3) 当前的 PSW、CS 和 IP 的内容依次压入堆栈。这就保存了断点的状态和断点地址，以便返回时恢复。

(4) 清除 PSW 中的 IF 位和 TF 位。IF 位为 0 意味着关中断，如果需要中断嵌套，中断服务程序中应采用 STI 指令开中断。服务程序结束时执行返回指令 IRET，可以恢复开中断状态。这一操作功能对中断管理是很有意义的。

(5) 把中断服务程序的入口地址置入 IP 和 CS，即把地址为 $4n$ 和 $4n$+1 两个单元的 16 位数作为中断服务程序入口的偏移地址置入 IP，把地址为 $4n$+2 和 $4n$+3 两个单元的 16 位数作为服务程序的段地址置入 CS。

至此，完成了可屏蔽中断的响应过程，开始进入中断服务程序。

2. 非可屏蔽中断的响应过程

非可屏蔽的中断请求在 NMI 端加入，CPU 对它的响应不受 IF 位的控制(但可以在外部逻辑中对加入 NMI 端的信号进行控制)。与可屏蔽中断一样，非可屏蔽中断也要等待当前指令执行结束。如果同时出现了非可屏蔽中断请求和可屏蔽中断请求，CPU 将优先响应非可屏蔽中断。非可屏蔽中断的中断类型号为 2，是微处理器硬件决定的，所以不需要从外部取回一字节的中断类型号。非可屏蔽中断响应的其他操作与可屏蔽中断相同。

3. 内部中断的响应过程

内部中断的响应操作有以下共同特点。

(1) 中断类型号要么是指令码给定的，要么是处理器硬件决定的，不需要从外部逻辑输入。

(2) 没有 $\overline{INTA}$ 信号的响应周期。

(3) 不受 IF 位的控制，但单步中断受 TF 位控制。

(4) 除单步中断之外，其他内部中断都比外部中断优先响应。

除上述特点外，内部中断响应也要执行可屏蔽中断响应的第(3)、(4)和(5)项操作。

应该说明的是，中断响应时清除 TF 标志位对单步中断特别有意义。TF 为 1 时，每执行完一条指令时引起一次单步中断，在中断服务程序中显示各寄存器的内容和状态字信息。试想，如果中断响应时不清除 TF 位，进入中断服务程序时 TF 位仍为 1，将造成什么后果？将不停地引起中断，每次中断都只执行同一条指令而不能返回。中断响应时清除 TF 位就避免了这种现象。中断服务程序期间 TF 为 0，到 IRET 指令恢复 PSW 值时，才恢复 TF 位。

无论内部中断还是外部中断，中断返回都是由中断服务程序的末尾设置 IRET 指令实现的，IRET 指令的操作是恢复断点处的地址和 PSW 的内容，即依次从堆栈中弹出保存的 IP、CS 和 PSW 值，使被中断的程序继续执行。

8.3　可编程中断控制器 8259A 及其应用

可编程中断控制器 Intel 8259A 是专门用于系统中断管理的大规模集成电路芯片，在 IBM PC/XT 微型机系统中使用了一片 8259A，在 PC/AT 微型机系统中使用了两片 8259A。目前，PC 系列微机，其外围控制芯片都集成有与两片 8259A 相当的中断控制电路。

中断控制器应具有如下的功能：接收外部中断请求，向微处理器发送中断请求；进行优先权级别的判断，把当前优先权最高的中断源的中断类型号送往微处理器；处理器响应中断，进入中断服务后，当优先权更高的外部中断请求产生时，中断控制器能够实现中断的嵌套；反之，对于优先权较低的中断请求则予以屏蔽。8259A 中断控制器的具体性能如下。

(1) 具有 8 级优先权控制，通过级联可以扩展至 64 级。

(2) 每个中断级都可以由编程实现屏蔽或开放。

(3) 在中断响应周期，8259A 可以提供相应的中断类型号。

(4) 可以通过编程来选择 8259A 的各种工作方式。

8259A 把中断源识别、中断优先权排序、中断屏蔽、提供中断向量等功能集于一身，因而能方便地进行外部中断的管理。通过对 8259A 进行编程，就可以管理 8～64 中断级优先权、设定中断类型号以及中断请求方式和优先权模式。

8.3.1　8259A 的引脚功能

8259A 采用 28 脚的双列直插封装，引脚如图 8.6 所示，各引脚的功能定义如下。

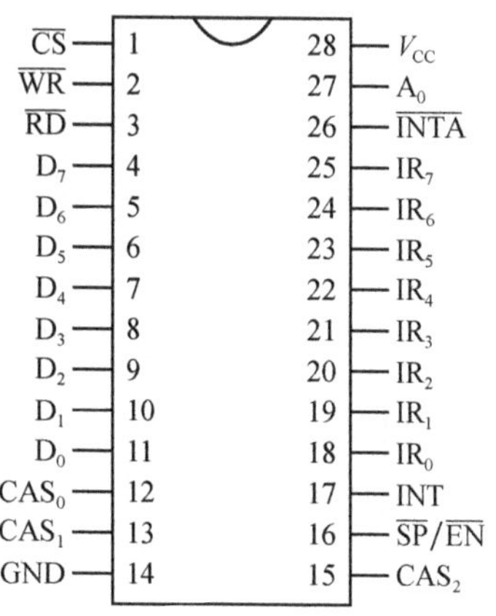

图 8.6　8259A 的外部引脚

(1) D_7～D_0：双向三态数据总线。

(2) A_0：地址线，输入，用于选择内部端口。由于 8259A 只有一条地址输入信号线，所以它只有两个端口地址。习惯上，把 A_0=0 所对应的端口称为“偶端口”，另一个称为“奇端口”。

(3) $\overline{CS}$：片选信号，输入，低电平有效。

(4) $\overline{RD}$：读信号，输入，低电平有效。

(5) $\overline{WR}$：写信号，输入，低电平有效。

(6) INT：中断请求信号，输出，高电平有效。

(7) $\overline{INTA}$：中断响应信号，输入，低电平有效。

(8) CAS_2～CAS_0：双向的级联线。

(9) IR_7～IR_0：外设向 8259A 发出的中断请求信号，输入。

(10) $\overline{SP}/\overline{EN}$：主从设备设定/缓冲器读写控制，双向双功能。

8.3.2 8259A 的内部结构及各部件的功能

8259A 的内部结构如图 8.7 所示。

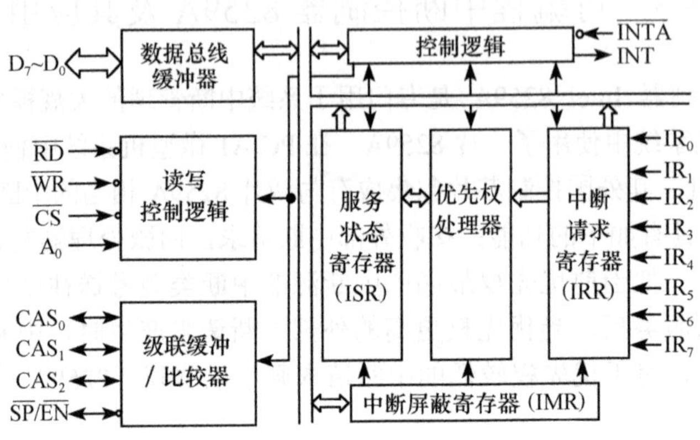

图 8.7 8259A 的内部结构图

1. 中断请求寄存器(IRR)

IRR 是一个 8 位的锁存器，用于锁存外部设备发送的 IR_7～IR_0 中断请求信号。当外部中断请求线 IR_i 有中断请求时，IRR 中与之对应的第 i 位置 1。这个寄存器的内容可以被微处理器读出。

2. 中断屏蔽寄存器(IMR)

IMR 是一个 8 位的寄存器，用于设置中断请求的屏蔽信号。此寄存器的第 i 位置 1 时，与之对应的外部中断请求线 IR_i 被屏蔽，不能向微处理器发出 INT 信号。IMR 内容可通过软件设置，确定每一个中断请求的屏蔽状态。设置 IMR 也可以起到改变中断请求的优先级的效果。

3. 中断服务状态寄存器(ISR)

ISR 是一个 8 位的寄存器，用于记录当前正在服务的所有中断级，包括尚未服务完而中途被更高优先级打断的中断级。若微处理器响应了 IR_i 中断请求，则 ISR 中与之对应的第 i 位置 1。该中断处理结束前，要使用指令清除这一位。ISR 的内容可以被微处理器读出。

4. 优先权处理器

优先权处理器用于识别和管理各中断请求信号的优先级别。当几个中断请求信号同时出现时，优先权处理器根据控制逻辑规定的优先级规则和 IMR 的内容来判断这些请求信号的最高优先级。微处理器响应中断请求时，把优先权最高的 IRR 中的“1”送入 ISR。当 8259A 正在为某一级中断服务时，若又出现新的中断请求，则由优先权处理器判断新出现的中断请求的优先级是否高于正在处理的中断级。若是，则进入中断嵌套处理。

5. 控制逻辑

在 8259A 的控制逻辑电路中，有一组初始化命令字寄存器 ICW_1～ICW_4 和一组操作命令字寄存器 OCW_1～OCW_3。初始化命令字在系统初始化时置入，工作过程中一般保持不变。操作命令字在工作过程中根据需要设定。控制逻辑电路按照编程设定的工作方式管理 8259A 的全部工作。它根据 IRR、IMR、优先权管理器的状态，通过 INT 引脚向微处理器请求中断。中断响应期间，它使中断优先级最高的 ISR 相应位置 1，同时使对应的 IRR 位清 0，把相应的中断类型码发送到数据总线上。中断服务结束时，按照程序规定的方式清除 ISR 中的对应位，进行结束处理。

6. 数据总线缓冲器

这是一个 8 位的双向三态缓冲器，是 8259A 与系统数据总线的接口。8259A 通过数据总线缓冲器接收微处理器发来的控制字，也通过数据总线缓冲器向微处理器发送中断类型码和状态信息。

7. 读写控制逻辑

这个电路接收微处理器的读写命令。读写信号控制 8259A 与微处理器交换信息的方向，片选信号 $\overline{CS}$ 和地址线 A_0 决定访问 8259A 的哪个寄存器。微处理器对 8259A 进行写操作时，用 OUT 指令使 $\overline{WR}$ 有效，把写入 8259A 的命令字通过数据总线送到相应的寄存器 ICW_i 和 OCW_i 内；微处理器对 8259A 进行读操作时，用 IN 指令使 $\overline{RD}$ 有效，把相应的 IRR、ISR 或 IMR 的内容通过数据总线读入微处理器。8259A 内部的 ICW_1～ICW_4、OCW_1～OCW_3 以及 IRR、ISR 和 IMR 等寄存器端口共享两个端口地址，而 CPU 对这两个端口进行 IN/OUT 操作，通过命令字 D_4、D_3 位的特征或读/写的先后顺序来识别具体操作的端口。表 8.1 列出了对 8259A 寄存器端口读/写时，各控制线与被访问寄存器端口间的关系。

表 8.1　8259A 寄存器的读/写

$\overline{CS}$	A_0	$\overline{RD}$	$\overline{WR}$	D_4	D_3	读写操作
0	0	1	0	0	0	数据总线→OCW_2
0	0	1	0	0	1	数据总线→OCW_3
0	0	1	0	1	×	数据总线→ICW_1
0	1	1	0	×	×	数据总线→ICW_2，ICW_3，ICW_4，OCW_1
0	0	0	1			IRR 或 ISR 或中断级别编码→数据总线
0	1	0	1			IMR→数据总线

8. 级联缓冲/比较器

系统需要扩展而使用多个 8259A 时，要有一个 8259A 作为主器件而其他的作为从器件。级联缓冲/比较器在级联方式的主/从结构中，用来控制 8259A 的级联。与此部件相关的有 3 根级联线 CAS_2～CAS_0 和 1 根主从设备设定/缓冲器读写控制线 $\overline{SP}/\overline{EN}$。

如果系统使用了多片 8259A，为了减轻系统数据总线的负担，可以把各 8259A 芯片的数据线汇总后通过一个双向缓冲器(8286 或 74LS245)与系统数据总线相连。这种方式称为“缓冲方式”。在缓冲方式下，$\overline{SP}/\overline{EN}$ 引脚用作 $\overline{EN}$，输出低电平时，开启双向缓冲器。不处于缓冲方式时，它是起 $\overline{SP}$ 作用的输入引脚，用来区别主从器件，$\overline{SP}/\overline{EN}$ 接高电平，该 8259A 为主器件，$\overline{SP}/\overline{EN}$ 接低电平，则其为从器件。

CAS_2～CAS_0 是 8259A 主、从芯片之间专用的总线。对于主 8259A，CAS_2～CAS_0 是输出线，用于在微处理器响应中断时输出从片选择代码，表示哪一个从器件的中断请求被响应；对于从 8259A，CAS_2～CAS_0 是输入线，用于接收主 8259A 送来的从片选择代码。

8.3.3 8259A 的工作方式

1. 8259A 的工作过程

8259A 的一次完整中断响应过程如下。

(1) 外设在中断请求输入端 IR_0～IR_7 上产生中断请求。

(2) 中断请求被锁存在 IRR 中，并经 IMR“屏蔽”，其结果送给优先权电路判优。

(3) 控制逻辑接收中断请求，向微处理器输出 INT 信号。

(4) 微处理器从 INTR 引脚接收 8259A 的 INT 信号，进入连续两个 $\overline{INTA}$ 周期。

(5) 优先权电路检出优先权最高的中断请求位，设置 ISR 中的对应位。

(6) 若 8259A 作为主控中断控制器，则在第一个 $\overline{INTA}$ 周期将级联地址从 CAS_2～CAS_0 送出。若 8259A 是单独使用或是由 CAS_2～CAS_0 选择的从属控制器，就在第二个 $\overline{INTA}$ 周期将一个中断类型号输出到低 8 位数据总线上。

(7) 8086 CPU 读取该中断类型号，转到相应的中断处理程序执行。

(8) 在中断处理结束前，中断处理程序向 8259A 发送一个 EOI(中断结束)命令，使 ISR 相应位复位，结束本次中断。

2. 8259A 的优先权管理

在中断管理中，中断优先权的管理是一个核心。8259A 有两类确定优先权的方法：固定优先级和循环优先级。每一类中又有一些不同的实现方法。

1) 固定优先级

这种方式下，各个中断源的优先级由它所连接的引脚编号决定，一旦连接，它的优先级就已经确定。具体有全嵌套方式和特殊全嵌套方式两种。

全嵌套方式(正常嵌套)是 8259A 最常用的一种工作方式。如果对 8259A 进行初始化后没有设置其他优先级方式，那么 8259A 就按全嵌套方式工作。在全嵌套方式下，中断优先权的级别是固定的，即 IR_0 优先权最高，IR_1～IR_6 逐级次之，IR_7 最低。

特殊全嵌套方式一般用于 8259A 级联的情况下。此时，系统中有多片 8259A，一片为主片，其他为从片。从片上的 8 个中断请求通过它的 INT 引脚连接到主片的某个中断请求输入端 IR_i 上。从片上的 8 个中断请求有着不同的优先级别，但从主片看来，这些中断请求来自同一个引脚，因此属于同一个级别。假设从片工作在全嵌套方式，先后收到了两次中断请求，而且第二次中断请求有较高的优先级，那么该从片就会两次通过 INT 引脚向上一级申请中断。如果主片采用全嵌套方式，则它不会响应来自同一个引脚的第二次中断请求。而采用特殊全嵌套方式后，就会响应该请求。

系统中只有单片 8259A 时，通常采用全嵌套方式。系统中有多片 8259A 时，主片必须采用特殊全嵌套方式，从片可采用全嵌套方式。

2) 循环优先级

这种方式下，各个中断申请具有大体相同的优先级。具体有优先权自动循环方式和优先权特殊循环方式这两种方法。

在优先权自动循环方式下，某一个中断源接受中断服务以后，它的优先权就自动降为最低，而与之相邻的优先级就升为最高。例如，当前 IR_0 优先权最高，IR_7 最低。当 IR_4、IR_6 同时有请求时，首先响应 IR_4。在 IR_4 被服务后，IR_4 的优先权降为最低，而 IR_5 升为最高。以下依次为 IR_6、IR_7、IR_0、IR_1、IR_2、IR_3。随后，在 IR_6 被响应且服务后，IR_6 又降为最低，IR_7 变为最高，其余以此类推。8259A 在设置优先权自动循环方式之初，总是自动规定 IR_0 具有最高优先权，IR_7 具有最低优先权。优先权自动循环方式由编程决定。

优先权特殊循环方式与优先权自动循环方式仅有一处不同：在优先权自动循环方式下，一开始的最高优先权固定为 IR_0；而在优先权特殊循环方式下，由编程确定最初的最低优先权，从而也就确定了最高优先权。例如，编程时确定 IR_6 具有最低优先权，则 IR_7 具有最高优先权。

3. 中断屏蔽方式

8259A 的 8 个中断请求线上的每一个都可以根据需要决定是否屏蔽，这是通过编程写入相应的屏蔽字来实现的。具体屏蔽方式有两种。

(1) 普通屏蔽方式。这种屏蔽是将中断屏蔽字写入 IMR 而实现的。若写入某位为“1”，对应的中断请求被屏蔽；为“0”则开放。

(2) 特殊屏蔽方式。特殊屏蔽方式是用于这样一种特殊要求的场合：在执行较高级的中断服务时，由于某种特殊原因，希望开放较低级别的中断请求。采用普通屏蔽方式是不能实现这一要求的，因为此时即使把低级中断请求开放，但由于 ISR 中当前正在服务的较高中断级的对应位仍为“1”，它会禁止所有优先级比它低的中断请求。采用特殊屏蔽方式并用屏蔽字对 IMR 中某一位置“1”，会同时使 ISR 中对应位清零，这样不但屏蔽了当前被服务的中断级，同时真正开放了其他优先权较低的中断级。所以，先设置特殊屏蔽方式，然后在较高级别中断服务程序中重新设置屏蔽，就可以开放优先权较低的中断请求。

对屏蔽位的设置部分地改变了中断优先权。

4. 中断结束方式

中断服务完成时，必须给 8259A 一个命令，使这个中断级在 ISR 中的相应位清零，表示该中断处理已经结束。8259A 有几种不同的中断结束方式。

1) 中断自动结束 (AEOI)

在这种方式下，系统一旦进入中断响应，8259A 就在第二个中断响应周期 $\overline{\text{INTA}}$ 信号的后沿，自动将 ISR 中被响应中断级的对应位清零。这是一种最简单的中断结束处理方式，可以通过初始化命令来设定。这种方式只能用在系统中只有一个 8259A，且多个中断不会嵌套的情况。

2) 中断正常结束(EOI)

在这种工作方式下，从中断服务程序返回前，必须在程序里向 8259A 输出一个中断结束命令(EOI)，把 ISR 对应位清零。具体做法有两种。

(1) 中断结束命令。指令内不指定清除 ISR 中的哪一位，由 8259A 自动选择优先权最高的位。

(2) 特殊的中断结束命令。在指令内指明要清除 ISR 中的某一位。

注意：在中断正常结束方式下，如果在程序中忘了将 ISR 对应位清零，那么 8259A 在一般情况下将不再响应这个中断以及比它级别低的中断请求。

5. 8259A 的查询工作方式

8259A 工作在程序查询方式时，8259A 不向微处理器发 INT 信号，微处理器通过查询 8259A 了解有无中断请求产生，如果有，转入相应的中断服务程序。设置查询方式的过程是：关闭中断，用输出指令把“查询方式命令字”送到 8259A，然后对 8259A 执行一条输入指令，8259A 便将一个 8 位查询字送到数据总线上。查询字格式为

$$I \times \times \times \times W_2\ W_1\ W_0$$

I=1 表示有中断请求，I=0 表示没有中断请求。$W_2\ W_1\ W_0$ 表示 8259A 请求服务的最高优先级编码。微处理器读取查询字，利用程序判断有无中断请求。若有，便根据 $W_2\ W_1\ W_0$ 的值转移到相应的中断服务程序。

6. 读 8259A 状态

8259A 内部的 IRR、ISR 和 IMR 的状态可以通过适当的读命令读到微处理器中，以了解 8259A 的工作情况。

上述的各种工作方式，都是通过 8259A 的初始化命令字(ICW_1～ICW_4)和操作命令字(OCW_1～OCW_3)来设定的。了解 8259A 的各种工作方式后，对各种命令字的理解也就不难了。

8.3.4 8259A 的编程

8259A 是可编程的中断控制器，使用前要根据使用要求和硬件连接方式对其进行编程设定。微处理器送给 8259A 的命令分为初始化命令字(ICW)和操作命令字(OCW)两类。

初始化命令字一般在芯片初始化时写入，用于设定 8259A 的基本工作方式。操作命令字可以在初始化后的任何时刻写入 8259A，用于控制 8259A 的操作。

1. 初始化命令字

8259A 有 4 个初始化命令字 ICW_1～ICW_4。8259A 开始工作时，必须对它写入初始化命令字，使它按预定的方式工作。

(1) 初始化命令字 ICW_1。ICW_1 的格式如图 8.8 所示，设定 ICW_1 的端口地址为 A_0=0。各位的意义说明如下。

D_4=1：初始化命令字 ICW_1 的标志。

D_3(LTIM)：设定中断请求信号触发方式。LTIM=1，电平触发；LTIM=0，边沿触发。

D_1(SNGL)：设定单片/级联方式。SNGL=1 时，单片使用；SNGL=0 时，级联使用。

无论何时，当微处理器向 8259A 送往一条 A_0=0、D_4=1 的命令时，该命令被译码为 ICW_1，它启动 8259A 的初始化过程，相当于 RESET 信号的作用，自动完成下列操作：① 清除 IMR；② 设置以 IR_0 为最高优先级，依次递减，以 IR_7 为最低优先级的全嵌套方式，固定中断优先权排序。

(2) 初始化命令字 ICW_2。ICW_2 的格式如图 8.9 所示，设定 ICW_2 的端口地址为 A_0=1，且 ICW_2 应紧跟在 ICW_1 之后写入。各位的意义说明如下。

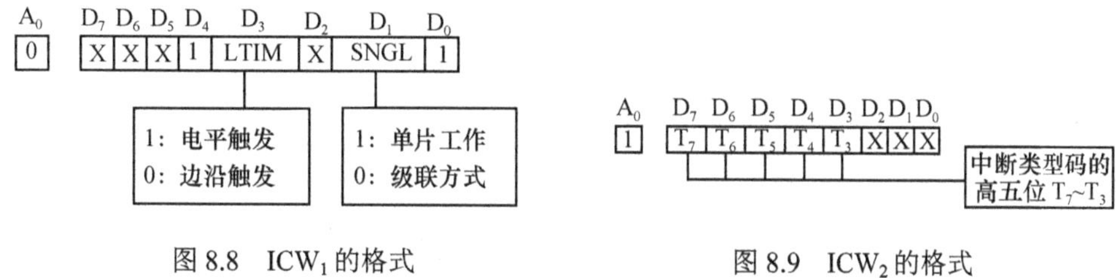

图 8.8 ICW_1 的格式

图 8.9 ICW_2 的格式

D_7～D_3(T_7～T_3)：设定中断类型代码的高 5 位。

D_2～D_0：用来确定 IR_0～IR_7 对应的中断类型号。其中，000 为与 IR_0 相对应的中断类型号低 3 位，我们把 IR_0 对应的中断类型号称为中断类型号基值。初始化 8259A 的 ICW_2 时，只需要初始化 IR_0 对应的中断类型号基值。一旦 IR_0 中断类型号基值确定了，IR_1～IR_7 的中断类型号就随之确定。如 IBM PC 中，IR_0 的中断类型号基值为 08H，则 IR_1 的中断类型号就为 09H，IR_2 的中断类型号就为 0AH,依次类推。

(3) 初始化命令字 ICW_3。初始化命令字 ICW_3 专用于级联方式的初始化编程。初始化命令字 ICW_1 中的 D_1 位(SNGL)=0 时，8259A 工作于级联方式。级联方式下必须对主片和从片分别写入 ICW_3 命令。对于主片 8259A 和从片 8259A，ICW_3 的定义不同。8259A 工作于单片方式时，则不需要写入 ICW_3。

主片 8259A 的 ICW_3 初始化命令字格式如图 8.10 所示，各位的意义说明如下。

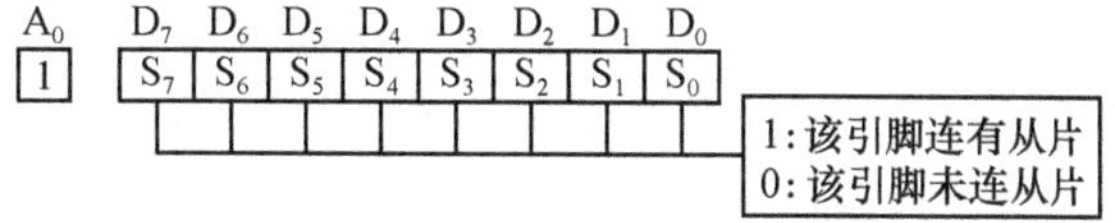

图 8.10 主片 ICW_3 命令字格式

S_7～S_0：表示中断源的类别。S_i=1，表示对应的 IR_i 引脚输入来自从片 8259A 的 INT 引脚(即该引脚被从片 8259A 级联)。S_i=0，表示对应的 IR_i 输入直接来自于外设中断源。

从片 8259A 的 ICW_3 初始化命令字格式如图 8.11 所示，各位的意义说明如下。

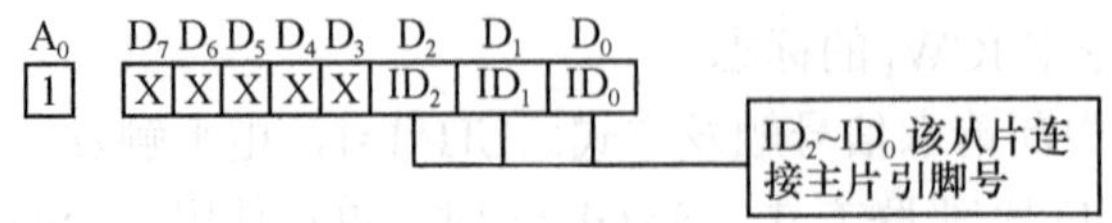

图 8.11　从片 ICW_3 命令字格式

ID_2～ID_0：从片 ID 码(标识码)，用来说明这一从片 8259A 的中断请求输出(INT 引脚)是接在主片 8259A 的哪个 IR_i 端。

例如，接在主片 8259A 的 IR_4 上的从片 8259A，它的 ID 码应为 4(100)，这时应设定从片 8259A 的命令字 ICW_3 为：ID_2=1，ID_1=0，ID_0=0。

(4) 初始化命令字 ICW_4。ICW_4 的格式如图 8.12 所示，各位的意义说明如下。

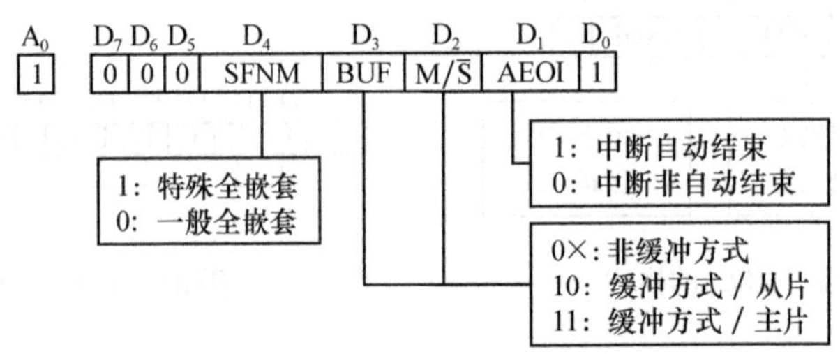

图 8.12　ICW_4 初始化命令字格式

D_1(AEOI)：选择中断结束方式。AEOI=1，中断自动结束方式，8259A 收到第二个中断响应信号 $\overline{INTA}$ 后自动将最高优先权的 ISR 位清 0；AEOI=0，中断正常结束方式，在中断服务程序结束前用指令向 8259A 发送中断结束命令。

D_3(BUF)：设定缓冲方式。BUF=1，设定为缓冲方式，这时 $\overline{SP}/\overline{EN}$ 作为控制缓冲器的信号；BUF=0，设定为非缓冲方式。

$D_2\left(M/\overline{S}\right)$：与缓冲位 BUF 一起使用。在缓冲方式下，$M/\overline{S}$ 位用于设定级联 8259A 的主从片：$M/\overline{S}=1$，表示该片为主片；$M/\overline{S}=0$，表示该片为从片。在非缓冲方式下(即 BUF=0)，$M/\overline{S}$ 位无意义，由 $\overline{SP}/\overline{EN}$ 引脚电平确定主从片：$\overline{SP}/\overline{EN}$ 引脚接 V_{CC}，表示该片为主片；$\overline{SP}/\overline{EN}$ 引脚接 GND，表示该片为从片。

D_4(SFNM)：设置中断嵌套方式。SFNM=0，8259A 工作于正常全嵌套方式；SFNM=1，8259A 工作于特殊全嵌套方式(一般仅用于级联方式下的主片)。

(5) 8259A 初始化。微处理器对 8259A 的初始化操作要求有一定的顺序。

① 依次写入命令字 ICW_1 和 ICW_2。

② 当 ICW_1 中的 SNGL=0 时，需写 ICW_3。主片 8259A 和从片 8259A 均需送 ICW_3，而且它们的格式不同。

③ 当 ICW_1 中的 IC4=1 时，需写 ICW_4。

采用单片 8259A 时，初始化要写入的预置命令字是 ICW_1、ICW_2 和 ICW_4。采用级联方式时，要写入的预置命令字是 ICW_1、ICW_2、ICW_3 和 ICW_4。注意：级联方式下，每一片 8259A 都要独立地按上面的顺序写入初始化命令字。

IBM PC/XT 微型计算机中，8259A 的工作方式是：单片工作，边沿触发，全嵌套，中断类型号 08H～0FH，非缓冲方式，中断正常结束，正常全嵌套方式。端口地址是 20H、21H。它的初始化程序如下。

```
MOV    AL,00010011B     ; ICW1：单片，边沿触发
OUT    20H,AL
MOV    AL,00001000B     ; ICW2：中断类型号08H～0FH
OUT    21H,AL
MOV    AL,00000001B     ; ICW4：中断正常结束，正常全嵌套
OUT    21H,AL
```

图 8.13 为 IBM PC/AT 机中两片 8259A 进行级联的连线图，其中主片 $\overline{SP}/\overline{EN}$ 连 +5V(V_{CC})，从片 $\overline{SP}/\overline{EN}$ 接地，边沿触发，非缓冲方式，中断正常结束，CAS_0～CAS_2 互连。初始化程序如下。

主片：

```
MOV    AL,00010001B     ; ICW1：边沿触发，级联
OUT    20H,AL
MOV    AL,00001000B     ; ICW2：中断类型号08H～0FH
OUT    21H,AL
MOV    AL,00000100B     ; ICW3：IR2连有从片
OUT    21H,AL
MOV    AL,00010001B     ; ICW4：特殊全嵌套，非缓冲，中断正常结束
```

从片：

```
MOV    AL,00010001B     ; ICW1：边沿触发，级联
OUT    0A0H,AL
MOV    AL,01110000B     ; ICW2：中断类型号70H～77H
OUT    0A1H,AL
MOV    AL,00000010B     ; ICW3：INT引脚连主片IR2
OUT    0A1H,AL
MOV    AL,00000001B     ; ICW4：正常全嵌套，非缓冲，中断正常结束
OUT    0A1H,AL
```

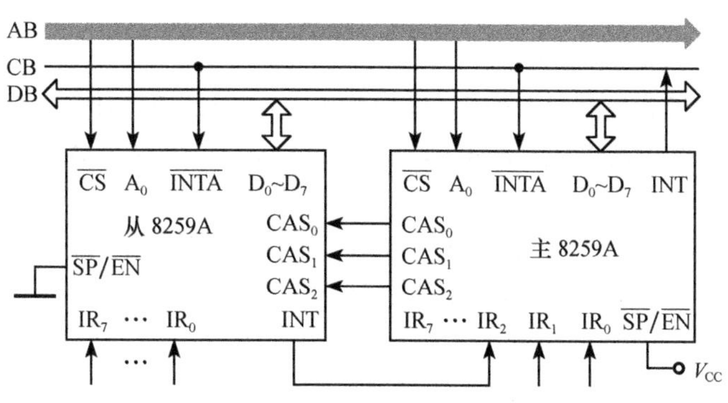

图 8.13　8259A 的级联

2. 操作命令字

按照一定顺序对 8259A 初始化后，8259A 进入设定的工作状态，准备接收由 IR 输入的中断请求信号，并按固定优先级(默认方式)来响应和管理中断请求。系统运行中还可以写入操作控制字，对 8259A 管理中断的方式进行修改和设定。8259A 共有 OCW_1、OCW_2 和 OCW_3 三个操作控制字。与 ICW 不同，OCW 不是按照既定流程写入的，而是按需要选择写入。

1)操作控制字 OCW_1

OCW_1 用来设置 IMR 的值，确定对 8259A 输入信号 IR_i 的屏蔽操作。OCW_1 的格式如图 8.14 所示，各位的意义说明如下。

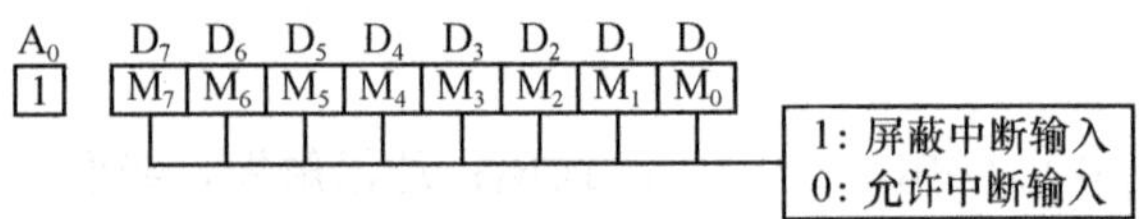

图 8.14　OCW_1 操作命令字格式

M_7～M_0：将 OCW_1 中的某位 M_i 置 1 时，IMR 中的相应位也置 1，从而屏蔽相应的 IR_i 输入信号。

例如，在 IBM PC 系列微型计算机中，需要屏蔽 IR_4 的中断输入，同时不改变其他中断输入的屏蔽状态，可以用如下的三条指令实现：

```
IN      AL,21H         ; 读取屏蔽寄存器当前值
OR      AL,00010000B ; 将D4位置1
OUT     21H,AL         ; 将改变后的屏蔽字写回到屏蔽寄存器
```

2)操作控制字 OCW_2

OCW_2 有两个作用：改变/设置中断优先级模式；发送中断结束命令(EOI 命令)。OCW_2 的格式如图 8.15 所示，各位的意义说明如下。

A_0		D_7	D_6	D_5	D_4	D_3	D_2	D_1	D_0
0		R	SL	EOI	0	0	L_2	L_1	L_0

图 8.15　OCW_2 操作命令字格式

D_4=0，D_3=0：为 OCW_2 的特征位。

D_7(R)：优先权模式控制位。R=0，固定优先权；R=1，循环优先权。

D_5(EOI)：中断结束命令位。EOI=1，向 8259A 发出中断结束命令；EOI=0，这位不起作用。

D_2～D_0(L_2～L_0)：指定一个中断级，000～111 分别对应 IR_0～IR_7。

D_6(SL)：SL=1 表示由 L_2～L_0 给出的中断级有效，SL=0 表示由 L_2～L_0 给出的中断级无效。

R、SL、EOI 这三个控制位常用的组合有四种。

(1)EOI=0，优先权模式选择/恢复命令。

R=1，SL=0：设置一般循环优先级命令。开始时 IR_0 为最高优先级，IR_7 最低，发生中断后被响应的那级中断优先级变为最低。

R=1，SL=1：设置特殊的循环优先级命令。开始时，L_2～L_0 指出的中断优先级为最低，发生中断后被响应的那个中断优先级变为最低。

可见，上面两种命令仅仅在设置后第一次中断的优先级上有所区别。

(2) EOI=1，中断结束命令。

SL=0：一般的中断结束命令。要求 8259A 将 ISR 内最高优先级的对应位清零。一般来说，当前正在执行中断服务的中断就是优先级最高的中断。在中断服务结束前清除 ISR 对应位，使中断结束后优先级比它低的中断能够得到响应，同时也使它自身的下一次中断能够被响应。

SL=1：特殊的中断结束命令。要求 8259A 将 ISR 内 (L_2～L_0) 指出的对应位清 0。该命令用于一些特殊情况下的中断结束。例如，采用特殊屏蔽方式后，较低优先级中断源中断了较高优先级的中断，由于它的优先级不是最高的，不能使用一般的中断结束命令。在中断结束前，需要使用这个特殊的中断结束命令。

中断结束命令是一个常用的命令。IBM PC 上一般的中断结束命令由以下两条指令实现：

```
MOV    AL,20H
OUT    20H,AL
```

EOI=1 时，也可以同时设置优先权模式。

3) 操作控制字 OCW_3

OCW_3 操作控制字主要用来设置中断屏蔽方式，发送查询和读出命令。OCW_3 格式如图 8.16 所示，各位意义说明如下。

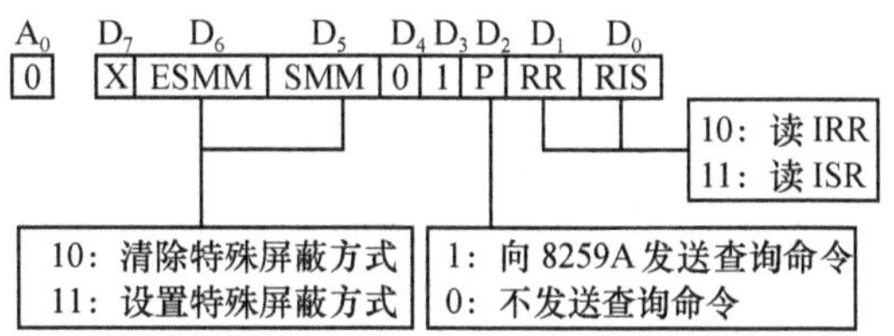

图 8.16　OCW_3 操作命令字格式

D_4=0、D_3=1：为 OCW_3 的特征位。

D_6 (ESMM)：设置/保持屏蔽方式命令位。ESMM=1，根据 SMM 位重新设置屏蔽方式；ESMM=0，保持原来设置的中断屏蔽方式。

D_5 (SMM)：与 ESMM 位配合设置屏蔽方式。ESMM=1，SMM=1，设置特殊屏蔽方式；ESMM=1，SMM=0，清除特殊屏蔽方式，恢复为一般屏蔽方式。ESMM=0 时，保持原来设置的屏蔽方式，SMM 不起作用。

D_2 (P)：查询命令位。P=1，微处理器向 8259A 发送查询命令；P=0，不发送查询命令。

D_1 (RR) 和 D_0 (RIS)：读 8259A 状态的功能位。RR=1，RIS=0，下一个读脉冲时读 IRR；RR=1，RIS=1，下一个读脉冲时读 ISR。RR=0，这两位不起作用。

8259A 内部几个寄存器的状态可以读至微处理器中，以供用户了解 8259A 的工作状况。

具体实现是由 OCW_3 命令字中的 RR 及 RIS 位的状态控制的。

(1)用 OCW_3 命令设置 RR=1，RIS=0 后，用 IN 指令读偶(A_0=0)端口，可以将 IRR 的状态读入微处理器，其中包含着尚未被响应的中断源的情况。

(2)用 OCW_3 命令设置 RR=1，RIS=1 后，用 IN 指令读偶端口，可以将 ISR 的状态读入微处理器，其中包含着已经被微处理器响应，正处在服务过程中的中断源的情况，由此可以查询是否有中断嵌套。

(3)用 OCW_3 命令设置 P=1 后，用 IN 指令读偶端口，可以将中断查询字读入微处理器：

$$I \times \times \times \times W_2 W_1 W_0$$

I=1 表示有中断请求，I=0 表示没有中断请求。W_2 W_1 W_0 表示 8259A 请求服务的最高优先级编码。

注意：通过 OCW_3 设置了 P=1 的查询命令后，8259A 不再通过 INT 引脚向微处理器发送中断请求。要取消查询方式，可以再发出 OCW_3，并使 P=0。

例如，BIOS 中读取 ISR 的程序段如下：

```
MOV    AL,00001011B  ; OCW3命令字，要读ISR
OUT    20H,AL        ; 写入OCW3端口地址(A0=0)
NOP                  ; 延时
IN     AL,20H        ; 将ISR内容送入AL
MOV    AH,AL         ; 将ISR内容转存入AH
OR     AL,AH         ; 是全0?
JNZ    AW_INT        ; 否，转硬件中断程序
…
```

8.3.5 中断方式输入/输出程序设计的方法

使用中断方式之后，一个完整的输入/输出程序应由两个程序模块配合完成。主程序完成输入/输出所需要的初始化和结束工作，中断服务程序完成数据传输和输入/输出控制工作。

1. 主程序设计

在一个输入/输出任务执行之初，主程序应做好对中断系统的初始化。初始化工作包括微处理器的初始化、中断控制器 8259A 的初始化、外设接口的初始化及中断服务程序的初始化四个部分。

(1)微处理器的初始化：设置堆栈，设置中断向量，开放中断。

(2)中断控制器 8259A 的初始化：选择工作方式，设置优先级规则，清除相应的屏蔽位等。

(3)外设接口的初始化：对于可编程的接口，要设置接口的工作方式，设置接口的中断开放位等。

(4)中断服务程序的初始化：设置中断服务程序使用的缓冲区指针、计数器、状态位等。注意：中断服务程序的指针、计数器、状态位等只能存放在内存单元中。进入中断服务程

序，保护了有关寄存器之后，可以将指针、计数器、状态位装入寄存器使用。如果它们的值在中断服务期间发生了改变，在中断服务结束之前要存入对应的内存单元。

对于输出过程，应在主程序中启动第一次输出，否则不会发生输出中断。

在中断方式的输入/输出完成之后，主程序要根据需要做好结束工作，如处理输入的数据、将数据存入磁盘、将 8259A 相应屏蔽位置位从而关闭这个中断等。

2. 中断服务程序设计

中断服务程序一般由以下步骤组成。

(1) 保护现场：把所有中断服务程序里中使用、会改变值的寄存器压入堆栈。注意：中断服务程序所使用的指针、缓冲区等都存放在内存储器中。为了装载指针，存取 I/O 数据，需要重新装载段寄存器。因此，保护现场应包括保护段寄存器。

(2) 开放中断：允许微处理器响应优先级更高、更紧急的中断。

(3) 输入/输出处理：对输入过程，要从接口数据寄存器读取数据，检查数据的正确性(如奇偶校验)，将数据存入缓冲区，修改指针和计数器(写入内存)，检查输入是否结束，如果结束，设置相应的标志。对输出过程，则是把下一个要输出的数据送往接口的输出数据寄存器。

(4) 关闭中断：中断服务进入结束阶段，关闭中断可以避免不必要的中断嵌套。

(5) 恢复现场：按照“先进后出”的原则，恢复各寄存器的内容。

(6) 中断返回：用 IRET 指令返回被中断的程序。

中断服务程序设计中还应注意几个问题：

(1) 中断服务程序要短小精悍，运行时间短，执行一次中断服务程序的时间要大大少于二次中断的时间间隔。对于耗费时间多的数据处理工作，应交由主程序完成。

(2) 一般的情况下，应避免在中断服务程序内进行 DOS 功能调用。那样做，可能产生这些程序的“重入”。DOS 功能调用程序不具备重入功能，会产生难以预料的结果。需要进行控制台 I/O 操作时，可以使用 BIOS 调用。

(3) 在输入/输出处理完成后，一定要向 8259A 发送中断结束命令(EOI)。如果是级联的 8259A 的从片上的中断，则需要向主片和从片分别发送中断结束命令。否则，该设备的下一次中断就不能被响应，比它级别低的中断也不能被响应。

8.3.6 中断方式应用举例

例 8.1 在某微机系统中配置了一片 8259A 可编程中断控制器芯片，且初始化为完全(正常)嵌套方式，即中断优先权的级别是固定的，IR_0 优先权最高，IR_1～IR_6 逐级次之，IR_7 最低。IR_0～IR_7 均未屏蔽，CPU 处于开中断状态，在每个中断服务程序开始均排有 STI 指令。若在 CPU 执行程序期间，IR_2 和 IR_4 同时有中断请求，在 IR_2 服务期间(服务结束前)，IR_1 有中断请求，在 IR_4 服务期间，IR_3 有中断请求。试画出完全嵌套方式的中断响应过程示意图。

解：由于是完全嵌套方式，所以根据题目给出的各中断请求的次序，画出的中断响应嵌套过程示意图如图 8.17 所示。

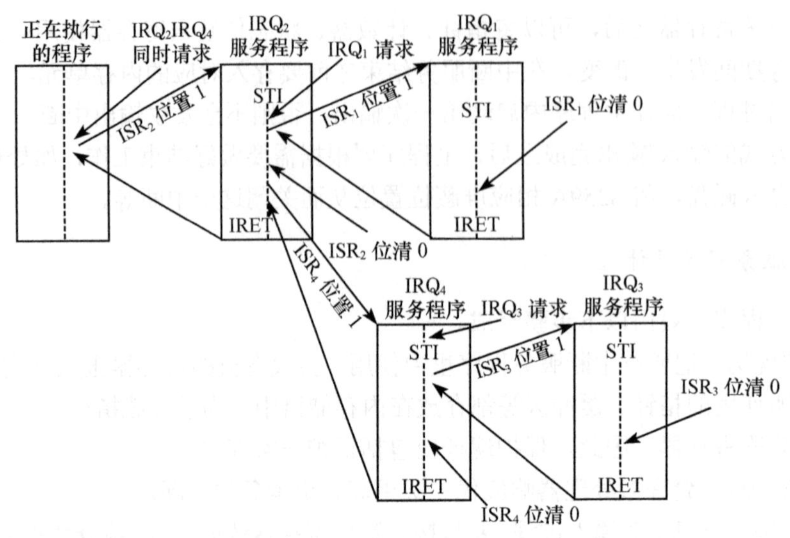

图 8.17　中断响应嵌套过程示意图

例 8.2　若要开发一条 INT 40H 软件中断指令，该指令完成的功能为光标回车换行。设中断服务程序的入口地址为 INTRUP，试编写完成此功能的主程序和中断服务程序。

解：所要开发的软件中断指令为 INT　40H，说明该软件中断源的中断类型号为 40H，所以要在主程序中将中断向量(中断服务程序的入口地址)建立在中断向量表的 40H×4 双字单元中。

```
;主程序
…
PUSHDS                       ;关中断，开始建立中断向量
MOV   AX,0
MOV   DS,AX                  ;使DS指向中断向量表的段基址
MOV   BX,40H*4               ;使BX指向中断向量表的段内40H×4偏移地址
MOV   AX,OFFSET INTRUP
MOV    [BX],AX               ;将中断向量的偏移地址存入向量表的40H×4单元
MOV   AX,SEG INTRUP
MOV    [BX]+2,AX             ;将中断向量的段基址存入向量表的40H×4+2单元
POP    DS
…
INT    40H                   ;40H号软中断调用，使光标回车换行
…
;中断服务程序
INTRUP: PUSH    AX
        PUSH   DX            ;保护现场
        MOV    AH,02H        ;显示回车
        MOV    DL,0DH
```

```
INT    21H
MOV    AH,02H      ；显示换行
MOV    DL,0AH
INT    21H
POP    DX          ；恢复现场
POP    AX
IRET
```

例 8.3　中断向量的形成方法与步骤。

解：主程序中向量的建立方法还可以利用 DOS 25H 号功能调用来实现，具体做法如下：

AH 中预置入功能号 25H；

AL 中预置要设置的中断类型号 n；

DS：DX 中预置入中断服务程序的入口地址(两个寄存器分别置入段地址和偏移地址)，设置中断向量的程序如下：

```
…
MOV     DX,OFFSETINTRUP
PUSH    DS
MOV     AX,SEGINTRUP
MOV     DS,AX
MOV     AL,40H
MOV     AH,25H
INT     21H
POP     DS
…
```

例 8.4　以图 8.18 中的输入设备为例，使用 PC/XT 机中的 8259A 的 IR_3 引脚申请中断，中断类型号为 0BH。给出一个完整的中断方式输入程序。设该输入设备的数据端口地址为 240H， 8259A 端口地址为 20H、21H。输入“回车”符表示结束。

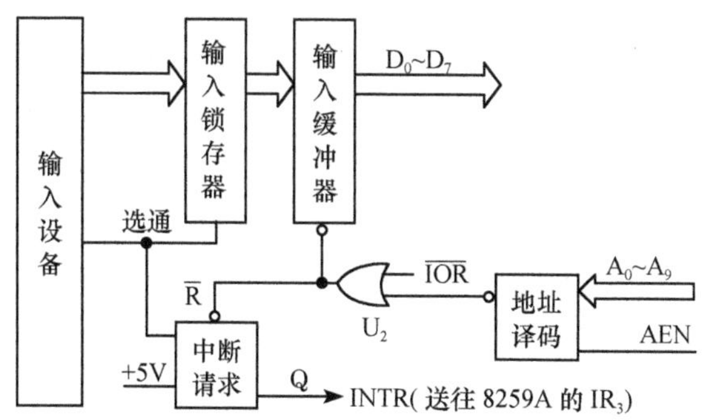

图 8.18　使用 8259A 之后的输入中断接口

```
STACK   SEGMENT    STACK
        DB  256 DUP(?)
```

```
STACK  ENDS
DATA   SEGMENT
       IN_BUFFER     DB 100DUP(?)  ；接收缓冲区，假设一次
                                   输入不超过100B
       IN_POINTER    DW  ?         ；接收缓冲区指针
       INT_IMR       DB  ?
    DATA ENDS
；主程序
CODEM  SEGMENT
       ASSUME CS:CODEM,DS:DATA,SS:STACK
START: MOV    AX,SEG IN_INTR       ；IN_INTR是中断服务程序入口
       MOV    DS,AX
       LEA    BX,IN_INTR
       MOV    AX,250BH             ；AH中为功能号，AL中为中断类型
       INT    21H                  ；设置中断向量
       MOV    AX,DATA
       MOV    DS,AX                ；装载数据段段基址
       MOV    IN_POINTER,OFFSET IN_BUFFER  ；设置指针初值
       IN     AL,21H               ；读8259A的IMR
       MOV    INT_IMR,AL           ；暂存中断屏蔽字
       AND    AL,1110111B
       OUT    21H,AL               ；清除IR3的屏蔽位
       STI
W:     MOV    AH,06H
       MOV    DL,0FFH
       INT    21H
       CMP    AL,0DH
       JNZ    W                    ；等待数据输入完成，同时等待中断
       MOV    AL,INT_IMR           ；输入结束，恢复原屏蔽字
       OUT    21H,AL
       …                           ；结束处理
       MOV    AX,4C00H
       INT    21H
CODE   ENDS
；中断服务程序
CODES  SEGMENT
       ASSUME CS：CODES
IN_INTR PROC  FAR
       PUSH   DS                   ；保护现场
```

```
        PUSH   AX
        PUSH   BX
        PUSH   DX
        STI                              ；开放中断，允许响应更高级中断
        MOV    BX,IN_POINTER             ；装载缓冲区指针
        MOV    DX,240H
        IN     AL,DX                     ；从输入设备读取一个数据，同时
                                         ；清除中断请求
        MOV    [BX],AL                   ；数据存入缓冲区
        INC    BX
        MOV IN_POINTER,BX                ；修改指针，存入单元
EXIT:   CLI                              ；关闭中断，准备中断返回
        MOV    AL,20H
        OUT    20H,AL                    ；向8259A发中断结束命令
        POP    DX
        POP    BX
        POP    AX
        POP    DS
        IRET                             ；中断返回
IN_INTR ENDP
CODES   ENDS
        END START
```

8.4 小　　结

本章在介绍中断有关基本概念的基础上，着重介绍了 8086 微处理器的中断类型、中断类型号与中断向量表地址之间的对应关系、中断响应和返回操作过程等；同时重点介绍了 Intel 8259A 可编程中断控制器的引脚及内部功能、8259A 的工作方式及其编程、中断方式输入/输出程序设计的方法等；最后给出了几个中断方式应用时的实例。

通过本章学习，要求首先掌握中断、中断源及中断源的种类、中断向量、中断类型号以及中断类型号与中断向量表地址的对应关系、中断响应和返回操作过程(特别是外部可屏蔽中断)、中断嵌套、中断向量的建立以及中断服务程序设计等方面的概念；掌握 8259A 的引脚功能，8259A 内部的 IMR、IRR 和 ISR 的功能，8259A 单片/多片级联的初始化及中断结束方式等。掌握中断方式进行输入/输出的软硬件设计。

习　　题

8.1 填空题

(1) 硬件中断可分为______和_______两种。

(2) CPU 响应可屏蔽中断的条件是________、________、_________。

(3) 8259A 有两种中断触发方式，分别是________和_________。

(4) 8259A 有________个命令字，3 片 8259A 级联后可管理_________级中断。

(5) 若某外设的中断类型号为 4BH，则在 8259A 管理的中断系统中，该中断源的中断请求信号应连在 8259A 的________引脚，且对应的中断向量地址为________。

8.2 选择题

(1) 在中断响应周期内，将 IF 置 0 是由__________。

A. 硬件自动完成的　　B. 用户在中断服务程序中设置的

C. 关中断指令完成的

(2) 中断向量可以提供________。

A. 被选中设备的起始地址　　B. 传送数据的起始地址

C. 中断服务程序的入口地址　　D. 主程序的断点地址

(3) 中断向量地址是____________。

A. 子程序入口地址　　B. 存放中断服务程序入口地址的地址

C. 中断服务程序入口地址　　D. 主程序的断点地址

(4) 一片 8259A 占两个 I/O 端口地址，若使用地址线 A_1 来选择端口，其中一个端口地址为 92H，则另一个端口地址为__________。

A. 90H　　B. 91H　　C. 93H　　D. 94H

(5) 当多片 8259A 级联使用时，对于 8259A 从片，信号 CAS_0～CAS_2 是_________。

A. 输入信号　　B. 输出信号　　C. 输入/输出信号

(6) 下面的中断中，只有____________需要硬件提供中断类型码。

A. INTO　　B. INT *n*　　C. NMI　　D. INTR

(7) 8259A 中的中断服务寄存器用于____________。

A. 指示有外设向 CPU 发中断请求　　B. 指示有中断服务正在进行

C. 开放或关闭中断系统

(8) 当多片 8259A 级联使用时，对于主 8259A，信号 CAS_0～CAS_2 是_______。

A. 输入信号　　B. 输出信号　　C. 输入/输出信号

(9) PC 采用中断向量表来保存中断向量，已知物理地址为 30H 的存储单元依次存放 58H、1FH、00H 和 A1H 四字节，则该向量对应的中断类型号和中断服务程序的入口地址是____。

A. 0CH，1F58：A100H　　B. 0BH，1F58：A100H

C. 0CH，A100：1F58 H　　D. 0BH，1F58：A100H

8.3 什么叫中断？8086 微机系统中有哪几种不同类型的中断？

8.4 什么是中断类型？它有什么用处？

8.5 什么是中断嵌套？使用中断嵌套有什么好处？对于可屏蔽中断，实现中断嵌套的条件是什么？

8.6 什么是中断向量？中断类型号为 1FH 的中断向量为 2345H：1234H，画图说明它在中断向量表中的存放位置。

8.7 中断向量表的功能是什么？叙述 CPU 利用中断向量表转入中断服务程序的过程。

8.8 叙述可屏蔽中断的响应过程。

8.9 简要叙述 8259A 内部 IRR、IMR、ISR 三个寄存器的作用。

8.10 中断控制器 8259A 的初始化编程是如何开始的？

8.11 设某微机系统需要管理 64 级中断，问组成该中断机构时需__________片 8259A。

8.12 完全嵌套的优先级排序方式的规则是什么？如何设置这种方式？

8.13 如果设备 D_1、D_2、D_3、D_4、D_5 按完全嵌套优先级排列规则。设备 D_1 的优先级最高，D_5 最低。在下列中断请求下，给出各设备的中断处理程序的次序(假设所有的中断处理程序开始后就有 STI 指令，并在中断返回之前发出结束命令)。

(1) 设备 3 和 4 同时发出中断请求；

(2) 设备 3 和 4 同时发出中断请求，并在设备 3 的中断处理程序完成之前，设备 2 发出中断请求；

(3) 设备 1、3、5 同时发出中断请求，在设备 3 的中断处理程序完成之前，设备 2 发出中断请求。

8.14 8259A 对外只有两个端口地址，却有 7 个命令字，它是如何识别不同的命令字的？

8.15 8259A 的 IMR 和中断允许标志 IF 有什么差别？在中断系统中它们是如何起作用的？

8.16 在 8259A 初始化编程中，什么情况下必须设置 ICW_3？它起什么作用？

8.17 8259A 是怎样进行中断优先权管理的？

8.18 特殊全嵌套方式有什么特点？它的使用场合是什么？

8.19 向 8259A 发送中断结束命令有什么作用？8259A 有哪几种中断结束方式？分析各自的利弊。

8.20 初始化 8259A 时设置为非自动结束方式，则在中断服务程序即将结束时必须设置什么操作命令？不设置这种命令会发生什么现象？如果初始化时设置为自动结束方式，还需要设置这种操作吗？

8.21 在哪些情况下需用 CLI 指令关中断？在哪些情况下需用 STI 指令开中断？

8.22 某系统中有两片 8259A，从片的请求信号连主片的 IR_2 引脚，设备 A 中断请求信号连从片的 IR_5 引脚。说明设备 A 在一次 I/O 操作完成后通过两片 8259A 向 8086 申请中断，8086 微处理器通过两片 8259A 响应中断，进入设备 A 的中断服务程序，发送中断结束命令，返回断点的全过程。

8.23 某 8086 系统用 3 片 8259A 级联构成中断系统，主片中断类型号从 10H 开始。从片的中断申请连主片的 IR_4 和 IR_6 引脚，它们的中断类型号分别从 20H、30H 开始。主、从片采用上升沿触发，完全嵌套方式，非自动中断结束方式。请编写它们的初始化程序。

8.24 设 8259A 的端口地址为 50H(A_0=0)和 51H(A_1=1)，请给下面的 8259A 初始化程序加上注释，说明各命令字的含义。

```
MOV     AL,13H
OUT     50H,AL
MOV     AL,08H
OUT     51H,AL
MOV     AL,0BH
OUT     51H,AL
```

8.25 设 8259A 端口地址为 20H 和 21H，怎样发送清除 ISR_3 的命令？

8.26 根据中断过程的要求设计一个中断系统，大致需要考虑哪些问题？

8.27 给定(SP)=0100H，(SS)=0300H，(PSW)=0240H，以及存储单元的内容(00020H)=0040H，(00022H)=0100H，在段地址为 0900H 及偏移地址为 00A0H 的单元中有一条中断指令 INT 8，试问执行 INT 8 指令后，SP、SS、IP、PSW 的内容是什么？栈顶的三个字是什么？

8.28 中断服务程序结束时，用 RETF 指令代替 IRET 指令能否返回主程序？这样做存在什么问题？

8.29 若三片 8259A 级联管理 22 级中断，接口原理如图 8.19 所示，其中主片与从片的中断请求均采用边沿触发方式，固定优先级，中断正常结束，非缓冲方式。主片采用特殊全嵌套方式，从片采用普通全嵌套方式。主片中断类型号为 20H～47H，从片 1 中断类型号为 30H～37H，从片 2 中断类型号为 40H～47H。对该中断管理系统进行初始化编程。

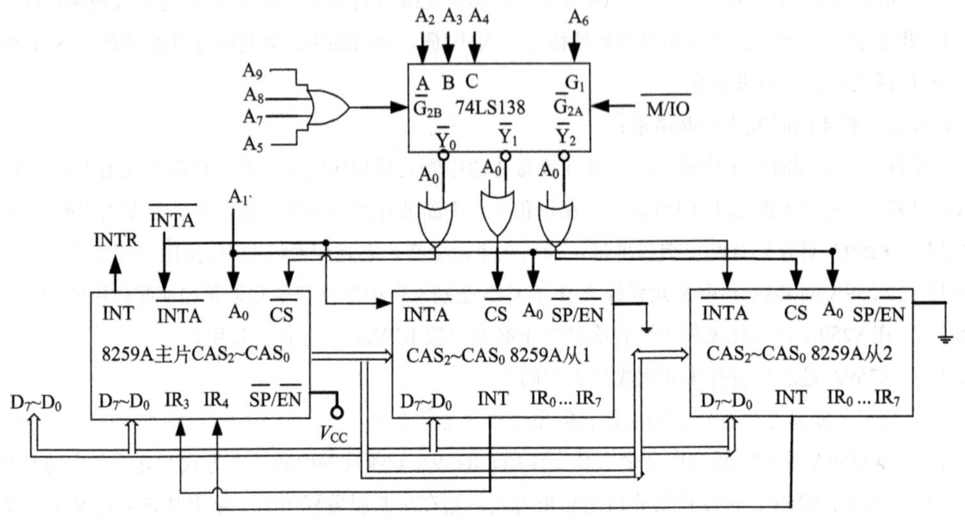

图 8.19　8259A 级联与系统总线连接图

第 9 章　定时/计数器 8253 应用设计

9.1　8253 的引脚功能及特点

Intel 公司生产的可编程定时/计数器 8253 已广泛应用于实际工程中，例如，可以将 8253 用作分频器、定时信号产生器等。8253 有多种工作方式，可以使设计更加灵活。

定时/计数器 8253 采用 24 脚的 DIP 封装，其引脚功能及特点如表 9.1 所示。

表 9.1　8253 引脚功能及特点

引脚名	功能	连接去向
D_0～D_7	数据总线(双向)	CPU
$\overline{CS}$	片选信号	译码电路
$\overline{RD}$	读信号	CPU
$\overline{WR}$	写信号	CPU
A_0，A_1	端口地址	CPU
CLK_0～CLK_2	3 个计数通道的时钟(计数脉冲)	外部
$GATE_0$～$GATE_2$	3 个计数通道的控制信号	外部
OUT_0～OUT_2	3 个计数通道的输出信号	外部
V_{CC}	电源(+5V)	/
GND	地	/

9.2　8253 的原理结构及工作原理

可编程定时/计数器 8253 的原理结构如图 9.1 所示。

定时/计数器 8253 一共有三个独立的计数通道(也称计数器)：计数器 0、计数器 1、计数器 2。每个计数通道的内部结构如图 9.2 所示，在每个计数通道中主要包含四个部件：计数寄存器 CR(count register,16 位)、计数工作单元 CE(counting element,16 位)、输出锁存器 OL(output latch,16 位)和控制字寄存器(control word register, 8 位)。每个计数通道还有三个输入/输出信号：时钟(计数脉冲)CLK_x(输入)、控制信号 $GATE_x$(输入)和输出信号 OUT_x(输出)。

定时/计数器 8253 占用 4 个端口地址，其中控制字寄存器共用一个端口地址，由控制字中的 D_7D_6 位来指定寻址哪个计数通道，其他 3 个计数通道各占用一个端口地址。具体来说，由芯片本身的 A_0，A_1 引脚区分，如表 9.2 所示。

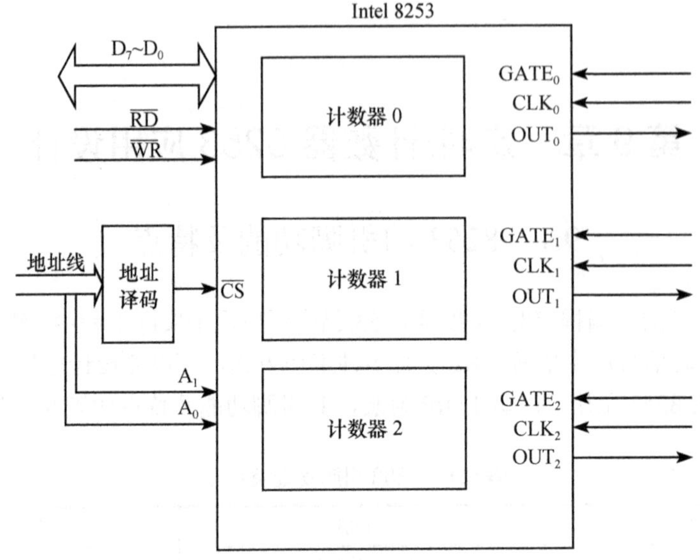

图 9.1　8253 编程模型

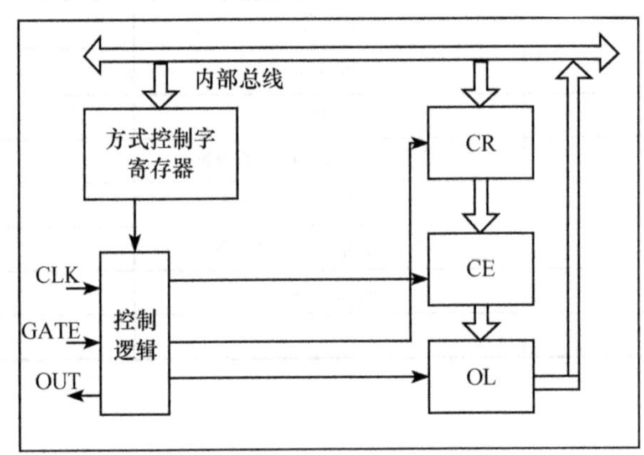

图 9.2　计数通道的内部结构

表 9.2　A_1A_0 及其寻址通道

A_1A_0	寻址
0　0	计数通道 0
0　1	计数通道 1
1　0	计数通道 2
1　1	控制字寄存器

本章为说明方便，将这四个地址分别用 COUNTA、COUNTB、COUNTC 和 COUNTD 表示。

通过计数通道的端口地址可以访问通道中的 CR、OL，当对通道进行写操作时，实际上表示将计数初值(即时常数)写入 CR；当对通道进行读操作时，表示将从 OL 中读取计数值。

9.3　8253 的控制字及工作方式

9.3.1　8253 的方式控制字

定时/计数器 8253 一共有 6 种工作方式，由控制字寄存器的内容来设定。8253 的方式控制字如图 9.3 所示。

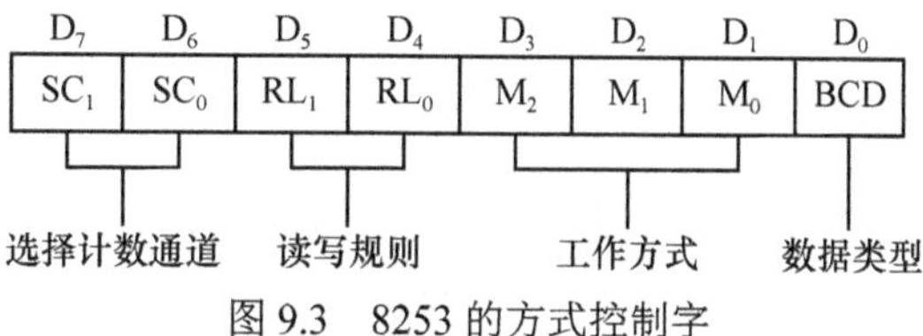

图 9.3　8253 的方式控制字

三个计数通道共用一个端口地址，由控制字中的 D_7D_6 位(即 SC_1SC_0)来确定计数通道，如表 9.3 表示。

表 9.3　SC_1SC_0 取值及其含义

SC_1SC_0	含义
0　0	计数通道 0
0　1	计数通道 1
1　0	计数通道 2
1　1	保留

方式控制字的 D_5D_4 位(即 RL_1RL_0)用于设定计数通道的读写规则，如表 9.4 所示。

表 9.4　RL_1RL_0 取值及其含义

RL_1RL_0	含义
0　0	计数通道的锁存命令，即将当前 CE 的内容锁存到 OL
0　1	只读写 CR 或 OL 的低 8 位
1　0	只读写 CR 或 OL 的高 8 位
1　1	先读写 CR 或 OL 的低 8 位，再读写高 8 位

方式控制字的 $D_3D_2D_1$ 位($M_2M_1M_0$)用于设定计数通道的工作方式，如表 9.5 所示。

表 9.5　$M_2M_1M_0$ 取值及其含义

$M_2M_1M_0$	含义
0　0　0	方式 0
0　0　1	方式 1
×　1　0	方式 2
×　1　1	方式 3
1　0　0	方式 4
1　0　1	方式 5

方式控制字的最低位 D_0(即 BCD 位)用于指定读写数据的格式，当 BCD=0 时，表示读写数据为二进制数，当 BCD=1 时，表示读写数据为两位十进制数。

9.3.2 8253 的工作方式

先介绍几个常用的基本概念。CLK 脉冲是指 CLK 从上升沿到下降沿的时间，计数器与计数通道的含义一致，时常数是指通过指令写入计数器的值，实际上，可以理解成计数器的初值。

1. 方式 0——计数达到终值时中断

我们经常需要设定一个确定的时间 t_0，当到达时间 t_0 时，需要进行某种操作，这时可以采用定时/计数器 8253 的方式 0 来实现，详见例 9.4。

在方式 0 下，当写入方式控制字后，相应的 OUT 端输出变为低电平，直到计数器达到 0 时变为高电平，表示达到了定时的时间。当再次写入时常数时，OUT 端重新变为低电平，开始一个新的定时过程。

计数通道的输入控制信号 GATE 可以暂停计数操作，当 GATE＝0 时，表示相应的计数器暂停计数；当 GATE＝1 时，表示相应的计数器正常计数。因此。利用 GATE 端，可以加长定时的时间(在时常数不变的情况下)。

在 GATE＝1 的情况下，方式 0 的计数过程如图 9.4 所示。计数器会根据 CLK 的下降沿进行“减 1”计数。对 8253 写入方式控制字时，会使 OUT 端变为低电平，如果计数器工作方式不变，则以后只需要直接写入时常数，这时也会使 OUT 端变为低电平，并在下一个 CLK 的脉冲期间将时常数从 CR 读入 CE，但本次 CLK 脉冲不“减 1”计数，因此，当设定的时常数为 N 时，OUT 输出的低电平宽度应该为 $N+1$ 个计数时钟 CLK 周期。当计数至 0 后，计数器并未停止计数，而是从 0 再“减 1”变成 0FFFFH，然后继续“减 1”计数。

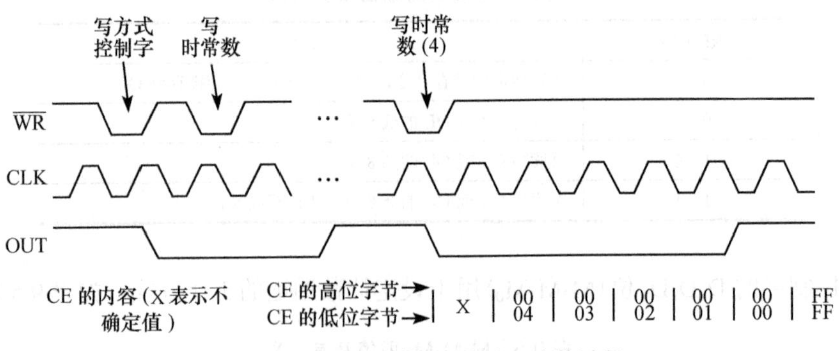

图 9.4 GATE=1 情况下方式 0 计数过程

在计数过程中，可以通过使 GATE＝0 加长 OUT 端的低电平宽度，如图 9.5 所示。在 GATE＝1 不变的情况下，在计数至 0 之前，如果写入新的时常数，则在下一个 CLK 期间可以使新时常数从 CR 读入 CE，重新计数，这样也可以加长 OUT 端的低电平宽度，如图 9.6 所示。

总而言之，方式 0 具有下列一些特点。

(1) 在向 8253 置方式字或置时常数时，OUT 输出变成低电平。

(2) 置入时常数后，下一个 CLK 脉冲，使 CR 内容(初值)置入计数单元。

(3) 在后续 CLK 脉冲，进行“减 1”计数。

(4) 当计数至 0 时，OUT 由低变高，并继续计数，从 0 到 0FFFFH。

(5) 上述计数过程要受 GATE 控制，当 GATE＝1 时允许计数，当 GATE＝0 时则暂停计数。

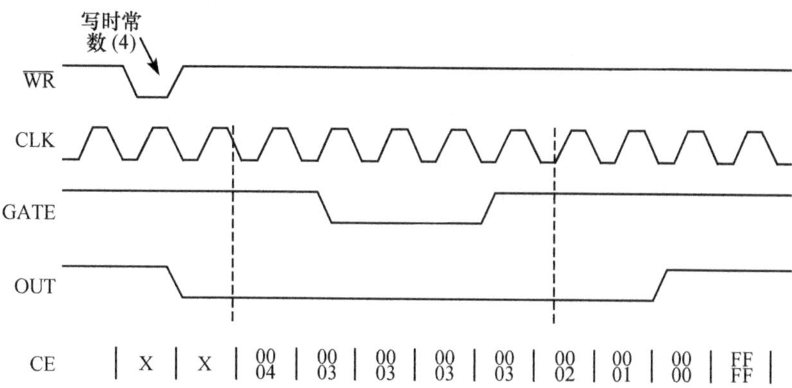

图 9.5　利用 GATE 信号加长 OUT 端的低电平宽度

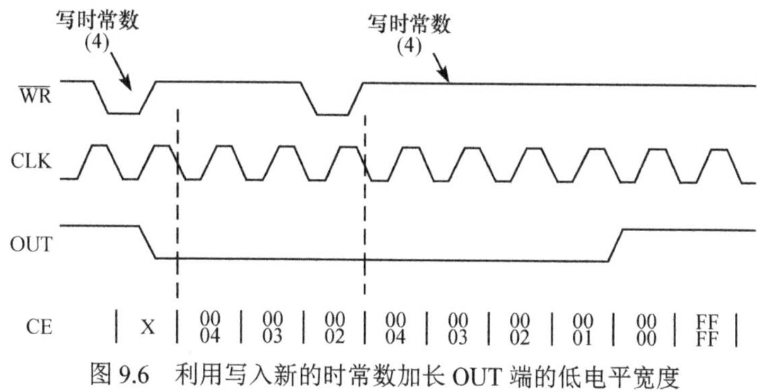

图 9.6　利用写入新的时常数加长 OUT 端的低电平宽度

(6) 正常情况下，即 GATE=1，对计数器置入时常数 N 时，要经过 $N+1$ 个时钟周期才能使 OUT 输出高电平。

(7) OUT 端由低变高信号可用作中断请求信号，表示已达到了预定的时间。

(8) 在计数过程中，如 GATE 变为低电平，这时只是暂停计数，等待 GATE 信号变为高电平后，计数器继续“减 1”计数。

例如，向 8253 的 A_1A_0＝11B 的地址写入 0011 0000B，则表示计数器 0 设置成方式 0，并且采用 16 位时常数，假设时常数为 1500，则计数器 0 的初始化程序段如下：

```
MOV     DX,COUNTD           ；写入8253的方式控制字
MOV     AL,0011 0000B
OUT     DX,AL
MOV     DX,COUNTA           ；计数器0置入时常数
MOV     AX,1500
OUT     DX,AL
XCHG    AL,AH
OUT     DX,AL
```

2. 方式 1——硬件触发的单脉冲形成

在方式 1 下，OUT 端初始值为高电平，在 GATE 端加入有效的触发信号(上升沿)，并经过一个 CLK 脉冲后，OUT 端变为低电平，表示一个单脉冲形成的开始，与此同时，将时常数从 CR 读入 CE，并进行“减 1”计数，这种计数不受 GATE 端低电平的限制。当计数达到 0 时，OUT 端变为高电平，表示一个单脉冲过程的结束。

与方式 0 类似，图 9.7 给出了方式 1 的计数过程，其中图 9.7(a)表示正常情况；图 9.7(b)表示在第一次硬件触发产生单脉冲完成之前，又来了一个触发信号，从而使单脉冲宽度变宽；图 9.7(c)表示在某次单脉冲完成之前，又写入了新的时常数，这时不影响本次单脉冲的形成，下次单脉冲才采用新时常数。

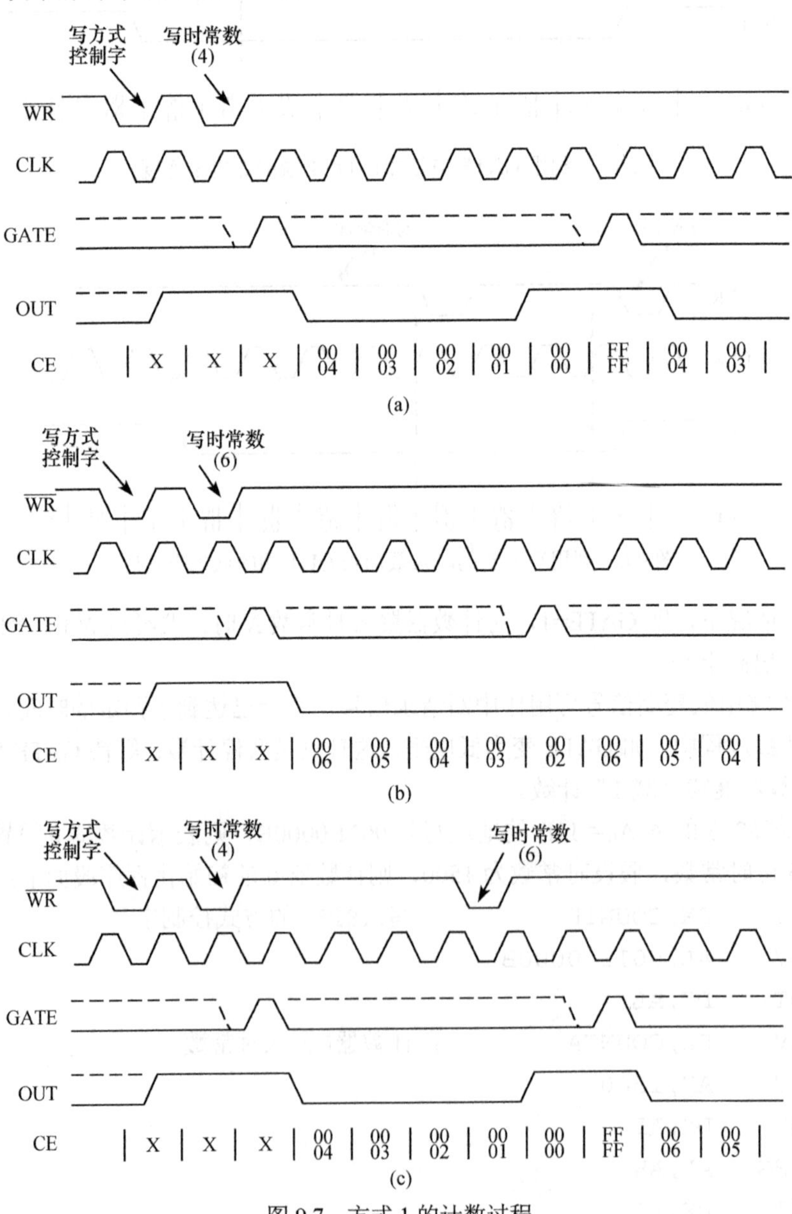

图 9.7　方式 1 的计数过程

方式 1 具有下列一些特点。

(1) 在置方式 1 的控制字或置入时常数后，OUT 端仍输出高电平。

(2) 在 GATE 端输入有效的触发信号(上升沿)，并经过一个 CLK 脉冲，OUT 变为低电平，作为单脉冲的开始，同时将 CR 读入 CE，并开始“减 1”计数。

(3) 当 CE 计数到 0 时，OUT 端变为高电平，表示本次单脉冲形成结束。

(4) 正常情况下，当计数通道的时常数为 N 时，硬件触发所产生的单脉冲(低电平)的宽度为 N 个计数时钟周期。

(5) 原则上说，每个触发信号都可以形成一个单脉冲，但如果在单脉冲低电平期间再加入触发信号，则可以使单脉冲宽度加宽。

(6) 在单脉冲形成期间，向 CR 置入新的时常数，但未加触发信号，则本次单脉冲的形成不受影响，之后的触发信号才使用新的时常数。

例如，向 8253 的 A_1A_0=11B 的地址写入 0101 0010B，则表示计数器 1 设置成方式 1，并且采用低 8 位时常数，假设时常数为 15，则计数器 1 的初始化程序段如下：

```
MOV     DX,COUNTD      ; 写入8253的方式控制字
MOV     AL,0101 0010B
OUT     DX,AL
MOV     DX,COUNTB      ; 计数器1置入时常数
MOV     AL,15
OUT     DX,AL
```

3. 方式 2——分频脉冲形成

定时/计数器 8253 的方式 2 类似于 N 分频器，利用这种方式可以产生周期信号。在正常情况下(GATE=1)，将计数器设置成方式 2 后，OUT 端输出高电平；向 CR 置入时常数 N 后，下一个 CLK 脉冲将时常数从 CR 读入 CE，并开始“减 1”计数；当计数到 0001H 时，OUT 端变为低电平，经过一个 CLK 脉冲，OUT 端再次变为高电平，产生一个时钟周期的负脉冲，与此同时，重新将时常数从 CR 读入 CE，并继续计数。这样，就可以产生周期的分频信号。

方式 2 的计数过程如图 9.8 所示，图 9.8(a)为正常情况下(即 GATE=1)的分频脉冲形成，当时常数为 N 时，OUT 产生的信号为计数时钟的 N 分频，高电平为 N–1 个计数时钟周期，低电平为 1 个计数时钟周期。图 9.8(b)表示 GATE 信号的作用效果，当 GATE 为低电平时，计数器暂停计数，GATE 端的上升沿使计数器重新读入时常数。图 9.8(c)表示写入新的时常数的情况，它只能在下一次分频脉冲后起作用。

方式 2 具有下列一些特点。

(1) 在置方式 2 的控制字后，OUT 端变为高电平。

(2) 在置入时常数后，下一个 CLK 脉冲期间，将时常数从 CR 读入 CE，并开始“减 1”计数。

(3) 当 CE 计数到 01 时，在 OUT 端输出一个负脉冲，并重新读入时常数进行计数。

(4) 正常情况下，当计数通道的时常数为 N 时，OUT 产生的信号为计数时钟的 N 分频。

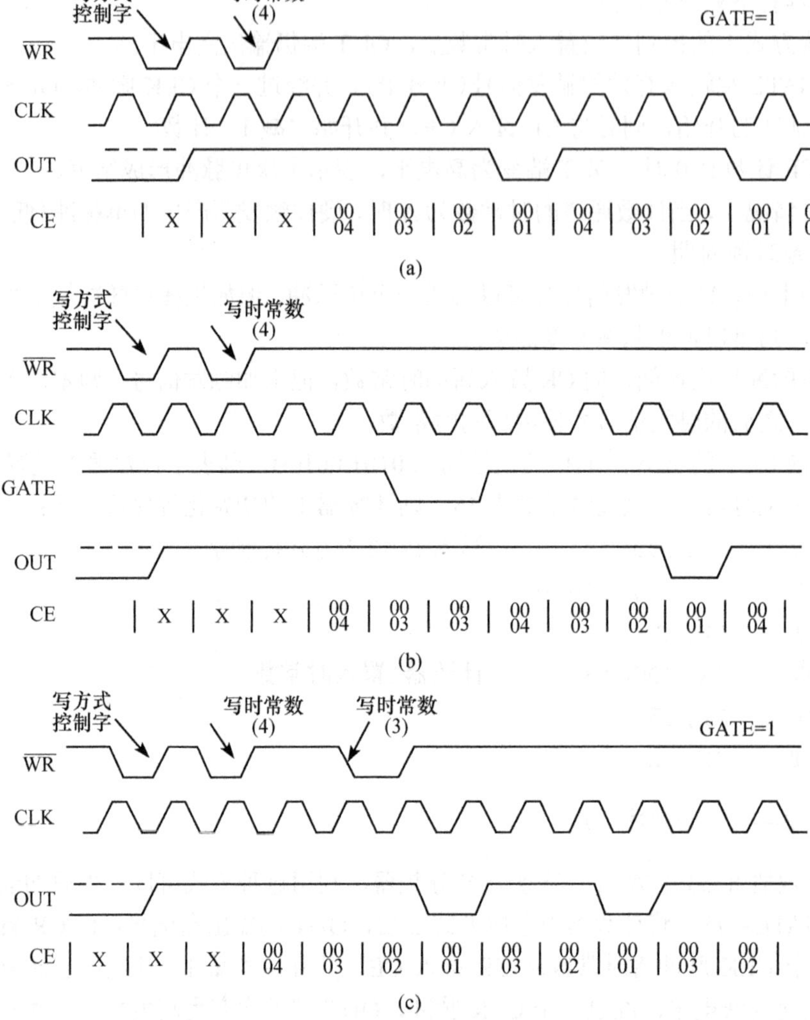

图 9.8　方式 2 的计数过程

(5) OUT 产生的分频信号有两种同步方式：向 CR 写入新的时常数(称为软件同步)和在 GATE 端产生上升沿(称为硬件同步)。

(6) 当 GATE＝0 时，计数器暂停计数。

例如，向 8253 的 A_1A_0＝11B 的地址写入 1001 0100B，则表示计数器 2 设置成方式 2，并且采用低 8 位时常数，假设时常数为 13，则计数器 2 的初始化程序段如下：

```
MOV    DX,COUNTD      ; 写入8253的方式控制字
MOV    AL,1001 0100B
OUT    DX,AL
MOV    DX,COUNTC      ; 计数器2置入时常数
MOV    AL,13
OUT    DX,AL
```

这样在 OUT_2 端就产生了 CLK_2 的 13 分频信号，如果通过逻辑电路实现就比较麻烦。

4. *方式 3——方波信号形成*

定时/计数器 8253 的方式 3 类似于方式 2，只是在 OUT 端产生对称的或近似对称的方波。在正常情况下(GATE＝1)，将计数器设置成方式 3 后，OUT 端输出高电平；向 CR 置入时常数 N(设 N 为偶数)后，下一个 CLK 脉冲将时常数从 CR 读入 CE，并开始“减 2”计数，当计数到 0 时，OUT 端变为低电平；重新将时常数从 CR 读入 CE，并进行“减 2”计数，当计数到 0 时，OUT 端再次变为高电平，产生一个周期的方波信号，重复这一过程，可以产生周期的对称方波信号。

当设定的时常数 N 为奇数时，在将时常数从 CR 读入 CE 时会自动减 1，使 CE 中的初值变成 N–1(偶数)，OUT 端输出高电平，并开始“减 2”计数，当计数到 0 时，再经过 1 个 CLK 后使 OUT 端变成低电平；重新将时常数从 CR 读入 CE，并进行“减 2”计数，当计数到 0 时，OUT 端再次变为高电平，产生一个周期的方波信号，重复这一过程，可以产生周期的近似对称的方波信号。

方式 3 的计数过程如图 9.9 所示，图 9.9(a)为正常情况下(即 GATE＝1)的对称方波信

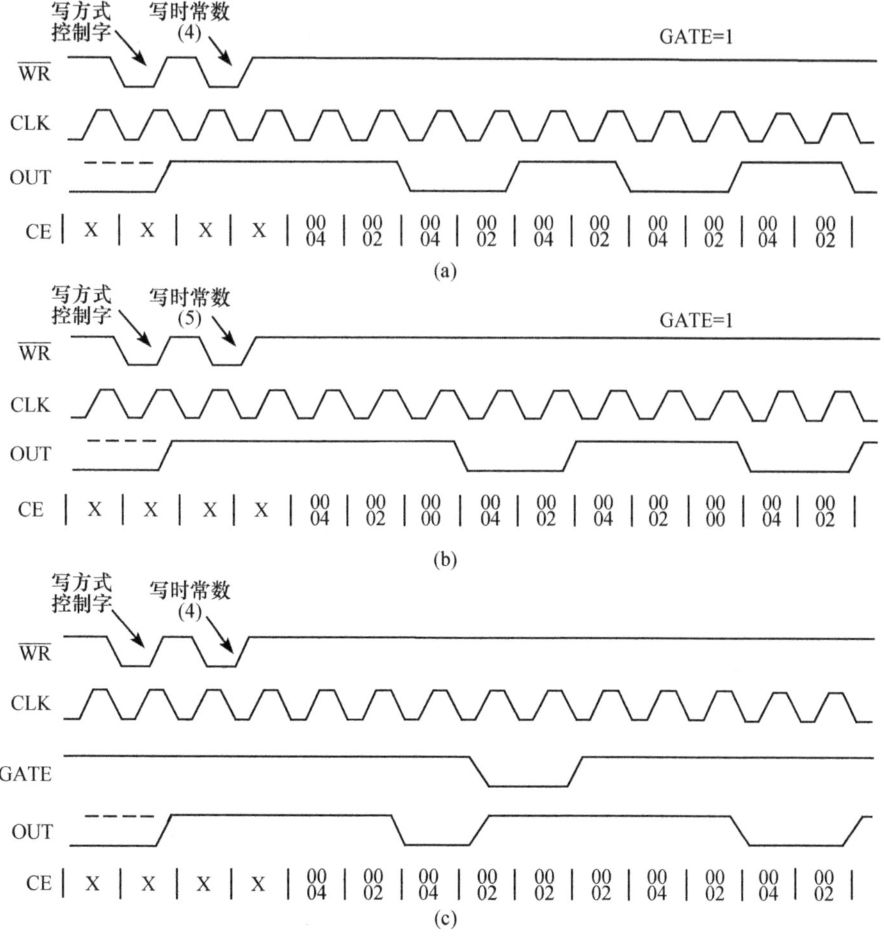

图 9.9　方式 3 的计数过程

号形成，当时常数 N 为偶数时，OUT 产生的信号为计数时钟的 N 分频，高、低电平各占 $N/2$ 个计数时钟周期。图 9.9(b)为正常情况下(即 GATE=1)的近似对称方波信号形成，当时常数 N 为奇数时，OUT 产生的信号为计数时钟的 N 分频，但高电平占 $(N+1)/2$ 个计数时钟周期，而低电平占 $(N-1)/2$ 个计数时钟周期。图 9.9(c)表示 GATE 信号的作用效果(时常数 N 为奇数)，当 GATE 为低电平时，计数器暂停计数，GATE 端的上升沿使计数器重新读入时常数。

方式 3 具有下列一些特点。

(1)在置方式 3 的控制字后，OUT 端变为高电平。

(2)在置入偶数的时常数后，OUT 端变为高电平，下一个 CLK 脉冲期间，将时常数从 CR 读入 CE，并开始"减 2"计数；当 CE 计数到 0 时，OUT 端输出变为低电平，并重新读入时常数进行计数；当再次计数到 0 时，OUT 端输出变为高电平，产生一个周期的对称方波信号。

(3)在置入奇数的时常数后，OUT 端变为高电平，下一个 CLK 脉冲期间，将时常数从 CR 读入 CE 时自动减 1，并开始"减 2"计数；当 CE 计数到 0 时，再经过 1 个 CLK 后使 OUT 端变成低电平；并重新读入时常数进行计数；当再次计数到 0 时，OUT 端输出变为高电平，产生一个周期的近似对称方波信号。

(4)正常情况下，当计数通道的时常数为 N 时，OUT 产生的信号为计数时钟的 N 分频方波信号。

(5)OUT 产生的方波信号有两种同步方式：向 CR 写入新的时常数(称为软件同步)和在 GATE 端产生上升沿(称为硬件同步)。

(6)当 GATE=0 时，计数器暂停计数。

例如，向 8253 的 A_1A_0=11B 的地址写入 0011 0110B，则表示计数器 0 设置成方式 3，并且采用 16 位时常数，假设时常数为 2000，则计数器 0 的初始化程序段如下：

```
MOV     DX,COUNTD       ; 写入8253的方式控制字
MOV     AL,0011 0110B
OUT     DX,AL
MOV     DX,COUNTA       ; 计数器0置入时常数
MOV     AX,2000
OUT     DX,AL
XCHG    AL,AH
OUT     DX,AL
```

这样在 OUT_0 端就产生了 CLK_0 的 2000 分频的方波信号，如果通过逻辑电路实现，就显得比较麻烦。

5. 方式 4——软件触发产生选通信号

在方式 4 下，OUT 端初始值为高电平。在正常情况下(GATE=1)，将计数器设置成方式 4 后，OUT 端输出高电平；向 CR 置入时常数 N 后，下一个 CLK 脉冲将时常数从 CR 读入 CE，并开始"减 1"计数；当计数到 0 时，OUT 端变为低电平，经过一个 CLK 脉冲，OUT 端再次变为高电平，完成一次选通信号的产生。当再次写入时常数 N 时，OUT 端将经过 $N+1$ 个计数时钟周期后产生负的选通信号。

方式 4 的计数过程如图 9.10 所示。图 9.10(a)表示正常情况；图 9.10(b)表示 GATE 低电平信号的作用效果，它使计数器暂停计数；图 9.10(c)表示在某次选通信号形成之前，又写入了新的时常数，这时本次选通信号不再形成。

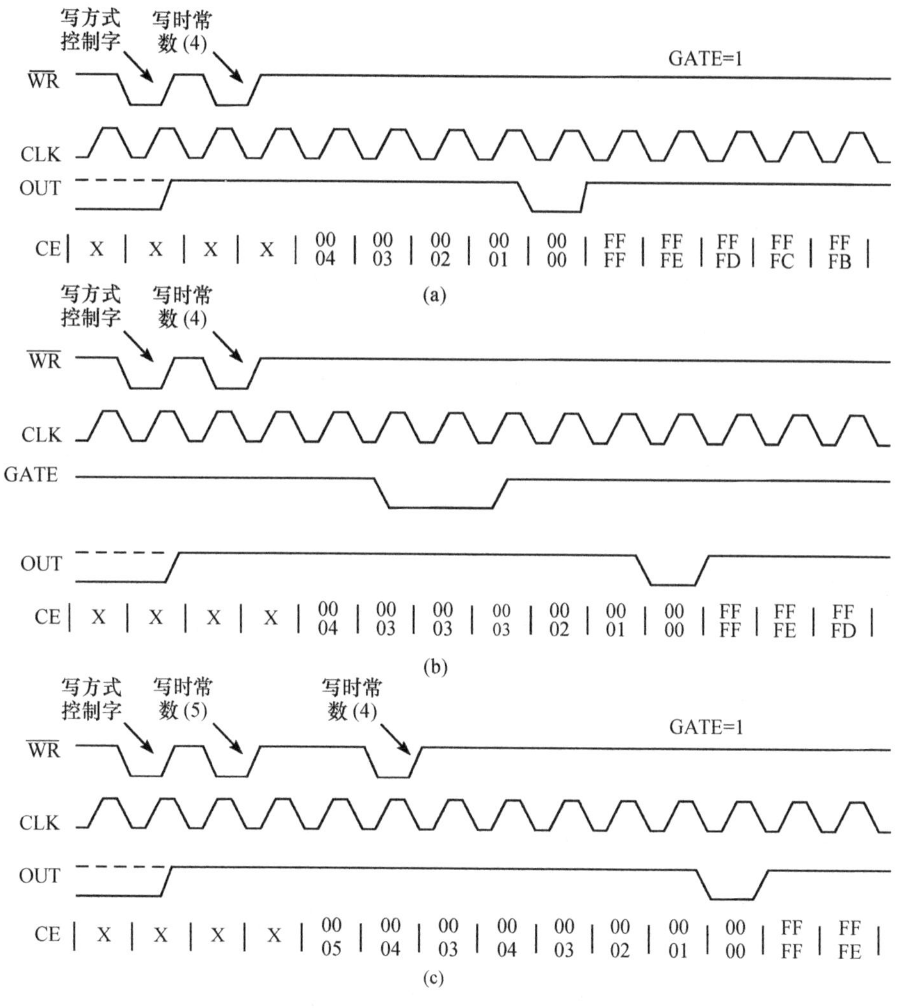

图 9.10　方式 4 的计数过程

方式 4 具有下列一些特点。

(1)在置方式 4 的控制字或置入时常数后，OUT 端仍输出高电平。

(2)在正常情况下(GATE＝1)，OUT 端产生的负选通信号，从软件触发(写入时常数后)到产生有效的低电平之间的时间间隔为 $N+1$ 个计数时钟周期，低电平宽度为一个计数时钟周期。

(3)每次写入时常数都可以形成一个选通信号，但如果在未完成选通信号形成之前，又写入时常数，则本次选通信号不再产生。

(4)当 GATE＝0 时，可以使计数器暂停计数，但 CE 中的内容不变，一旦 GATE 变为高电平，CE 会继续计数，以完成本次选通信号的形成。

例如，向 8253 的 A_1A_0＝11B 的地址写入 0101 1000B，则表示计数器 1 设置成方式 4，并且采用低 8 位时常数，假设时常数为 75，则计数器 1 的初始化程序段如下：

```
MOV     DX,COUNTD       ; 写入8253的方式控制字
MOV     AL,0101 1000B
OUT     DX,AL
MOV     DX,COUNTB       ; 计数器1置入时常数
MOV     AL,75
OUT     DX,AL
```

6. *方式 5——硬件触发产生选通信号*

方式 5 与方式 4 类似，只是每次选通信号的产生是由硬件触发的。在方式 5 下，OUT 端初始值为高电平。在正常情况下(GATE＝1)，将计数器设置成方式 5 或写入时常数时，都使 OUT 端输出高电平；当 GATE 端输入上升沿时，其下一个 CLK 脉冲可以将时常数从 CR 读入 CE，并开始“减 1”计数；当计数到 0 时，OUT 端变为低电平，经过一个 CLK 脉冲，OUT 端再次变为高电平，完成一次选通信号的产生。当再次输入 GATE 的上升沿时，OUT 端将经过 N+1 个计数时钟周期后产生负的选通信号。

方式 5 的计数过程如图 9.11 所示。图 9.11(a)表示正常情况；图 9.11(b)表示在第一次硬件触发产生选通信号完成之前，又来了一个硬件触发信号，从而使选通信号的产生时间延迟；图 9.11(c)表示在某次单脉冲完成之前，又写入了新的时常数，这时不影响本次选通信号的形成，下次选通信号才采用新的时常数。

方式 5 具有下列一些特点。

(1)在置方式 5 的控制字或置入时常数后，OUT 端仍输出高电平。

(2)在正常情况下，GATE 端的每个上升沿都将会在 OUT 端产生选通信号，从硬件触发到产生有效的低电平之间的时间间隔为 $N+1$ 个计数时钟周期，低电平宽度为一个计数时钟周期。

(3)如果在未完成选通信号形成之前，GATE 端又输入了上升沿，则本次选通信号不再产生。

(4)计数器的计数操作不受 GATE 端高、低电平的控制。

例如，向 8253 的 A_1A_0＝11B 的地址写入 0001 1010B，则表示计数器 0 设置成方式 5，并且采用低 8 位时常数，假设时常数为 155，则计数器 0 的初始化程序段如下：

```
MOV     DX,COUNTD       ; 写入8253的方式控制字
MOV     AL,0001 1010B
OUT     DX,AL
MOV     DX,COUNTA       ; 计数器0置入时常数
MOV     AL,155
OUT     DX,AL
```

Intel 8253 有 6 种工作方式，它们之间具有一些共同特点，现总结如下。

(1)置方式字时，起到逻辑复位的功能。

(2)GATE 信号的有效形式。

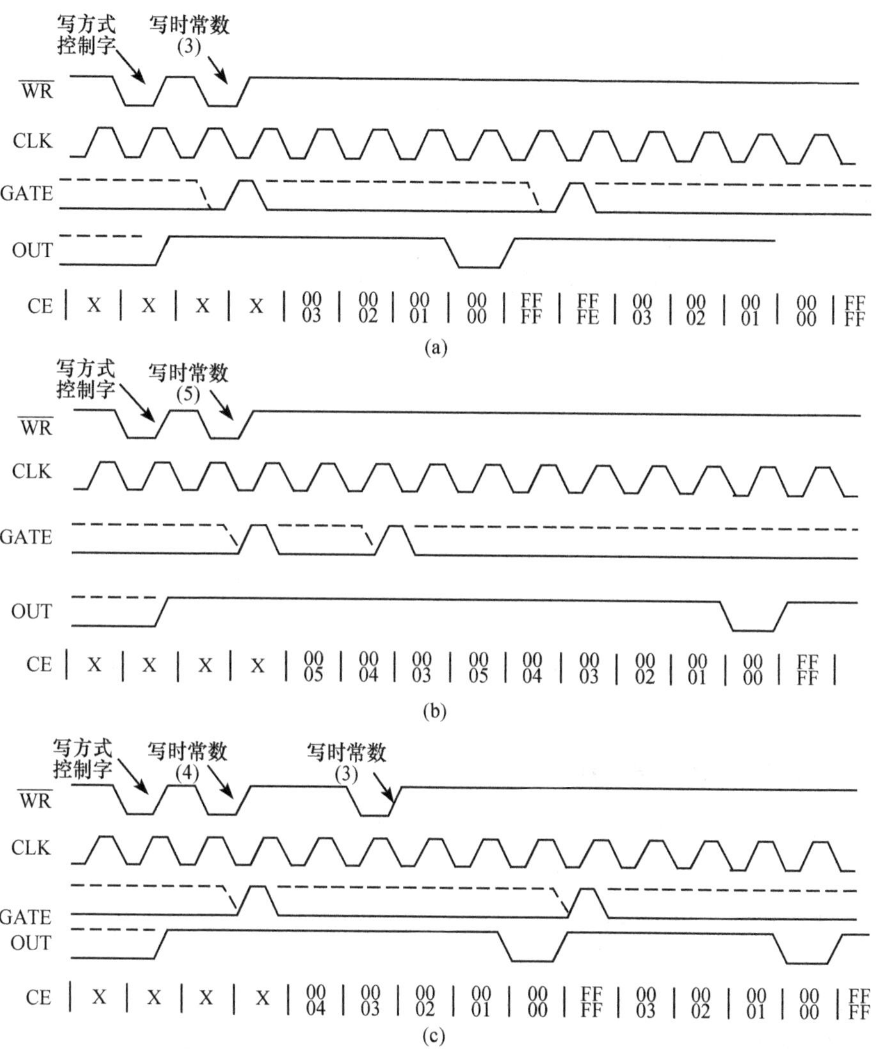

图 9.11　方式 5 的计数过程

方式 0、方式 4：电平控制。

方式 1、方式 5：上升沿触发(硬件触发)。

方式 2、方式 3：电平与上升沿都起作用。

(3) CR 内容装入计数单元 CE 的时刻。

方式 0、方式 4：写时常数。

方式 1、方式 5：硬件触发。

方式 2、方式 3：写时常数、硬件触发和自动重装。

(4) 计数最大值为 0(即 2^{16})，在方式 0、1、4、5 下，CE 计数到 0 后，并未停止计数，而是从 0→0FFFFH→0FFFEH 继续“减 1”计数；在方式 2、3 下，CE 计数到 0 后，自动装入初值计数。

9.3.3 计数值的读取

在任何时刻都可以读取某个计数器的当前计数值，分两步实现。

(1)输出计数器锁存命令，令方式控制字中 RL_1RL_0=00B，这样可以将相应计数通道中的当前计数值锁存到 OL 锁存器，而 CE 会继续计数。

(2)用 IN 指令读取 OL 内容。

例如，要读取计数器 1 中的计数值，其程序如下：

```
MOV     DX,COUNTD           ; 输出计数器锁存命令
MOV     AL,0100 0000B
OUT     DX,AL
MOV     DX,COUNTB
IN      AL,DX               ; 从OL读取低位字节
XCHG    AH,AL
IN      AL,DX               ; 从OL读取高位字节
XCHG    AH,AL
```

这时，AX 的内容就是计数器 1 的当前计数值(注意，在计数器 1 设定工作方式时，其方式控制字的 RL_1RL_0 应为 11B)。

9.3.4 8254 与 8253 的主要区别

Intel 8254 是 8253 的改进型，它与 8253 的主要区别有以下几点。

(1)允许的计数脉冲(CLK)的频率范围不同。

8253：最大时钟频率为 2MHz。

8254：最大时钟频率为 8MHz。

8254-2：最大时钟频率为 10MHz。

(2)在 8254 中，每个通道中还有一个状态寄存器，CPU 通过它可以读取其状态。这需要两个步骤：

① 可通过“读回”命令读取 8254 的计数值和状态信息，其格式如图 9.12 所示，端口地址为 A_1A_0=11B。CNT_2～CNT_0 用于选择计数通道，“1”表示选中；$\overline{COUNT}=0$ 表示锁存选中计数器的计数值；$\overline{STATUS}=0$ 表示锁存选中计数器的状态值。

D_7	D_6	D_5	D_4	D_3	D_2	D_1	D_0
1	1	$\overline{COUNT}$	$\overline{STATUS}$	CNT_2	CNT_1	CNT_0	0

图 9.12 “读回”命令格式

② 读取计数值或状态。当 $D_5(\overline{COUNT})=0$ 时，后续对相应计数器的读操作(一次或二次)，可以获得计数值，并对锁存器进行“解锁”，即下次“读回”命令可锁存新的计数值；如果“读回”命令后，并没有取走计数值，则下次“读回”命令不起作用。当 $D_4(\overline{STATUS})=0$ 时，后续对相应计数器的读操作，可读取计数器的状态字节，其格式如图

9.13 所示，其中 OUTPUT 给出了相应计数通道的 OUT 端的信号电平；NULL COUNT＝0 表示可以读取计数值，NULL COUNT＝1 则表示时常数还没有从 CR 装入 CE，这时读取的计数值没有意义；其他 6 位的值与方式控制字相同。

D_7	D_6	D_5	D_4	D_3	D_2	D_1	D_0
OUTPUT	NULL COUNT	RL_1	RL_0	M_2	M_1	M_0	BCD

图 9.13　计数器状态

9.4　8253 与系统总线的接口方法

在采用 8253 进行定时/计数器设计时，首先应该将它与 CPU 正确连接，在已经设计好 8086 系统总线的情况下，可以直接利用系统总线中的信号与 8253 连接。这里给出三种系统总线情况下 8253 的连接方法：8086 的最小方式、8086 的最大方式和 IBM PC 系统。

在 8086 最小方式总线下，系统总线与 8253 的连接框图如图 9.14 所示。图中译码电路根据给定的 8253 端口地址确定，这里 $M/\overline{IO}$ 和 A_0 均为低电平有效，而且约定采用 A_2、A_1 作为 8253 的内部地址线。图中给出使用偶地址的情况，当采用奇地址时，只需要将图中的地址信号 A_0 换成 $\overline{BHE}$，并且将 8086 总线的 D_7～D_0 换成 D_{15}～D_8 即可。

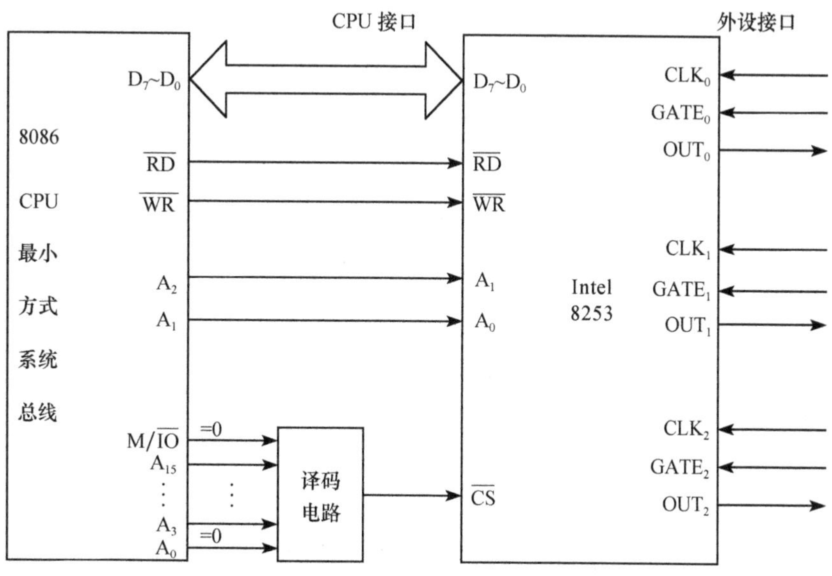

图 9.14　8086 最小方式系统总线与 8253 的连接框图

在 8086 最大方式总线下，系统总线与 8253 的连接框图如图 9.15 所示。与图 9.14 类似，只是将读写信号变成 $\overline{IOR}$ 和 $\overline{IOW}$。图中给出使用偶地址的情况，当采用奇地址时，只需要将图中的地址信号 A_0 换成 $\overline{BHE}$，并且将 8086 总线的 D_7～D_0 换成 D_{15}～D_8 即可。

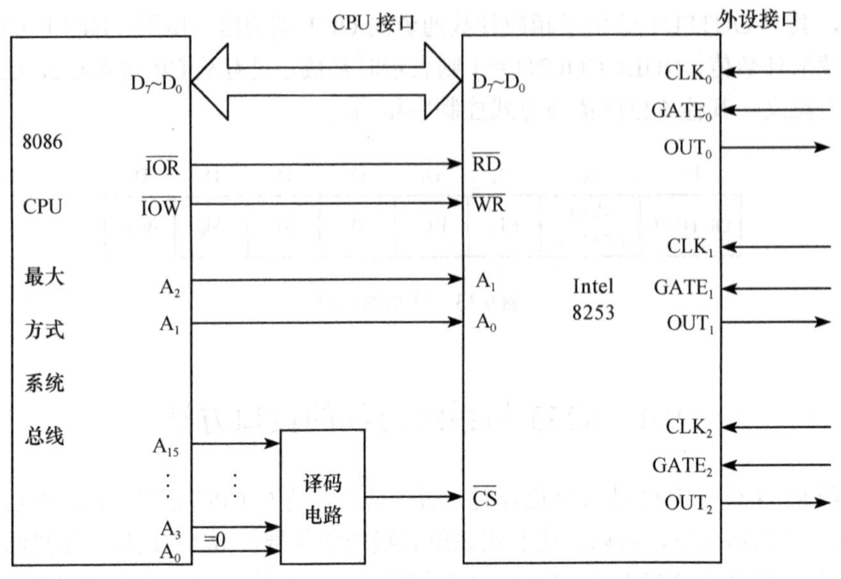

图 9.15　8086 最大方式系统总线与 8253 的连接框图

在 IBM PC 系统中，采用 8088 的最大方式，而且由于系统中包含 DMA 机构，因此，设计端口和存储器的译码电路时，必须是非 DMA 操作模式，即 AEN=0，这样，IBM PC 系统总线与 8253 的连接框图如图 9.16 所示。应该注意，系统的数据总线只有 8 位，故没有 $\overline{BHE}$ 信号。

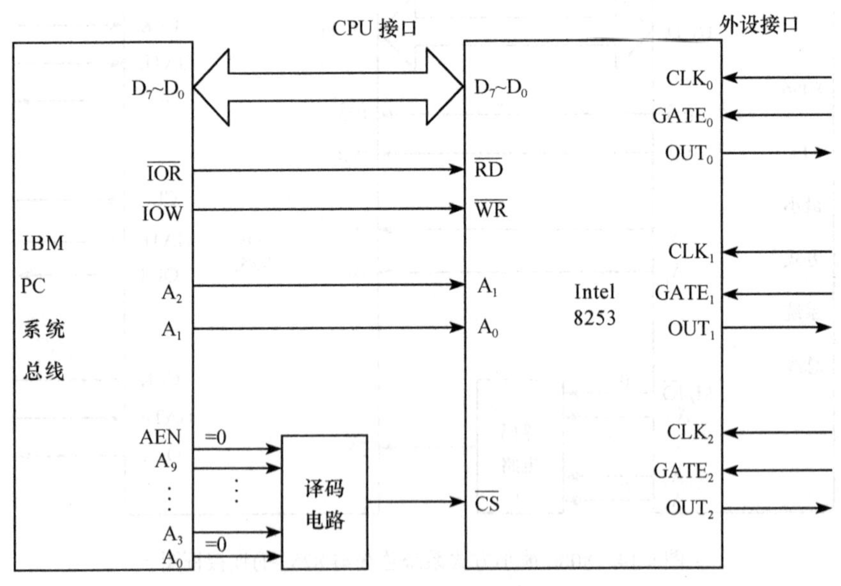

图 9.16　IBM PC 系统总线与 8253 的连接框图

9.5　8253 的应用设计

本节给出一些有关定时/计数器 8253(或 8254)的应用编程，通过这些示例，使学生掌握 8253(或 8254)的译码电路设计、初始化编程以及应用程序设计。

例 9.1　在以 8086 构成的最大方式系统中，有一片 8254 的端口地址分别为 301H、303H、305H 和 307H，给定的外部时钟为 512kHz。要求：

(1)利用计数器 0 产生周期为 1ms 的周期信号，请编写初始化程序；利用这一计数器能产生的最低信号频率为________，这时的时常数 CR_0=_________；

(2)利用计数器 1 和 2 产生如图 9.17 所示的周期信号，并编写初始化程序；

(3)画出 8253 的端口译码电路(地址线只使用 A_0～A_9)及其连接图。

解：设给定的外部时钟为 CLK，其周期 T=1/(512kHz)=1.953125μs。

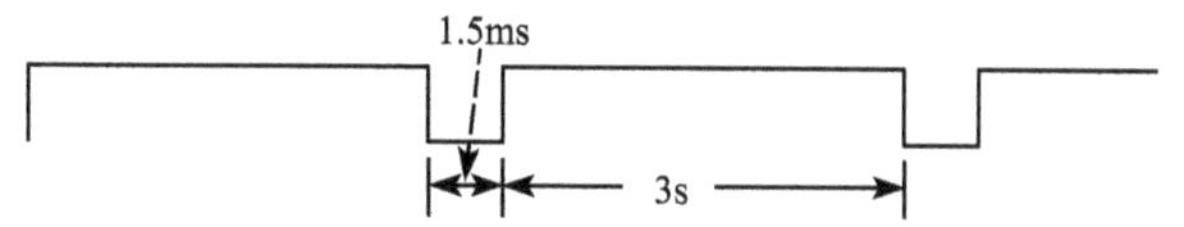

图 9.17　8254 所要产生的周期信号

(1)为了得到 1ms 的周期信号，计数器 0 应该采用方式 2 或方式 3，其时常数 CR_0=1ms/1.953125μs=512。利用这个计数器分频时，其最大的分频次数为 65536，这时得到最低的频率为 512kHz/65536，即约为 7.8125Hz。

初始化程序段如下：

```
MOV     DX,307H
MOV     AL,0011 0110B
OUT     DX,AL
MOV     DX,301H
MOV     AX,512
OUT     DX,AL
XCHG    AL,AH
OUT     DX,AL
```

(2)为了产生如图 9.17 所示的周期信号，应该采用方式 2，但在方式 2 下，其低电平时间仅为一个时钟周期，因此，利用一个计数通道无法实现这个任务。现在将计数器 1 和计数器 2 联合，先利用计数器 1 产生周期为 1.5ms 的周期信号，然后将输出 OUT_1 信号作为计数器 2 的时钟输入 CLK_2，这样可以实现题目的要求。

对于计数器 1，工作方式可以选用方式 2 或方式 3，一般采用方式 3，这样可以使产生的信号(近似)对称，其时常数 CR_1=1.5ms/1.953125μs=768，需要采用 16 位的时常数表示。对于计数器 2，工作方式只能选用方式 2，其时常数 CR_2=(3s+1.5ms)/1.5ms=2001，也需要采用 16 位的时常数表示。

8253 的初始化程序段如下：

```
MOV     DX,307H           ;写计数器1方式控制字
MOV     AL,0111 0110B
OUT     DX,AL
MOV     DX,303H           ;写计数器1时常数
MOV     AX,768
OUT     DX,AL
XCHG    AL,AH
OUT     DX,AL
MOV     DX,307H           ;写计数器2方式控制字
MOV     AL,1011 0100B
OUT     DX,AL
MOV     DX,305H           ;写计数器2时常数
MOV     AX,2001
OUT     DX,AL
XCHG    AL,AH
OUT     DX,AL
```

(3)根据上面的分析和题目给定的条件，可以画出 8253 的地址译码电路及其连接图，如图 9.18 所示。

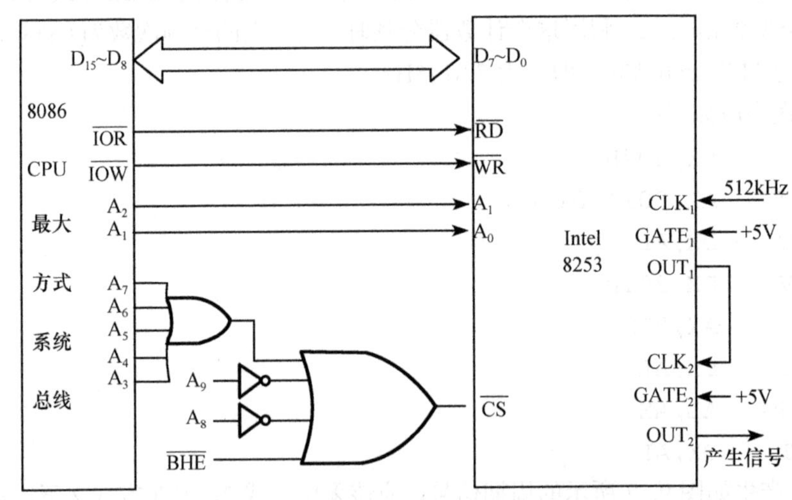

图 9.18　8253 的地址译码电路及其连接图

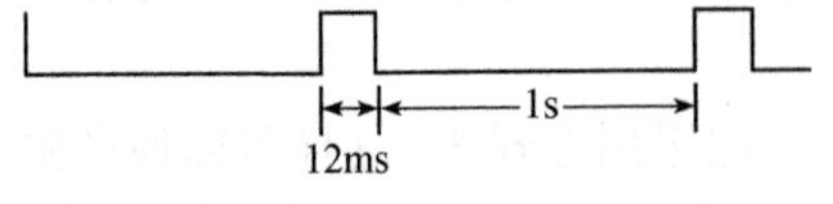

图 9.19　8253 所要产生的周期信号

例 9.2　设 8253 的端口地址为 260H～263H，外部时钟信号为 1MHz，要求产生如图 9.19 所示的周期波形，画出 8253 的连接图，并编写初始化程序段。

解：题目给定所要产生的信号与例 9.1 非常类似，但是，这里产生的信号低电平时间比高电平宽得多，因此，不能直接采用方式 2 实现。如果允许增加外部器件，则可以在例 9.1 的基础上，将 OUT 端信号通过非门取反，这样就

可以实现本题的要求。

本题仅采用 8253 的三个计数通道来实现，分以下两步。

(1) 由于要产生周期信号，因此必定包含方式 2 或方式 3，我们采用方式 3 产生周期为 1s+12ms=1012ms 的方波信号，题目给定的外部时钟为 1MHz，这时需要的分频系数(即时常数)为 1012ms/1μs=1012000，显然，通过一个计数通道无法实现，所以，采用计数器 0 和计数器 1 联合产生，CR_0=1000，CR_1=1012，这样 OUT_0 的周期为 1ms。

(2) 利用计数器 2 的方式 1 实现单脉冲形成，以此作为要求产生信号的低电平，其时常数 CR_2=1s/1ms=1000，计数器 0 的 OUT_0 信号作为计数器 2 的时钟输入信号，OUT_1 作为计数器 2 的硬件触发信号，确保周期为 1012ms。8253 的连接图如图 9.20 所示，各个 OUT 端产生的信号如图 9.21 所示。

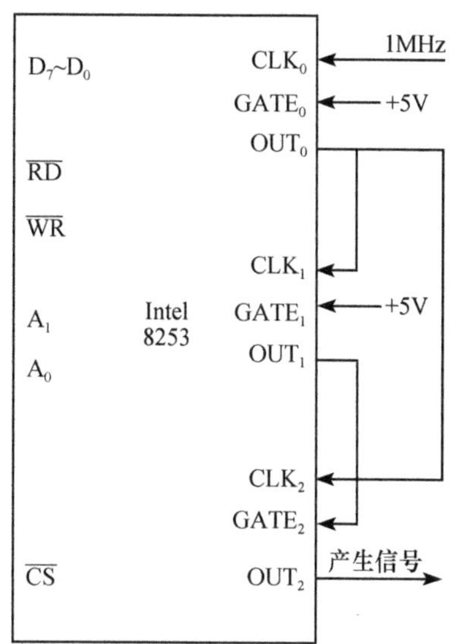

图 9.20 8253 的连接图

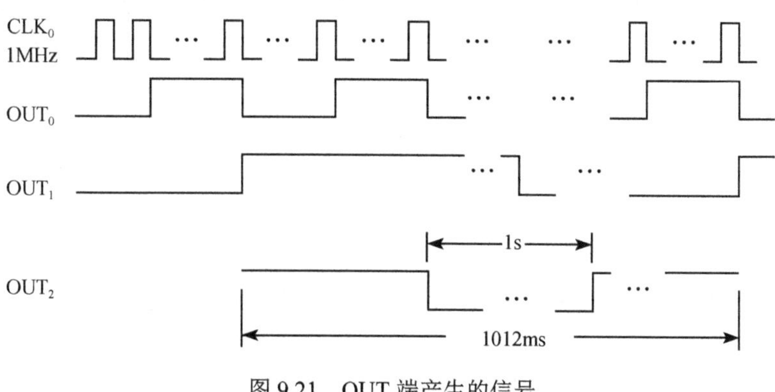

图 9.21 OUT 端产生的信号

8253 的初始化程序段如下：

```
MOV     DX,263H           ; 写计数器0方式控制字
MOV     AL,0011 0110B
OUT     DX,AL
MOV     DX,260H           ; 写计数器0时常数
MOV     AX,1000
OUT     DX,AL
XCHG    AL,AH
OUT     DX,AL
MOV     DX,263H           ; 写计数器1方式控制字
MOV     AL,0111 0110B
OUT     DX,AL
```

```
        MOV     DX,261H             ；写计数器1时常数
        MOV     AX,1012
        OUT     DX,AL
        XCHG    AL,AH
        OUT     DX,AL
        MOV     DX,263H             ；写计数器2方式控制字
        MOV     AL,1011 0010B
        OUT     DX,AL
        MOV     DX,262H             ；写计数器2时常数
        MOV     AX,1000
        OUT     DX,AL
        XCHG    AL,AH
        OUT     DX,AL
```

例 9.3 利用 8253 产生可变频率的时钟信号 $y(t)$，外部基准时钟为 1MHz，要求根据键盘输入的 2 位十进制数，产生 100 种时钟信号，其分频系数分别是基准信号的 2～101 分频。

解：这里只需要一个计数器，设采用计数器 0，其 CLK_0 接外部基准时钟 1MHz，$GATE_0$ 接+5V，OUT_0 即产生的时钟信号 $y(t)$。工作方式设置成方式 3，其时常数为输入十进制数加 2。

设在数据段已经定义好键盘缓冲区 KB_BUFF：

```
        KB_BUFF    DB  10
                   DB  ?
                   DB  10 DUP(?)
```

设 8253 的控制字寄存器地址为 COUNTD，计数器 0 的端口地址为 COUNTA，则 8253 的应用程序段如下：

```
                MOV     DX,COUNTD           ；写计数器0方式控制字
                MOV     AL,0001 0110B
                OUT     DX,AL
        INPUT:
                MOV     AH,0AH              ；输入2位十进制数
                LEA     DX,KB_BUFF
                INT     21H
                MOV     CL,KB_BUFF+1        ；取出输入个数
                CMP     CL,2
                JA      INPUT               ；输入个数超出2个时，无效
                MOV     AL,KB_BUFF+2        ；取出十位
                SUB     AL,30H
                JC      INPUT               ；非数字时，无效
                CMP     AL,9
```

```
JA      INPUT              ; 非数字时，无效
MOV     CL,KB_BUFF+3       ; 取出个位
SUB     CL,30H
JC      INPUT              ; 非数字时，无效
CMP     CL,9
JA      INPUT              ; 非数字时，无效
MOV     BL,10              ; 十进制数变换成二进制数
MUL     BL
ADD     AL,CL
ADD     AL,2               ; 修正
MOV     DX,COUNTA          ; 写计数器0时常数
OUT     DX,AL
JMP     INPUT
```

例 9.4 在一个由 8086 构成的最小方式系统中，周期执行某一段程序(设用子程序 MAIN_PROC 表示)，设 MAIN_PROC 子程序的执行时间为 15ms，要求设计一片 8253(端口地址为 20H～27H 中的偶地址)，外部基准时钟为 10kHz，完成当程序执行异常时，自动进行复位操作。

解：当程序正常执行时，每次执行 MAIN_PROC 子程序的时间为 15ms，一旦程序执行异常，则执行 MAIN_PROC 子程序的时间必定会超过 15ms，根据这一点可以判定程序执行是否正常。

8086 CPU 的 RESET(复位)端为高电平时，可以使 CPU 得到复位，因此可以采用 8253 计数器的方式 0 实现程序执行异常的检测，如图 9.22 所示。我们在每次调用子程序 MAIN_PROC 之前都写入计数器的时常数，这样，两次写时常数的时间间隔为 15ms。计数器 0 工作在方式 0，其时常数确定的定时时间为 18ms，即时常数为 18ms/0.1ms–1=179。这样，在程序执行正常的情况下，写入时常数后执行 MAIN_PROC 子程序，还没有达到定时的时间，又会写入时常数，从而确保 OUT_0 端一直为低电平；当程序执行异常的情况下，写入时常数后执行 MAIN_PROC 子程序，由于程序执行异常，未能按时返回到主程序，当达到 18ms 时(如图 9.22 虚线所示)，就会在 OUT_0 端产生上升沿，通过处理后，可以产生 CPU 的 RESET 信号。8253 的连接图如图 9.23 所示。

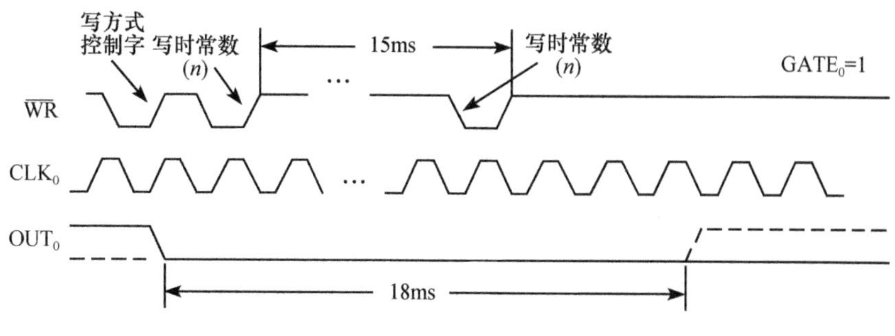

图 9.22　程序执行异常的检测时序示意图

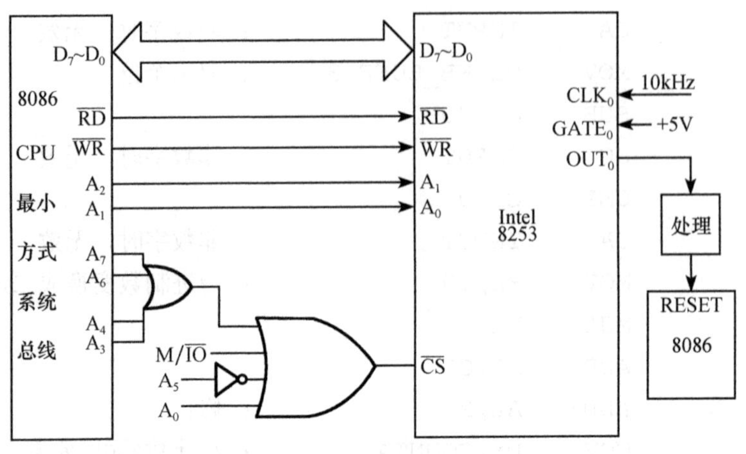

图 9.23 8253 的连接图

8253 的应用程序段如下：

```
        MOV     DX,26H              ；写计数器0方式控制字
        MOV     AL,0001 0000B
        OUT     DX,AL
RESTART:
        MOV     DX,20H              ；写计数器0时常数
        MOV     AL,179
        OUT     DX,AL
        CALL    MAIN_PROC
        JMP     RESTART
```

例 9.5 织布机每织 1m 会发出一个正脉冲，每织 100m 要求接收到一个负脉冲，去触发剪裁设备把布剪开。织布机控制系统如图 9.24 所示，设 8253 的端口地址为 80H～83H，编写 8253 程序段完成自动裁剪功能。

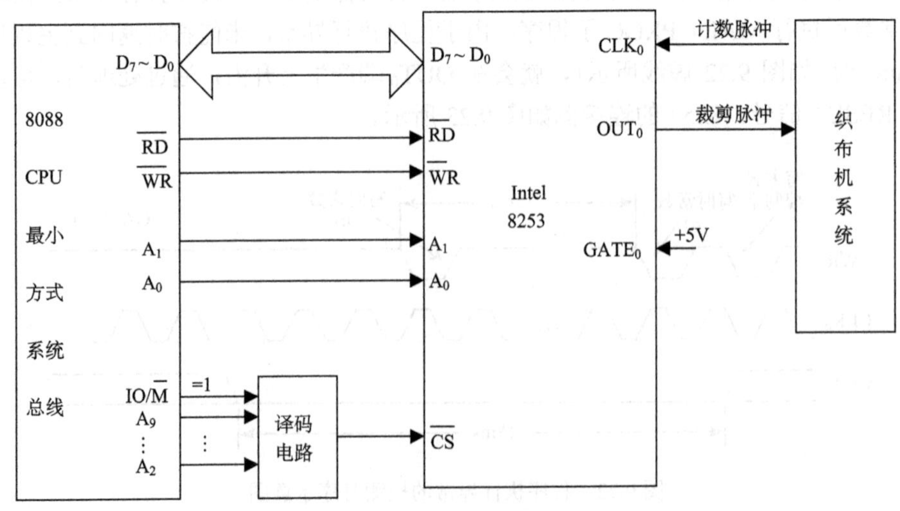

图 9.24 织布机控制系统

解：织布机每织 1m 发出的正脉冲接到 8253 的 CLK_0；8253 计数器 0 用于统计织布机的数量，每织 100m 发出一个脉冲(OUT_0)，去剪裁布匹。因此，计数器 0 采用方式 2，时常数为 100，$GATE_0$ 接+5V。

汇编语言程序段如下：

```
MOV DX,83H
MOV AL,0001 0100B
OUT DX,AL
MOV DX,80H
MOV AL,100
OUT DX,AL
```

例 9.6 在 IBM PC 系统中，利用 8254 测量周期信号的频率，设可以使用的稳定时钟信号为 200kHz，分配给 8254 的端口地址为 60H～63H。给出 8254 及其测量电路，并编写 8254 应用程序段。

(1) S_1 信号的频率在 10～1000Hz 范围；

(2) S_2 信号的频率在 100kHz～1MHz 范围。

解：对周期信号的频率测量方法有两种。

(a) 计数法：在指定的时间 T 内，测量出被测信号的个数 N，则 $f=N/T$。

(b) 周期法：在被测信号的一个周期内，测量出基准信号(周期为 T_0)的个数 N，则 $f=1/(NT_0)=F_0/N$。

与基准信号相比，如果被测信号的频率远高于基准信号，则适用计数法；如果被测信号的频率远低于基准信号，则适用周期法。

本题给定了基准信号的频率为 200kHz。因此，采用周期法测量 S_1 信号的频率；采用计数法测量 S_2 信号的频率。

(1) S_1 信号的测量(周期法)。将 200kHz 基准信号作为时钟信号，接 CLK_1；被测信号 S_1 接 CLK_0，产生 2 分频信号，其输出 OUT_0 接 $GTAE_1$，如图 9.25 所示。

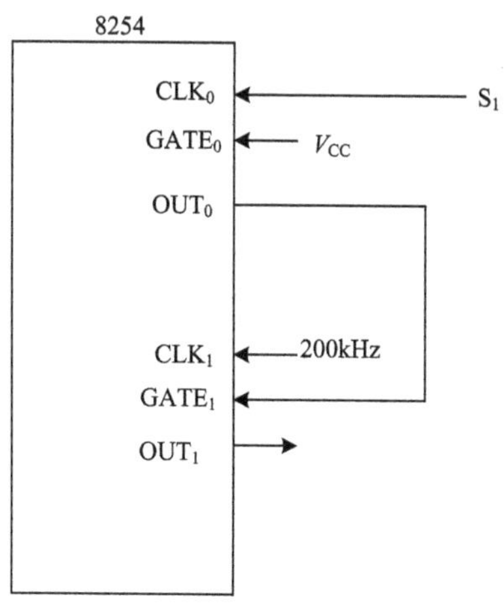

图 9.25　信号 S_1 频率测量电路

信号 S_1 频率测量原理时序如图 9.26 所示，8054 的计数器 0 采用方式 3，时常数为 2；计数器 1 采用方式 0，时常数为 0(65536)。

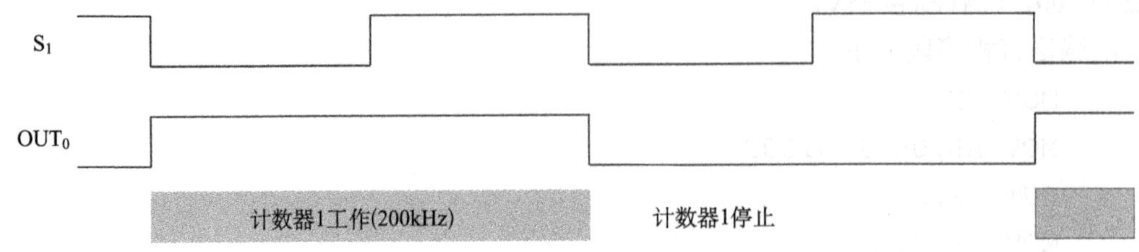

图 9.26　信号 S_1 频率测量原理时序

程序设计思路如下。

① 先检测到 OUT_0 的低电平，这时写入计数器 1 的初始时常数。

② 等待到 OUT_0 的高电平。

③ 再次等待到低电平，这时可以读取计数器 1 的值，与初值相减可以得到 N，并根据 F_0/N 计算出 S_1 的频率，利用 DISPAX 显示结果。

④ 再次写入计数器 1 的初始时常数，重复步骤(2)，可以实现连续测量。

汇编语言程序段如下：

```
          VARF0  DD 200000
          MOV    DX,63H
          MOV    AL,00010110B
          OUT    DX,AL
          MOV    AL,01110000B
          OUT    DX,AL
          MOV    DX,60H
          MOV    AL,2
          OUT    DX,AL
          MOV    DX,61H
          MOV    AL,0
          OUT    DX,AL
          OUT    DX,AL
LP1:
          MOV    DX,63H
          MOV    AL,1110 0010B       ；计数器0读命令
          OUT    DX,AL
          MOV    DX,60H
          IN     AL,DX
          TEST   AL,80H
          JNZ    LP1                 ；等待OUT0的低电平
STARTMEASURE:
```

```
        MOV     DX,61H
        MOV     AL,0
        OUT     DX,AL
        OUT     DX,AL
LP2:
        MOV     DX,63H
        MOV     AL,1110 0010B       ；计数器0读命令
        OUT     DX, AL
        MOV     DX,60H
        IN      AL,DX
        TEST    AL,80H
        JZ      LP2                 ；等待OUT0的高电平
LP3:
        MOV     DX,63H
        MOV     AL,1110 0010B       ；计数器0读命令
        OUT     DX,AL
        MOV     DX,60H
        IN      AL,DX
        TEST    AL,80H
        JNZ     LP3                 ；等待OUT0的低电平
；计算频率
        MOV     DX,63H
        MOV     AL,1101 0100B       ；计数器0读命令
        OUT     DX,AL
        MOV     DX,61H
        IN      AL,DX
        XCHG    AL,AH
        IN      AL,DX
        XCHG    AL,AH
        NEG     AX
        MOV     BX,AX
        MOV     AX,WORD PTR VARF0
        MOV     DX,WORD PTR VARF0+2
        DIV     BX
        CALL    DISPAX
        JMP     STARTMEASURE
```

(2) S_2信号的测量(计数法)。将被测信号 S_2 作为时钟信号，接 CLK_1；200kHz 基准信号接 CLK_0，产生固定的测量周期 T，其输出 OUT_0 接 $GTAE_1$，如图 9.27 所示。

8054 的计数器 0 采用方式 3，时常数为 8000，产生周期为 40ms 的方波信号，实际的

测量时间为 T=20ms；8054 的计数器 1 采用方式 0，时常数为 0(65536)。信号 S_2 频率测量原理时序如图 9.28 所示。

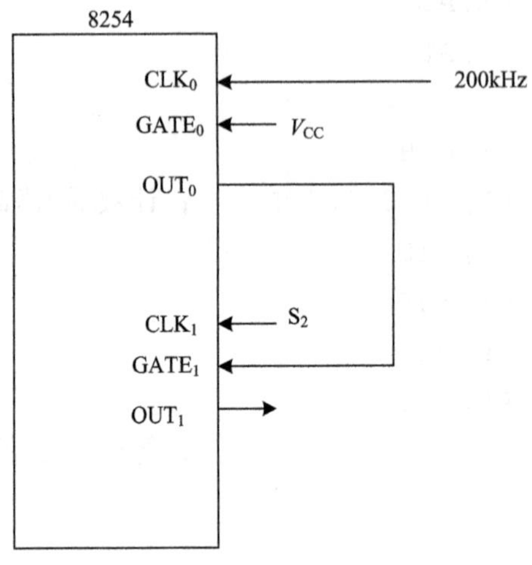

图 9.27　信号 S_2 频率测量电路

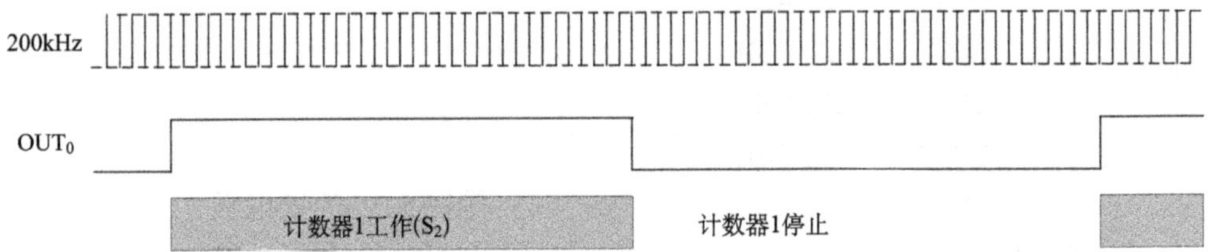

图 9.28　信号 S_2 频率测量原理时序

汇编语言程序段如下：

```
VART0  DW 200000
MOV    DX,63H
MOV    AL,0011 0110B
OUT    DX,AL
MOV    AL,0111 0000B
OUT    DX,AL
MOV    DX,60H
MOV    AX,8000
OUT    DX,AL
XCHG   AL,AH
OUT    DX,AL
MOV    DX,61H
MOV    AL,0
OUT    DX,AL
OUT    DX,AL
```

```
LP1:
        MOV     DX,63H
        MOV     AL,1110 0010B       ; 计数器0读命令
        OUT     DX, AL
        MOV     DX,60H
        IN      AL,DX
        TEST    AL,80H
        JNZ     LP1                 ; 等待OUT0的低电平
STARTMEASURE:
        MOV     DX,61H
        MOV     AL,0
        OUT     DX,AL
        OUT     DX,AL
LP2:
        MOV     DX,63H
        MOV     AL,1110 0010B       ; 计数器0读命令
        OUT     DX,AL
        MOV     DX,60H
        IN      AL,DX
        TEST    AL,80H
        JZ      LP2                 ; 等待OUT0的高电平
LP3:
        MOV     DX,63H
        MOV     AL,1110 0010B       ; 计数器0读命令
        OUT     DX, AL
        MOV     DX,60H
        IN      AL,DX
        TEST    AL,80H
        JNZ     LP3                 ; 等待OUT0的低电平
; 计算频率
        MOV     DX,63H
        MOV     AL,1101 0100B       ; 计数器0读命令
        OUT     DX, AL
        MOV     DX,61H
        IN      AL,DX
        XCHG    AL,AH
        IN      AL,DX
        XCHG    AL,AH
        NEG     AX
```

```
XOR    DX,DX
MOV    BX,VART0
DIV    BX
CALLDISPAX
JMP STARTMEASURE
```

9.6 小　　结

本章详细介绍了可编程定时/计数器 8253 的编程模型、端口地址分配、方式控制字，并详细阐述了 8253 的六种工作方式及其计数通道的连接信号波形，特别应该注意 GATE 信号的作用效果，还给出了读取计数值的方法与步骤。通过图示方法介绍了 8253 与各种系统总线的连接方法，并通过 8253 的应用编程示例，介绍了 8253 的初始化过程、时常数的计算方法，并结合示例介绍了产生周期信号、测量未知信号频率及其检测程序执行异常的检测方法。通过本章学习，学生可以掌握 8253 的硬件设计和软件编程方法，为在实际系统中灵活地运用 8253 打下基础。

习　　题

9.1　下列地址哪些能够分配给 8253/8254 的计数器 0？为什么？

23H　　54H　　97H　　51H　　FCH　　59H

9.2　如果计数器 0 设定为方式 0，$GATE_0$=1，CLK_0=1MHz，时常数为 N=1000，请画出 OUT_0 的波形。如果计数器 1 设定为方式 1，其他参数与计数器 0 相同，画出 OUT_1 的波形。

9.3　编程实现：将 8253 计数器 0 设置成方式 4，并置时常数为 10000，然后处于等待状态，直到 CE 的内容小于等于 1000 后再向下执行。

9.4　利用 8253 可以实现确定时间的延迟，编程实现延时 10s 的程序段(设可以使用的基准时钟为 1MHz)。

9.5　8253 工作于方式 2 和方式 3 时有什么异同？

9.6　在 8253 计数器/定时器中，时钟 CLK、门控信号 GATE 分别起什么作用？

9.7　比较 8254 方式 0 与方式 4、方式 1 与方式 5 的区别。

9.8　在 8088 最小系统中，8253 的端口地址为 284H～287H。系统提供的时钟为 1MHz，要求在 OUT_0 输出周期为 20μs 的方波，在 OUT_1 输出周期为 200μs，其中每周期为负的时间是 180μs 的信号。请编写 8253 的初始化程序。

9.9　某一测控系统要使用一个连续方波信号，如果使用 8253 可编程定时/计数器来实现此功能，则 8253 应工作在方式____________。

9.10　利用 8253 芯片产生周期为 5ms 的方波信号，若输入的时钟频率为 1MHz，那么 8253 的工作方式为______，计数初值为_______。

9.11　利用 8253 芯片产生一个中断请求信号，若输入的时钟频率为 2MHz，且要求延时 10ms 后产生有效的中断请求信号，则 8253 的工作方式为________，计数初值为_______。

9.12　通过 8253 计数器 0 的方式 0 产生中断请求信号，现需要延迟产生中断的时刻，可采用______。

A.在 OUT_0 变高之前重置初值

B.在 OUT_0 变高之前在 $GATE_0$ 端加一个负脉冲信号

C.降低加在 CLK_0 端的信号频率

D.以上全是

9.13　在 8253 初始化编程时，一旦写入选择工作方式 0 的控制字后，______。

A.输出信号端 OUT 变为高电平

B.输出信号端 OUT 变为低电平

C.输出信号保持原来的电位值

D.立即开始计数

9.14　当 8253 工作在方式 4 时，控制信号 GATE 变为低电平后，对计数器的影响是________。

A.结束本次计数，等待下一次计数的开始

B.暂时停止现行计数工作

C.不影响本次计数

D.终止本次计数过程，立即开始新的计数过程

9.15　利用 8253 每 1ms 产生一次中断，若 CLK 为 2MHz，则 8253 可采用的工作方式及所取的计数初值分别为______。

A.方式 0；2000　　B.方式 3；2000

C.方式 5；2000H　　D.方式 2；2000H

9.16　当 8253 工作在______下时，需要硬件触发后才开始计数。

A.方式 0　　B.方式 1　　C.方式 2

D.方式 3　　E.方式 4　　F.方式 5

9.17　在 8253 计数过程中，若 CPU 重新写入新时常数，那么____________。

A.本次写入时常数的操作无效

B.本次计数过程结束，使用新时常数开始计数

C.不影响本次输出信号，新时常数仅影响后续输出信号

D.是否影响本次计数过程及输出信号随工作方式不同而有差别

9.18　已知 8254 计数器 0 的端口地址为 40H，控制字寄存器的端口地址为 43H，计数时钟频率为 2MHz，利用这一通道设计当计数到 0 时发出中断请求信号，其程序段如下，则中断请求信号的周期是____________ms。

```
MOV  AL,0011 0010B
OUT  43H,AL
MOV  AL,0FFH
OUT  40H,AL
OUT  40H,AL
```

9.19　若 8254 芯片可使用的 8086 端口地址为 D0D0H～D0DFH，试画出系统设计连接图。设加到 8254 上的时钟信号为 2MHz，

(1) 利用计数器 0～2 分别产生下列三种信号：

① 周期为 10μs 的对称方波；

② 每 1s 产生一个负脉冲；

③ 10s 后产生一个负脉冲；

每种情况下，说明 8254 如何连接并编写包括初始化在内的程序段；

(2) 希望利用 8086 通过一个专用接口控制 8254 的 GATE 端，当 CPU 使 GATE 有效开始，20μs 后在计数器 0 的 OUT 端产生一个正脉冲，试设计完成此要求的硬件和软件。

9.20　若加到 8254 上的时钟频率为 0.5MHz，则一个计数器的最长定时时间是多少?若要求 10min 产生一次定时中断，试提出解决方案。

9.21　在 IBM PC 系统中，根据下列不同条件设计接口逻辑，利用 8253 完成对外部脉冲信号重复频率的测量。

(1) 被测脉冲信号的重复频率在 10～1000Hz；

(2) 被测脉冲信号的重复频率在 0.5～1.5Hz；

(3) 被测脉冲信号的重复频率在 10～100Hz；

(4) 被测是间歇脉冲信号，每次有信号时有 100 个脉冲，重复频率为 0.8～1.2MHz，间歇频率大约每秒 15 次，要求测有信号时的脉冲重复频率。

9.22　在某系统中有一片定时/计数器芯片 8253，其计数器 0、计数器 1、计数器 2 及控制端口地址分别为 30H、31H、32H、33H。若利用计数器 0 对外部事件计数，其 GATE 接高电平，当计数满 23000 次时，向 CPU 发出中断请求；且利用计数器 1 输出频率为 20Hz 的方波，CLK_1=10kHz。试编写 8253 的初始化程序。

9.23　设 8253 的端口地址为 1AB0H～1AB7H 中的奇地址，编程将 8253 的计数器 0 设置为方式 1，BCD 码计数，计数初值为 4650；计数器 1 设置为方式 2，二进制计数，计数初值为 3420；计数器 2 设置为方式 4，二进制计数，计数初值为 120。

9.24　设某系统中 8253 的计数器 2 对外部事件 CLK_2 进行计数，计数器 2 每隔 1s 向 CPU 发出中断请求，CPU 响应这一中断后重新写入计数值，并重新开始计数。假设 CLK_2 频率为 1kHz，8253 的端口地址为 FA_0～FA_7H 中的偶地址，计数器定时中断的中断类型号为 42H，试编写程序完成以上任务。

9.25　设有某微机控制系统，采用定时器 8253 产生周期性定时中断信号，CPU 响应中断后便执行数据采集、数字滤波和相应的控制算法来控制输出。如图 9.29 所示，采用两个计数器串联实现定时。一旦定时时间到，OUT_1 信号由高变低，经反向送 8259A 的 IR_2，IR_2 的中断类型码为 41H，中断服务程序入口地址存储在双字变量 INT_POINT 中。8253 端口地址为 100H～103H。试编写 8253 的初始化程序实现最大中断周期，此外编写置中断向量的程序段。

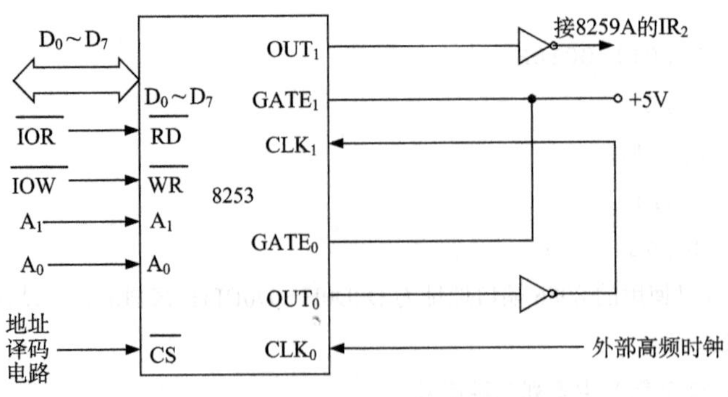

图 9.29　8253 接口图

9.26 某微机系统具有 10 条地址线，其中配置有一片定时/计数器 8253，接口原理如图 9.30 所示。要求发光二极管 LED_0亮 10s 后熄灭；LED_1在开关 K_1闭合后亮 15s 后熄灭；LED_2亮 2s，灭 2s 呈闪烁状。写出实现该功能的源程序段。

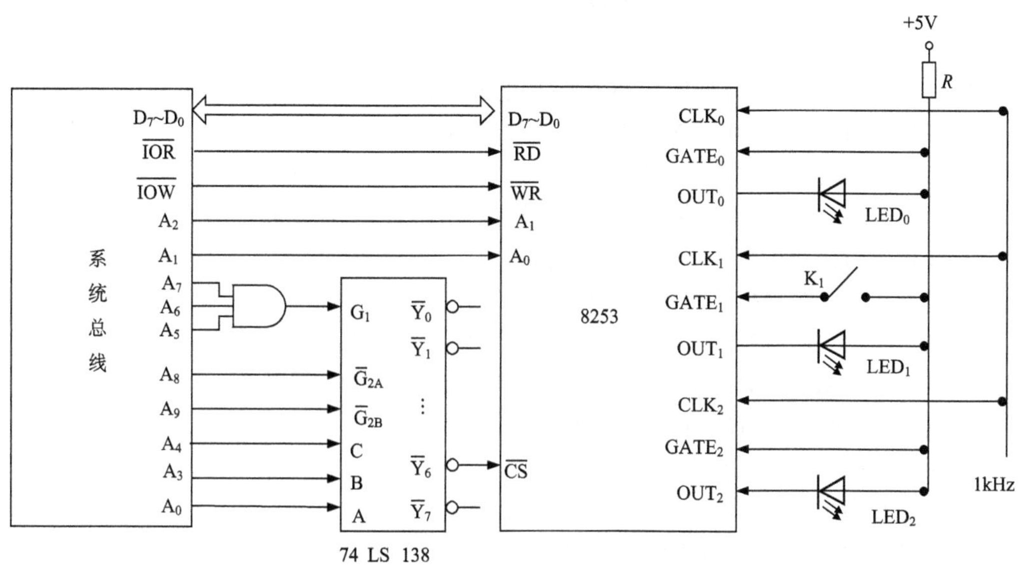

图 9.30 接口原理图

第 10 章　并行接口芯片 8255A 应用设计

外设与计算机之间的数据传送不能直接进行，这是因为相对于计算机的执行速度，外设是一个慢速的设备，因此，通常需要在它们之间设计一个接口。一方面，接口可以以高速运行方式与计算机进行交互，另一方面，接口能够与慢速的外设进行协调。

按照一次可以传送数据的位数划分，计算机外设接口可以分成两类。

(1) 并行接口：数据在多根线上同时传送。

(2) 串行接口：数据按位顺序在一根线上分时传送。

本章主要介绍并行接口。作为并行接口，它应该具有下列基本功能。

(1) 具有一个或多个数据 I/O 寄存器和缓冲器(也称为端口寄存器)。

(2) 具有与 CPU 和外设进行联络控制的功能。

(3) 能够以中断的方式与 CPU 进行联络。

(4) 可以有多种工作方式，且可编程进行控制。

并行接口与 CPU、外设之间的连接逻辑如图 10.1 所示。

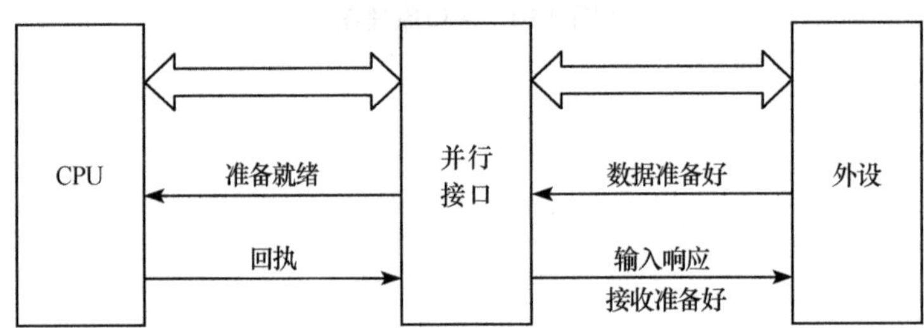

(a) 并行接口的输入过程

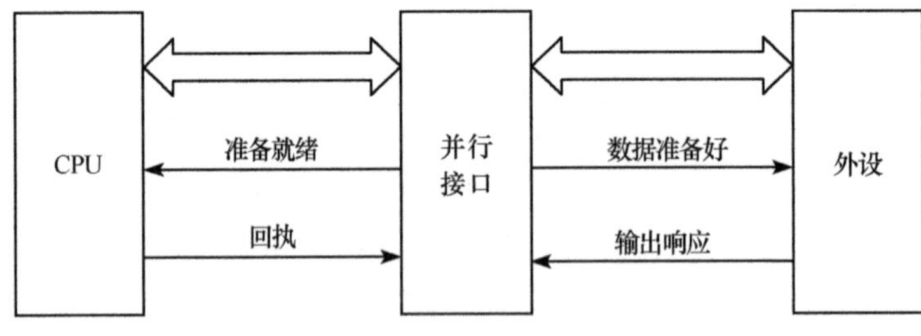

(b) 并行接口的输出过程

图 10.1　并行接口与 CPU、外设之间的连接逻辑

利用接口将数据从外设传送到 CPU 的步骤如下。

(1) 外设将数据放在外部数据总线上，并向接口发出“数据准备好”信号。

(2) 接口将数据锁存在寄存器中，并向外设发出“数据输入响应”，同时向 CPU 发出

"准备就绪"信号，或者发一个数据输入的中断请求。

(3)外设收到"数据输入响应"信号，撤销数据及"数据准备好"信号。

(4)CPU 从接口中读取数据，并给接口发出"回执"，接口以此撤销"准备就绪"信号，并向外设发出"接收准备好"信号。

利用接口将数据从 CPU 传送到外设的步骤如下。

(1)接口向 CPU 发"准备就绪"信号，或者发一个数据输出的中断请求，表示接口已做好接收数据的准备。

(2)CPU 输出数据至端口寄存器，接口清除"准备就绪"信号。

(3)接口将数据放至外部数据总线上，并向外设发出"数据准备好"信号。

(4)外设取走数据，并发出"数据输出响应"信号。

(5)接口撤销数据和"数据准备好"信号，同时向 CPU 再次发"准备就绪"信号。

实现并行接口的常用芯片为 Intel 8255A，因此本章主要介绍 8255A 的结构、方式设定及应用编程技术。

10.1 8255A 的引脚功能及特点

Intel 公司生产的可编程并行接口芯片 8255A 已广泛应用于实际工程中，如 8255A 与 A/D、D/A 配合构成数据采集系统，通过 8255A 连接的两个或多个系统构成相互之间的通信，系统与外设之间通过 8255A 交换信息等，所有这些系统都将 8255A 用作并行接口。

8255A 采用 40 脚的 DIP 封装，其引脚功能及特点如表 10.1 所示。

表 10.1 8255A 引脚功能及特点

引脚名	功能	连接去向
D_0～D_7	数据总线(双向)	CPU
RESET	复位输入	CPU
$\overline{CS}$	片选信号	译码电路
$\overline{RD}$	读信号	CPU
$\overline{WR}$	写信号	CPU
A_0，A_1	端口地址	CPU
PA_0～PA_7	端口 A	外设
PB_0～PB_7	端口 B	外设
PC_0～PC_7	端口 C	外设
V_{CC}	电源(+5V)	/
GND	地	/

10.2 8255A 的原理结构及工作原理

8255A 为可编程的通用接口芯片，其原理结构如图 10.2 所示。

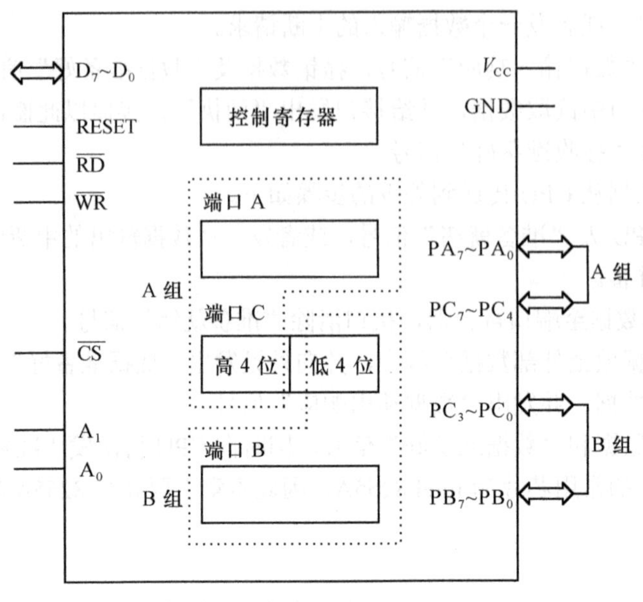

图 10.2　8255A 编程模型

在 8255A 内部，有三个数据端口寄存器 A、B、C，每个端口均为 8 位，并可以设置成输入和/或输出方式，但各个端口仍有差异。

(1) 端口 A(PA_0～PA_7)：8 位数据输出锁存/缓冲器，8 位数据输入锁存器。

(2) 端口 B(PB_0～PB_7)：8 位数据 I/O 锁存/缓冲器，8 位数据输入缓冲器。

(3) 端口 C(PC_0～PC_7)：8 位输出锁存/缓冲器，8 位输入缓冲器(输入时没有锁存)。

应该注意，端口 C 又可以分成两部分：高 4 位和低 4 位，它们可单独用作输出控制和状态输入。

端口 A、B、C 又可组成两组端口(12 位)：A 组和 B 组，见图 10.2。在每组中，端口 A 和端口 B 用作数据端口，端口 C 中的一部分用作控制和状态联络线。

在 8255A 中，除了这三个端口外，还有一个控制寄存器，用于设定 8255A 的工作方式。因此 8255A 共有 4 个端口寄存器，分别用 A_0、A_1 指定。

(1) 当 A_1=0，A_0=0 时，表示访问端口 A。

(2) 当 A_1=0，A_0=1 时，表示访问端口 B。

(3) 当 A_1=1，A_0=0 时，表示访问端口 C。

(4) 当 A_1=1，A_0=1 时，表示访问控制寄存器。

10.3　8255A 的控制字及工作方式

8255A 有三种基本工作方式。

(1) 方式 0：基本的输入/输出。

(2) 方式 1：有联络信号的输入/输出。

(3) 方式 2：双向传送。

10.3.1 8255A 的方式控制字和置位控制字

对 8255A 的 A 组可设定成方式 0～方式 2，而 B 组只能设定成方式 0 和方式 1，这可以通过 8255A 的方式控制字来设置。当向 A_0=1、A_1=1 的端口寄存器(即控制寄存器)发送 D_7=1 的控制字时，其作用为方式控制字，各位的含义如图 10.3 所示。

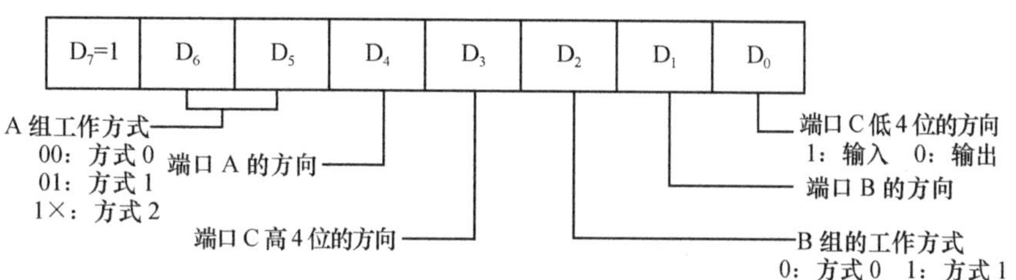

图 10.3 方式控制字

D_6D_5 用于设置 8255A 的 A 组工作方式，D_2 用于设置 8255A 的 B 组工作方式。D_4D_3、D_1D_0 为方向控制位，0 表示端口线为输出；1 表示端口线为输入。

当向 A_0=1、A_1=1 的端口寄存器(即控制寄存器)发送 D_7=0 的控制字时，其作用为置位控制字，各位的含义如图 10.4 所示，表示将端口 C 中的指定位清零或置 1。这就是说，可以对端口 C 中的任一位进行位操作，这在 8255A 的应用编程中有详细说明。

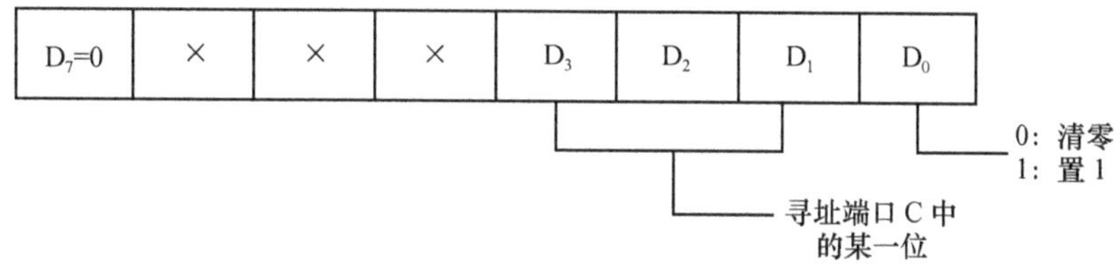

图 10.4 置位控制字

10.3.2 8255A 的工作方式

1. 方式 0——基本的输入/输出

当将 8255A 设置成方式 0 时，其端口信号线分成 4 组，分别由方式控制字的 D_4、D_3、D_1、D_0 位控制其传送方向，当某位为 1 时，相应的端口数据线设置成输入方式；当某位为 0 时，相应的端口数据线设置成输出方式。例如，当方式控制字设置成 1000 1010B 时，端口 A 与端口 C 的低 4 位数据线设置成输出方式，端口 B 与端口 C 的高 4 位数据线设置成输入方式。

特别注意，当将端口 C 的高 4 位与低 4 位设置成同一传送方向时，则端口 C 可以当作独立的端口使用，这样，8255A 就提供了 3 个独立的 8 位端口。

2. 方式 1——有联络信号的输入/输出

当将 8255A 设置成方式 1 时，其三个端口的信号线分成了 A、B 两组，PC_7～PC_4 用作

A 组的联络信号，PC_3～PC_0 用作 B 组的联络信号。信号线的定义与方式 1 下输入和输出方式有关。但 PC_3、PC_0 固定用作 A 组和 B 组向 CPU 发送的中断请求信号。

1) 方式 1 输入

当将 8255A 的 A 组和 B 组设置成方式 1 输入时，其方式控制字与端口数据连线如图 10.5 所示，这时方式控制字中的 D_3 位只用于控制 PC_6～PC_7 的传送方向。

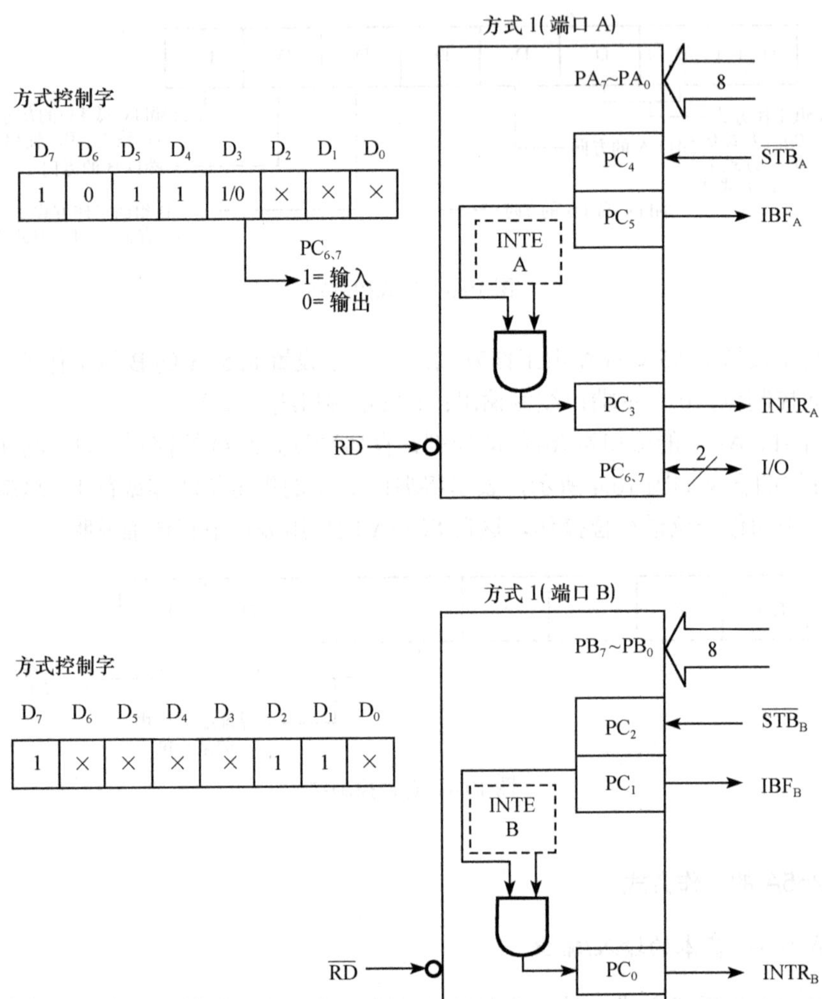

图 10.5　方式 1 输入时的方式控制字与端口数据线

在方式 1 的输入方式中，8255A 与 CPU 可以通过 INTR(中断请求信号)联络，它与外设之间有两个联络信号：选通输入 $\overline{STB}$ (strobe) 和输入缓冲区满 IBF(input buffer full)，$\overline{STB}$ 是由外设提供的选通脉冲，表示将外设送来的数据锁存到端口寄存器，这相当于“数据准备好”信号。IBF 是由 8255A 向外设发送的数据输入响应(高电平有效)，表示端口寄存器已收到数据，但尚未被 CPU 取走(输入缓冲区已经存满，不允许外设再写入数据)；当 IBF 信号无效时，表示“接收准备好”，外设可以再次写入数据。

8255A 工作在方式 1 输入的方式下，其与外设之间的数据传送与联络信号的时序如图

10.6 所示。

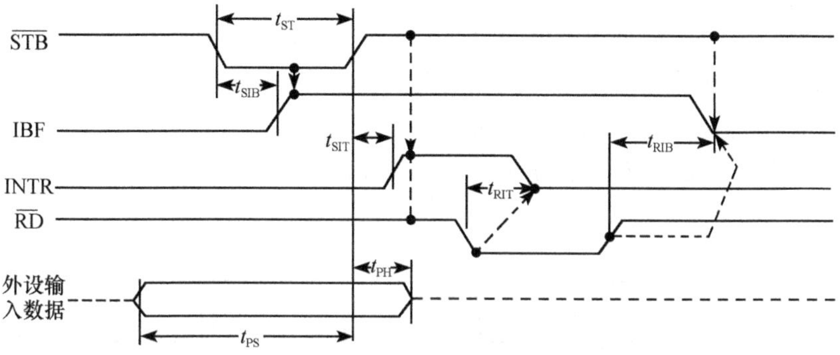

图 10.6　8255A 方式 1 输入的控制时序

2）方式 1 输出

当将 8255A 的 A 组和 B 组设置成方式 1 输出时，其方式控制字与端口数据线如图 10.7 所示，这时方式控制字中的 D_3 只用于控制 PC_4～PC_5 的传送方向。

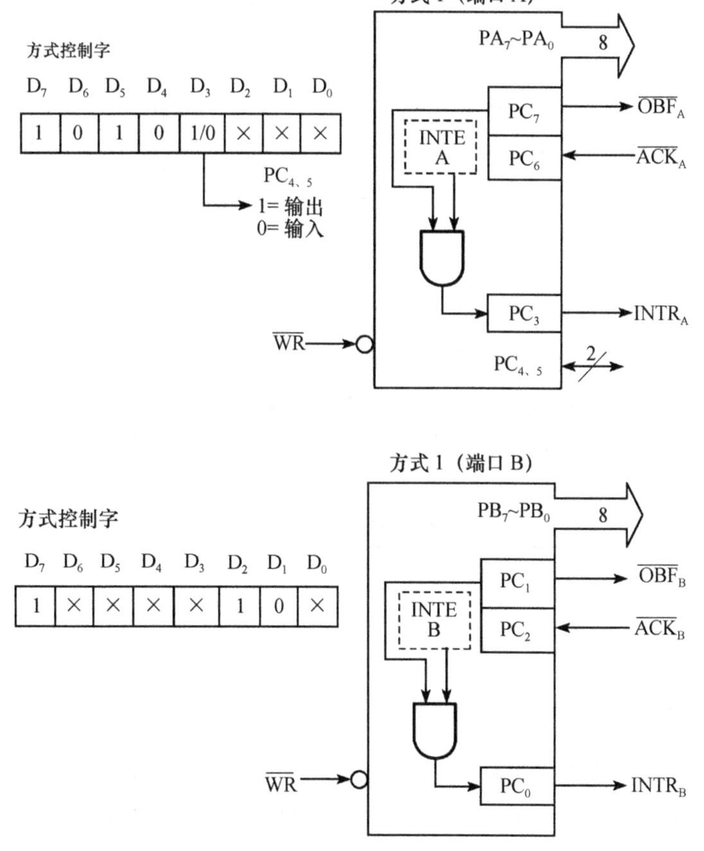

图 10.7　方式 1 输出时的方式控制字与端口数据线

在方式 1 输出方式中，8255A 与 CPU 可以通过 INTR(中断请求信号)联络，它与外设之间有两个联络信号：输出缓冲器满 $\overline{OBF}$ (output buffer full)和回执 $\overline{ACK}$ (acknowledge input)。$\overline{OBF}$ 是由 8255A 向外设发出的数据准备好信号，其有效(低电平)表示 CPU 已将数据写入端口寄存器，外设可以从端口获取数据。$\overline{ACK}$ 是由外设向 8255A 发出的回执，其有效表示外设已将数据取走，CPU 可以发来新的数据。

8255A 工作在方式 1 输出的方式下，其与外设之间的数据传送与联络信号的时序如图 10.8 所示。

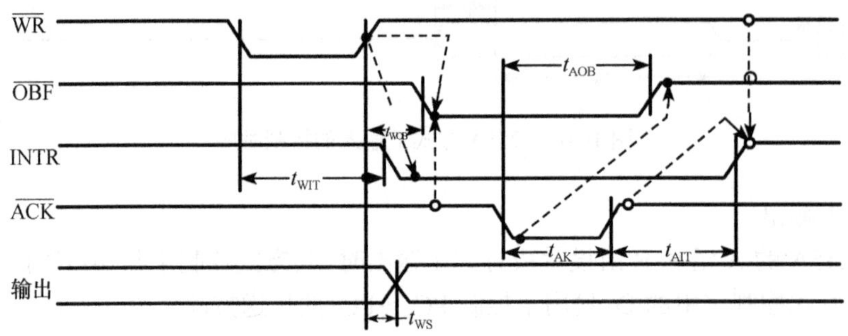

图 10.8　8255A 方式 1 输出的控制时序

3) 方式 1 的组合

在方式 1 下，8255A 的 A 组和 B 组可以独立定义，也就是说 A 组输入/输出方式的设定与 B 组的输入/输出方式无关，反之亦然。例如，如果 8255A 设定的方式控制字为 1011 1100B，则表示 A 组为方式 1 输入，B 组为方式 1 输出，而且 PC_6～PC_7 设定成输入。又如，当方式控制字为 1010 0110B 时，表示 A 组为方式 1 输出，B 组为方式 1 输入，而且 PC_4～PC_5 设定成输出。

4) 8255A 与 CPU 之间的联络

8255A 与 CPU 之间可以采用中断方式联络，其 PC_3、PC_0 分别用作 A 组和 B 组的中断请求信号。为了对中断请求信号进行管理，8255A 中专门设置了中断屏蔽触发器 $INTE_A$ 和 $INTE_B$，它们通过对端口 C 某一位的置位控制字进行控制，如表 10.2 所示。

表 10.2　中断管理

分组	中断屏蔽触发器	输入/输出方式	端口 C 中的控制位
A 组	$INTE_A$	输入	PC_4
A 组	$INTE_A$	输出	PC_6
B 组	$INTE_B$	输入/输出	PC_2

通过置位控制字，当对 INTE 对应的端口 C 的位置位时，INTE＝1，这时允许产生中断请求信号；当对 INTE 对应的端口 C 的位清零时，INTE＝0，这时不允许(屏蔽)产生中断请求信号。

根据 8255A 的工作方式和产生的中断请求，可以确定是从 8255A 接口读取数据(输入方式）还是向 8255A 写出数据（输出方式）。

3. 方式 2——双向传送

8255A 的 A 组可以设定成方式 2，PC_6～PC_7 用作输出的联络信号，PC_4～PC_5 用作输入的联络信号，PC_3 仍用作中断请求信号。

当将 A 组设置成方式 2 时，其方式控制字与端口数据线如图 10.9 所示。这时 B 组仍可设置成方式 0 或方式 1。

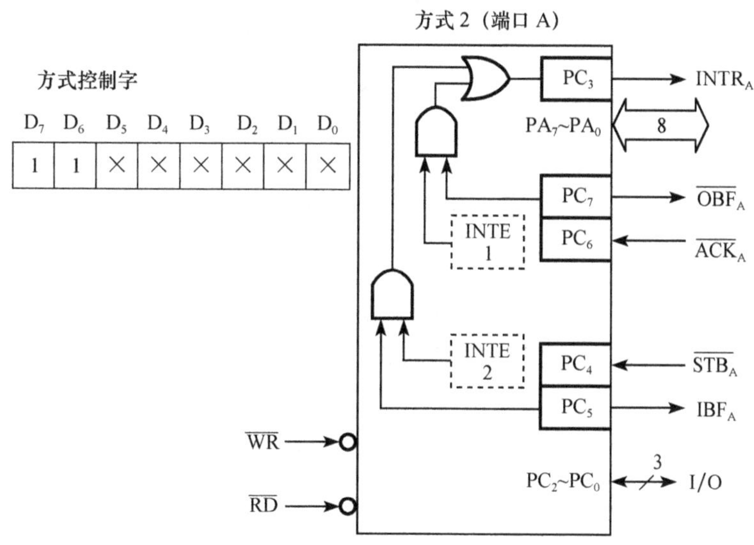

图 10.9 方式 2 的方式控制字与端口数据线

当 A 组设置成方式 2 时，端口 A 的数据总线为双向，与方式控制字中 D_4 位的内容无关，端口 C 的高 4 位已经全部用作联络信号，因此方式控制字中的 D_3 位也不起作用。一方面，CPU 通过 8255A 的端口 A 将数据转发给外设，另一方面，外设也通过 8255A 的端口 A 将数据提交给 CPU。中断请求信号的产生由两个中断屏蔽触发器（$INTE_1$，$INTE_2$）控制，它们的置位与清零操作可分别通过对 PC_6 和 PC_4 的置位与清零来完成。当 CPU 响应该中断请求时，应设法确定是发送请求还是接收请求。

A 组工作在方式 2 时，其与外设之间的数据传送与联络信号的时序如图 10.10 所示。

10.3.3 读取端口 C 状态

在方式 0 下，端口 C 用作数据端口，但在方式 1 和方式 2 下，端口 C 部分用作联络信号，因此当读取端口 C 的内容时，可以获取联络信号线的状态，据此可以确定 8255A 的当前状态。对端口 C 进行读操作得到的一字节，其各位的含义如图 10.11 所示。

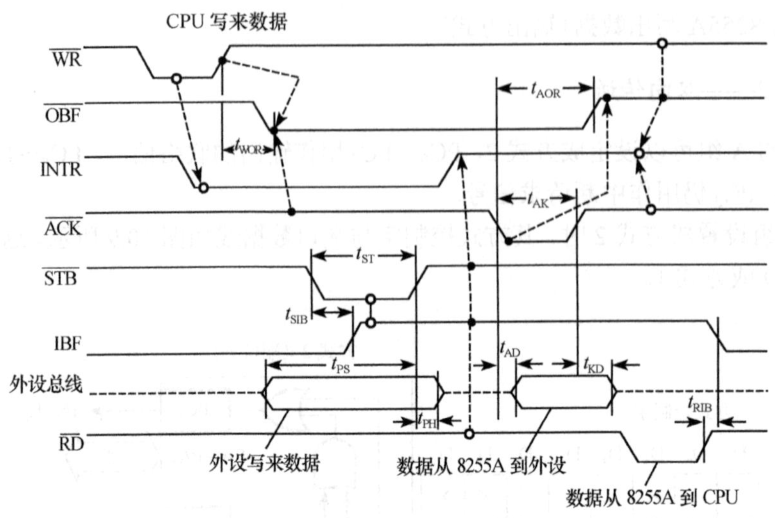

图 10.10　8255A 方式 2 的控制时序

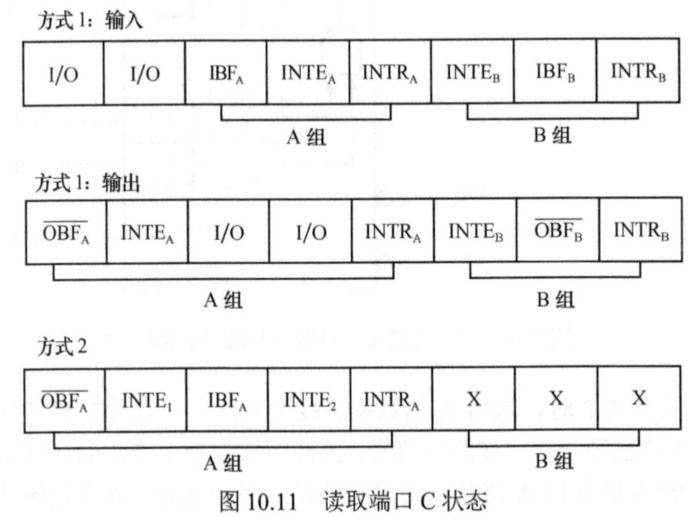

方式 1：输入

I/O	I/O	IBF_A	$INTE_A$	$INTR_A$	$INTE_B$	IBF_B	$INTR_B$
		A 组	A 组	A 组	B 组	B 组	B 组

方式 1：输出

$\overline{OBF_A}$	$INTE_A$	I/O	I/O	$INTR_A$	$INTE_B$	$\overline{OBF_B}$	$INTR_B$
A 组	A 组	A 组	A 组	A 组	B 组	B 组	B 组

方式 2

$\overline{OBF_A}$	$INTE_1$	IBF_A	$INTE_2$	$INTR_A$	X	X	X
A 组	A 组	A 组	A 组	A 组	B 组	B 组	B 组

图 10.11　读取端口 C 状态

10.4　8255A 与系统总线的接口方法

在采用 8255A 进行并口设计时，首先应该将它与 CPU 正确连接，在已经设计好 8086 系统总线的情况下，可以直接利用系统总线中的信号与 8255A 连接。这里给出三种系统总线情况下 8255A 的连接方法：8086 的最小方式、8086 的最大方式和 IBM PC 系统。

在 8086 最小方式总线下，系统总线与 8255A 的连接框图如图 10.12 所示。图中译码电路根据给定的 8255A 端口地址确定，这里 $M/\overline{IO}$ 和 A_0 均为低电平有效，而且约定采用 A_2、A_1 作为 8255A 的内部地址线。图中给出使用偶地址的情况，当采用奇地址时，只需要将图中的地址信号 A_0 换成 $\overline{BHE}$，并且将 8086 总线的 D_7～D_0 换成 D_{15}～D_8。

在 8086 最大方式总线下，系统总线与 8255A 的连接框图如图 10.13 所示。与图 10.12 类似，只是将读写信号变成 $\overline{IOR}$ 和 $\overline{IOW}$。图中给出使用偶地址的情况，当采用奇地址时，只需要将图中的地址信号 A_0 换成 $\overline{BHE}$，并且将 8086 总线的 D_7～D_0 换成 D_{15}～D_8。

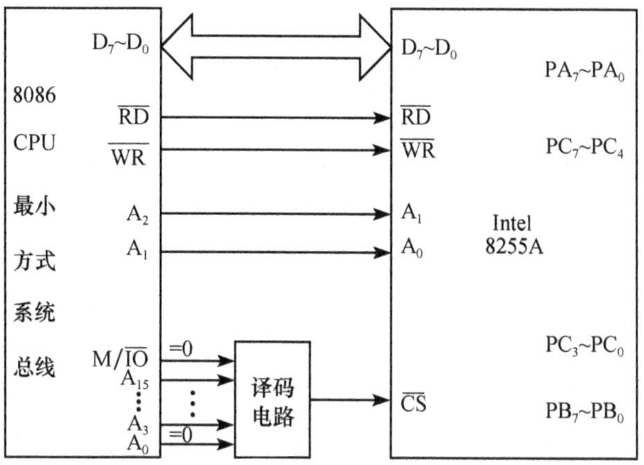

图 10.12　8086 最小方式系统总线与 8255A 的连接框图

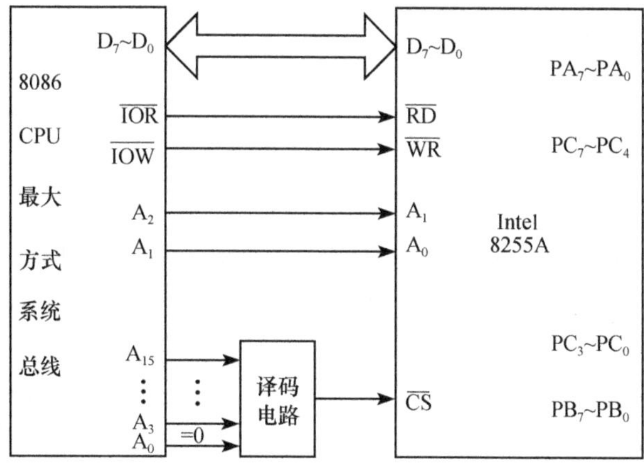

图 10.13　8086 最大方式系统总线与 8255A 的连接框图

在 IBM PC 系统中，采用 8088 的最大方式，而且由于系统中包含 DMA 机构，因此，设计端口和存储器的译码电路时，必须是非 DMA 操作模式，即 AEN=0，这样，IBM PC 系统总线与 8255A 的连接框图如图 10.14 所示。应该注意，系统的数据总线只有 8 位，故没有 $\overline{BHE}$ 信号。

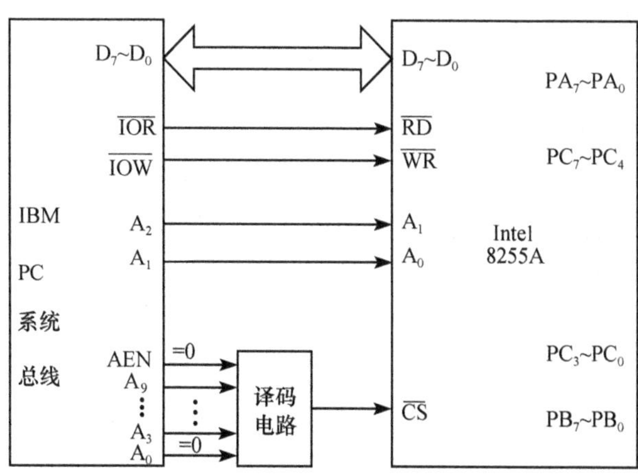

图 10.14　IBM PC 系统总线与 8255A 的连接框图

10.5 8255A 的应用设计

本节给出一些有关并行接口芯片 8255A 的应用编程，通过这些示例，使学生掌握 8255A 的译码电路设计、初始化编程以及应用程序设计。

例 10.1 在 8086 最小方式系统中，利用 8255A 某端口输入 8 位开关量，并通过另一个端口送出，以发光二极管指示数据，灯亮表示数据“1”，灯灭表示数据“0”。8255A 的端口地址为 280H～287H 中的奇地址，设计系统总线与 8255A 的连接电路，并编程实现。

解：按照题目要求，可以采用端口 A 输入开关量(数字量)，采用端口 B 输出数据，而且没有增加联络信号的必要，因此可以采用最简单的方式 0。根据 10.4 节的内容，很容易设计出 8255A 与 8086 最小方式系统的连接关系，如图 10.15 所示，为了使发光二极管具有足够的亮度，我们采用图示的方法连接，这时，当端口 B 的某一位为 0 时，相应的发光二极管亮，这一点可以通过程序进行控制。

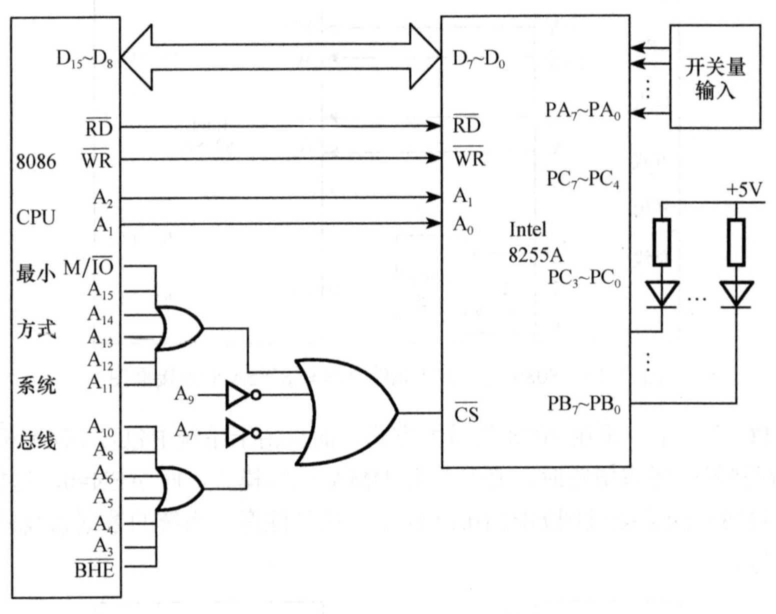

图 10.15 8255A 译码电路

8255A 的应用程序段如下。

```
      MOV    DX,287H              ; 设置8255A的工作方式
      MOV    AL,1001 0000B        ; 端口A方式0输入，端口B方式0输出
      OUT    DX,AL
  RER1:
      MOV    DX,281H              ; 从端口A读取开关量
      IN     AL,DX
      NOT    AL                   ; 按位取反
      MOV    DX,283H              ; 从端口B送出
```

```
        OUT     DX,AL
        JMP     RER1
```

例 10.2 在 8088 最大方式系统中，由一片 8255A 构成输入/输出接口，端口地址为 240H～243H，外设准备好的 8 位数据已送入 8255A 的某端口，要求将这一数据的低 4 位取反(高 4 位不变)后，从另一端口送出。

要求：(1)说明各端口的工作方式；

(2)编写 8255 初始化及输入/输出程序段。

解：由于题目给定已经将外设准备好的 8 位数据送入 8255A 的某端口(可设为端口 A)，因此 A 组可以设定为方式 1 输入。对输出端口(设为端口 B)题目并没有限定，可以将 B 组设定成方式 0 输出。8255 初始化及输入/输出程序段如下。

```
MOV     DX,243H             ; 设定8255A的工作方式
MOV     AL,1011 0000B
OUT     DX,AL
MOV     DX,240H             ; 从端口A读数据
IN      AL,DX
XOR     AL,0FH              ; 低4位取反，高4位不变
MOV     DX,241H             ; 从端口B送出
OUT     DX,AL
```

例 10.3 在 8088 最大方式系统中，有一片 8255A，其端口地址为 20H、22H、24H、26H，设计译码电路及与系统总线的连接图，并编程实现使端口 A 的低 4 位产生如图 10.16 所示的信号(各个信号的节拍不必严格相等)。

解：根据 8255A 在 8088 最大方式系统中的端口地址，可以画出 8255A 与系统总线的连接框图，如图 10.17 所示。

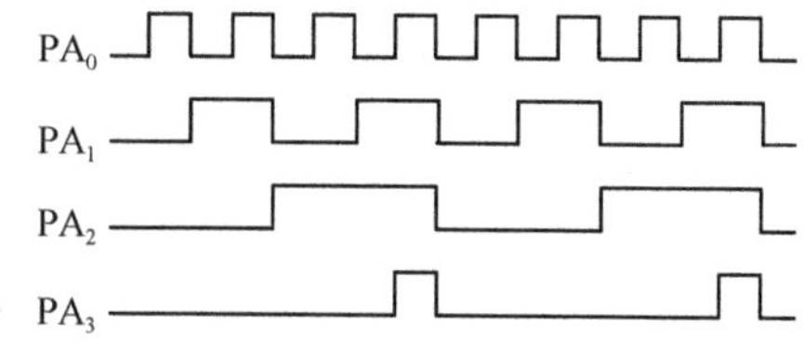

图 10.16　端口 A 信号波形

为使 8255A 的端口 A 产生如图 10.16 所示的信号，可以将端口 A 设定为方式 0 输出，端口 B 和 C 与本题无关，均设定为方式 0 输出。端口 A 低 4 位的波形为分频形式，因此，可以通过计数方式实现。程序段如下。

```
        MOV     DX,26H              ; 设定8255A的工作方式
        MOV     AL,1000 0000B
        OUT     DX,AL
        MOV     DX,20H              ; 产生指定的信号
        XOR     AL,AL
        OUT     DX,AL
REP1:
        MOV     CX,6
REP2:
        INC     AL
        OUT     DX,AL
```

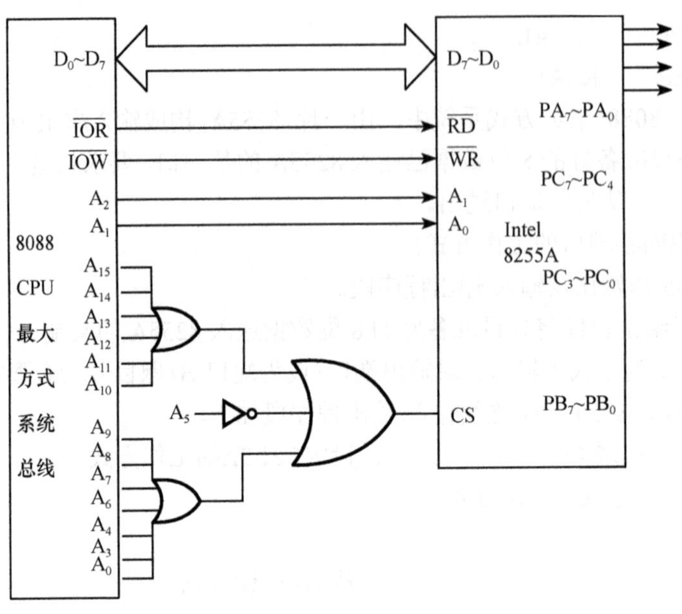

图 10.17　8255A 与系统总线的连接框图

```
LOOP    REP2
ADD     AL,9H
OUT     DX,AL
JMP     REP1
```

例 10.4　双机之间要实现数据的并行传送，其两片 8255A 连接如图 10.18 所示，已知左片 8255A(1)的端口地址为 240H～243H，右片 8255A(2)的端口地址为 2F0H～2F3H，要求：

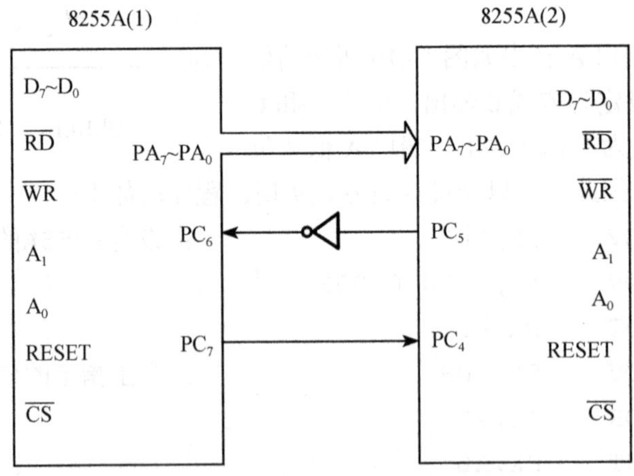

图 10.18　双机数据并行传送连接框图

(1) 两片 8255A 各工作于什么方式下？

(2) 8255A(1)所在系统的缓冲区 BUFFER 中有 N 字节数据，要传送到 8255A(2)所在系统的缓冲区 DAT 中。编写 8255A(1)和 8255A(2)的程序，采用查询法实现双机之间的数据传送。

解：(1)从图 10.18 可以看出，8255A(1)的 A 组应该工作在方式 1 输出，而 8255A(2)的 A 组应该工作在方式 1 输入。

(2)由于要采用查询方式工作，因此应该通过读取端口 C 的内容(状态)，参见图 10.11，选择适当的位进行查询。对于 8255A(1)，应该查询 D_7 位(即 $\overline{OBF_A}$)，当 $\overline{OBF_A}$ =1 时表示输出缓冲器空，应该从 CPU 送来一字节。对于 8255A(2)，应该查询 D_5 位(即 IBF_A)，当 $\overline{IBF_A}$ =1时表示输入缓冲器满，CPU 可以从端口 A 读取一字节。

8255A(1)的程序段如下：

```
          MOV     DX,243H        ; 设定8255A工作方式
          MOV     AL,1010 0000B
          OUT     DX,AL
          MOV     CX,N
          LEA     SI,BUFFER
          MOV     DX,240H        ; 启动数据传送过程，即传送第一字节数据
          MOV     AL, [SI]
          INC     SI
          OUT     DX,AL
  TRANS1:
          MOV     DX,242H
          IN      AL,DX
          TEST    AL,80H         ; 测试输出缓冲器是否为空
          JZ      TRANS1
          MOV     DX,240H        ; 传送后续字节数据
          MOV     AL, [SI]
          INC     SI
          OUT     DX,AL
          LOOP    TRANS1
```

8255A(2)的程序段如下：

```
          MOV     DX,2F3H        ; 设定8255A工作方式
          MOV     AL,1011 0000B
          OUT     DX,AL
          MOV     CX,N
          LEA     DI,DAT
  RECV1:
          MOV     DX,2F2H
          IN      AL,DX
          TEST    AL,20H         ; 测试输入缓冲器是否为满
          JZ      RECV1
```

```
MOV     DX,2F0H         ；接收一字节数据
IN      AL,DX
MOV     [DI],AL
INC     DI
LOOP    RECV1
```

例 10.5 在 IBM PC 系统的扩充槽上，利用 8255A 和 8 位 A/D 转换器开发数据采集系统如图 10.19 所示。要求计算 8255A 占用的四个端口地址，并编写程序完成 *N* 点数据的采集工作。

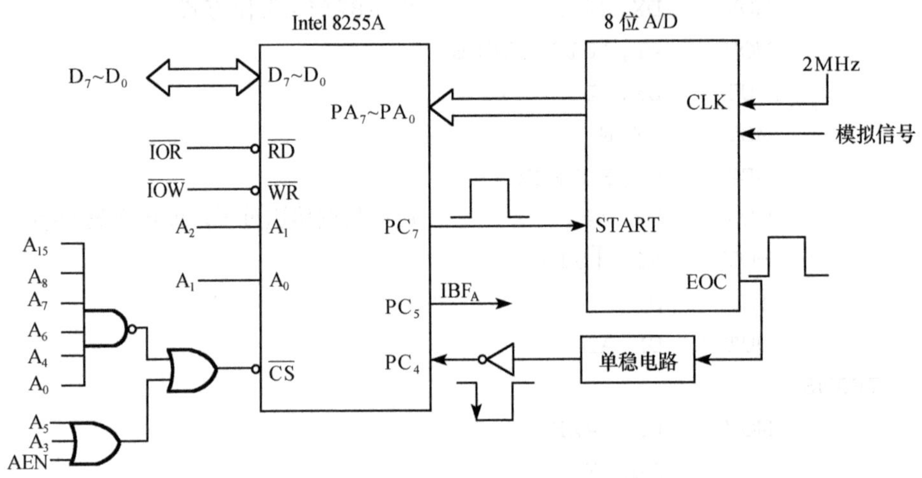

图 10.19　8255A 与 A/D 转换器的连接

解：由于 A_{14}～A_9 没有参加地址译码，因此并行接口 8255A 会占用多组地址。为了简单起见，我们只给出 A_{14}～A_9 取全 0 时的一组地址：81D1H、81D3H、81D5H 和 81D7H。

为了完成一字节的数据采集，需要给 A/D 转换器产生 START 信号，当转换结束时，会产生 EOC 信号，经单稳电路后，可以将 A/D 转换器产生的数据锁存到 8255A 的端口 A，因此，8255A 的 A 组为方式 1，并且端口 C 的高 4 位方向为输出。

数据采集的程序段如下：

```
    P8255A=81D1H
    P8255B=81D3H
    P8255C=81D5H
    P8255D=81D7H
    MOV     DX,P8255D
    MOV     AL,1011 0000B
    OUT     DX,AL
    LEA     SI,BUF
    MOV     CX,N
L1: MOV     DX,P8255D
```

```
    MOV    AL,0000 1110B
    OUT    DX,AL
    OR     AL,01H
    OUT    DX,AL
    AND    AL,0FEH
    OUT    DX,AL
    MOV    DX,P8255C
L2: IN     AL,DX
    TEST   AL,20H
    JZ     L2
    MOV    DX,P8255A
    IN     AL,DX
    MOV    [SI],AL
    INC    SI
    LOOP   L1
```

例 10.6 某办公场所分布设置 4 个温度传感器，并通过 ADC0809 采集室内平均温度；系统通过温控模块控制进入室内的热(冷)气的流量，达到室内温度恒定的功效。在 IBM PC 系统中，扩展设计 1 片 8255A，端口地址为 300～303H，与 ADC0809 和温控模块连接，实现冬天室内取暖的恒温控制。

(1) 给出系统连接电路；

(2) 设计 8255A 的译码电路；

(3) 编写程序段实现室内恒温控制。

解：温度调节阀通过控制进入室内的热气的流量，达到控制室内温度恒定的功效。

(1) ADC0809 可以采集 8 个模拟信号(8 位)，其关键信号有：ALE，通道锁存(上升沿)；START，启动 ADC 变换(下降沿)；EOC，变换结束(高电平)。因此，ALE 和 START 信号可以采用同一个信号来控制。

室内恒温控制系统的连接电路如图 10.20 所示。8255A 的端口 A(方式 1)用于获取 4 个温度传感器的温度值，PC_7、PC_6 用来选择温度传感器，PC_0 用来产生 ALE/START 信号，ADC 变换结束信号 EOC 连接到 PC_4($\overline{STB_A}$)。8255A 的端口 B(方式 0)连接到温控模块，用于产生调节阀的开度(0～255)。

(2) 译码电路设计。在 IBM PC 系统中，采用 10 位地址设计 8255A 的译码电路，端口地址为 300～303H，A_1、A_0 用作 8255A 的片内地址，A_9～A_2 用于产生译码信号 CS_1，译码电路如图 10.21 所示，这里，AEN=0。

(3) 程序段设计。通道号由 PC_7、PC_6 给出，启动 ADC 需要依次在 PC_0 上产生高电平和低电平，这些操作可以通过置位指令完成。

在数据段中，定义：

```
CHANNEL    DB  0EH,0CH
           DB  0EH,0DH
```

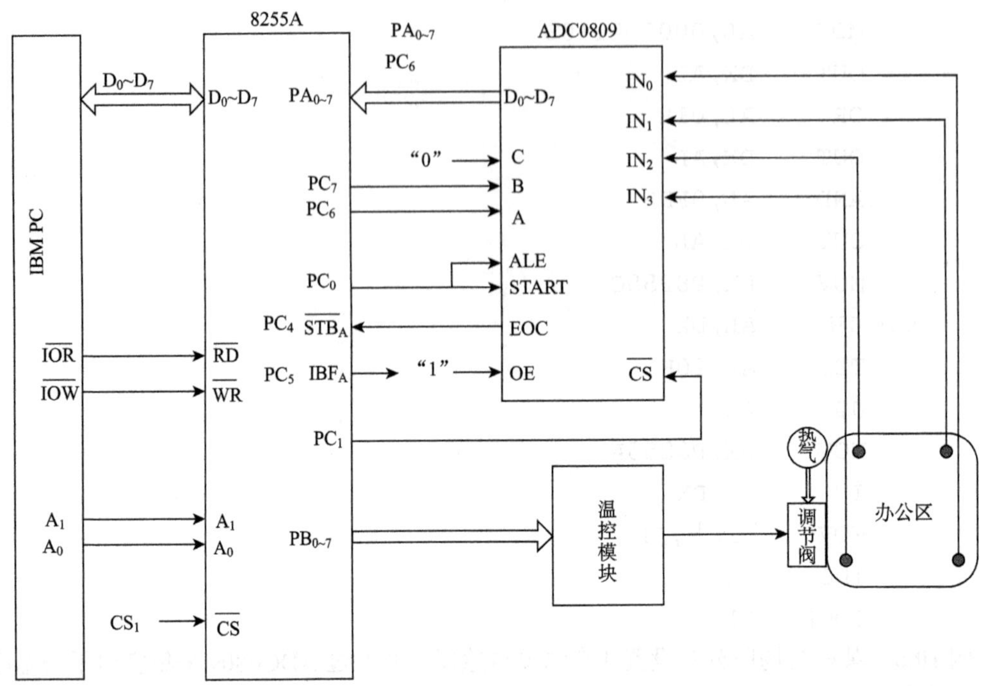

图 10.20　室内恒温控制系统

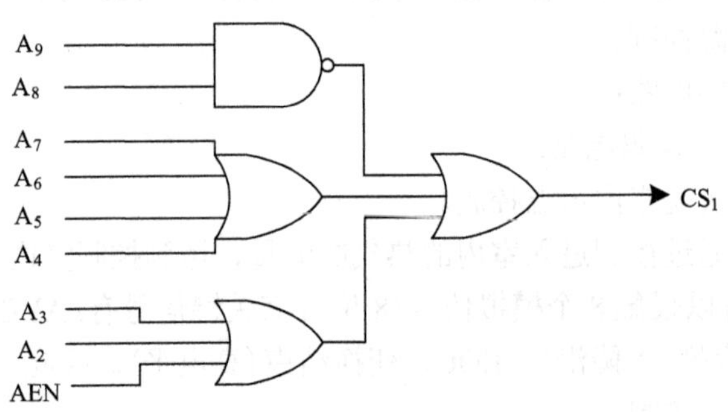

图 10.21　译码电路

```
        DB  0FH,0CH
        DB  0FH,0DH
```

汇编语言程序段如下：

```
    MOV  DX,303H            ; 8255A方式设定
    MOV  AL,10110000B
    OUT  DX,AL
    MOV  AL,82H             ; 选中ADC0809
    OUT  DX,AL
    MOV  AL,80H             ; ALE/START=0
    OUT  DX,AL
LP1:
```

```
    LEA  SI,CHANNEL
    MOV  CX,4
    XOR  BX,BX
LP2:
    MOV  AL,[SI]
    OUT  DX,AL
    MOV  AL,[SI+1]
    OUT  DX,AL
    ADD  SI,2
    MOV  AL,81H            ; 锁存通道
    OUT  DX,AL
    MOV  AL,80H            ; 启动ADC
    OUT  DX,AL
    MOV  DX,302H
LP3:
    IN   AL,DX
    TEST  AL,0010 0000B    ; IBFA
    JZ  LP3                ; 等待ADC变换完成
    MOV  DX,300H
    IN    AL,DX            ; 读取温度结果
    ADD  BX,AX
    LOOP  LP2
    MOV  AX,BX
    CALL  PROCDATA         ; 计算平均温度并产生调节阀开度(AL)
    MOV  DX,301H
    OUT  DX,AL             ; 给调节阀发出指令
    JMP  LP1
```

这里没有给出计算平均温度并产生调节阀开度(AL)的子程序 PROCDATA。

10.6 小　　结

本章详细介绍了常用并行接口芯片 8255A 的编程模型、端口地址分配、方式控制字、置位控制字，并详细阐述了 8255A 的三种工作方式及其接口信号。通过读取端口 C 寄存器，可以得到 8255A 的状态，据此可以获知关键信号的状况，实现 CPU 的查询控制。8255A 也可以通过中断方式与 CPU 联络，这时应该注意中断屏蔽触发器的使用。利用图示方法介绍了 8255A 与各种系统总线的连接结构，通过示例介绍了 8255A 的初始化编程方法、输入/输出过程的编程，同时介绍了利用 8255A 实现双机并行通信和数据采集等方面的应用技术。通过本章学习，学生可以掌握 8255A 的硬件设计和软件编程方法，以便在实际系统中灵活地运用 8255A。

习　题

10.1　试分析 8255A 方式 0、方式 1 和方式 2 的主要区别，并分别说明它们适合于什么应用场合。

10.2　试指出下列工作方式组合使用时，8255A 芯片端口 C 各位的作用。

(1) 端口 A 工作在方式 2；端口 B 工作在方式 0，输入。

(2) 端口 A 工作在方式 1，输出；端口 B 工作在方式 1，输入。

(3) 端口 A 工作在方式 2；端口 B 工作在方式 1，输出。

(4) 说明 $\overline{STB}$、IBF、$\overline{OBF}$、$\overline{ACK}$、INTE 以及 INTR 的作用。

10.3　8255A 的 A 口工作在方式 1 输入方式和输出方式，中断请求信号是从 C 口哪一端引出的？中断请求信号如何产生？中断屏蔽信号又如何实现？

10.4　8255A 的 A 组设置成方式 1 输入，与 CPU 之间采用中断方式联络，则产生中断请求信号 $INTR_A$ 的条件是 STB_A=________，IBF_A=_______，$INTE_A$=__________。

10.5　8255A 的内部包括两组控制电路，其中 A 组由__________组成，B 组由___________组成。

10.6　8255A 控制字的最高位为__________时，表示该控制字为方式控制字。

10.7　8255A 端口 C 的按位置位与复位功能由控制字中最高位为__________来决定。

10.8　8255A 的端口 A 工作在方式 2 时，使用端口 C 的____________作为与 CPU 和外设的联络信号。

10.9　8255A 置位控制字的__________位用来指定端口 C 中要置位或复位的具体位置。

10.10　8255A 的 A 组工作在方式 1 输出时，INTE 为__________，它的置位与复位由端口 C 的_______位进行控制。

10.11　选择题

(1) 8255A 工作在方式 1 时，端口 A 和端口 B 作为数据输入/输出使用，而端口 C 的各位分别作为端口 A 和端口 B 的控制信息和状态信息。其中作为端口 A 和端口 B 的中断请求信号的分别是端口 C 的_______。

A．PC_4 和 PC_2　　B. PC_5 和 PC_2

C．PC_6 和 PC_7　　D. PC_3 和 PC_0

(2) 8255A 的端口 A 或端口 B 工作在方式 1 输入时，端口与外设的联络信号有________。

A.选通输入 $\overline{STB}$　　B.中断请求信号 INTR

C.中断允许信号 INTE　　D.输入缓冲器满信号 IBF

(3) 当 8255A 的端口 A 和端口 B 都工作在方式 1 输入时，端口 C 的 PC_6 和 PC_7______。

A.被禁止使用　　B.只能作为输入使用

C.只能作为输出使用　　D.可以设定为输入或输出使用

(4) 8255A 的端口 A 和端口 B 都工作在方式 1 输出时，与外设的联络信号为_________。

A.INTR 信号　　B. $\overline{ACK}$ 信号

C. $\overline{OBF}$ 信号　　D.IBF 信号

(5) 8255A 的端口 A 工作在方式 2 时，如果端口 B 工作在方式 1，则固定用作端口 B 的联络信号是_______。

A. PC_0～PC_2　　B. PC_4～PC_6

C. PC_5～PC_7　　D. PC_1～PC_3

(6) 8255A 的端口 A 工作在方式 2 时，端口 B________。

A.可工作在方式 0 或方式 1　　　　B.可工作在方式 1 或方式 2

C.只能工作在方式 1　　　　D.不能使用

(7) 当 8255A 工作在方式 1 时，端口 C 被划分为两个部分，分别作为端口 A 和端口 B 的联络信号，这两部分的划分是____________。

A.端口 C 的高 4 位和低 4 位　　　　B.端口 C 的高 5 位和低 3 位

C.端口 C 的高 3 位和低 5 位　　　　D.端口 C 的高 6 位和低 2 位

10.12　如果 8255A 的端口地址为 300H～303H，A 组和 B 组均为方式 0，端口 A 为输出，端口 B 为输入，PC_3～PC_0 为输入，PC_7～PC_4 为输出，写出 8255A 的初始化程序段；编程实现将从端口 C 低 4 位读入的值从高 4 位送出。

10.13　在实际应用中经常需要检测设备的状态，并进行指示。在 8086 最小方式系统下，有一片 8255A，其分配的端口地址为 8F00H～8F07H 中的奇地址，外部设备产生的状态有 16 个(K_{15}～K_0)，要求采用 4 个发光二极管来指示开关量中“1”的个数。

(1) 画出 8255A 的连接图；

(2) 编写程序段实现连续检测并显示。

10.14　利用 IBM PC 系统机的总线槽，开发由一片 8255A 构成的子系统，8255A 端口地址为 260H～263H，编程实现产生如图 10.22 所示的 8 个信号(各个信号的节拍不必严格相等)。

10.15　在实际应用中，经常会遇到要求输入多个数据量的情况，这时需要用到多路开关，图 10.23 表示八选一的逻辑框图及其真值表。现有 8 组 16 位开关量数据(无符号数)，要求通过一片 8255A(端口地址为 260H～263H)分时输入 CPU(8088 最小方式系统)中，找出它们中的最大值，并通过 4 个发光二极管指示其序号(灯亮表示“1”)。画出 8255A 的连接图，并编程实现。

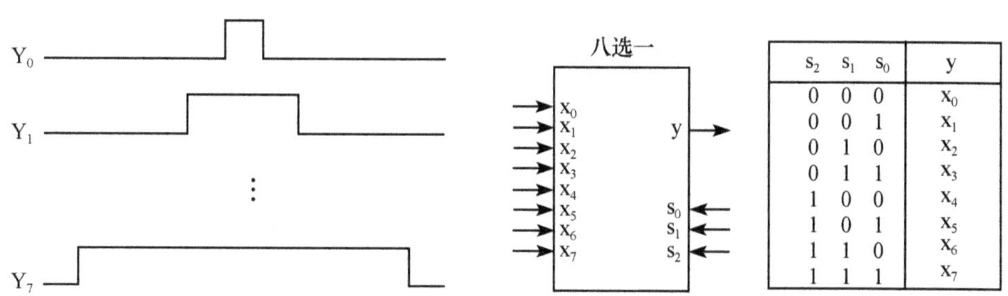

s_2	s_1	s_0	y
0	0	0	x_0
0	0	1	x_1
0	1	0	x_2
0	1	1	x_3
1	0	0	x_4
1	0	1	x_5
1	1	0	x_6
1	1	1	x_7

图 10.22　要求产生的信号波形　　　　图 10.23　八选一逻辑电路

10.16　某微机控制系统中扩展一片 8255A 作为并行口，如图 10.24 所示。其中，端口 A 为方式 1 输入，以中断方式与 CPU 交换数据，中断类型号为 4AH，中断服务程序名为 SERV；端口 B 工作于方式 0 输出，端口 C 的普通 I/O 线作为输入。请编写 8255A 的初始化程序，并设置端口 A 的中断向量。

10.17　在 8086 最小方式系统下，利用可编程并行接口芯片 8255A 实现了一个打印机接口，接口设计如图 10.25 所示。设 8255A 的端口 A 工作在方式 0 输出，端口 B 工作在方式 0 输入。写出初始化程序和查询方式下输出一个字符(其 ASCII 码保存在 CHAR 变量中)至打印机的程序。

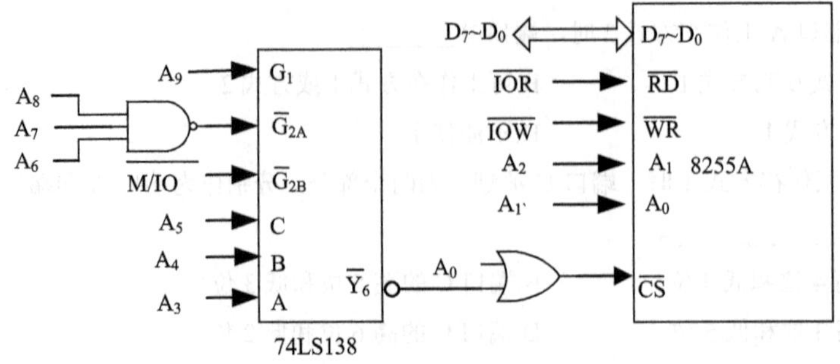

图 10.24 8255A 接口

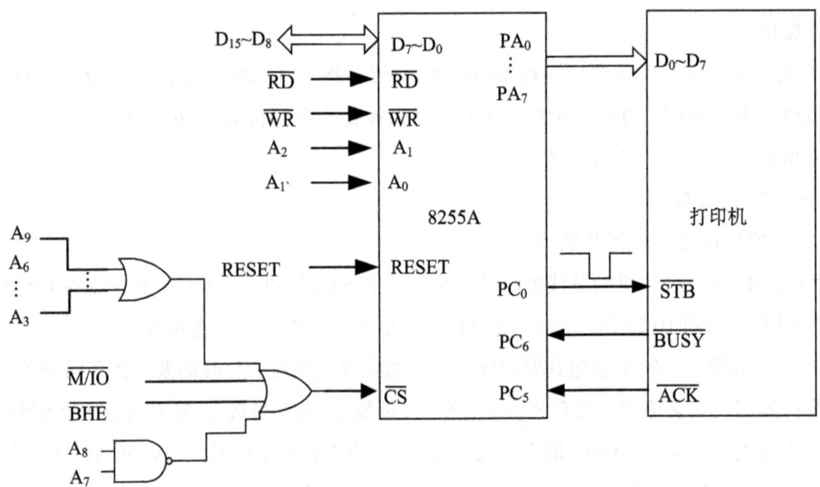

图 10.25 打印机接口

10.18 某输入/输出系统接口原理如图 10.26 所示。输入机启动一次输入一个字符；打印机启动一次打印一个字符。要求从输入机输入一个字符并存入变量 CHARS 中，然后由打印机将该字符打印出来。编写源程序实现输入 100 个字符，打印 100 个字符。

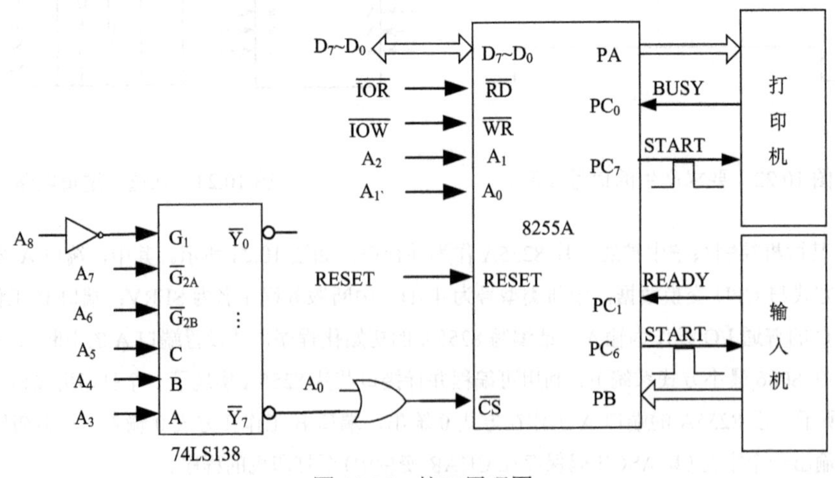

图 10.26 接口原理图

10.19 某打印机接口原理如图 10.27 所示，设 8259A 电平触发，8 个中断类型码为 90H～97H，自动中断结束。由原理图判断 8255A 的工作方式，写出存储器 DISPCHAR 缓冲区的连续 200 个字符进行打印的汇编程序。

10.20 在 8088 最小方式系统下配置有一片 8255A 芯片，用它作为中断方式下字符打印机的接口，字符数据通过端口 A 发送给打印机，若 CPU 将打印的数据写到端口 A，则 8255A 使用端口 C 的相应位与打印机联络，打印机收到打印数据后向 8255A 发出应答信号，此时 8255A 发出中断请求，中断请求信号接入 8259A 的 IR_3 引脚，并通过 8259A 向 CPU 发出中断请求。

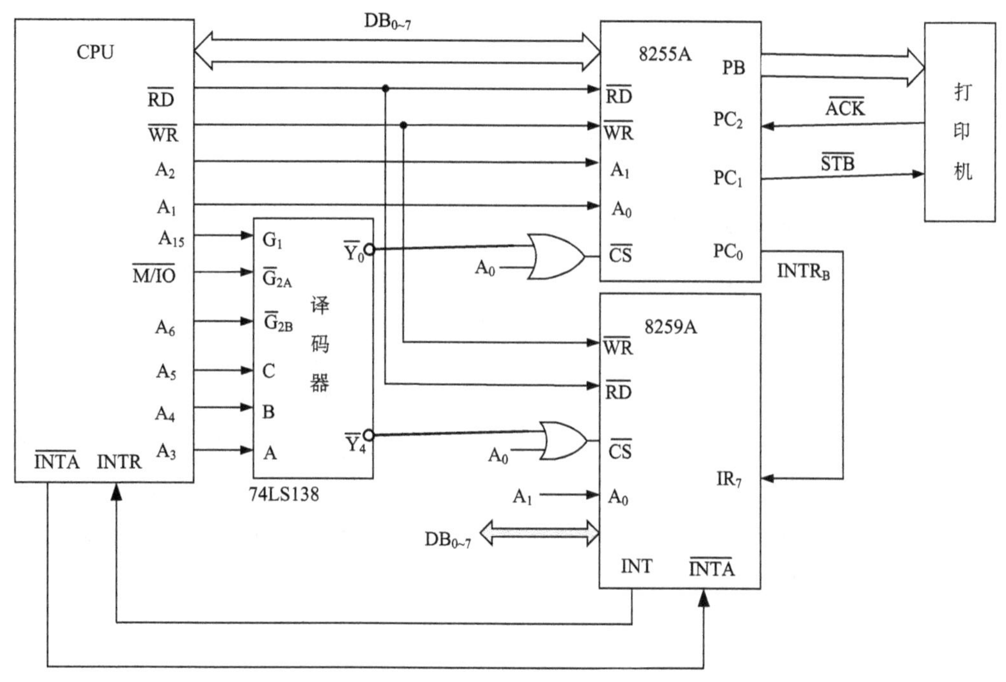

图 10.27 打印机接口原理图

(1) 设 8255A 的端口地址为 FF00H、FF01H、FF02H、FF03H。8259A 的端口地址为 FF0CH 和 FF0DH，设计译码电路，画出接口电路图。

(2) 写出 8255A 的初始化程序，并允许端口 A 中断。

(3) 设 8259A 以边沿触发，固定优先级、完全嵌套、非缓冲、自动中断结束方式工作，IR_3 对应的中断类型号为 83H，编写 8259A 的初始化程序。

(4) 设 83H 号中断服务程序名为 PRINT。编写程序置中断向量，给出中断服务程序，完成将缓冲区 BUF 中的 100 个字符打印输出。

第 11 章　实际应用接口的设计与编程

本章从现代控制系统的需求出发，首先介绍 A/D 转换器和 D/A 转换器的重要性，给出了控制系统与微机模拟量输入、输出的接口；同时介绍在实际应用中常用到的键盘接口、鼠标接口、显示器接口、打印机接口、光电隔离输入/输出接口和电机接口等方面的概念及其应用实例。

11.1　控制系统中的模拟接口

11.1.1　微机与控制系统的接口

微机不能直接处理模拟量，但在许多工业生产过程中，参与测量和控制的物理量往往是连续变化的模拟量，如电流、电压、温度、压力、位移、流量等。一方面，为了利用微机实现对工业生产过程的监测和自动调节及控制，必须将连续变化的模拟量转换成微机所能接受的信号，即经过 A/D 转换器转换成相应的数字量，再经微机输入电路进入微机；另一方面，为了实现对生产过程的控制，有时需要输出模拟信号，即要经 D/A 转换，将数字量变成相应的模拟量，再经功率放大，去驱动模拟调节执行机构工作，这就需要通过模拟量输出接口完成此任务。这样，模拟量输入/输出问题，就变成了微机系统如何与 A/D 和 D/A 转换器进行连接的问题和 D/A 转换器的接口上来。

微机控制系统对所要监督和控制的生产过程的各种参数(如温度、压力等)，必须先由传感器进行检测，并转换为电信号，然后对信号进行放大处理。接着，通过 A/D 转换器，将标准的模拟信号转换为等价的数字信号，再传给微机。微机对各种信号进行处理后输出数字信号，再由 D/A 转换器将数字信号转换为模拟信号，作为控制装置的输出去控制生产过程的各种参数。其过程如图 11.1 所示。图中线框 1 为模拟量输入通道，线框 2 为模拟量输出通道。

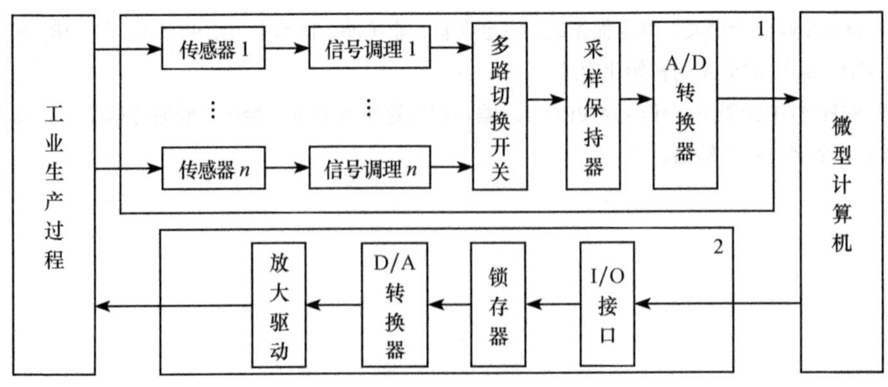

图 11.1　微机与控制系统的接口

11.1.2　模拟量输入通道的组成

能够把生产过程的非物理量转换成电量(电流或电压)的器件，称为传感器。例如，热电偶能够把温度这个物理量转换成几毫伏或几十毫伏的电信号，因此可作为温度传感器。有时为了电气隔离，对电流或电压也采用传感器，原理是利用电流或电压的变化产生光或磁的变化，由电量传感器将光或磁转换成电量。有些传感器不是直接输出电量，而是把电阻值、电容值或电感值的变化作为输出量，反映相应的物理量的变化，例如，热电阻也可以作为温度传感器。

不同的传感器的输出信号各不相同，因此需要通过信号处理环节，将传感器输出的信号放大或处理成与 A/D 转换器的输入相适配的电压范围。另外，传感器与现场信号相连接，处于恶劣的工作环境下，其输出叠加了干扰信号。因此，信号处理包括低通滤波器，以滤去干扰信号。通常可采用 RC 低通滤波器电路，也可采用由运算放大器构成的有源滤波电路，可以取得更好的滤波效果。

A/D 转换器是模拟量输入通道的核心环节，其作用是将模拟输入量转换成数字量。由于模拟信号连续不断地在变化，而 A/D 转换总需要一定的时间，所以采样后的信号需要保持一段时间。模拟信号一般变化比较缓慢，可以用多路开关把多个模拟信号用一个 A/D 转换器转换，以简化电路和减少成本。

11.1.3　模拟量输出通道的组成

微机输出的信号是以数字形式给出的，而有的执行元件要求提供模拟的电流或电压，故必须采用模拟量输出通道来实现。它的作用是把微机输出的数字量转换成模拟量，这个任务主要由 D/A 转换器来完成。由于 D/A 转换需要一定的转换时间，在转换期间，输入待转换的数字量应该保持不变，而微机输出的数据，在数据总线上稳定的时间很短，因此在微机与 D/A 转换器间必须用锁存器来保持数字量的稳定，经过 D/A 转换器得到的模拟信号，一般要经过低通滤波器，使其输出波形平滑。同时，为了能驱动受控设备，可以采用功率放大器作为模拟量输出的驱动电路。

11.2　键 盘 接 口

键盘是微机应用系统中不可缺少的外围设备，即使是单片机，通常也配有十六进制的键盘。操作人员通过键盘可以进行数据输入、输出，程序执行等操作。它是人—机会话的一个重要输入工具。

11.2.1　键盘的分类

微机上使用的键盘按结构形态，分为机械触点式和电容式两类。

(1)触点式键盘。早期的键盘几乎全部是机械式键盘，每个按键的下部有两个触点，平时两个触点没有接触，相当于断路，按键被按下后两触点导通。这种键盘手感差、易磨损，故障率较高。

(2)电容式键盘。这种键盘通过改变电容器电极之间的距离，产生电容的变化。每个按键内活动极、驱动极与检测极组成两个串联的电容器。键按下时，上下两极片靠近，极板间距离缩短，来自振荡器的脉冲信号被电容耦合后输出；反之，则无信号输出。这种键的使用中不存在磨损、接触不良等问题，耐久性、灵敏度和稳定性都比较好。为了避免电极间进入灰尘，电容式按键开关采用密封组装。这种键盘手感好，寿命长，目前使用的计算机键盘多为电容式无触点键盘。

按照控制形态，有非编码键盘和编码键盘两类。

(1) 非编码键盘。这种键盘的编码需要由微处理器扫描后获得，微处理器效率低，主要用于小型应用系统。

(2) 编码键盘。由专用控制器对键盘进行扫描，产生对应的编码。这种键盘结构稍复杂，但使用方便。

11.2.2 PC 键盘

PC 系列微机使用编码式键盘，它的内部由专门的单片机(如 8048、8049 等)完成键盘开关矩阵的扫描、键盘扫描码的读取和发送。

1. 增强型扩展键盘的结构

增强型 101 键扩展键盘广泛应用于各种微机系统中，它的内部结构如图 11.2 所示。

键盘开关矩阵为 16 行×8 列。来自 8048 内部计数器的 7 位计数信号通过数据线的 DB_0～DB_6 传输，它们的内容随计数频率有规律地改变。这些信号送到键盘矩阵的行列译码器，实现对键盘开关矩阵的扫描。有键按下时，通过 KEYDEP 信号通知单片机。8048 扫描程序根据当前计数值，分析确定按键的行、列位置，形成键盘扫描码。按下键时的编码称为接通扫描码(通码)，松开键时的编码称为断开扫描码(断码)。

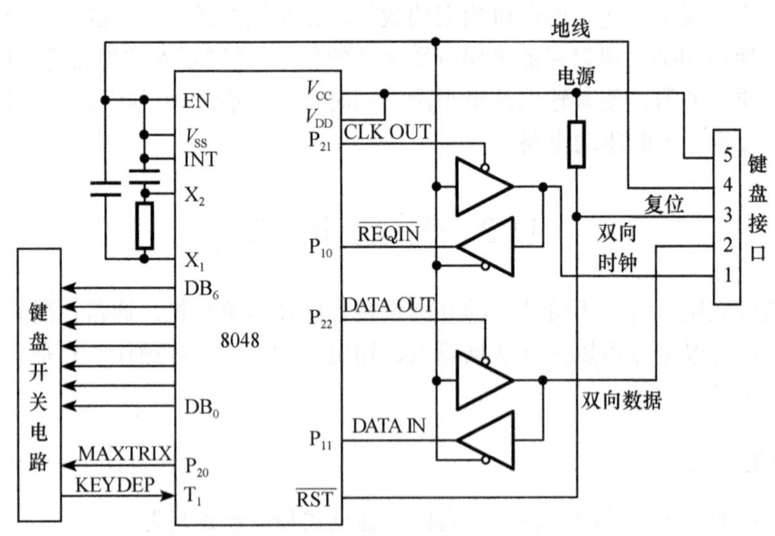

图 11.2　增强型 PC 键盘

2. 键盘扫描码的发送

8048 单片机从 DATA OUT 端输出扫描码，送到五芯插头的 2 脚，并由 CLK OUT 输出时钟定时信号，送到五芯插头的 1 脚。主板上的键盘接口电路按照这两个脚的信号同步串行接收数据。

值得注意的是，主机也可以通过接口(1，2 引脚)向键盘发送信息，包括复位、重新发送、启动、设置速率等。此时，8048 单片机把键盘扫描码暂时存入内部 20B 的缓冲区。

3. 键盘接插件标准

目前 PC 上常用的键盘插口有两种：一种是比较老式的直径 13mm 的 5 芯 PC 键盘插口，如图 11.3(a)所示；另一种是最常用的直径 8mm 的 6 芯 PS/2 键盘插口，如图 11.3(b)所示。

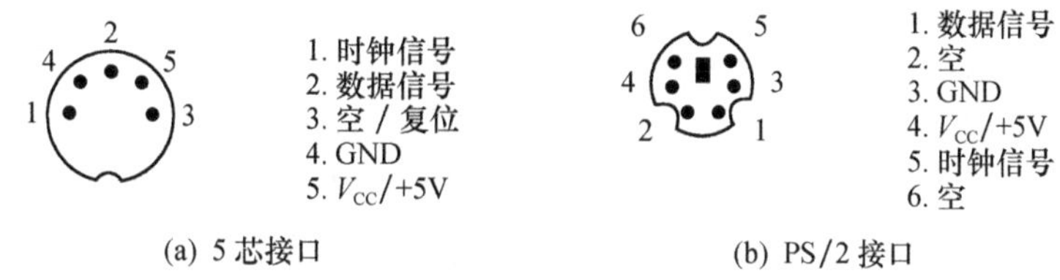

图 11.3 键盘接插件

4. IBM PC 键盘中断服务

主板上的键盘接口收到一字节数据后，通过 8259 的 IRQ_1 向微处理器请求中断。键盘中断类型码为 09H，中断服务程序主要功能如下。

(1) 从键盘接口(8255 的 PA 端口，地址 60H)读取键盘扫描码。

(2) 将扫描码转换成 ASCII 码或扩展码，存入键盘缓冲区。

(3) 如果是换挡键(如 Num Lock、Ins 等)，将状态存入 BIOS 数据区的键盘标志单元。

(4) 如果是组合键(如 Ctrl+Alt+Del)，则直接执行，完成其对应的功能。

(5) 对于中止组合键(如 Ctrl+C 或 Ctrl+Break)，强行中止程序的执行，返回系统。

读取键盘缓冲区中的内容可通过 BIOS 软中断 INT 16H 或 DOS 功能调用实现。

11.2.3 非编码矩阵键盘

1. 非编码式键盘的结构

非编码式键盘一般采用行列式结构并按矩阵形式排列，如图 11.4 所示。

图 11.4 示出了 4×4 行列式键盘的基本结构示意图。4×4 表示有 4 根行线和 4 根列线，在每根行线和列线的交叉点上均分布 1 个单触点按键，共有 16 个按键。如将行线接至微机的输出端口，列线则接至输入端口，列线的另一端通过上拉电阻接至＋5V 电源上。当某一个键按下时，该键所连接的行线与列线接通。

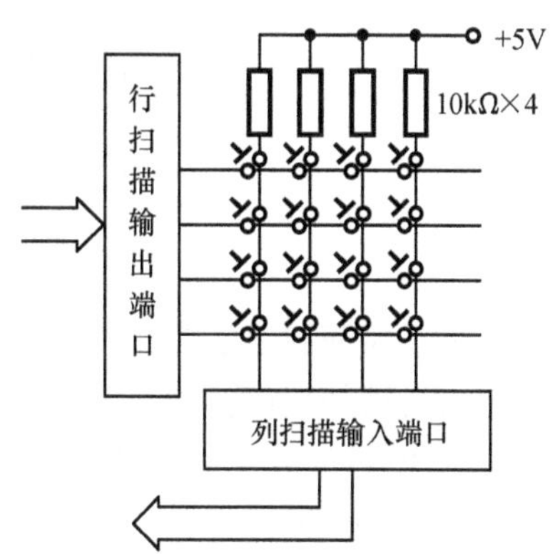

图 11.4 非编码矩阵键盘结构

2. 非编码式键盘的工作原理

首先，为了提高效率，一般先快速检查整个键盘中是否有键按下；然后，再确定按下的是哪一个键。为此，先通过输出端口在所有的行线上发出全扫描(全“0”)信号，然后检查输入端口的列线信号是否全为“1”。若为全“1”，表示无键按下；若不是全“1”，则表示有键按下，见图 11.4。这时，还不能确定按下的键处于哪一行上。

其次，用逐行扫描的方法来确定闭合键的具体位置。方法是：先扫描第 0 行，即输出 1110(第 0 行为“0”，其余 3 行为“1”)，然后读入列信号，判断是否为全“1”。若为全“1”，表示第 0 行无键按下；若不全为“1”，则表示第 0 行有键按下。闭合键的位置处于第 0 行和不为“1”的列线相交之处。如果第 0 行无键按下，就扫描第 1 行，用同样的方法判断第 1 行是否有键按下？这样逐行扫描下去，直到找到闭合键为止。

为了防止双键或多键同时按下(有意设计的除外)，往往从第 0 行一直扫描到最后 1 行，若只发现 1 个闭合键，则为有效键；若发现两个或两个以上闭合键，则全部作废。

当找到闭合键后，通过其所对应的行值和列值，用特定的方法即可得到该闭合键的特征值。行线与列线的数目越多，则方法越复杂。对于 4×4 的键盘，方法比较简单，只要把行线的 4 位和列线的 4 位合并为 8 位即可。求键特征值的关键是不能有重复，即每 1 个键只能对应唯一的 1 个特征值。在此前提下，求键特征值的方法越简单越好。

有了键特征值以后，通过查表方法即可得到相应的键值。根据该键值再转至相应的键处理程序。

当然，也可以根据闭合键的行号和列号按特定计算公式直接求出键值，而不必算出键的特征值和查表。但是，当按键数目较多时，这种特定的计算公式较难推算。

3. 如何消除键的抖动

按键为机械开关结构，由于机械触点的弹性及电压突跳等，往往在触点闭合或断开的瞬间会出现电压抖动，如图 11.5 所示。

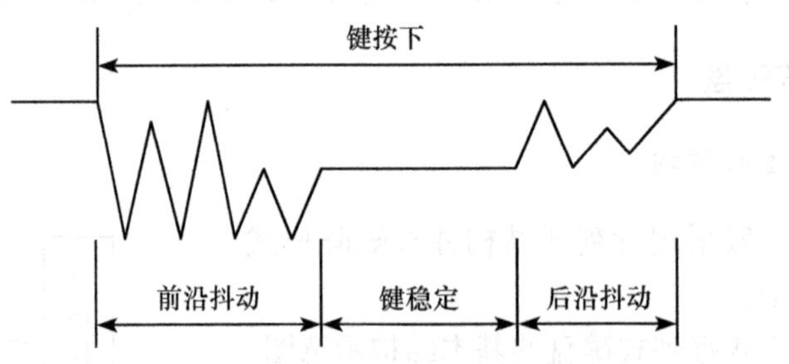

图 11.5　键闭合和断开时的电压抖动

为了保证键识别的准确性，在电压信号抖动的情况下不能进行状态的输入，为此需进行消去抖动处理(消抖)。去抖动有硬件和软件两种方法。硬件方法就是加消抖电路，从根本上避免抖动的产生；软件方法则采用时间延迟以避开抖动，待信号稳定之后，再进行键扫描。一般情况下，延迟消抖的时间为 10～20ms。在单片机和大多数微机中，为简单起见，一般均采用软件延迟消抖的方法。

4. 非编码矩阵键盘接口举例

例 11.1 在某 8088 系统中，给其配置一个 4×4 矩阵键盘，行扫描输出端口芯片用 74LS374，端口地址为 280H～287H，列扫描输入端口芯片用 74LS244，端口地址为 288H～28FH。

(1)画出该矩阵键盘与 8088 系统总线的连接图。

(2)编写计算键值的键盘扫描程序。

解：根据非编码矩阵键盘工作原理和题目给出的已知条件，结合 8088 系统中接口设计原则，画出的矩阵键盘与 8088 系统总线的连接图如图 11.6 所示。

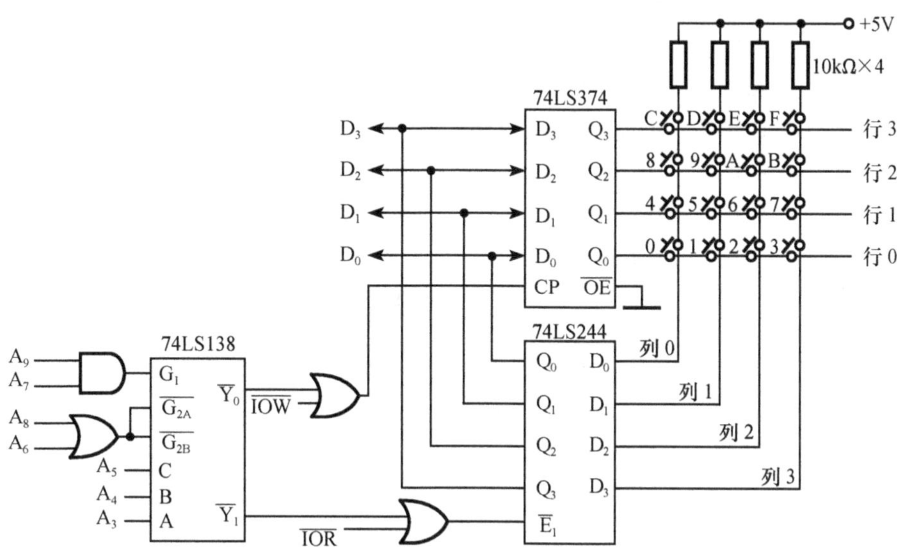

图 11.6 矩阵键盘与 8088 系统总线的连接

因为非编码矩阵键盘的排列不同，其键值确定时的算法就不同。根据图 11.6 中矩阵键盘的排列，键值确定最简单的算法为

$$键值=(行号\times 4)+列号$$

依据此算法编写的确定键值的键盘扫描程序如下：

```
START: MOV    DX,280H
       MOV    AL,00H
       OUT    DX,AL          ; 使每行输出全“0”
NOKEY: MOV    DX,281H
       IN     AL,DX          ; 读列
       AND    AL,0FH
       CMP    AL,0FH         ; 若列全为“1”，则无键按下
       JE     NOKEY
       CALL   DEL20MS        ; 若有键按下，延时20ms消除抖动
       MOV    DX,281H        ; 消抖后，重新读列值
```

```
        IN      AL,DX
        AND     AL,0FH
        CMP     AL,0FH
        JE      NOKEY              ；若列全为“1”，则无键按下，刚才的按键为抖动
        MOV     BL,0FEH            ；逐行扫描
NEXT:   MOV     AL,BL
        MOV     DX,280H
        OUT     DX,AL
        MOV     DX,281H
        IN      AL,DX
        AND     AL,0FH
        CMP     AL,0FH
        JNE     JSKEYZ             ；若列不全为“1”，则在此行有按键下
        ROL     BL,1               ；改变行号
        JMP     NEXT
JSKEYZ: MOV     DL,0               ；统计行号
        MOV     DH,0               ；统计列号
L2:     SHR     BL,1
        JNC     L1
        INC     DL
        JMP     L2
L1:     ROR     AL,1
        JNC     L3
        INC     DH
        JMP     L1
L3:     MOV     AL,DL
        MOV     BL,4
        MUL     BL                 ；行号×4
        ADD     AL,DH              ；行号×4+列号=键值
L4:     MOV     DX,281H
        IN      AL,DX
        AND     AL,0FH
        CMP     AL,0FH
        JNE     L4                 ；检测按键是否抬起
        CALL    DEL20MS            ；若按键抬起，延时20ms消除抖动
        MOV     DX,281H            ；消抖后，重新读列值，确定按键是否真正抬起
        IN      AL,DX
AND     AL,0FH
```

```
    CMP    AL,0FH
    JNE    L4
    …                               ；到此键已抬起，所计算的键值在AL中
```

11.3 鼠标接口

鼠标器(mouse)是以计算机屏幕信息作为对象进行选取操作和执行命令的，是目前使用频率最高的一种输入部件。

11.3.1 鼠标器的基本工作原理

鼠标器从工作原理上分为机械鼠标、光电鼠标和光电机械鼠标三类，其主要区别在于它们检测坐标的装置不同。机械鼠标通过底部的橡胶球(轨迹球)在平面上移动而产生位置移动信号，即通过底部橡胶球的滚动，带动两侧的转轮，从而产生位置信号。第一代光电鼠标外壳底部装有红外光发射和接收装置，与其配套的还需有一块带有网格的亮晶晶的衬垫，在这块特制的垫板上移动时，红外接收器通过检测网格产生移动信号，表示出鼠标的 X 方向和 Y 方向的位移量；光电机械鼠标原理介于前两者之间，有滚动球但不需要衬垫。

PC 上常使用两键或三键鼠标。按接口分类，鼠标可分为 MS 串行鼠标器、PS/2 鼠标器、总线鼠标器及 USB 鼠标器。鼠标器的主要参数是分辨率，它一般以 dpi(即像素点/英寸)为单位，表示鼠标器移动 1 英寸(1 英寸=2.54 厘米)所经历的像素点数。鼠标器的分辨率越高，鼠标器移动的距离越短。常用鼠标器的分辨率为 320～800dpi。

11.3.2 鼠标器与微机的连接方式

在个人微机上的鼠标物理端口有两种：MS 串行鼠标器的 DB-9 和 PS/2 鼠标器的 6Pin-Mini-DIN。其中 DB-9 鼠标器通过标准 RS-232C 串行口与微机相连，而 PS/2 鼠标器与微机的连接器如图 11.7 所示。

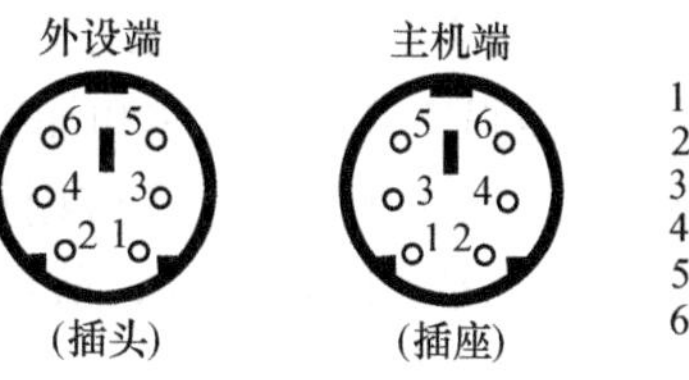

图 11.7　PS/2 鼠标器与主机的连接器

在这种连接器中，只有 4 个有效引脚：GND、+5V、Data(数据)、Clock(时钟)。其中+5V 是由主机提供给外设的电源，Data 和 Clock 都是具有集电极开路性质的双向信号线，每条信号线在外设及主机端都有一个上拉电阻。信号线的这种性质使外设、主机都可以控制它们。在空闲情况下，时钟和数据线处于高电平状态(+5V)，但它们可以很容易地被主机或外设拉成低电平(0V)。

11.3.3 MS 串行鼠标器接口

MS 串行鼠标器是通过 RS-232C 与微机相连的，一般是将 DB-9 的 9 针接口连到微机的 COM1 或 COM2 端口。MS 串行鼠标器不需要专门的电源线，直接使用 RS-232C 串行通信接口线路中的 RTS 作为驱动信号，SGND 作为地线，用 TXD、RXD、RTS 和 DTR 等作为控制信号。MS 串行鼠标器的串行通信参数为：1 位起始位，7 位数据位，1 位停止位，无

奇偶校验位，以 1200bit/s 或 2400bit/s 的速率发送数据。

MS 串行鼠标器采用 RS-232C 逻辑电平标准，即“1”为–15～–3V，“0”为+3～+15V；PS/2 鼠标器采用的标准是 TTL，即“1”为+5V，“0”为 0V。

Microsoft 公司设定的鼠标器采用三字节数据格式，如表 11.1 所示。

表 11.1　Microsoft 的鼠标器三字节数据格式

字节	D_7	D_6	D_5	D_4	D_3	D_2	D_1	D_0
第一字节		1	LB	RB	Y_7	Y_6	X_7	X_6
第二字节		0	X_5	X_4	X_3	X_2	X_1	X_0
第三字节		0	Y_5	Y_4	Y_3	Y_2	Y_1	Y_0

其中，LB=1 表示鼠标器的左键按下；RB=0 表示鼠标器的右键按下；X_7～X_0 和 Y_7～Y_0 均为 8 位带符号整数，表示相对于上次的位移量。位移量的单位为米基，1 米基=0.0005 英寸。

11.4　显示器接口

微机应用系统中使用的显示器种类繁多。简单的有 LED 数码显示或 LCD 液晶数码，复杂的有液晶点阵、CRT 或大屏幕彩色发光管点阵等。

11.4.1　CRT 显示器

1. CRT 显示器的工作原理

显示器是 PC 最常用的输出设备，可用来显示字符、图形、图像，显示输出是由显示器和显示卡两部分组成的，显示器主要有 CRT 显示器和平板显示器两大类。

CRT 显示器即阴极射线管显示器，其发光原理(图 11.8)是：显像管内部的电子枪阴极发出的电子束，经强度控制、聚焦和加速后，变成细小的电子流；再经过偏转线圈的作用，向正确目标偏离，穿越荫罩的小孔或栅栏，轰击到荧光屏上的荧光粉；荧光粉被激活，就可以发出光来。R、G、B(红、绿、蓝)三色荧光点被不同比例强度的电子流点亮，就会产生各种色彩。

由于被电子束轰击后的荧光粉只能在短时间内发光，所以电子束必须不间断地一次又一次地扫描屏幕，才能形成稳定的图像。扫描一般从屏幕左上角开始(图 11.9)，到了右边

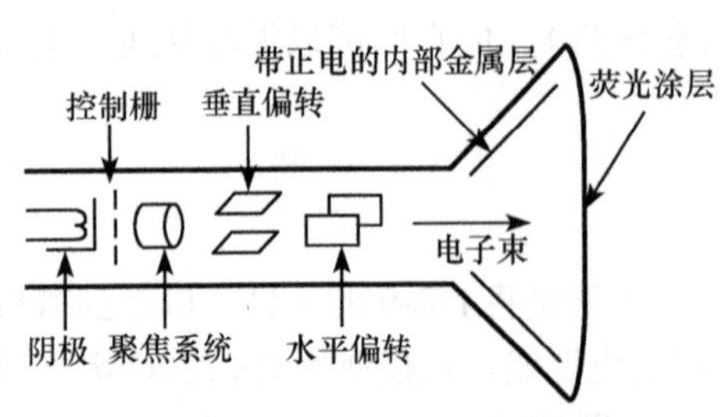

图 11.8　CRT 显示器的结构

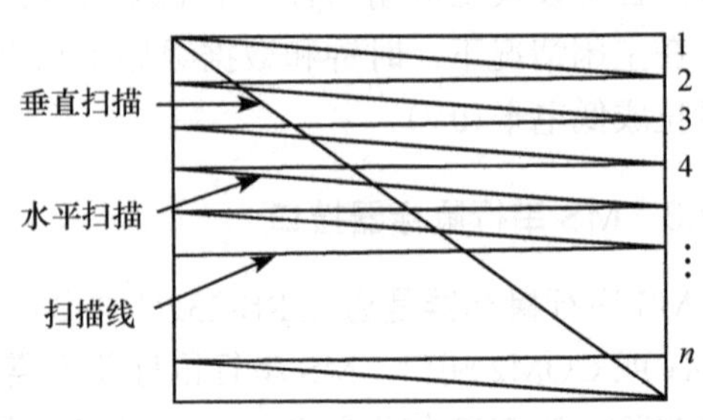

图 11.9　CRT 显示器的扫描线示意图

后，关闭电子束，然后向左回扫至第二行的最左端，这一过程称为水平回扫；这样一行一行地扫描，直到最后一根扫描线扫完后，又关闭电子束，并从屏幕的右下角(最后一根扫描线的最右端)，回扫到屏幕的左上角(第一根扫描线的最左端)，这一过程称为垂直回扫。

CRT 显示器按屏幕表面曲度，可以分为球面、平面直角、柱面、完全平面共四种。目前，只有完全平面的显示器是主流显示器，其他的已逐渐被淘汰。

2. CRT 显示器的主要技术参数

(1) 屏幕尺寸：指屏幕对角线大小，一般有 14 英寸、15 英寸、17 英寸、19 英寸、20 英寸、21 英寸等多种尺寸。

(2) 点距：指 CRT 上两个颜色相同的磷光点之间的距离，单位为 mm。

(3) 像素：每像素包括一个红色、绿色、蓝色的磷光体。

(4) 行频：又叫水平刷新频率，是电子枪每秒在屏幕上扫描过的水平线条数，以 kHz 为单位。

(5) 场频：又叫垂直刷新频率，是每秒钟屏幕重复绘制显示画面的次数，即重绘率，以 Hz 为单位。

(6) 分辨率：它是定义显示器画面解析度的标准，由每帧画面的像素数决定，以水平显示的像素数×水平扫描数表示(如 1024×768 指每帧图像由水平 1024 像素、垂直 768 条扫描线组成)。

(7) 带宽：这是表示显示器显示能力的一个综合指标。指每秒钟扫描的像素个数，即单位时间内每条扫描线上显示的频点数总和，以 MHz 为单位。带宽越大，表明显示器控制能力越强，显示效果越佳。

(8) 动态聚焦：是电子枪扫描屏幕时，对电子束在屏幕中心和四角聚焦上的差异进行自动补偿的功能。普通的电子枪聚焦时会有散光现象，即在边角时像素点垂直方向和水平方向焦距长度不同，散光现象在图像四角最为明显。为减少这种情况的发生，需要电子枪做动态的补偿，使屏幕上任何扫描点均能清晰一致。动态聚焦技术是采用一个可精确控制电压的调节器，周期性产生特殊波形的高电压，使电子束中心点时电压最低，向边角扫描时电压随焦距增大而逐渐增高，动态地补偿聚焦变化。这样可获得近乎完美的清晰聚焦画面。

3. 显示卡

1) 显示卡的基本原理

显示卡(简称显卡)也就是通常所说的图形加速卡。它的基本作用就是控制计算机的图形输出，它工作在 CPU 和显示器之间。通常显卡是以附加卡的形式安装在计算机主板的扩展槽中，或集成在主板上。显卡的主要作用是对图形函数进行加速。例如，想画个圆圈，如果想让 CPU 做这个工作，它就要考虑需要多少像素来实现，还要想想用什么颜色；但是如果让图形加速卡芯片具有圆圈这个函数，CPU 只需要告诉它“给我画个圈”，剩下的工作就由加速卡来进行。这样，CPU 就可以执行其他更多的任务，从而提高了微机的整体性能。

通常所说的加速卡的性能，是指加速卡上的芯片集能够提供的图形函数计算能力，这个芯片集，通常也称为加速器或图形处理器。一般来说，在芯片集的内部会有一个时钟发生器、VGA 核心和硬件加速函数，很多新的芯片在内部还集成了 RAMDAC(random access memory digital-to-analog converter)(后面会介绍)。芯片集可以通过它们的数据传输带宽来划分，最近出的芯片多为 64 位或 128 位。而早期的显卡芯片为 32 位或 16 位。更多的带宽可以使芯片在一个时钟周期中处理更多的信息。

2) 显示内存

显示内存也称显存，是加速卡的重要组成部分。显存也被称为帧缓存，它实际上是用来存储要处理图形的数据信息。屏幕上所显现出的每像素，都由 4～32 位数据来控制它的颜色和亮度，加速芯片和 CPU 对这些数据进行控制，RAMDAC 读入这些数据并把它们输出到显示器。有一些高级加速卡不仅将图形数据存储在显存中，而且利用显存进行计算，特别是具有 3D 加速功能的显卡更是需要显存进行 3D 函数的运算。因为在显存中的数据交换量越来越大，所以更新的显存也不断涌现。最初使用的显存是 DRAM，多为低端加速卡使用的 EDO(extended data out)DRAM，以及现在广泛使用的 SDRAM(synchronous DRAM)和 SGRAM(synchronous graphics RAM)，这些都是单端口存储器。还有一类就是较昂贵的双端口 VRAM(video RAM)和 WRAM(window RAM)。从性质上来说，VRAM 和 WRAM 比较适合加速卡使用。双端口显存可以在从芯片集中得到数据的同时向 RAMDAC 输送数据，而单端口显存不能实现输入和输出的同时进行。进行数据交换时，只有当芯片集完成对显卡的写操作后，RAMDAC 才能从显存中得到数据。

3) RAMDAC

在显存中，存储的当然是数字信息，因为微机是以数字方式运行的。对于显卡来说，用数字 0 和 1 控制着每一个像素的色深和亮度。然而，显示器并不以数字方式工作，它工作在模拟状态下，这就需要在中间有一个 D/A 转换器。RAMDAC 的作用是将数字信号转换为模拟信号，使显示器能够显示图像。RAMDAC 的另一个重要作用就是提供显卡能够达到的刷新率，它也影响着显卡所输出的图像质量。

4) 刷新频率

刷新频率是指 RAMDAC 向显示器传送信号，使其每秒重绘屏幕的次数，它的标准单位是 Hz。如今 RAMDAC 所提供的刷新频率最高可达到 250Hz，限制刷新率进一步提高的因素有两个：一是显卡每秒可以产生的图像数目，其二是显示器每秒能够接收并显示的图像数目。刷新率可以分为 56Hz、60Hz、65Hz、70Hz、72Hz、75Hz、80Hz、85Hz、90Hz、95Hz、100Hz、110Hz 和 120Hz 数挡。过低的刷新率会使用户感到屏幕严重闪烁，时间一长就会使眼睛感到疲劳，所以刷新率应该大于 72Hz。分辨率指的是在屏幕上所显现出来的像素数目，它由两部分来计算，分别是水平行的点数和垂直行的点数。

如果分辨率为 800×600，那么就是说这幅图像由 800 个水平点和 600 个垂直点组成。通常分辨率为 640×480、800×600、1024×768、1152×864、1280×1024 和 1600×1200 或更高。更高的分辨率可以在屏幕上显示更多的东西。如果使用 1024×768 的分辨率，可以在写作时看到更多的文字，可以在制表时一屏显示更多的单元格，更可以在桌面上放更多的图标。色深可以看作一个调色板，它决定屏幕上每像素由多少种颜色控制。

每像素都用红、绿、蓝三种基本颜色组成，像素的亮度也由它们控制。当三种颜色都设定为最大值时，像素就呈现为白色，当它们设定为零时，像素就呈现为黑色。通常色深可以设定为 4 位、8 位、16 位、24 位色，如表 11.2 所示。当然色深的位数越高，所能够得到的颜色就越多，屏幕上的图像质量就越好。但是当色深增加时，它也增大了显卡所要处理的数据量，随之而来的是速度的降低或屏幕刷新率的降低。

表 11.2　与色深对应的显示色数及数据量

色深	所显示色数	每像素数据量/B	一般名称
4 位色	16	0.5	标准 VGA
8 位色	256	1.0	256 色
16 位色	65536	2.0	高彩
32 位色	16777216	3.0	真彩

显卡上的 BIOS 的功能与主板上的一样，它可以执行一些基本的函数，并在打开微机时对显卡进行初始化设定。现在很多显卡上都使用 Flash BIOS，可以通过软件对 BIOS 进行升级。驱动程序对于显卡来说是极其重要的，它告诉芯片集怎样对每个绘图函数进行加速，不断更新的驱动程序使显卡更稳定、更完善。

5）显卡接口技术

随着图形应用软件的发展，在显卡和 CPU 及内存中的数据交换越来越大，而显卡的界面正是一种连接显卡和 CPU 的通道。图形速度的提高（特别是 3D 图形）要求与 CPU 和内存间有极宽的带宽进行数据交换，PCI 显卡以 PCI 总线速度的一半即 33MHz 工作，它可以达到的峰值传送率为 133MHz。而 AGP 以 66MHz 的速度工作，AGP 1X 的峰值传送率可达 266MHz，AGP 2X 的传送率可达到 532MHz，因为“2X”可以在一个时钟周期中传输两次数据（上升沿和下降沿各一次），而一般的工作状态只能进行一次传输，而 AGP 4X 的理论传输率为 1.066GB/s。

6）应用程序接口（API）

当某一个应用程序提出一个制图请求时，这个请求首先要被送到操作系统中（以 Windows 操作系统为例），然后通过图形设备接口（GDI）和显示控制接口（DCI）对所要使用的函数进行选择。而现在这些工作基本由 Direct X 来进行，它远远超过 DCI 的控制功能，而且加入了 3D 图形 API 和 Direct 3D。显卡驱动程序判断有哪些函数可以被显卡芯片集运算，可以进行的，将被送到显卡进行加速。如果某些函数无法用芯片进行运算，这些工作就交给 CPU 进行（当然这会影响速度）。运算后的数字信号写入帧缓存中，最后送入 RAMDAC，再转换为模拟信号后输出到显示器。

11.4.2　LED 显示器及其接口

发光二极管（LED）组成的显示器是计算机应用产品最常用的廉价输出设备。它由若干个发光二极管按一定的规律排列而成。当某一个发光二极管导通时，相应的一个点或一笔画被点亮，控制不同组合的二极管导通，就能显示各种字符。

1. LED 显示器的结构

常用的七段码显示器的结构如图 11.10 所示。发光二极管的阳极连在一起的称为共阳极显示器，阴极连在一起的称为共阴极显示器。1 位显示器由八个发光二极管组成，其中七个发光二极管 a～g 控制七个笔画(段)的亮或暗，另一个控制一个小数点的亮或暗，这种笔画式的七段显示器能显示的字符较少，字符的形状有些失真，但控制简单，使用方便。

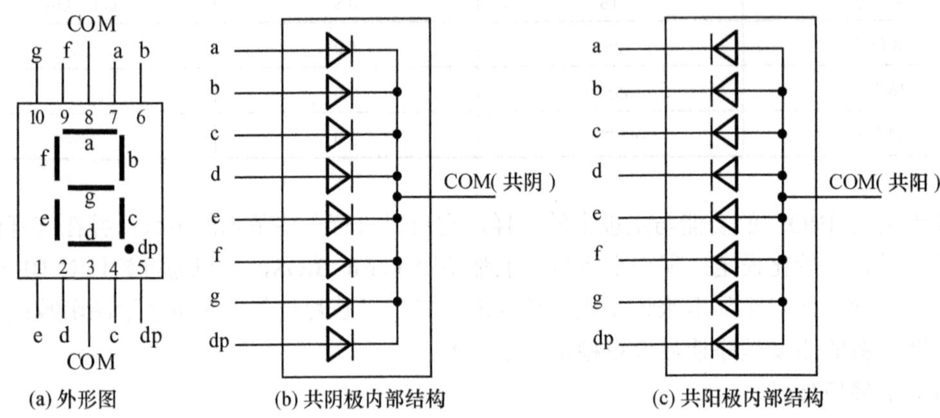

(a) 外形图　(b) 共阴极内部结构　(c) 共阳极内部结构

图 11.10　七段发光显示器的结构

还有一种点阵式的发光显示器，发光二极管排成一个 $n \times m$ 的矩阵，一个发光二极管控制点阵中的一个点，这种显示器的字形逼真，能显示的字符比较多，但控制比较复杂。

2. LED 显示器的字形编码和工作方式

1) LED 显示器字形编码

要使 LED 显示器显示出相应的字符，必须使段数据口输出相应的字形编码。字形编码与硬件电路连接形式有关。如果段数据口的低位和 a 相连，高位和 dp 相连，七段 LED 字形码是按格式：

dp	g	f	e	d	c	b	a

形成的，如果要显示数字 3，共阴 LED 字形编码为 4FH，共阳 LED 字形编码为 B0H。反之，如果段数据口的高位和 a 相连、低位和 dp 相连，七段 LED 字形码的格式是

a	b	c	d	e	f	g	dp

数字 3 的字形码为：0F2H(共阴)或 0DH(共阳)。第一种格式七段 LED 显示字形编码如表 11.3 所示。

表 11.3　七段 LED 显示字形编码

显示字符	共阳	共阴	显示字符	共阳	共阴
0	C0H	3FH	C	C6H	39H
1	F9H	06H	D	A1H	5EH
2	A4H	5BH	E	86H	79H
3	B0H	4FH	F	8EH	71H
4	99H	66H	P	8CH	73H
5	92H	6DH	U	C1H	3EH
6	82H	7DH	R	CEH	31H
7	F8H	07H	Y	91H	6EH
8	80H	7FH	全亮	00H	FFH
9	90H	6FH	全灭	FFH	00H
A	88H	77H	H	89H	76H
B	83H	7CH	L	C7H	38H

2) LED 显示器的工作方式

LED 显示器的工作方式有静态显示和动态显示两种。

(1) 静态显示方式。静态显示，就是当显示器显示某一个字符时，相应的发光二极管恒定地导通或截止，例如，七段显示器的 a、b、c、d、e、f 导通，g 截止时显示“0”。这种显示方式的每一个七段显示器需要一个 8 位输出接口控制。

例 11.2　图 11.11 给出了用 8255A 的三个口控制 3 位七段显示器的逻辑图，编程序实现将相应的字形数据(常称为段数据)写入 8255A 的 PA、PB、PC 口，在 3 位 LED 显示器上显示出相应字符(数字或部分英文字母)。

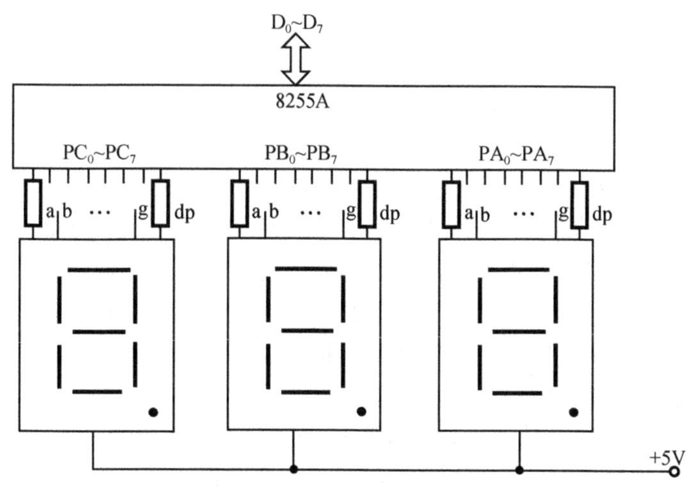

图 11.11　3 位静态显示器接口

解：设 8255A 占用的端口地址为 208H～20BH。根据题目功能编写的 LED 静态显示的程序如下：

```
DATA       SEGMENT
    BUFFER       DB 1,2,3
    SEGTAB       DB  0C0H,0F9H,0A4H,0B0H,99H  ; 0, 1, 2, 3, 4
           DB 92H,82H,0F8H,80H,90H            ; 5, 6, 7, 8, 9
           DB  88H,83H,0C6H,0A1H,86H          ; A, b, C, d, E
           DB  8EH,0BFH,8CH,0FFH              ; F, -, P, 暗
   DATA    ENDS
   CODE    SEGMENT
           ASSUME CS:CODE,DS:DATA
   START: MOV    AX,DATA
          MOV    DS,AX
          MOV    DX,20BH       ; 初始化8255A，PA口、PB口、PC口均为方式0输出
          MOV    AL,80H
          OUT    DX,AL
          LEA    SI,BUFFER     ; 在LED上显示数所在单元的地址指针
          LEA    BX,SEGTAB     ; LED显示段码表首址
          MOV    CX,3
          MOV    DX,208H
   AGAIN: MOV    AL, [SI]      ; 取第一位数
          XLAT                 ; 查表，求出所显示数对应的段码
          OUT    DX,AL         ; 通过8255A输出
          INC    SI            ; 修正指针
          INC    DX
          LOOP   AGAIN
```

静态显示的优点是：显示稳定，在发光二极管导通电流一定的情况下，显示器的亮度大，系统在运行过程中，仅在需要更新显示内容时 CPU 才执行一次显示输出程序，这样大大节省了 CPU 的时间，提高了 CPU 的效率；其缺点是位数较多时显示接口随之增加。为了节省 I/O 接口线，常采用另一种显示方法——动态显示方式。

(2)动态显示方式。动态显示，就是一位一位地轮流点亮各位显示器(扫描)，对于每一位显示器来说，每隔一段时间点亮一次。显示器的亮度既与导通电流有关，也与点亮时间和间隔时间的比例有关。调整电流和时间参数，可实现亮度较高且较稳定的显示。若显示器的位数不大于 8 位，则控制显示器公共极电位只需 8 位口(称为扫描口)，控制各位显示器所显示的字形也需一个 8 位口(称为段数据口)。

例 11.3　8 位共阴极显示器通过 8255A 与 PC/XT 总线的接口逻辑如图 11.12 所示。8255A 的 A 口作为扫描口，经反向驱动器 75452 接显示器公共极，B 口作为数据口，经同相驱动器 7407 接每个显示器的各个段。对于图 11.12 中的 8 位显示器，在内存中设置 8 个显示缓冲单元，分别存放 8 位显示器的显示数据，编程序将这 8 个单元的数据在 8 个 LED 数码管上自左到右巡回显示。

解：8255A 的 A 口扫描输出总是只有一位为高电平，即 8 位显示器中仅有一位公共阴

极为低电平，其他位为高电平，8255A 的 B 口输出相应位(公共端为低电平的 LED)的显示数据。设 8255A 占用的端口地址为 208H～20BH，要进行显示的数据存储在 BUF 以下连续的存储单元，且按任意键程序结束，则 8 位显示器巡回显示的程序如下：

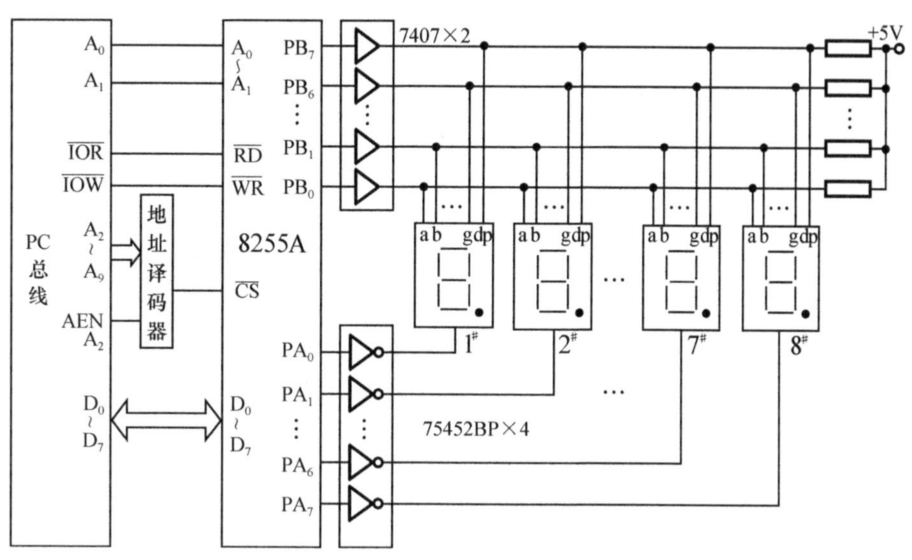

图 11.12　8 位共阴极显示器和 8255A 的逻辑接口

```
DATA      SEGMENT
      DSEG  DB  3FH,06H,5BH,4FH,66H,6DH,7DH,07H,7FH
            DB  6FH,40H
      BUF   DB1,2,3,4,5,6,7,8
DATA      ENDS
CODE      SEGMENT
          ASSUME   CS:CODE,DS:DATA
START:    MOV   AX,DATA
          MOV   DS,AX
          MOV   DX,20BH     ; 8255 A写方式字，A、B口均工作于方式0输出
          MOV   AL,80H
          OUT   DX,AL
DISPLAY:  LEA   BX,DSEG     ; BX指向段表首址
          LEA   SI,BUF      ; SI指向缓冲器首址
          MOV   AH,1        ; 1号LED的位码
AGAIN:    MOV   AL, [SI]    ; 取当前所要显示的内容
          XLAT              ; 将显示的内容转化为段码
          MOV   DX,209H     ; DX指向段码口，输出段码
          OUT   DX,AL
          DEC   DX          ; DX指向位码口，输出位码
```

```
        MOV  AL,AH
        OUT  DX,AL
        MOV  CX,6000H  ；延时
DELAY:  NOP
        LOOP DELAY
        INC  SI             ；SI指向下一个显示存储器
        ROL  AH,1           ；位码循环左移一位
        CMP  AH,1           ；判一遍显示完否
        JNZ  AGAIN          ；否，则显示下一个数据
        MOV  AH，1          ；读键盘缓冲区，判是否有键按下
        INT  16H
        JZ   DISPLAY        ；无键按下，则继续显示
        MOV  AH,4CH         ；否则，返回DOS
        INT  21H
CODE    ENDS
        END  START
```

11.5 打印机接口

打印机接口作为标准配置已经集成在 PC 内部，用于连接并行打印机。它接收计算机送来的数据并向计算机报告打印机状态。

计算机送来的数据有打印字符和控制命令两种。打印字符产生对应的字符，控制命令产生相应的动作(如回车)。

现代 PC 对打印机接口进行了改进，使它成为标准的双向并行接口，简称“并口”，习惯称为“打印机接口”。

11.5.1 概述

1. 打印机接口信号

图 11.13 是打印机接口的接插件。图 11.13(a)为打印机适配器接口(25 芯 DB25)，图 11.13(b)为打印机连接器(36 芯 Centronics)。

(a) DB25 插座　　(b) Centronics 插座

图 11.13　打印机连接器

打印机接口内部由数据总线缓冲器、输出数据锁存器、输入数据缓冲器、控制寄存器、状态缓冲器以及地址译码和读写控制逻辑等组成，参见图 7.12，但图 7.12 中只给出了输出

数据锁存器(74LS273)、控制寄存器(74LS273)、状态缓冲器(74LS244)以及地址译码和读写控制逻辑等。

输出锁存器锁存微处理器送来的待打印的字符 ASCII 码，这个代码可以通过输入数据缓冲器读回微处理器。控制寄存器接收并寄存微处理器的控制命令。状态缓冲器连接打印机送来的状态信号。

打印机接口的主要控制信号(输出)包括以下几项。

$\overline{\text{STROBE}}$：数据选通，低电平有效。数据在它的配合下送入打印机。

AUTO_FD：自动换行，高电平有效。有效时打印机每次回车后自动换行。

$\overline{\text{INIT}}$：初始化信号，低电平有效。有效时，打印机被复位。

SEL：联机控制位，高电平有效。有效时，打印机才能与接口连通。

打印机接口的主要状态信号(输入)包括以下几项。

BUSY：忙信号，高电平表示打印机忙。有四种情况：正在输入数据、正在打印操作、在脱机状态、打印机出错。

$\overline{\text{ACK}}$：确认，低电平有效。有效时表示打印机已经接收完毕接口送来的一个数据。

PE：纸尽信号，高电平有效。有效时表示打印机缺纸。

SLCT IN：选择信号，高电平有效。有效时表示打印机处于联机状态。

$\overline{\text{ERROR}}$：出错信号，低电平有效。有效时表示打印机出错。

2. 打印机接口内的端口

打印机适配器的端口地址可通过跳线或 CMOS 设置选择 378H～37FH(LPT1)或278H～27FH(LPT2)。默认端口地址为 378H～37FH，实际应用的端口地址主要有 3 个：数据输出端口 378H、状态输入端口 379H、控制输出端口 37AH。

控制寄存器各位的含义如表 11.4 所示。

表 11.4　控制寄存器(37AH)格式

D_7	D_6	D_5	D_4	D_3	D_2	D_1	D_0
未定义			允许中断	输入选择	初始化	自动换行	选通信号

状态寄存器的格式如表 11.5 所示。

表 11.5　状态寄存器(379H)格式

D_7	D_6	D_5	D_4	D_3	D_2	D_1	D_0
不忙	非肯定	无纸	在线选择	无故障	未定义		

3. 打印机 I/O 功能调用

软中断 INT 17H 提供了 BIOS 的打印机 I/O 功能，如表 11.6 所示。

表 11.6　INT 17H 的功能及入口、出口参数

调用号	入口参数	出口参数	功能
AH=0	DX=打印机号(0～1) AL=打印数据	AH=打印机状态	将 AL 的内容送打印机输出，并读打印机状态
AH=1	DX=打印机号(0～1)	AH=打印机状态	初始化打印机，并读打印机状态
AH=2	DX=打印机号(0～1)	AH=打印机状态	读打印机状态

4. 打印机适配器的工作过程

(1) 系统启动时，在 $\overline{\text{INIT}}$ 上发出负脉冲，对打印机进行初始化。

(2) 发送打印数据。用输出指令将字符代码写入接口的输出数据寄存器，这些代码出现在打印机数据线 $DATA_0$～$DATA_7$ 上。

(3) 向打印机发送选通脉冲。通过写控制端口，由 $\overline{\text{STROBE}}$ 端向打印机发出一个负脉冲信号，使数据进入打印机。中断方式下，打印机输出一个数据后，返回应答信号 $\overline{\text{ACK}}$，产生 IRQ_7 请求信号送往 8259A。在中断服务程序中输出下一个字符。查询方式下，微处理器检查 BUSY 信号，为 0 时发送下一个字符。

重复过程(2)和(3)，直到打印完成。

11.5.2　SPP、EPP 和 ECP 接口标准

原始的打印机接口只能连接用于输出的并行打印机。随着 PC 应用范围的扩大，需要能够进行信号输入的并行接口。为了不增加接口数量，有关厂商对打印机接口进行了改造，在兼容的前提下增加了新的功能。

1. 标准型并行接口

最初的 IBM PC 中使用的并口，称为标准型并行接口(standard parallel port，SPP)。SPP 可以同时向外设传送 8 位信息，使用类似于早期的 Centronics 接口协议。SPP 没有专用的输入端口，但是可以借用打印机的五根状态信号线，进行每次 4 位(半字节)的输入。这种方式速度较慢。

在标准型并行接口中可以使用以下模式。

(1) 兼容模式，即主机在某一时刻向外设送出一字节，随后主机与外设之间通过 BUSY 和 $\overline{\text{ACK}}$ 信号实现握手联络。这也是 PC 与 PC 设备采用的默认传输模式。

(2) 4 位组模式，定义了一种可以被所有接口用于反向传递数据，即由外设到主机方向数据传输的方法。每次在状态端口传送一字节中的 4 位，剩下的状态位和数据位用作联络信号。

2. 增强型并行接口

增强型并行接口(enhanced parallel port，EPP)最早由 Intel 公司和其他厂商共同研制，兼容 SPP 方式。它采用双向数据线，在 ISA 总线的一个周期，EPP 可以完成包括握手联络在内的一字节数据传送。同样完成这一工作，SPP 需要较多的时间。EPP 可以实现快速转向，因此适合于需要进行双向数据传输的设备。

在 EPP 中，一个控制信号负责确定数据端口的方向。另外两个控制信号用来区分数据线上传输的是数据还是地址信息，这就为传送完整的信息提供了条件。例如，发送设备可以向接收设备写入一个地址信息，然后再写入一个或多个数据字节，对接收设备进行有选择的数据传输。EPP 使用了 8 个寄存器，比早期的并行接口多出了 5 个。

3. 扩展功能接口

扩展功能接口(extended capabilities port，ECP)由 HP 公司和 Microsoft 公司首先推出，它为并行接口上的快速数据传输提供了另一种途径。与 EPP 一样，ECP 也是双向接口，ECP 传输可以在一个 ISA 总线周期的时间内完成。ECP 通常使用一个 16B 缓冲器存储待发送与写入的数据。在缓冲器与内存之间进行数据传输的过程中，可以使用 DMA 方式。

与 EPP 一样，ECP 也可以兼容 SPP 和 PS/2 型接口工作。ECP 中还包括一个高速并口模式，它可以与 SPP 外设之间实现改进的通信。许多 ECP 也可以进行 EPP 传输。与 EPP 不同的是，ECP 的硬件握手联络不存在自动超时的问题，它可以降低传输速度，适应较慢的外设。所以，除了传输速度快这一特点之外，ECP 传输还有更大的灵活性。

与 EPP 模式类似，ECP 模式也可以实现双向的高速字节传输。传送数据与地址信息时使用不同的握手联络信号。控制字节中可能包括地址或数据压缩信息。一个 FIFO 存储器负责保存接收到的字节或待发送的字节。

考虑到打印机接口可以用在非标准打印机的使用上，在涉及并口信号时，常用下面的符号代表，如 8 个数据位分别为 D_0～D_7，5 个状态位为 S_3～S_7，4 个控制位为 C_0～C_3。其中的字母代表端口寄存器，数字表示该信号在寄存器中的位置。表 11.7 列出了并行打印机接口(DB 25)信号。

表 11.8 列出了不同类型适配器端口的地址。部分寄存器在不同模式下有不同的功能。

表 11.7　并行打印机接口信号

引脚	寄存器	I/O	数据位	名称	功能
1	Control	输出	C_0	$\overline{\text{STROBE}}$	低电平有效，表明数据线上有有效数据到达
2～9	Data	输出	D_0～D_7	DATA_1～DATA_8	8 位数据线，只有在 SPP 指令下才输出数据
10	Status	输入	S_6	$\overline{\text{ACK}}$	以负脉冲的形式出现，表明最后一个字符已经接收完毕
11	Status	输入	S_7	BUSY	高电平时，表明打印机处于忙状态，不能再接收数据
12	Status	输入	S_5	PE	没有打印纸
13	Status	输入	S_4	SELECT	高电平时，表明打印机处于在线待命状态
14	Control	输出	C_1	AUTOFEED	低电平有效信号，通知打印机对遇到的每一个回车进行自动换行
15	Status	输入	S_3	ERROR	该信号由打印机发送给计算机，表明打印机处于错误状态
16	Control	输出	C_2	INIT	低电平有效信号，该信号用来对打印机进行复位
17	Control	输出	C_3	SELECT	低电平有效信号，表明已经选中打印机
18～25				G_GND	

表 11.8　不同并行接口使用的端口地址

地址	接口类型	功能
基地址+0	SPP，EPP，ECP 模式 000，001	数据端口
	ECP 模式 011	ECP FIFO(地址)
基地址＋1	所有	状态端口
基地址＋2	所有	控制端口
基地址＋3	EPP	EPP 地址
基地址＋4	EPP	EPP 数据
基地址＋5	EPP	不定
基地址＋6	EPP	不定
基地址+7	EPP	不定
	ECP 模式 010	并口 FIFO(数据)
基地址+400h	ECP 模式 011	ECP FIFO(数据)
	ECP 模式 110	测试 FIFO
	ECP 模式 111	配置寄存器 A
基地址＋401h	ECP 模式 111	配置寄存器 B
基地址＋402h	ECP 所有模式	ECR(扩展控制寄存器)

打印机接口中各类寄存器说明如下。

数据寄存器：数据寄存器保存了写入数据输出端口的一字节信息。当端口在双向接口中作为输入使用时，数据寄存器中保存的是从连接器数据线上读取的一字节信息。

状态寄存器：状态寄存器保存的是 5 个输入(S_3～S_7)的逻辑状态。S_0～S_2 位不出现在并行连接器中。除了 S_0 以外，状态寄存器是只读的。

控制寄存器：控制寄存器保存了 C_0～C_3 的 4 位信息。一般来说，这些位用作输出，然而它们同样可以用作输入。要从控制位上读取外部逻辑信号，首先向相应的输出写入 1，然后读取控制寄存器的值。但是，为了提高交换速度，大多数支持 EPP 和 ECP 中，控制位工作在不能用作输入的推拉模式下。在一些多模式接口中，控制位采用的是改进型的推拉模式。在控制位的常规用法中，C_0～C_3 的用法与 SPP 相同，其他位的功能如下。

C_4：允许中断请求(enable interrupt request)。此信号为高电平时，允许将中断请求信号由 $\overline{\text{ACK}}$ (S_6)送往计算机的中断控制电路。

C_5：方向控制(direction control)。在双向端口中用于设置数据端口的方向。为 0 时端口用作输出(数据输出启用)；为 1 时端口用于输入(数据输出禁止)。通常要使这个信号有效，必须先将端口设置为双向模式。此信号在 SPP 模式中无效。

11.5.3　应用实例

通过编程可以直接控制打印机进行打印操作，完成数据采集和其他通信工作。

1. 打印功能

1)直接控制打印机接口硬件进行打印输出

假设待打印的字符在 AL 中，则用汇编语言编写的打印单个字符的子程序如下：

```
SUBPRINT PROC NEAR
         PUSH AX                ；保护现场
         PUSH DX
         MOV  AL,0000 1001B     ；选通位为1，选通信号无效
         MOV  DX,37AH           ；指向控制寄存器端口
         OUT  DX,AL
         MOV  DX,378H           ；指向输出数据端口
         OUT  DX,AL             ；输出待打印的字符(AL中为要打印的
                                ；ASCII字符)
         MOV  DX,379H           ；指向状态寄存器端口
SUBWAIT: IN   AL,DX             ；读打印机状态
         TEST AL,1000 000B      ；检查是否忙
         JNZ  SUBWAIT           ；忙则等待，继续查询状态
         MOV  AL,0000 0000B     ；选通位为0，发选通信号
         MOV  DX,37AH           ；指向控制寄存器端口
         OUT  DX,AL             ；选通打印机
         NOP
         NOP
         MOV  AL,0000 1001B
         MOV  DX,37AH
         OUT  DX,AL
         POP     DX             ；恢复现场
         POP     AL
         RET
SUBPRINT ENDP
```

2)打印机的 BIOS 调用

在 ROM BIOS 中提供了对打印机进行控制的中断服务程序，其中断类型号为 17H，它有三个功能模块。

(1) AH=0，将 AL 中的数据字节写入打印机数据缓冲区，并返回打印机状态。

入口：AH=0，AL=所要打印的字符，DX=打印机号(0：并行口 1，1：并行口 2)。

出口：AH=打印机状态。

(2) AH=1，初始化打印机，并返回状态。

入口：AH=1，DX=打印机号(0：并行口 1，1：并行口 2)。

出口：AH=打印机状态。

(3) AH=2，读取打印机状态。

入口：AH=2，DX=打印机号(0：并行口 1，1：并行口 2)。

出口：AH=打印机状态。

其中，返回的状态基本上与前面的状态寄存器的格式相同，所不同的是，这里的 D_0 位判断打印机是否超时。下面给出利用 17H 号中断打印单个字符的方法：

```
MOV    AH,0       ; 0号功能
MOV    AL,41H     ; 要打印的字符为A
MOV    DX,0       ; 并行口1接打印机
INT    17H        ; 转BIOS打印机程序
```

2. 计算机并行接口的数据采集应用

并行接口是计算机的标准接口之一，利用它的双向功能可以进行数据输入。如图 11.14 所示的电路可用于输入 8 路转换后的模拟信号和 4 位开关信号。

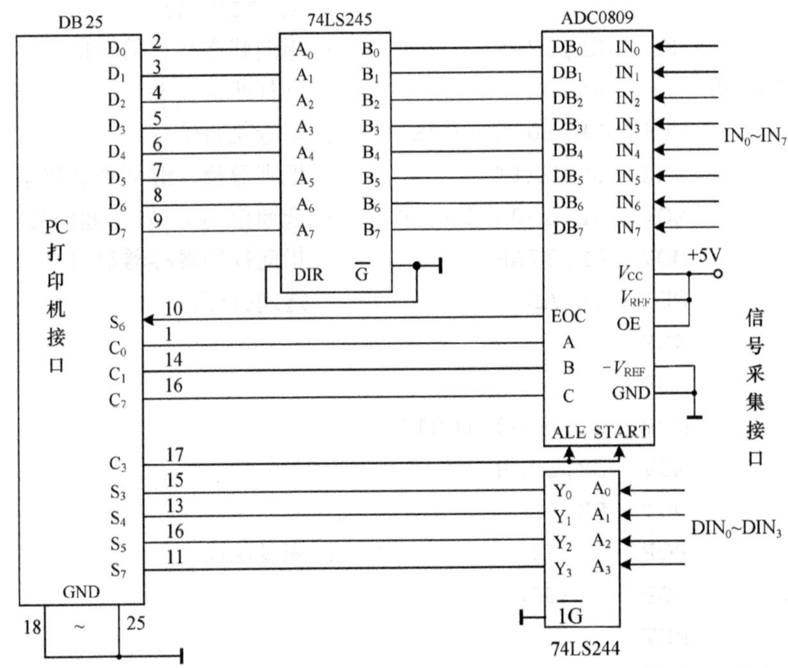

图 11.14　具有 8 通道 8 位模/数转换和 4 位数字输入的打印机接口电路

该电路应用于并行接口的“字节模式”。A/D 转换器有 8 路模拟输入，用控制寄存器的 C_0～C_2 选择模拟通道号，C_3 将上述选择信号锁定到 ADC0809 并启动转换。从状态寄存器的 S_6 查询转换完成之后，转换数据从数据端口读入。其他的 4 位开关信号通过状态端口 S_3、S_4、S_5、S_7 输入。

11.6　光电隔离输入/输出接口

11.6.1　隔离概念及意义

在微机应用系统中，微机与外设通过接口相连接。外设的状态信息通过总线传送到微

机，而微机的控制信号也是通过总线传送给外设。为了进行电信号的传送，它们必须有公共的接地端。当它们之间有一定距离时，公共的地端会有一定的电阻存在，如几到几十毫欧或更大。为了说明问题，将等效的示意图画在图 11.15 上。

在图 11.15 中，将地电阻集中表示为 R。可以这样理解：当图中的三部分工作时，它们的电流都会流过接地电阻 R。

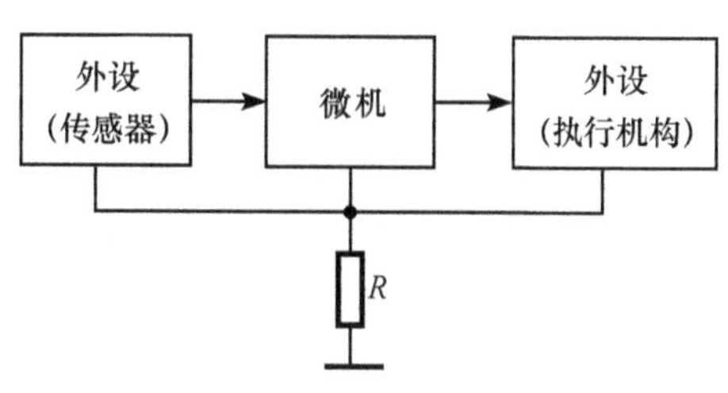

图 11.15　共地电阻示意图

当大功率外设工作时，会有大电流流过 R。例如，在以往的工作中曾遇到外设电流高达 50000A，而且不是恒定的，而是时大时小的。即使功率小一些的继电器、电机、阀门等，其工作电流也比较大，且它们的工作又往往与大电流设备联系在一起。这些大功率设备会在地上造成很大的干扰电压。这种干扰足以导致微机无法正常工作，更不用说对弱信号的外设。例如，传感器输出信号有时只有毫伏(或毫安)级的水平，极易受到干扰。因此，若不采取措施，大功率外设所产生的共地干扰就足以使系统无法工作。

弱信号外设由于信号弱、电流小，不足以对微机构成干扰。但是，微机工作时的脉冲电流在地电阻上的影响却足以干扰外设的弱信号，更不用说大功率外设所构成的干扰。

由上述可以看到，在微机应用系统中，共地的干扰会使系统不能正常工作。如果切断三者的共地关系，则共地干扰问题也就不存在了。但是，没有了共地关系，电信号无法构成回路，则传感器来的信号和微机送出的控制信号也就无法传送。为此，必须采取措施，保证既能将地隔开，又能将信号顺利地进行传送。可以采用如下措施。

(1) 采用变压器隔离。变压器隔离的思想就是使变压器的初级和次级不共地。初级的电信号先转变成磁场，经磁场传送(耦合)到次级再转变成电信号。磁场的传送(耦合)不需要共地，故可以将初、次级的地进行隔离。

(2) 采用光电耦合器件隔离。其思路是将电信号转变成光信号，光信号传送到接收边再转换成电信号。由于光的传送不需要共地，故可以将光电耦合器件两边的地加以隔离。

(3) 采用继电器隔离。利用继电器将控制边与大功率外设边的地隔离开。

总之，在这里所强调的隔离是指将可能产生共地干扰的部件间的地加以有效的隔离，以有效地克服设备间的共地干扰。本节将介绍有关光电隔离的问题。

11.6.2　光电耦合器件

1. 光电耦合器的结构

光电耦合器的结构如图 11.16 所示。

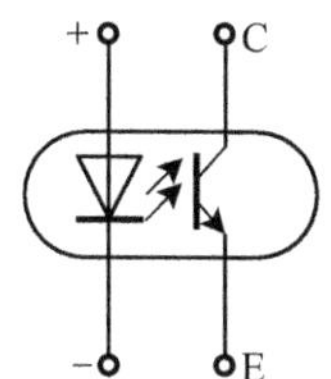

(a) 一般光电耦合器件

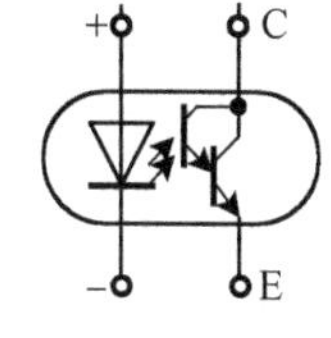

(b) 复合管光电耦合器件

图 11.16　光电耦合器的结构

从图 11.16 中可以看到，光电耦合器件由发光二极管和光敏三极管构成。当发光二极管中有一定电流时，发光二极管就发光，发出的光照射到光敏三极管上，就会产生一定的基极电流，使光敏三极管导通。若没有电流(或电流非常小)流过发光二极管，则其不发光，进而光敏三极管就处于截止状态。

2. 主要技术指标

光电耦合器件具有一些主要的技术指标，系统设计者在选用时应注意。

1)发光二极管的工作电流

光电耦合器件的发光二极管的工作电流因光电耦合器件的不同而异，其可由厂家的产品手册查出。一般发光二极管额定工作电流在10mA左右。

2)电流传输比

发光二极管加上额定电流I_F时，所发的光照射到光敏三极管上，可激发出一定的基极电流。该电流使光敏三极管工作在线性工作区时的电流为I_C。人们把下式定义为电流传输比：

$$\text{电流传输比}=\frac{I_C}{I_F}$$

这就像在线性工作区中，给定I_F可获得多大的I_C。如图11.16(a)所示的光电耦合器件的电流传输比为0.5～0.6。可见10mA的I_F只能获取5～6mA的I_C。

为了提高电流传输比，厂家生产出如图11.16(b)所示的复合管光电耦合器件。该器件的电流传输比一般为20～30。若需要更大的电流，可外接大功率晶体管。

3)光电耦合器件的传输速度

由于光电耦合器件的工作过程中需要进行电→光→电的两次物理量的转换，这种转换需要时间。因此，不同的光电耦合器件都有速度上的限制。一般常见的光电耦合器件的速度在几十千赫兹到几百千赫兹。现在高速光电耦合器件的传输速度可达几兆赫兹。

4)光电耦合器件的耐压

可以想象，在光电隔离器件工作时，发光二极管的一边与光敏三极管的一边分别属于两个不同的地。有时，特别是在大功率外设的情况下，两地之间的电位差高达数千伏。而这种电位差最终都加在了光电耦合器件的两边。为了避免两者之间被击穿，在设计电路时要选择耐压合适的光电耦合器件。一般常见的光电耦合器件的耐压为0.5～10kV。选择器件时注意留有余量。

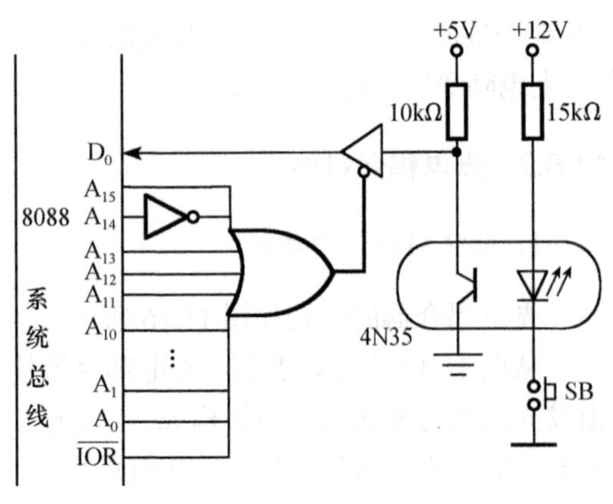

图11.17　光电隔离输入接口

5)其他

作为一种特殊二极管和三极管，它们还有一系列的电气指标，包括电压、功耗、工作环境要求等。特别注意光电耦合器件的封装形式及所封装的二极管、三极管的数量。有许多厂家为用户提供了多种形式的产品供选择。

3. 基本工作原理

1)光电隔离输入接口

光电隔离输入接口的一个典型实例如图11.17所示。

图 11.17 中，+12V 和+5V 电源的地是相互隔离的地。按钮 SB 的状态利用此接口可以输入微机中。

2) 光电隔离输出接口

光电隔离输出接口的原理图如图 11.18 所示。

在图 11.18 中，利用 8D 锁存器 74LS273 作为输出接口，通过译码器赋予接口地址(此图中 74LS273 占两个接口地址，因为 A_0 未参加译码)。利用 OC 门 7406 与发光二极管相连接。当 74LS273 的 Q_7 输出为“1”时，经光电隔离器，将高电平输出；当 Q_7 为“0”时，输出低电平。这就保证了正确的输出。图中接输出的是工作在+12V 的 CMOS 反相器。

图 11.18 只画出了锁存器 74LS273 的一个输出 Q_7。实际上，74LS273 共有 Q_0～Q_7 8 个可供使用。

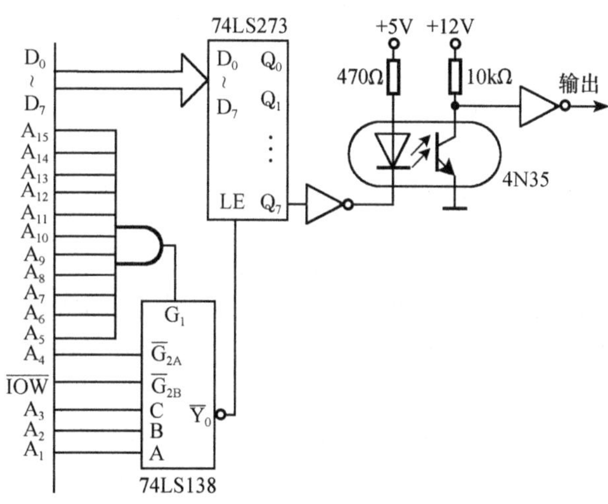

图 11.18 光电隔离输出接口

11.6.3 光电耦合器件的应用

图 11.19 是利用光电耦合器件对继电器进行控制，并利用继电器的常闭触点将继电器的状态经三态门输入接口反馈到微机。

目前，常用的继电器分为两大类：电磁继电器和固态继电器。前者是机电器件而后者是半导体器件。此处不做详细说明。

图 11.19 中使用的是电磁继电器，即当有适当的电流流过继电器绕组时，便产生磁场，将继电器的衔铁吸下，使常开接点闭合，常闭接点断开。电磁继电器有许多技术指标：工作电压和工作电流(或绕组电阻与吸合电流)；吸合时间，通常是几毫秒到几十毫秒；接点电流，通常给出通过接点的最大电流；接点耐压，一般为多少伏。其他还有体积、重量、接点数目、形状、安装方式等许多技术指标。

在图 11.19 中使用的是+12V，10mA 的小型继电器，可直接接在光敏三极管上。若要求电流很大、电压很高，可外接大功率晶体管进行驱动，若选用的继电器厂家给出绕组电阻(如 100Ω)和吸合电流(20mA)，则在选择电压后(如图+12V)，需加入串联的电阻，此时应为 510Ω 或略小一点。

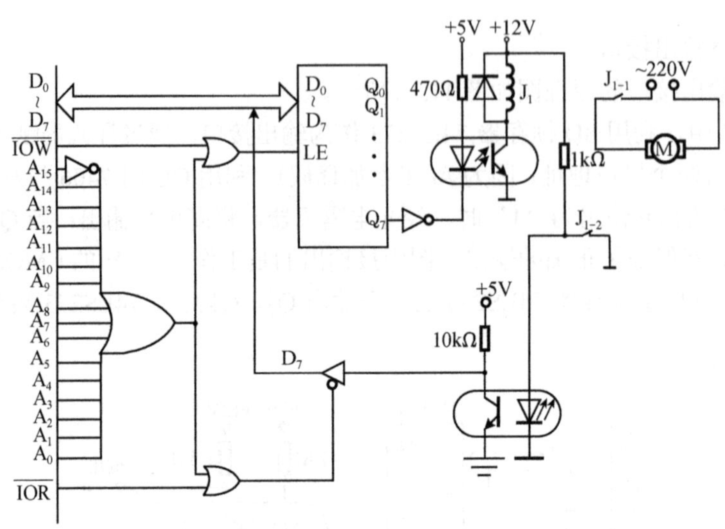

图 11.19 利用光电隔离的继电器控制电路

由于继电器绕组作为光敏三极管的负载，它是一个感性负载，故在继电器两端需要并联一个保护二极管，以免在三极管截止时电感产生的反峰电压损坏光敏三极管。

图 11.19 中，利用光电耦合器件将微机边与外设边隔离，这时两边的地是不相连的，是完全独立的两个地。

图 11.19 的电路的功能就是通过光电隔离输出接口来控制一个电机转动。同时，为了可靠，将继电器常闭接点的状态加以利用，实现向继电器发送吸合命令。若 3 次尚不能使继电器吸合，则转向故障处理(ERROR)；若继电器吸合，则转向 GOOD。其程序如下：

```
KCJDS: MOV    CL,3
GOON:  MOV    DX,8000H
       MOV    AL,80H
       OUT    DX,AL          ；发出继电器吸合命令
       CALL   T20MS          ；延时时间大于继电器吸合时间
       IN     AL,DX          ；取继电器状态
       TEST   AL,80H
       JZ     GOOD
       MOV    AL,00H
       OUT    DX,AL          ；发出继电器断开命令
       CALL   T5MS
       DEC    CL
       JNZ    GOON
       JMP    ERROR
GOOD:  ⋮
```

上面所说的都是开关信号的光电耦合传输。同时，模拟信号也可以通过光电隔离进行传送。这里不再叙述，感兴趣的读者可参阅有关资料。

11.7 电机接口

在工业控制系统中，通常要控制机械部件的平移和转动。这些机械部件的驱动大都采用交流电机、直流电机和步进电机。在这 3 种电机中，步进电机最适用于数字控制，因此它在数控机床等设备中得到了广泛的应用。同时，在微机控制系统中，直流电机也经常遇到。本节将分别说明它们与系统总线的接口。

11.7.1 直流电机接口

1. 直流电机概述

在励磁直流电机中，当励磁电压和负载转矩不变时，电机的转速由加在电枢上的电压 U_a 决定。理想情况下，速度与 U_a 呈线性关系。当 U_a 越小时，转速越慢；U_a 减到 0，电机也就不转了。同时，当通过电枢的电流反向时，也就是 U_a 改变极性时，电机便会反转。可见，直流电机改变转速和改变转动方向都是很容易的。励磁式直流电动机示意图及调速特性分别如图 11.20(a)和图 11.20(b)所示。对直流电机进行速度控制可用以下两种方法。

(1)线性地改变加到直流电机上的电压，使加到电机上的直流电压线性地改变，从而达到调速的目的。

(2)改变加在电机上脉冲电压的占空比，即在电枢上加上脉冲，电机加速到高速，而无脉冲时，电机减速。调整脉冲的宽度即可改变电机的转速。

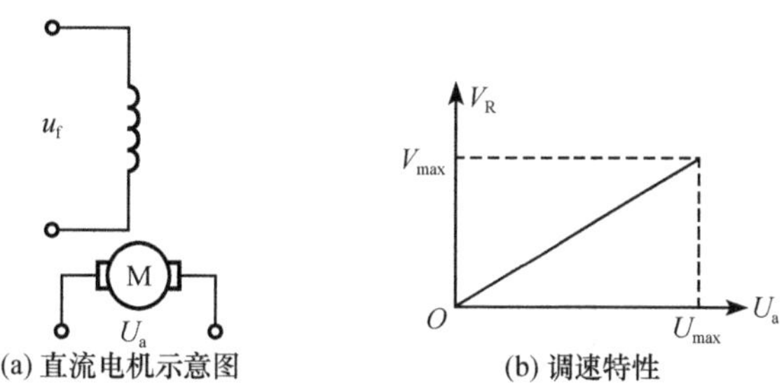

(a) 直流电机示意图　　(b) 调速特性

图 11.20　直流电机及其调速特性

2. 直流电机控制接口

1)单向线性电压控制

利用加在直流电机电枢上的线性电压可对电机速度进行控制。一种利用 D/A 转换器实现速度控制的接口电路如图 11.21 所示。

MC741 运放采用±12V 电源，由图 11.21 可以看到，运放输出为 0～+12V。利用程序可以控制电机的启动和转速，显然，电机只能一个方向转动。图中总线信号用 8086 最小模式信号，接口地址由 8 位地址(A_0～A_7)决定。

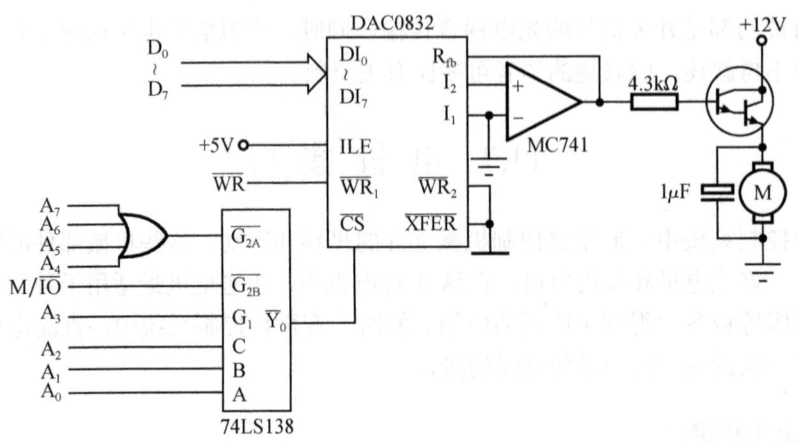

图 11.21　利用线性电压控制直流电机的接口

由于 D/A 转换器的输入可以从 00H 到 FFH，使运放的输出线性变化为 0～+12V，从而可以根据要求，利用该输出控制电机工作在相应速度上。

2) 单向脉冲控制接口

单向脉冲控制接口电路如图 11.22 所示。

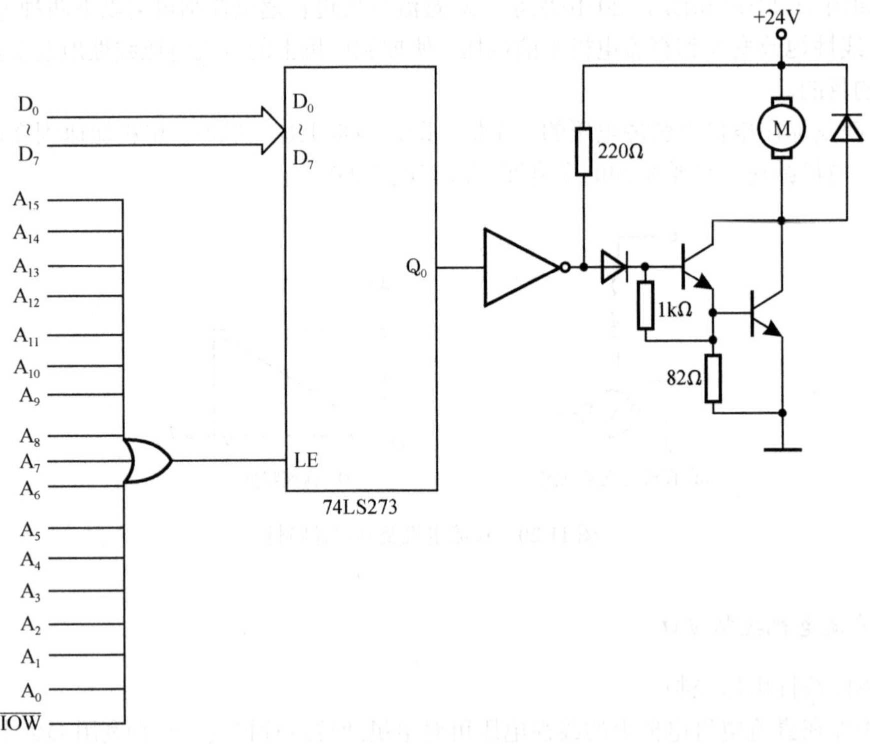

图 11.22　利用脉冲控制直流电机接口

利用图 11.22 的锁存器输出接口，当 Q_0 输出为 0 时，电机以额定速度转动；当 Q_0 输出为 1 时，电机停转。当从 Q_0 输出脉冲宽度变化时，可以改变电机的转速。

3) 直流电机的双向控制

上面所描述的控制接口，电机转动只有一个方向。前面已经提到，只要改变加到电机上的电压极性，便可以改变其转动方向。图 11.23 就是一种电机双向控制接口。

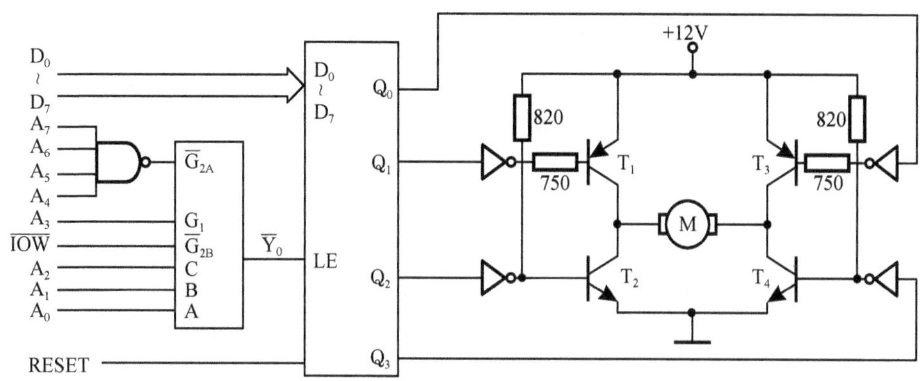

图 11.23 直流电机的双向控制接口

图 11.23 中，利用锁存器控制四个大功率晶体管。其中反相器可用高电压工作的 OC 门 7406。可以看到，当锁存器输出为 06H 时，电机向一个方向转动；而当输出为 09H 时，则会反方向转动。只要使 T_1 和 T_3 同时截止(或 T_2 和 T_4 同时截止)，电机就会停止转动。例如，使锁存器输出 00H，电机就会停止转动。在某一方向上，控制输出脉冲的占空比，可以控制电机的转速。

在图 11.23 所示的电机接口中，要特别注意控制，任何时候都不允许 T_1，T_2 或 T_3，T_4 同时导通。为此，利用复位信号，一加电复位，使电机处于停止状态。在控制过程中，一定要注意避免这种情况发生。

在以上直流电机控制中，转速控制采用的都是开环控制，在转速要求不高的地方使用。在转速要求比较严格的地方，通常采用闭环控制，即将电机的转速反馈到 CPU，利用程序进行比较计算，再输出相应信号，控制转速达到规定的速度。

常用的测速器件有霍尔元件、机械码盘、测速电机等。限于篇幅，这里不再说明。

11.7.2 步进电机接口

1. 步进电机的基本工作原理

步进电机是一步一步转动的，例如，每走一步，电机轴转动 1.5°。它可以顺时针转，也可以逆时针转。因此，其功能完全和一般电动机相似。

用 4 个开关控制四相步进电机的示意图如图 11.24 所示。

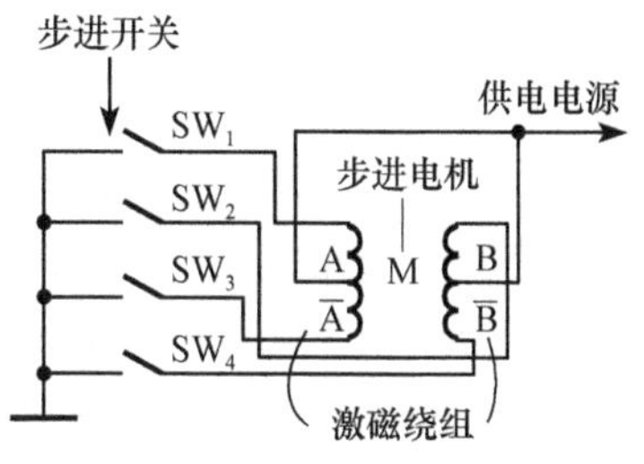

图 11.24 步进电机结构示意图

当以一定的规律控制 4 个开关的通断时，就能控制步进电机转动。

步进电机在应用时需注意到它的技术指标，在满足额定工作条件之下，它才能正常工作。主要的技术指标有以下几个。

(1) 工作电压。工作电压即步进电机工作时所要求的工作电压。

(2) 绕组电流。如图 11.24 所示的步进电机有 4 个相绕组，只有绕组有电流时，才能建立磁场，且不同相上电流的有无即决定步进电机的步进。不同的步进电机，其额定绕组电流不一样。功率小的几百毫安，功率大的以安培计。步进电机工作时应使其工作在此电流之下。

(3) 转动力矩。转动力矩是指在额定条件下(电流、电压)，步进电机的轴上所能产生的转矩，单位通常为 N·cm。步进电机通常是用来驱动物体转动和产生位移的，应根据用户的需求来选择一定转矩的步进电机。

(4) 每步转角。步进电机每走一步实际就是其转子(轴)转一个角度。不同的电机，每步转的角度不一样。小的有 0.5°/步、1.5°/步等，大的到 15°/步。在应用中可根据用户的需求选用。

(5) 工作频率。工作频率就是步进电机每秒钟能走的额定步数。由于步进电机走步实际上是转子的机械转动，所以不可能很快。例如，有的工作频率 500Hz 就意味着每一步需要 2ms。目前频率高的可达 10kHz。但是总的来说，与微机的速度相比，步进电机的速度是十分慢的。

(6) 激励方式。目前四相步进电机驱动的激励方式有如下三种。

① 一相激励方式，其激励波形如图 11.25(a)所示。在这种方式中，步进电机工作时温升较低，电源功耗小，但是当速度较高时容易产生失步。

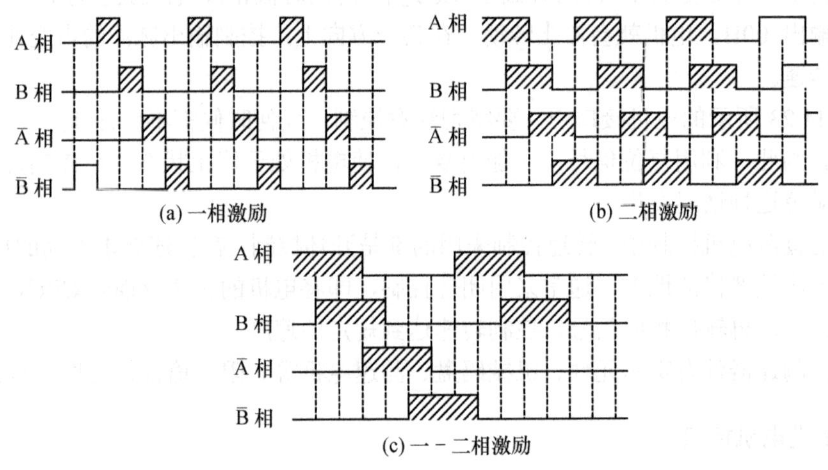

图 11.25　步进电机的激励方式

② 二相激励方式，其激励波形如图 11.25(b)所示。在这种方式中，当步进电机工作时温升较高，电源功率较大，但不容易失步。

③ 一–二相激励方式，其激励波形如图 11.25(c)所示。在这种方式中，步进电机的工作状态介于一相激励和二相激励两者之间，每转动一次只走半步。例如，在一相激励和二相激励方式中步进电机每步转动 1°，那么在该方式下每步只转动 0.5°。

一般步进电机控制电路如图 11.26 所示。它由脉冲分配电路和驱动电路构成。脉冲分配器有两个输入信号：一个是步进脉冲，每输入一个步进脉冲，脉冲分配器的四相输出时序将发生一次变化，从而使步进电机转动一步；另一个是方向控制信号，它的两个不同状态将使脉冲分配器产生不同方向的步进时序脉冲，从而控制步进电机是顺时针转动还是逆时针转动。脉冲分配器的四相激励信号经驱动电路后，再接到步进电机的激励绕组上，对步进电机进行功率驱动。

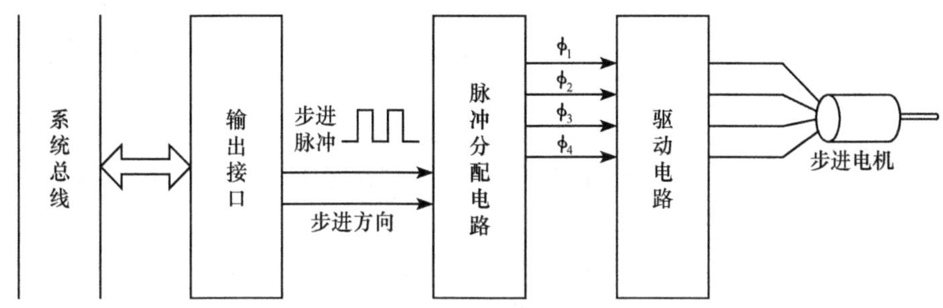

图 11.26　步进电机控制接口框图

2. 脉冲分配器的实现

1) 硬件电路脉冲分配器

脉冲分配的作用就是在步进脉冲的激励下产生四相步进脉冲。构成脉冲分配的方法很多，可以用硬件电路来实现，也可以用软件来产生。下面分别加以说明。

(1) 利用移位寄存器实现脉冲分配。如图 11.27(a) 所示，利用 4 位移位寄存器 74LS194 可以构成脉冲分配器，74LS194 的输出 ϕ_1、ϕ_2、ϕ_3、ϕ_4 为四相驱动脉冲输出。S_0、S_1 为工作模式设置，其真值表如表 11.9 所示。

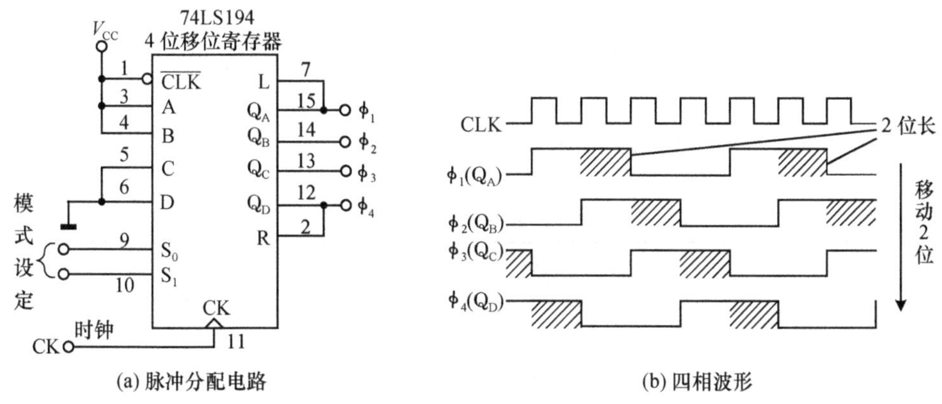

(a) 脉冲分配电路　　(b) 四相波形

图 11.27　4 位移位寄存器脉冲分配

表 11.9　脉冲分配器模控制表

S_1	S_0	状态
L	H	CW(正转)
H	L	CCW(反转)
H	H	初始化
L	L	输出保持

脉冲分配器初始化时，$S_0=S_1=H$，在时钟脉冲(步进脉冲)CK 作用下，0011B 数据装入移位寄存器，然后使 S_1 S_0=01 或 S_1 S_0=10，再在步进脉冲控制下就可以从 1～4 送出对应正转或反转的驱动步进电机的时序脉冲。

如图 11.40(b)可知，设置接口输出信号控制 S_0S_1，并加上步进脉冲，就可以实现二相激励的四相脉冲输出。但该硬件只能输出一种形式的四相脉冲，即二相激励的脉冲形式，因此显得还不够方便。

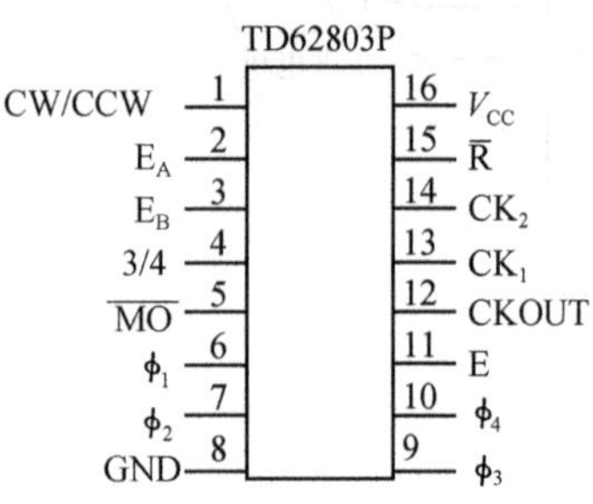

图 11.28　TD62803P 引脚图

(2)利用 TD62803P 实现脉冲分配。随着大规模集成电路技术的发展，现在已生产出专门用于步进电机控制的脉冲分配器芯片，它可以适用于三相和四相步进电机的各种激励方式，TD62803P 就是其中一例。TD62803P 的引脚如图 11.28 所示，其各引脚定义如下。

CW/CCW：正转/反转控制。

E_A，E_B：激励方式控制。

3/4：3 相或 4 相切换控制。

$\overline{MO}$：初始状态检出，初始状态时其输出低电平。

ϕ_1，ϕ_2，ϕ_3，ϕ_4：四相驱动脉冲输出。

E：输出允许，当该端为高电平时，允许 ϕ_1～ϕ_4 输出。

CKOUT：时钟输出，它可以用来对步进脉冲进行计数。

CK_1，CK_2：时钟输入。

$\overline{R}$：复位输入。

GND：地。

V_{CC}：+5V 电源。

从 TD62803P 引脚定义可看到，它是一个功能可控的多功能脉冲分配器。在相应引脚上加上不同的控制电平即可得到不同的控制功能的真值表如表 11.10 所示。用 TD62803P 和有关接口芯片相连就容易构成一个用微型计算机控制的步进电机接口电路。

表 11.10　TD62803P 控制真值表

CK_1	CK_2	CW/CCW	功能	E_A	E_B	3/4	说明
＿┌	H	L	CW	L	L	L	四相、一相激励
＿┌┐＿	L	L	禁止	H	L	L	四相、二相激励
H	＿┌	L	CCW	L	H	L	四相、一-二相激励
L	＿┌┐＿	L	禁止	H	H	L	测试模式，输出全部有效
＿┌	H	H	CCW	L	L	H	三相、一相激励
＿┌┐＿	L	L	禁止	H	L	H	三相、二相激励
H	＿┌	H	CW	L	H	H	三相、一-二相激励
L	＿┌┐＿	H	禁止	H	H	H	测试模式，输出全部有效

2）软件脉冲分配

除了前面提到的利用硬件电路实现脉冲分配外，利用软件也可以方便灵活地实现脉冲分配。

在 8088 系统总线上实现软件脉冲分配，可以利用最简单的锁存器输出接口，如图 11.29 所示。

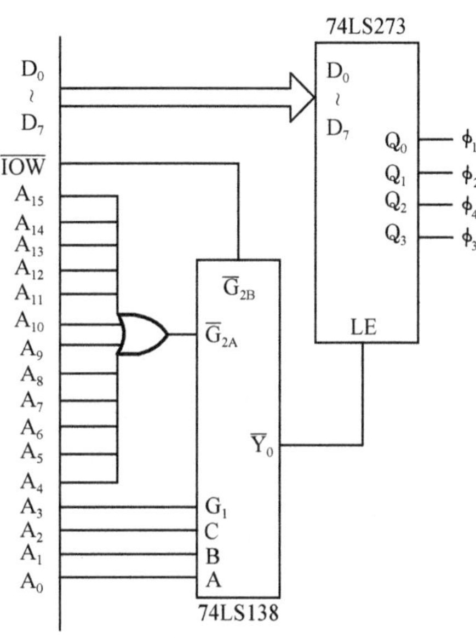

图 11.29　软脉冲分配产生四相脉冲

利用图 11.29 的锁存器，可以输出四相激励脉冲。在进行控制时，可在内存中建立一个表。对二相激励来说，此表只有 4 个数字，如表 11.11 所示。

表 11.11　内存中所建表

09H
03H
06H
0CH

将表 11.11 的数据经图 11.29 的锁存器接口输出，可产生四相激励信号。若按照表 11.11 从上向下循环输出，则步进电机正转；若自下向上循环输出，则会反转。对一-二相激励，读者可自己构成数据表。

工程上实现时要考虑更多的问题，还必须记住当前步进电机停留在什么状态。然后，由此状态开始正向或反向走几步。

例 11.4　假设目前步进电机停在某处，且此时的激励数据的指针存放激励数据表的同一段的 POINTER 字单元，激励数据表的首址为 TABLE，激励数据表的末址为 TBTOP。结合图 11.29，编写使步进电机正向走 23 步的程序。

解：根据图 11.29 可知，向步进电机输出四相脉冲的输出端口地址为 0008H，依据题意编写程序如下：

```
START: MOV    DX,SEG TABLE         ; 取表的段地址
       MOV    DS,DX
       MOV    SI,POINTER           ; 取表的指针
       MOV    CL,23                ; 走23步
```

```
GO:     MOV     DX,0008H
        MOV     AL,[SI]
        OUT     DX,AL
        CALL    TIME                    ；等待步进电机走一步
        INC     SI
        CMP     SI,TBTOP
        JNAN    EXT                     ；没有超出表项，转
        MOV     SI,OFFSET TABLE         ；表首地址
NEXT:   DEC     CL
        JNZ     GO
        MOV     POINTER,SI
        …
```

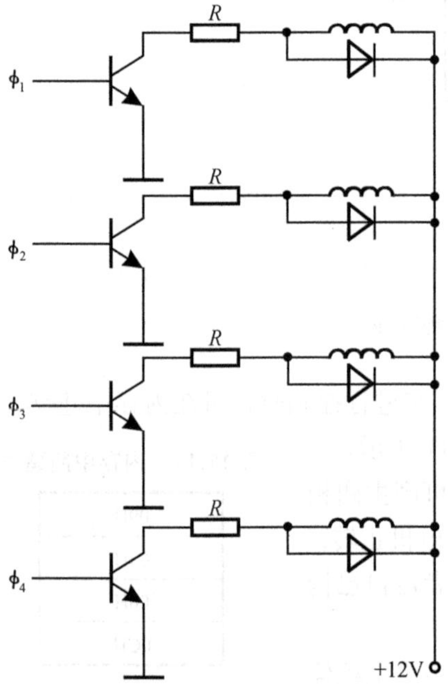

图 11.30　晶体管驱动电路

3. 驱动电路

一般脉冲分配器输出驱动能力是有限的，它不可能去直接驱动步进电机，而需要经过一级功率放大后，再去驱动步进电机。最简单的方法是再经一级晶体管功率放大电路去推动步进电机，其电路如图 11.30 所示。

图 11.30 为了减小脉冲分配器的负载，驱动晶体三极管采用高 β 值(≥150)的复合大功率晶体管。R 为限流电阻，二极管用作保护，因为步进电机的绕组为感性负载。

对于功率比较小的步进电机，厂家已生产了集成度较高，将硬件脉冲分配与驱动器集成在一块芯片中的产品。Philips 公司的 SAA1027 就是将两者集成在一起的。使用时，只要在其输入端加上步进方向和脉冲，输出端与步进电机相连就可以了。只是该芯片允许的最大相电流为 300mA，对小功率步进电机是适合的。其应用框图如图 11.31 所示。

在图 11.31 中，微机通过锁存器输出接口送出步进脉冲和方向选择电平。这两个信号加到数据选择器上，同时，由人工来控制步进电机的手动信号也加到数据选择器上。人工控制步进电机的手动信号由面板选择控制。当开始调整步进电机的初始状态(位置)时，利用手动信号来完成步进电机的正、反向转动及转动到初始位置。然后由微机控制步进电机工作。此做法在数控机床上得到了广泛的应用。

驱动步进电机的器件很多，除了将脉冲分配和驱动器集成在一起的器件外，也有只有驱动的器件，如 TD62308AP，它可以配合前面所提到的脉冲分配器 TD62803P 一起工作。

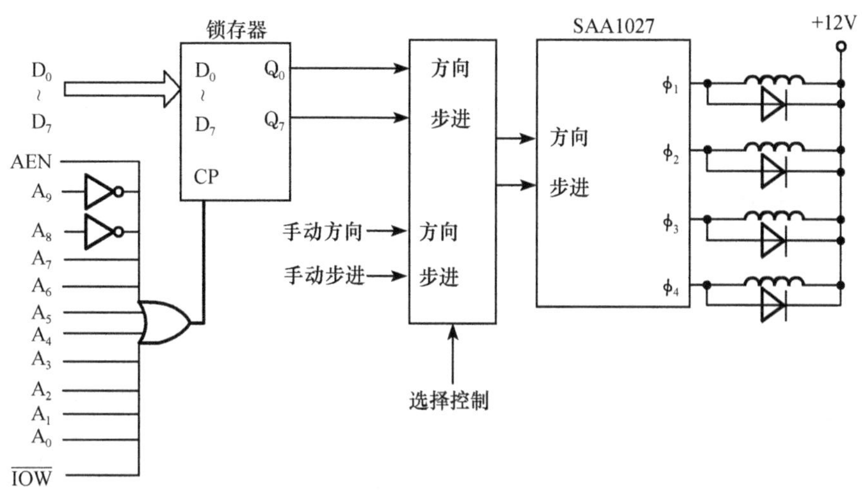

图 11.31　利用 SAA1027 的步进电机接口

4. 步进电机的速度控制

由于步进电机步进时是机械转动的，因而有惯性存在。当从静止状态使步进电机连续步进时，相当于开始转动的速度为 0。它不可能立即就达到它的最大频率(转速)，这需要一个由慢到快的逐渐加速的过程。如果不这样做，就可能由于惯性而失步。

同样，当步进电机正以最高的频率步进时，让它立即停下来，它很可能停不下来而多走了几步，这当然也会造成错误。因此，在停下来之前应当有一个逐渐减速的过程，到该停止的位置时，速度已经很慢。

如何进行速度控制，保证步进电机正常工作呢？正如前面步进电机的技术指标中所述，步进电机的速度与每步所用的时间有关。每步时间越长，速度就越慢。因此，只要控制每步的延时时间，便可以控制步进速度。为此，我们可以按照上面的思路对每一步延时时间进行控制，而达到对速度的控制，如图 11.32 所示。

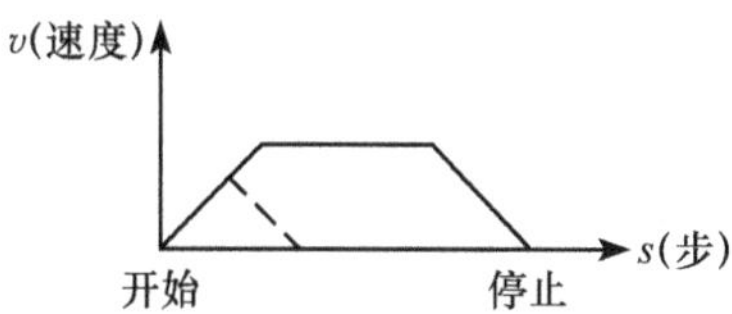

图 11.32　步进电机速度控制示意图

图 11.32 的示意图表明了开始要逐步加速，结束前要逐步减速。例如，开始时第一步延时 20ms，第二步延时 19ms，以每步减少 1ms 的速率延时到 1ms，此时达到最高速。也就是从开始的 50Hz 逐步增加到步进电机的额定速度 1000Hz，然后就在额定高速 1000Hz 上运动。当走到结束前的 20 步时，再每步加 1ms 减速，当到达停止的步数时，步进电机的速度已经是 50Hz 的步进速度了。

若步进电机一次走的步数较少，则可用一半步数加速而另一半步数减速的办法，如图 11.32 中虚线所示的情况。显然，加速与减速的步数不一定要选 20 步，可以多些也可以少些。同时，控制速度也可以用其他方法。

5. 步进电机控制实例

图 11.33 是一个实用的步进电机控制接口实例。它包括一个并行输出接口、一个 D/A

输出接口和一个定时器及相应的步进电机控制和驱动电路。

从图中可以看到，微机通过 D/A 接口将一个模拟电压加到压控振荡器(74LS624)的电压控制输入端，一定频率的步进脉冲从 CK_1 输入，利用 D/A 输出电压的高低，可以控制压控振荡器的频率，也就是说，可以控制步进电机的转动速度。并行接口的两个输出端分别控制压控振荡器的启、停和脉冲分配器的正、反转。脉冲分配器的 CK_{OUT} 输出接到微机的某一个定时通道，该定时器用来计数步进电机的步数。

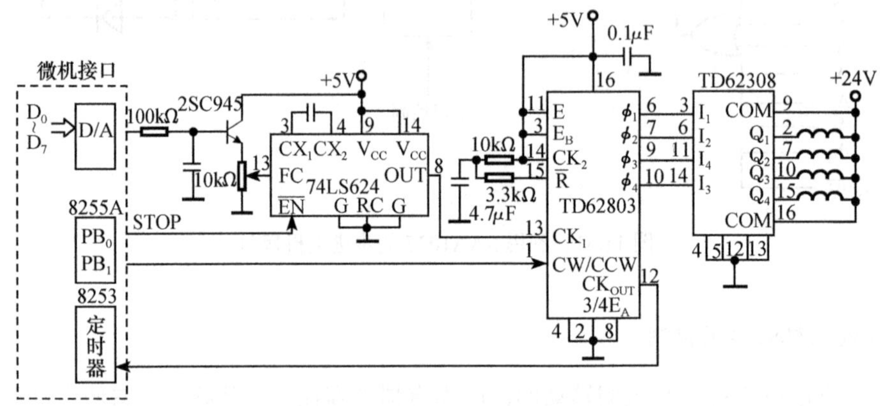

图 11.33　步进电机控制接口实例

下面分析步进电机的工作控制过程。现在假设步进电机要前进(正转)100 步，那么先向定时器置一个 100 的数，并且允许计数到“0”时产生中断；再向 8255A 并行端口的 PB_1(CW/CCW)端送一个高电平，就使步进电机处于正转状态。在初始状态下，压控振荡器启停控制端应为高电平，禁止压控振荡器工作。接着给 D/A 接口送一个让步进电机按某一速度转动的数。压控振荡器可按某一频率送出步进脉冲，一切准备就绪后，向 8255A 并行端口 PB_0(STOP)端送一个低电平，压控振荡器开始工作，以某一频率输出步进脉冲，步进电机以某一速度正向转动。每转动一步 CK_{OUT} 就输出一个步进脉冲，使定时器的计数值减 1。当 100 步走完时，定时器产生中断，CPU 向 8255A 并行端口 PB_0(STOP)端送一个高电平，压控振荡器停止工作，步进电机停止转动。

11.8　小　　结

本章分别介绍了在微机应用系统设计中，经常用到的一些 I/O 设备及其接口技术。在对每类设备的主要技术指标及其接口方法进行讨论的基础上，以实例的方式给出了一些 I/O 设备在微机系统中实际应用的硬软件设计。

掌握非编码矩阵键盘及 LED 数码管显示器的结构、扫描工作原理；掌握在微机应用系统设计中，引入光电隔离的意义；掌握步进电机的工作原理。在此基础上，掌握这些设备与 CPU 的接口方法及其驱动程序设计方法。

习　题

11.1　什么是编码键盘和非编码键盘？

11.2　矩阵结构的键盘是怎样工作的？请简述键盘的扫描过程。

11.3　在键盘扫描过程中应特别注意哪两个问题？这些问题可采用什么办法来解决？

11.4　鼠标常用接口有哪几种类型？简述光电鼠标的工作原理。

11.5　试计算 1024×768 分辨率、24 位彩色所需的显存为多少？

11.6　什么是 LED 数码显示器？它有哪几种接法？如何得到显示段码？

11.7　LED 数码显示器的接口方法有哪两种？各有何特点？

11.8　两位 LED 七段共阳数码管用于显示 00～99 这 100 个数字。试以静态显示的方式，自选接口芯片，自定接口地址，将它们连接在 8088 的系统总线上，并画出连接电路图。

11.9　常见打印机接口有哪几种工作方式？举例说明。

11.10　在微机应用系统中，采用光电隔离技术的目的是什么？

11.11　在某一个系统中，按键输入需要光电隔离。要求在键按下去时，CPU 总线上的状态要求为低电平，抬起来时为高电平。若指定其端口地址为 270H，试用光电隔离器件构成该按键的输入电路。

11.12　步进电机有哪几种激励方式？各有什么特点？

11.13　试设计一个接口电路，在 8088 处理器控制下，能产生一相激励的四相步进脉冲序列。要求最高速度为 10 步/秒，能正转和反转，并用 8088 汇编语言编制该控制程序。

参 考 文 献

聂伟荣，王芳，江小华, 2014. 微型计算机原理及接口技术. 北京：清华大学出版社.
乔志伟，张艳兵，李顺增, 2015. 微机原理与接口技术——从 16 位到 32 位. 北京：人民邮电出版社.
肖洪兵, 2010. 微机原理及接口技术. 北京：北京大学出版社.
杨文璐，谢宏, 2015. 微机原理与接口技术. 上海：上海交通大学出版社.
Intel Corporation, 2013. Intel 64 and IA-32 Architectures Developer's Manual. Intel Corporation.

附　　录

附录A　8086/8088指令系统

助记符	操 作 数	指令功能	指令长度	执行时钟数
AAA	—	加法分离BCD码调整	1	4
AAD	—	除法分离BCD码调整	2	60
AAM	—	乘法分离BCD码调整	2	83
AAS	—	减法分离BCD码调整	1	4
ADC	REG1，REG2	带进位的加法指令 DST←DST+SRC+CF，并置标志位	2	3
	REG1，MEM		2～4	9+T(EA)
	MEM，REG2		2～4	16+T(EA)
	REG1，IDATA		3～4	4
	MEM，IDATA		3～6	17+T(EA)
	AX/AL，IDATA		2～3	4
ADD	REG1，REG2	加法指令 DST←DST+SRC，并置标志位	2	3
	REG，MEM		2～4	9+T(EA)
	MEM，REG		2～4	16+T(EA)
	REG，IDATA		3～4	4
	MEM，IDATA		3～6	17+T(EA)
	AX/AL，IDATA		2～3	4
AND	REG1，REG2	逻辑与指令 DST←DST∧SRC，并置标志位	2	3
	REG，MEM		2～4	9+T(EA)
	MEM，REG		2～4	16+T(EA)
	REG，IDATA		3～4	4
	MEM，IDATA		3～6	17+T(EA)
	AX/AL，IDATA		2～3	4
CALL	LABEL(段内)	段内直接调用	3	19
	LABEL(段间)	段间直接调用	5	28
	MEM(16位变量)	段内间接调用	2～4	21＋T(EA)
	REG(16位)		2	16
	MEM(32位变量)	段间间接调用	2～4	37＋T(EA)
CBW	—	符号扩展指令，即AL扩展成AX	1	2
CLC	—	CF清零，即CF←0	1	2
CLD	—	DF清零，即DF←0	1	2
CLI	—	IF清零，即IF←0	1	2
CMC	—	CF取反，即CF←$\overline{CF}$	1	2

续表

助记符	操作数	指令功能	指令长度	执行时钟数
CMP	REG1，REG2	比较指令 DST-SRC，并设置标志位	2	3
	REG，MEM MEM，REG		2～4	9+T(EA)
	REG，IDATA		3～4	4
	MEM，IDATA		3～6	10+T(EA)
	AX/AL，IDATA		2～3	4
CMPS	CMPS，DST，SRC CMPSB CMPSW	字符串比较指令 (DS:SI)-(ES:DI)，并设置标志位	1	22
	CMPS 前带重复前缀 REPZ、REPNZ 等时	重复执行字符串比较指令	1	9+22N(REP)
CWD	—	符号扩展指令， 即 AX 扩展成 DX：AX	1	5
DAA	—	加法组合 BCD 码调整	1	4
DAS	—	减法组合 BCD 码调整	1	4
DEC	REG(16 位)	减量指令 DST←DST−1	1	2
	REG(8 位)		2	3
	MEM		2～4	15+T(EA)
DIV	REG(8 位)	无符号数除法指令	2	80～90
	REG(16 位)		2	114～162
	MEM(字节单元)		2～4	(86～96)+T(EA)
	MEM(字单元)		2～4	(150～168)+T(EA)
ESC	IDATA，MEM	换码指令	2～4	8+T(EA)
	IDATA，REG		2	2
HLT	—	暂停指令	1	2
IDIV	REG(8 位)	有符号数除法指令	2	101～112
	REG(16 位)		2	165～184
	MEM(字节单元)		2～4	(107～118)+T(EA)
	MEM(字单元)		2～4	(171～190)+T(EA)
IMUL	REG(8 位)	有符号数乘法指令	2	80～98
	REG(16 位)		2	128～154
	MEM(字节单元)		2～4	(86～104)+T(EA)
	MEM(字单元)		2～4	(134～160)+T(EA)
IN	AL/AX，PORT8	端口输入指令 AL/AX←端口寄存器内容	2	10
	AL/AX，DX		1	8
INC	REG(16 位)	增量指令 DST←DST+1	1	2
	REG(8 位)		2	3
	MEM		2～4	15+T(EA)

续表

助记符	操 作 数	指令功能	指令长度	执行时钟数
INT	n(当类型码 n=3)	中断调用指令	1	52
	n(当类型码 $n\neq3$)		2	51
INTO	—	溢出中断指令	1	53(O=1) 4(O=0)
IRET	—	中断返回指令	1	24
JA/JNBE	JA LABEL JNBE LABEL	高于时转 LABEL 不低于等于时转 LABEL	2	4 或 16
JAE/JNB	JAE LABEL JNB LABEL	高于等于时转 LABEL 不低于时转 LABEL	2	4 或 16
JB/JNAE	JB LABEL JNAE LABEL	低于时转 LABEL 不高于等于时转 LABEL	2	4 或 16
JC	JC LABEL	进位为 1 时转 LABEL	2	4 或 16
JCXZ	JCXZ LABEL	CX 为 0 时转 LABEL	2	6 或 18
JE/JZ	JE LABEL	相等/结果为 0 时转 LABEL	2	4 或 16
JG/JNLE	JG LABEL JNLE LABEL	大于时转 LABEL 不小于等于时转 LABEL	2	4 或 16
JGE/JNL	JGE LABEL JNL LABEL	大于等于时转 LABEL 不小于时转 LABEL	2	4 或 16
JL/JNGE	JL LABEL JNGE LABEL	小于时转 LABEL 不大于等于时转 LABEL	2	4 或 16
JLE/JNG	JLE LABEL JNG LABEL	小于等于时转 LABEL 不大于时转 LABEL	2	4 或 16
JMP	LABEL(短转移标号)	短转移，转移范围(–128～+127)	2	15
	LABEL(近程转移标号)	近程转移(–32768～+32767)	3	15
	LABEL(远程转移标号)	段间远程转移	5	15
	MEM(字单元)	段内近程转移	2～4	18+T(EA)
	REG(16 位)	段内近程转移	2	11
	MEM(双字单元)	段间转移	2～4	24+T(EA)
JNC	JNC LABEL	CF 位为 0 时转 LABEL	2	4 或 16
JNE/JNZ	JNE LABEL JNZ LABEL	不相等时转 LABEL 结果不为 0 时转 LABEL	2	4 或 16
JNO	JNO LABEL	无溢出(OF＝0)时转 LABEL	2	4 或 16
JNP/JPO	JNP LABEL JPO LABEL	PF 为 0 时转 LABEL 奇数个 1 时转 LABEL	2	4 或 16
JNS	JNS LABEL	SF 为 0 转移	2	4 或 16
JO	JO LABEL	有溢出转 LABEL	2	4 或 16
JP/JPE	JP LABEL JPE LABEL	PF 为 1 时转 LABEL 偶数个 1 时转 LABEL	2	4 或 16

续表

助记符	操 作 数	指令功能	指令长度	执行时钟数
JS	JS LABEL	SF 为 1 时转 LABEL	2	4 或 16
LAHF	—	(AH)←PSW 寄存器的低 8 位	1	4
LDS	REG，MEM	取地址指针指令 REG←(MEM)，DS←(MEM+2)	2～4	16+T(EA)
LEA	REG，MEM	取有效地址指令 REG←(MEM)	2～4	2+T(EA)
LES	REG，MEM	取地址指针指令 REG←(MEM)，ES←(MEM+2)	2～4	16+T(EA)
LOCK	—	总线锁定指令	1	2
LODS	LODSDST，SRC LODSB LODSW	字符串装入指令 (AL/AX)←(ES:DI)	1	12
	LODS 前带重复前缀 REP 时	重复执行字符串装入指令	1	9+13N(REP)
LOOP	LOOP LABEL	循环指令	2	5/17
LOOPE/ LOOPZ	LOOPE LABEL LOOPZ LABEL	结果相等时执行 LOOP 指令 结果为 0 时执行 LOOP 指令	2	6/18
LOOPNE/ LOOPNZ	LOOPNE LABEL LOOPNZ LABEL	结果不相等时执行 LOOP 指令 结果不为 0 时执行 LOOP 指令	2	5/19
MOV	AL/AX，MEM	通用数据传送指令 DST←SRC	3	10
	MEM，AL/AX		3	10
	REG，REG		2	2
	REG，MEM		2～4	8+T(EA)
	MEM，REG		2～4	9+T(EA)
	REG，IDATA		2～4	4
	MEM，IDATA		3～6	10+T(EA)
	REG，IDATA		2～3	4
	REG，段 REG		2	2
	MEM，段 REG		2～4	9+T(EA)
	段 REG，REG		2	2
	段 REG，MEM		2～4	8+T(EA)
MOVS	MOVSDST，SRC MOVSB MOVSW	字符串传送指令 (ES:DI)←(DS:SI)	1	18
	MOVS 前带重复前缀 REP 时	重复执行字符串传送指令		9+17N(REP)
MUL	REG(8 位)	无符号数乘法指令	2	70～77
	REG(16 位)		2	118～133
	MEM(字节单元)		2～4	(76～83)+T(EA)
	MEM(字单元)		2～4	(124～139)+T(EA)

续表

助记符	操 作 数	指令功能	指令长度	执行时钟数
NEG	REG	取负指令 DST←0–DST	2	3
	MEM		2～4	16+T(EA)
NOP	—	空操作	1	3
NOT	REG	逻辑非指令 DST←($\overline{DST}$)，并置标志位	2	3
	MEM		2～4	16+T(EA)
OR	REG，REG	逻辑或运算 DST←DST∨SRC，并置标志位	2	3
	REG，MEM		2～4	9+T(EA)
	MEM，REG		2～4	16+T(EA)
	REG，IDATA		3～4	4
	MEM，IDATA		3～6	17+T(EA)
	AL/AX，IDATA		2～3	4
OUT	PORT8，AL/AX	端口输出指令 端口寄存器←AL/AX	2	10
	DX，AL/AX		1	8
POP	REG	弹出堆栈至 DST	1	8
	SEGREG(CS 非法)		1	8
	REG		2	8
	MEM		2～4	17+T(EA)
POPF	—	弹出堆栈至 PSW	1	8
PUSH	REG	SRC 压入堆栈	1	10
	SEGREG		1	10
	REG		2	11
	MEM		2～4	16+T(EA)
PUSHF	—	PSW 压入堆栈	1	10
RCL	REG，1	带进位循环左移指令	2	2
	MEM，1		2～4	15+T(EA)
	REG，CL		2	8+4CL
	MEM，CL		2～4	20+T(EA)+4CL
RCR	REG，1	带进位循环右移指令	2	2
	MEM，1		2～4	15+T(EA)
	REG，CL		2	8+4CL
	MEM，CL		2～4	20+T(EA)+4CL
RET	段内，无弹出值	子程序返回指令	1	8
	段内，有弹出值		3	12
	段间，无弹出值		1	18
	段间，有弹出值		3	17
ROL	REG，1	循环左移指令	2	2
	MEM，1		2～4	15+T(EA)
	REG，CL		2	8+4CL
	MEM，CL		2～4	20+T(EA)+4CL

续表

助记符	操 作 数	指令功能	指令长度	执行时钟数
ROR	REG，1	循环右移指令	2	2
	MEM，1		2～4	15+T(EA)
	REG，CL		2	8+4CL
	MEM，CL		2～4	20+T(EA)+4CL
SAHF	—	PSW 寄存器的低 8 位←(AH)	1	4
SAL	REG，1	算术左移指令	2	2
	MEM，1		2～4	15+T(EA)
	REG，CL		2	8+4CL
	MEM，CL		2～4	20+T(EA)+4CL
SAR	REG，1	算术右移指令	2	2
	MEM，1		2～4	15+T(EA)
	REG，CL		2	8+4CL
	MEM，CL		2～4	20+T(EA)+4CL
SBB	REG1，REG2	带借位减法指令 DST←DST–SRC–CF，并置标志位	2	3
	REG1，MEM		2～4	9+T(EA)
	MEM，REG2		2～4	16+T(EA)
	REG1，IDATA		3～4	4
	MEM，IDATA		3～6	17+T(EA)
	AX/AL，IDATA		2～3	4
SCAS	SCAS DST SCASB SCASW	字符串扫描指令 (AL/AX)-(ES：DI)，并置标志位	1	15
	SCAS 前有重复前缀 REPZ/REPNZ 时	重复执行字符串扫描指令	1	9+15N(REP)
SHL	REG，1	逻辑左移指令	2	2
	MEM，1		2～4	15+T(EA)
	REG，CL		2	8+4CL
	MEM，CL		2～4	20+T(EA)+4CL
SHR	REG，1	逻辑右移指令	2	2
	MEM，1		2～4	15+T(EA)
	REG，CL		2	8+4CL
	MEM，CL		2～4	20+T(EA)+4CL
STC	—	CF 置 1，即 CF←1	1	2
STD	—	DF 置 1，即 DF←1	1	2
STI	—	IF 置 1，即 IF←1	1	2
STOS	STOS DST STOSB STOSW	字符串存储指令 (ES：DI)←AL/AX	1	11
	STOS 前带重复前缀 REP 时	重复执行字符串存储指令	1	9+10N(REP)

续表

助记符	操 作 数	指令功能	指令长度	执行时钟数
SUB	REG1，REG2	减法指令 DST←DST−SRC，并置标志位	2	3
	REG，MEM		2～4	9+T(EA)
	MEM，REG		2～4	16+T(EA)
	REG，IDATA		3～4	4
	MEM，IDATA		3～6	17+T(EA)
	AX/AL，IDATA		2～3	4
TEST	REG1，REG2	逻辑测试指令 (DST)∧(SRC)，并置标志位	2	3
	REG，MEM		2～4	9+T(EA)
	REG，IDATA		3～4	5
	MEM，IDATA		3～6	11+T(EA)
	AX/AL，IDATA		2～3	4
WAIT	—	等待指令	1	3+5N
XCHG	REG1，REG2	数据交换指令 DST←→SRC	2	4
	MEM，REG2		2～4	17+T(EA)
XLAT	—	字节转换指令(AL)←((BX)+(AL))	1	11
XOR	REG1，REG2	逻辑异或指令 (DST)←(DST)∀(SRC)，并置标志位	2	3
	REG，MEM		2～4	9+T(EA)
	MEM，REG		2～4	16+T(EA)
	REG，IDATA		3～4	4
	MEM，IDATA		3～6	17+T(EA)
	AX/AL，IDATA		2～3	4

注：表格最后一列中，T(EA)表示与访问存储器有关的时钟周期数；N (REP)表示重复前缀的重复次数。指令长度用字节数表示。

附录B　DOS中断INT 21H功能列表

在汇编语言程序设计中，经常需要用到DOS系统所提供的中断功能(INT 21H)，因此在本附录中简要列出INT 21H的主要功能，如下表所示。

功能号 AH值	功能	入口参数	出口参数
00H	终止程序	AH＝00H	无
01H	带回显的控制台输入	AH＝01H	AL＝读取字符的ASCII码
02H	显示字符	AH=02H DL=待显示字符的ASCII码	无
03H	辅助输入	AH=03H	AL=读取字符的ASCII码
04H	辅助输出	AH=04H DL=向辅助设备发送的ASCII码	无

续表

功能号 AH 值	功能	入口参数	出口参数
05H	打印机输出	AH=05H DL=待打印字符的 ASCII 码	无
06H	直接控制台 I/O	AH=06H DL=0FFH：输入字符 00H～0FEH：输出字符的 ASCII 码	输出方式：无 输入方式：AL=读取字符的 ASCII 码
07H	无回显直接控制台输入	AH＝07H	AL＝读取字符的 ASCII 码
08H	无回显的控制台输入	AH＝08H	AL＝读取字符的 ASCII 码
09H	显示字符串	AH=09H DS:DX 指向要显示字符串的首址	无
0AH	输入字符串	AH＝0AH DS:DX 指向输入缓冲区	输入缓冲区
0BH	检查标准输入状态	AH=0BH	AL=输入设备状态 00H：未准备好 0FFH：准备好
0CH	清键盘缓冲区并调用键盘功能	AH=0CH AL=功能调用码	依 AL 的内容而定
0DH	磁盘复位	AH=0DH	无
0EH	置缺省驱动器号	AH=0EH DL=驱动器号(0＝A，1=B，…)	AL=允许访问的最大驱动器数
0FH	用 FCB 打开文件	AH=0FH DS:DX 指向未打开的 FCB 的地址	AL＝操作状态 00H：文件被打开 0FFH：文件未找到
10H	用 FCB 关闭文件	AH=10H DS:DX 指向已打开的 FCB 的地址	AL＝操作状态 00H：文件已关闭 0FFH：文件未找到
11H	利用 FCB 查找第一个目录项	AH=11H DS:DX 指向未打开的查找文件用的 FCB 地址	AL=操作状态 00H：有匹配文件 0FFH：没有匹配文件
12H	利用 FCB 查找下一个目录项	AH=12H DS:DX 指向未打开的查找文件用的 FCB 地址	AL=操作状态 00H：有匹配文件 0FFH：没有匹配文件
13H	用 FCB 删除文件	AH=13H DS:DX 指向未打开的 FCB 的地址	AL=操作状态 00H：找到并删除文件 0FFH：未找到匹配文件

续表

功能号 AH 值	功能	入口参数	出口参数
14H	用 FCB 顺序读	AH=14H DS:DX 指向打开的 FCB 的地址	AL=操作状态 00H：读成功 01H：文件结束 02H：产生段反卷或溢出，未读出全部数据 03H：因文件结束而读取记录的一部分数据
15H	用 FCB 顺序写	AH=15H DS:DX 指向打开的 FCB 的地址	AL=操作状态 00H：写成功 01H：磁盘已满，写失败 02H：产生段反卷或溢出，只写部分数据
16H	用 FCB 创建文件	AH＝16H DS:DX 指向未打开的 FCB 的地址	AL＝操作状态 00H：文件创建成功 0FFH：文件创建失败
17H	用 FCB 换文件名	AH=17H DS:DX 指向换文件名的 FCB 的地址	AL＝操作状态 00H：文件重命名成功 0FFH：文件重命名失败
18H	保留		
19H	取缺省驱动器号	AH=19H	AL=当前缺省的驱动器号（0＝A，1＝B，…）
1AH	置盘传送区地址	AH=1AH DS:DX 指向盘传送区地址	无
1BH	取缺省驱动器的分配表信息	AH=1BH	CF＝1，失败 AL=0FH：驱动器无效 CF=0，成功 AL=每簇扇区数 CX＝每个扇区字节数 DX=缺省驱动器的簇数 DS:BX 指向介质描述字节的缓冲区 DS:BX 指定缓冲区内容
1CH	取指定驱动器的分配表信息	AH＝1CH DL=驱动器号（0＝缺省，1＝A，2=B，…）	同 1BH
1DH	保留		
1EH	保留		
1FH	取缺省字节驱动器的设备控制块	AH=1FH	AL=00H，成功 DX：BX 指向缺省的驱动器的 DCB 的地址 AL=0FFH，失败，驱动器无效
20H	保留		
21H	用 FCB 随机读	AH=21H DS:DX 指向打开的 FCB 地址	同 14H
22H	用 FCB 随机写	AH=22H DS:DX 指向打开的 FCB 地址	同 15H

续表

功能号 AH 值	功能	入口参数	出口参数
23H	用 FCB 取文件大小	AH=23H DS:DX 指向未打开的 FCB 地址	AH=操作状态 00H：文件找到，并设置返回信息 0FFH：文件未找到
24H	置随机记录号	AH=24H DS:DX 指向打开的 FCB 地址	无
25H	置中断向量	AH＝25H AL=中断号 DS:DX 指向中断服务子程序入口	无
26H	创建新程序段前缀	AH=26H DX=新的程序段前缀的段地址	无
27H	用 FCB 随机块读	AH=27H CX=欲读取的记录数 DS:DX 指向打开的 FCB 的地址	AL＝操作状态 00H：读成功，CX=实际读取的记录数 01H：文件结束 02H：产生段反卷或溢出，读出部分数据 03H：因文件结束而读取记录的一部分数据
28H	用 FCB 随机块写	AH=28H CX=欲写的记录数 DS:DX 指向打开的 FCB 的地址	AL=操作状态 00H：写成功，CX=实际写的记录数 01H：磁盘已满，写失败 02H：产生段反卷或溢出，只写入部分数据
29H	分析文件名	AH＝029H AL=分析控制字 DS:SI 指向被分析字串 ES:DI 指向未打开的 FCB 地址	AL＝操作状态 00H：FCB 已建立，文件名不含通配符？或* 01H：FCB 已建立，文件名含通配符？或* 0FFH：被指定的驱动器无效
2AH	取系统日期	AH=24H	AL=星期几(0＝星期天，1＝星期一，…) CX=年(1980～2099) DH=月(1～12) DL=日(1～31)
2BH	置系统日期	AL=星期几(0＝星期天，1＝星期一，…) CX=年(1980～2099) DH=月(1～12) DL=日(1～31)	AL=操作状态 00H：日期设置成功 0FFH：日期数据无效
2CH	取系统时间	AH＝2CH	CH=时(0～23) CL=分(0～59) DH=秒(0～59) DL=百分之一秒(0～99)

续表

功能号 AH 值	功能	入口参数	出口参数
2DH	置系统时间	AH＝2DH CH＝时(0～23) CL=分(0～59) DH=秒(0～59) DL=百分之一秒(0～99)	AL=状态 00H：时间设置成功 FFH：时间数据无效
2EH	置/复位检验(VERIFY)标志	AX=2E00H，关闭检验 AX=2E01H，打开检验	无
2FH	取键盘传送区地址	AH=2FH	ES：BX 指向当前盘传送区
30H	取 DOS 版本号	AH=30H	AH=次版本号 AL=主版本号 BH=OEM 号 BL:CX=24 位的系列号
31H	终止进程并保持驻留	AH=31H AL=本进程的返回码	无
32H	取指定驱动器的设备控制块	AH=32H DL=驱动器号(0=缺省，1=A，2=B，…)	AL=00H，成功，DS:BX 指向指定驱动器的 DCB 地址 AL=0FFH，失败
33H	Ctrl-Break 状态	AH＝33H(详见专业图书)	详见专业图书
34H	取 DOS 忙标志地址	AH=34H	ES:BX 指向忙标志单元的地址
35H	取中断向量	AH＝35H AL=中断号	ES:BX 指向中断服务子程序入口
36H	取磁盘自由空间	AH=36H DL=驱动器号(0＝缺省，1＝A，2=B，…)	AX=0FFFFH BX=可用簇数 CX=每扇区字节数 DX=磁盘的总簇数
37H	取/置开关的前导字符	(1)取开关前导字符 AX=3700H (2)设置开关前导字符 AX=3701H DL=新的开关前导符	(1)取开关前导字符 DL=当前开关前导符号 (2)设置开关前导字符 DL=开关前导符值
38H	取/置国家信息	详见专业图书	详见专业图书
39H	创建子目录	AH=39H DS:DX 指向 ASCII 子目录名说明串	CF=0，成功 CF=1，失败 AX=错误码 03H：至少有一个路径名不存在 05H：拒绝存取

续表

功能号AH值	功能	入口参数	出口参数
3AH	删除子目录	AH=3AH DS:DX 指向 ASCII 子目录名说明串	CF=0，成功 CF=1，失败 AX=错误码 03H:至少有一个路径名不存在 05H:子目录中含有文件(非空) 0FH:指定的驱动器无效 10H:试图删除当前目录
3BH	改变当前目录	AH=3BH DS:DX 指向 ASCII 子目录名说明串	CF=0，成功 CF=1，失败 AX=错误码 03H:路径名不存在
3CH	创建一个文件	AH=3CH CX=文件属性 位 0：只读文件位 位 1：隐含文件位 位 2：系统文件位 位 3：卷标项位 位 4：子目录项位 位 5：归档位 位 6～位 15：保留位 DS:DX 指向 ASCII 文件说明串	CF=0，成功 AX=文件句柄 CF=1，失败 AX＝错误码 03H：至少有一个路径名不存在 04H：无文件句柄(打开文件太多) 05H：目录已满或指定的文件已存在并且为只读属性
3DH	打开文件	AH=3DH AL＝打开模式 DS:DX 指向 ASCII 码的文件说明串	CF=0，成功 AX=文件句柄 CF=1，失败 AX=错误码 02H：指定文件不存在 03H：至少有一个路径名不存在 04H：无文件句柄可用 05H：欲打开文件的文件属性与打开模式相矛盾，或指定的文件名是一卷标或子目录名 0CH：打开模式无效
3EH	关闭文件	AH=3EH BX=文件句柄	CF=0，成功 CF＝1，失败 AX=错误码 06H：文件句柄无效

续表

功能号 AH 值	功能	入口参数	出口参数
3FH	读文件或设备	AH=3FH BX=文件句柄 CX=欲读取的字节数 DS:DX 指向存放读取数据的传送缓冲区	CF=0，成功 AX=实际读取的字符数 CF=1，失败 AX=错误码 05H：拒绝访问(可能没有打开文件) 06H：文件句柄无效
40H	写文件或设备	AH=40H BX=文件句柄 CX=欲写的字节数 DS:DX 指向存放写数据的传送缓冲区	CF=0，成功 AX=实际写的字符数 CF=1，失败 AX=错误码 05H：拒绝访问(可能没有打开文件) 06H：文件句柄无效
41H	删除一个文件	AH=41H DS:DX 指向欲删除文件的 ASCIIZ 文件说明串	CF=0，成功 CF=1，失败 AX=错误码 02H：指定文件不存在 03H：至少有一个路径名不存在或非法 05H：拒绝存取(文件可能是只读文件)
42H	移动文件读写指针	AH=42H AL=移动方式码 BX=文件句柄 CX:DX=文件读写指针的偏移量	CF=0，成功 DX:AX=新的文件读写指针位置值 CF=1，失败 AX=错误码 01H：移动方式码无效 06H：文件句柄无效
43H	取/置文件属性	(1)取文件属性 AX=4300H DS:DX 指向 ASCIIZ 文件说明串 (2)置文件属性 AX=4301H CX=文件属性 DS:DX 指向 ASCIIZ 文件说明串	(1)取文件属性 CF=0，成功 CX=文件属性 CF=1，失败 AX=错误码 01H：子功能码无效 02H：指定文件不存在 03H：路径名不存在 05H：拒绝存取，属性不能改变 (2)置文件属性 CF=0，成功 CF=1，失败 AX=错误码(同上)
44H	保留		

续表

功能号 AH 值	功能	入口参数	出口参数
45H	复制文件句柄	AH=45H BX=文件句柄	CF=0，成功 AX=新的文件句柄 CF=1，失败 AX=错误码 04H：无文件句柄可用 06H：指定的文件句柄无效
46H	强迫复制文件句柄	AH=46H BX=存在的文件句柄 CX=第二个文件句柄	CF=0，成功 CF=1，失败 AX=错误码 04H：无文件句柄可用 06：指定(BX，CX)的文件句柄无效
47H	取当前目录	AH=47H DL=驱动器号(0=缺省，1=A，2=B,…) DS:SI 指向 64 字节的缓冲区，该缓冲区存放 DOS 返回的当前目录的 ASCII 路径名串	CF=0，成功 缓冲区存放了指定驱动器的当前目录 CF=1，失败 AX=错误码 0FH：指定的驱动器无效
48H	分配内存	AH=48H BX=申请的内存节数	CF=0，成功 AX=被分配的内存块段地址 CF=1，失败 AX=错误码 07H：内存控制块破坏 08H：内存不够，BX=最大可用内存块的节数
49H	释放内存块	AH=49H ES=欲释放的内存块段地址	CF=0，成功 CF=1，失败 AX=错误码 07H：内存控制块破坏 09H：ES 指定的内存块段地址无效
4AH	修改分配的内存块	AH=4AH BX=新要求的内存节数 CX=欲修改的内存块的段地址	CF=0，成功 CF=1，失败 AX=错误码 07H：内存控制块破坏 08H：内存不够，BX=ES 指定的内存块的节数 09H：ES 指定的内存块段地址无效
4BH	保留		
4CH	终止进程	AH＝4CH AL＝返回码	无

续表

功能号AH值	功能	入口参数	出口参数
4DH	取子程序的返回码	AH=4DH	AL=返回码 AH=终止码 00H：正常终止 01H：Ctrl+C 终止 02H：严重错误终止 03H：终止并驻留
4EH	查找第一个匹配文件	AH=4EH CX=查找用的查找文件属性(低字节有效) DS:DX 指向欲查找文件的 ASCIIZ 说明串	CF=0，成功 CF=1，失败 AX=错误码 02H：文件未找到 03H：路径名不存在 12H：无匹配文件
4FH	查找下一个匹配文件	AF=4FH	CF=0，成功 CF=1，失败 AX=错误码 12H：不再有匹配文件
其他功能省略